国家级一流本科专业建设成果教材

化工原理

居 艳　冯 刚　郑湘娟　主编

化学工业出版社
·北京·

内容简介

《化工原理》以动量传递、热量传递、质量传递的“三传”理论为主线，系统而简明地介绍了典型单元操作的基本原理、计算方法和主要设备的结构特点及性能。全书内容包括绪论、流体流动、流体输送设备、沉降与过滤、传热、吸收、蒸馏和干燥。每章都设有目标导学、案例导入、适量例题、小结以及思考题和习题。

本书注重夯实基础，强调理论联系实际，培养学生以工程思维和经济视角分析与解决问题的能力，内容精炼，知识点阐述简洁、清晰，突出基本方法的应用导向。

本书可作为高等院校非化工专业（如应用化学、材料、环境等）少学时化工原理课程教材，也可作为高职高专化工及相近专业的参考教材。

图书在版编目（CIP）数据

化工原理 / 居艳，冯刚，郑湘娟主编. -- 北京 ：化学工业出版社，2025. 8. --（国家级一流本科专业建设成果教材）. -- ISBN 978-7-122-48344-7

Ⅰ. TQ02

中国国家版本馆 CIP 数据核字第 2025384AM9 号

责任编辑：吕　尤　徐雅妮　　　文字编辑：陈立璞

责任校对：宋　玮　　　装帧设计：关　飞

出版发行：化学工业出版社

（北京市东城区青年湖南街 13 号　邮政编码 100011）

印　　装：高教社（天津）印务有限公司

787mm×1092mm　1/16　印张 17½　字数 432 千字

2025 年 11 月北京第 1 版第 1 次印刷

购书咨询：010-64518888　　　售后服务：010-64518899

网　　址：http://www.cip.com.cn

凡购买本书，如有缺损质量问题，本社销售中心负责调换。

定　　价：58.00 元

编写人员名单

主　　　编： 居　艳　冯　刚　郑湘娟

副　主　编： 叶闰平　周珍宇　王玉梅　程丽红　冯　宇

刘志强　郭　惠

其他参编人员： 胡　松　龚　磊　胡嘉麒　胡飞扬

前言

《化工原理》是基于新工科教育背景，根据非化工专业（如应用化学、材料、环境等）的少学时化工原理课程特点，结合思政教育要求，按照新教学大纲、教学计划和学时安排编写的化工原理简明教材。全书以动量传递、热量传递、质量传递的“三传”理论为核心，系统而简明地介绍了典型单元操作的基本原理、计算方法和主要设备的结构特点及性能。在新工科理念的引领下，本书强调理论与实践的融合，注重提升学生的实践与创新能力。同时，书中融入了思政教育元素，以培养学生的社会责任感和职业道德。此外，本书积极响应产教融合的政策导向，将理论知识与产业实际需求紧密结合，增强学生的就业竞争力。书中适当淡化了一些理论性较深和适用性不强的内容，降低了难度，便于学生理解掌握。本书对知识点的讲解力求简单明了、层次分明，以便于学生学习。

本书在每章前引用有工程和生活实例，以快速导入学习内容；文中通过最新工程成果案例、例题精讲和课后的典型习题加强理论联系实际，锻炼学生分析工程问题的思维能力，提高他们运用知识解决实际问题的能力。书中每章开篇设置“目标导学”，介绍教学重点难点及内容导图；每章文后配有“小结”，方便学生自学和复习，也便于教师教学。

本书绪论、第一章、第二章、第四章由居艳编写；第三章由周珍宇编写；第五章、第六章、第七章由郑湘娟编写；第二章、第四章、第五章插图由叶闰平制作；冯刚负责全书的统稿审定。参加编写的还有程丽红、郭惠、王玉梅、冯宇、刘志强、胡松、龚磊、胡嘉麒、胡飞扬，参加校稿工作的有张敏婧、冯文泰、马玺玺。本书获得了南昌大学本科教材出版资助项目以及国家级一流本科专业建设经费的支持，编者在此一并表示诚挚的谢意。

由于编者水平有限，书中不足之处在所难免，敬请同仁和读者指正。

编　者

2025 年 4 月

目录

绪论 / 001

第一章 流体流动 / 006

第二章 流体输送设备 / 044

第三章　沉降与过滤　/　070

第四章　传热　/　098

第五章　吸收　/　133

第六章　蒸馏　/　186

第七章　干燥　/　225

附录 / 253

参考文献 / 270

绪 论

一、化工过程与单元操作

化工过程是指对原料进行化学加工，从而获得所需化工产品的生产过程。任何一种化工产品的生产工艺都有多种，所用原料、处理步骤、加工过程也十分复杂，但每个化工过程都要经过“原料预处理→化学反应→后处理”这三道工序。其中，化学反应工序是核心。为了保证化学反应高效进行，先要对原料进行预处理，如去除杂质达到一定纯度、换热和加压达到预定温度和压力等。反应完成后需要分离精制产品、回收能量，这些过程统称为后处理。

例如，目前全球用于生产环氧丙烷的工艺分为三大类：氯醇法、过氧化氢法和有机过氧化氢法。其中，有机过氧化氢法基于原料不同又可分为环氧丙烷联产苯乙烯（PO/SM）法、异丙苯过氧化氢（CHP）法和环氧丙烷联产甲基叔丁基醚（PO/MTBE）法三类。CHP 制环氧丙烷的工艺过程如下：首先异丙苯经氧化生成异丙苯过氧化氢，然后在装有钛基催化剂的固定床反应器中，CHP 作为氧化剂使丙烯环氧化得到环氧丙烷，而副产物经加氢反应后生成异丙苯循环使用，如图 0-1 所示。其中，循环使用的异丙苯在氧化反应前需要提纯处理；氧化剂 CHP 加入环氧化反应器之前需要蒸发浓缩精制处理；丙烯也是循环使用的，在反应前需要提纯、预热；丙烯环氧化反应属于强放热反应，为保持合适的反应温度，需要把反应热及时移除；环氧化产物需要经过气液分离、蒸馏、碱洗、精馏、萃取等一系列处理过程才能获得环氧丙烷。

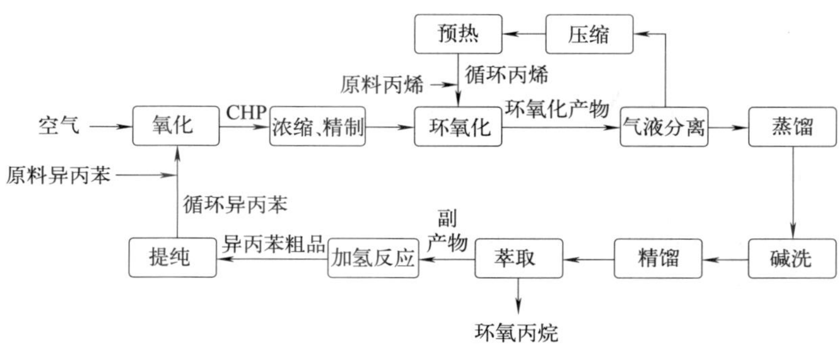

图 0-1 CHP 制环氧丙烷工艺流程

上述工艺过程除氧化、环氧化和加氢反应过程外，原料和反应产物的提纯、精制、分离等均属于预处理、后处理工序。预处理、后处理工序中所进行的过程多数是物理过程，但却是化工生产不可缺少的。

根据物理处理过程的目的，同时兼顾其原理、物质的相态等，可以归纳为应用较广的数个基本操作过程，如流体输送、搅拌、沉降、过滤、热交换、蒸发、结晶、吸收、蒸馏、萃取、吸附以及干燥等。这些基本操作过程称为**单元操作**。在图 0-1 所示的流程中，分离液体混合物时多次用到了蒸馏这一单元操作，分离气体混合产物时则采用了吸收这一单元操作（即碱洗步骤），浓缩CHP料液时用到了蒸发单元操作，分离环氧丙烷和副产物时采用了萃取单元操作。另外，丙烯的压缩、预热用到的是流体输送和热交换这两个应用更为广泛的单元操作。为了给相应的单元操作过程提供必要的操作条件，使其能有效地进行，各个单元操作都要在相应的设备中进行。例如，蒸馏操作在蒸馏塔内进行，吸收操作在吸收塔内进行，蒸发操作在蒸发器内进行。所以，各单元操作应该包括过程和设备两个方面的内容。

各单元操作按其内在的理论基础可分为动量传递、热量传递和质量传递，见表0-1。

表0-1　化工常见单元操作的理论基础分类

单元操作	传递过程
流体输送、搅拌、过滤、沉降	动量传递
加热、冷却、蒸发	热量传递
吸收、蒸馏、萃取、吸附、反渗透	质量传递
干燥	热量、质量同传

将各单元操作归纳成“三传”过程，既揭示了单元操作的过程本质，又反映了各种操作现象，从而使传递过程成为统一的研究对象，将各单元操作联系起来。各单元操作面对的是真实而复杂的实际生产问题，要对其作出如实、逼真的数学描述几乎是不可能的。因此，必须寻求合理、实用的研究方法，经验法（实验研究法）和数学模型法（半经验半理论法）由此形成。以具体的单元操作为研究对象，并确立了特有的研究方法，这就是“化工原理”课程。

二、“化工原理”课程的性质和任务

“化工原理”是化工及其相关专业的学生必修的一门专业基础课程，是从“高等数学”“大学物理”“物理化学”等自然科学领域的基础课向工程科学的专业课过渡的入门课程。其主要任务是以三种传递过程为主线，介绍典型单元操作的原理及其设备。课程的目的是引导学生从单纯的理论学习模式中跳出来，开始接触实际工程问题，逐渐培养学生分析、解决实际工程问题的能力，为其专业课的学习和今后的工作打下基础。

三、“化工原理”中重要的基本概念

在“化工原理”课程的学习中，经常用到物料衡算、能量衡算、平衡关系、传递速率和经济效益这五个基本概念，它们贯穿于本课程的始终，在这里仅作简要说明，详细应用见各章节。

1. 物料衡算

物料衡算是化工过程设计和操作的重要内容，通过物料衡算可以判断操作的优劣、分析经济效益、提供工艺数据等，为控制生产、优化操作打下基础。物料衡算的依据是质量守恒定律。在单元操作中的任一系统，凡是向该系统输入的物料量必定等于从该系统输出的物料量与在该系统累积的物料量之和，即

$$输入系统的物料量=输出系统的物料量+系统累积的物料量$$

这是物料衡算的通式，既适用于连续操作系统，也适用于间歇操作系统，还适用于对系统任

一组分的衡算。对于含化学反应的系统，它也适用于对任一元素的衡算。

物料衡算可按下列五个步骤进行。

① 画出流程简图　用矩形框简单表示各设备，设备间的物料用带箭头的物流线标明，箭头表示物流的流向，在物流线附近应标明物料的参数。

② 划定衡算对象　一般用封闭的虚线框将衡算对象圈出来，如一个设备、一个车间、某个塔段或一个体积微元等。

③ 确定衡算基准　对于间歇操作，可以以一批物料作为基准；对于连续操作，一般以1h作为基准，有时也可以用1天、1月、1年作为基准。

④ 列衡算方程　可以对整个物料列衡算方程，也可以仅对某组分列衡算方程。所列方程应包含已知条件和所求的量，对于有几个未知量的衡算问题，需要列出几个互相独立的衡算方程。

⑤ 求解方程　通过联立方程组解出未知量。

2. 能量衡算

通过能量衡算可以定量计算化工生产中能量的有效利用率和能量损失，这在很大程度上关系到产品的成本和生产的经济效益。能量衡算是基于能量守恒定律，在任何一个化工过程中，凡是向系统输入的能量必定等于从该系统输出的能量与能量损失之和，即

$$\text{输入的能量}=\text{输出的能量}+\text{能量损失}$$

能量衡算的计算步骤与物料衡算基本相同。本书涉及的能量主要有机械能和热能。机械能衡算在第一章中有详细说明，热量衡算在第四、第六、第七章中有详细说明。

3. 平衡关系

平衡关系研究的是传递过程进行的方向和极限（过程进行的最大程度）。例如，根据热力学第二定律，高温物体会自发地向低温物体传热，直至两个物体的温度相等。此时，热量不再进行传递，即系统达到了传热的平衡状态。如果条件发生改变，那么原有的平衡状态会被破坏并发生平衡移动。在新的条件下，系统又会重新建立平衡。在各单元操作中，也有和传热相似的平衡关系。掌握过程的平衡状态以及平衡条件间的相互关系，判断过程进行的程度，可以有目的地驾驭生产、完善操作。

4. 传递速率

传递速率是指在单位时间内传递过程的变化程度，它表示传递过程进行的快慢。在化工生产中，过程进行的快慢远比过程的平衡重要。如果一个过程可以进行，但是其速率非常慢，那么这个过程就没有工业规模化生产的意义。

对于一个处于不平衡状态的系统，在它趋于平衡状态的过程中，其变化的速率不仅与平衡关系有关，也与影响过程的诸多因素有关。理论研究和科学实验都证明，传递速率与过程推动力成正比，而与过程阻力成反比，即

$$\text{传递速率}=\frac{\text{推动力}}{\text{阻力}}$$

式中，推动力指的是直接导致传递过程进行的动力，如水从高处自动流向低处的推动力是势能差，传热的推动力是温度差。传递过程的阻力因素较多，与系统物性、过程性质、设备结构类型、操作条件都有关系，这将在后面各章中具体介绍。在化工单元操作中，为了提高传递速率，要努力寻求加大推动力和减少阻力的途径。

5. 经济效益

经济效益也称为经济效果，一般指经济活动中所取得的劳动成果与劳动消耗之比。劳动成果是指最终的合格产品的价值；劳动消耗包含操作费用（消耗的人力、原材料、水电、维修等）、设备折旧费用（根据设备的造价和使用年限折算）以及占用的固定资产和流动资金。

可见，在一定的劳动消耗条件下，符合市场需求的合格产品越多，经济效益越好。为了提高经济效益，必须从提高生产操作者的技术素质、提高劳动成果和降低劳动消耗三个方面去开展技术革新，加强生产管理和经济核算，降低操作费用，提高设备的生产能力。

四、化工常用量的单位与量纲

1. 物理量与单位制

量是指物理量，任何物理量都是用数字和单位联合表达的。国际计量大会制定了统一的国际单位制（SI）单位。在国际单位制中，规定了长度、时间、质量、热力学温度、物质的量、电流强度、发光强度这七个独立量为基本量，其主单位称为基本单位。在确定了基本量后，按照物理量之间的关系，可以导出其他的一些量，称为导出量。导出量的单位可以用基本单位来表示，称为导出单位。

化工常用的五个 SI 基本量及其单位见表 0-2。

表 0-2　化工常用的五个 SI 基本量及其单位

量的名称	长度	时间	质量	热力学温度	物质的量
基本单位名称	米	秒	千克	开[尔文]	摩[尔]
基本单位符号	m	s	kg	K	mol
其他单位名称	千米、毫米、微米	分、[小]时、天、年	克、毫克、吨	摄氏度	千摩尔、毫摩尔
其他单位符号	km、mm、μm	min、h、d、a	g、mg、t	℃	kmol、mmol

化工常用的四个 SI 导出量及其单位见表 0-3。

表 0-3　化工常用的四个 SI 导出量及其单位

量的名称	单位名称	单位符号	用 SI 基本单位表示
力、重力	牛[顿]	N	$kg \cdot m/s^2$
压力、压强	帕[斯卡]	Pa	$kg/(m \cdot s^2)$
能[量]、功、热量	焦[耳]	J	$kg \cdot m^2/s^2$
功率	瓦[特]	W	$kg \cdot m^2/s^3$

我国采用的是中华人民共和国法定计量单位。它是在国际单位制的基础上，根据我国实情，适当增加一些其他单位构成的，可与国际单位制并用的法定计量单位。

在使用物理量进行计算时，如遇到其他单位制的单位，应把它们换算成 SI 单位。单位换算在本书各章节的计算例题中有应用训练。化工常用非法定计量单位及单位换算见附录一。

2. 物理量的量纲

同一物理量可以有不同的单位，但是同一物理量的量纲是一样的。SI 基本量的量纲为其本身。长度、时间、质量、热力学温度、物质的量、电流强度、发光强度这七个基本量的量纲符号分别为 L、T、M、Θ、N、I、J。

导出量 Q 的量纲一般写成这七个基本量量纲的幂积形式，即

$$\dim Q = L^{\alpha} M^{\beta} T^{\gamma} I^{\delta} \Theta^{\varepsilon} N^{\zeta} J^{\eta} \tag{0-1}$$

式中，dim 为量纲符号；α、β、…称为量纲指数。

例如，体积 V 的量纲写为 $\dim V = L^3$。

量纲表达式中所有量纲指数均为零的量，称为量纲为 1 的量。

例如，液体的相对密度 d 为该液体的密度 ρ 与 4℃时纯水的密度 $\rho_{水}$ 之比，其量纲为

$$\dim d = ML^{-3}/ML^{-3} = M^0 L^0 = 1$$

任何一个物理量方程，只要理论上合理，则该方程等号两边各项的量纲必定相等，称为量纲一致性。例如，理想气体状态方程式

$$pV = nRT \tag{0-2}$$

气体压力 p 的量纲 $\dim p = ML^{-1}T^{-2}$，气体体积 V 的量纲 $\dim V = L^3$。因此，式（0-2）等号左边的量纲为 ML^2T^{-2}。

气体的物质的量 n 的量纲 $\dim n = N$，热力学温度 T 的量纲 $\dim T = \Theta$，为了保证方程的量纲一致性，摩尔气体常数 R 的量纲应为 $\dim R = ML^2T^{-2}N^{-1}\Theta^{-1}$。

在流体流动、传热和传质等实际过程中，由于过程的影响因素较多，很难推导出理论关联式，因此，通常用量纲分析法通过工程实验建立经验关联式。物理量方程的量纲一致性是量纲分析法的基础，在本书第一章和第四章中都会用到。

五、“化工原理”课程的学习方法

前已述及“化工原理”是一门理论与实践紧密联系的工程课程，学习时既要注意理论的系统性，又要充分重视课程的实践性。因此，在学习中还需注意下列几点。

1. 理解和掌握基本理论

重视基础理论、基本概念、基本公式的学习，尤其要抓住各单元操作的平衡关系、传递速率问题，这是学好本课程的基础。在此基础上联系实际、逐步深入，才能将理论灵活应用于生产操作中。

2. 树立工程观念

学习本课程还需初步树立工程观念，学会从工程角度去分析和处理生产中的技术问题。所谓工程观念，就是同时具备四种观念，即理论上的正确性、技术上的可行性、操作上的安全性、经济上的合理性。这四种观念是相互联系、相互促进的统一体。

3. 熟悉工程计算，培养基本计算能力

在单元操作计算中，涉及的物理量很多，有些数据计算时较烦琐，常需利用有关图表或手册查取。熟练掌握有关图表和手册的使用方法并正确应用于单元操作计算，也是本课程学习的基本技能之一。

第一章

流体流动

目标导学

［目的］ 通过本章的学习，熟练掌握流体和流体流动的有关定义、概念，流体在管内流动的基本原理和规律，并运用这些知识分析和解决流体流动过程中的有关问题。

［重点］ 流体静力学基本方程、流体流动的基本方程、流体流动阻力、流体输送管路的计算。

［难点］ 流体流动阻力、流体输送管路的计算。

［内容导图］

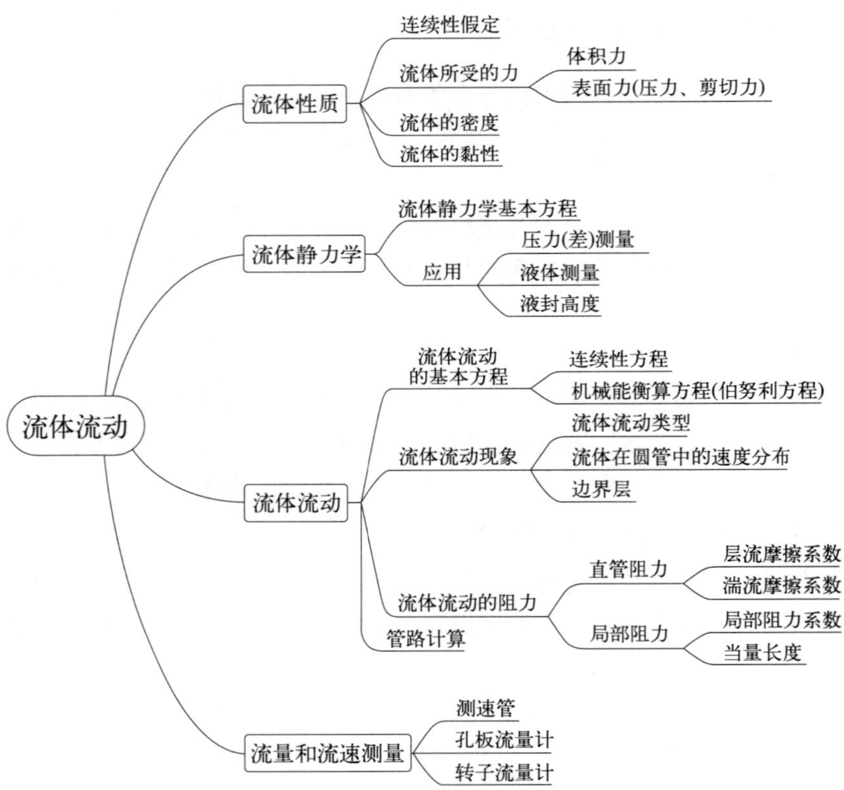

日常生活中，我们都离不开水的供应。图 1-1 是利用水泵将水送到不同楼层用户家中的楼房供水示意图。为满足各家各户的不同用水需求，要根据各楼层的用水量设计输水总管和各支管的大小，合理配置管件及阀门，计算管路的阻力损失及水泵所需提供的能量。要解决

以上问题，必须了解与流体流动有关的规律，这就是本章将讨论的内容。

气体和液体统称为流体。流体没有固定的形状，静止的流体在外力作用下会发生变形，流体连续不断地变形就形成了流体流动。化工过程的原料及产品大多是流体，在生产中，通常需要通过管路将这些流体输送到各个加工场所，进行后续的加工处理。除流体输送外，化工过程中的传热、传质过程以及化学反应大多是在流体流动下进行的，流体流动状态对这些单元操作有很大影响。因此，流体流动不仅是化工过程中最基本的单元操作，也是其他单元操作的基础。

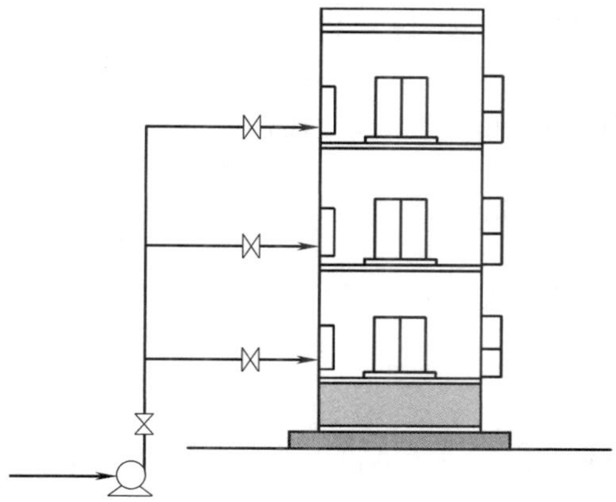

图 1-1　楼房供水示意

第一节　流体的性质

一、连续性假定及流体的流动性

流体是由大量的彼此之间有一定间隙的单个分子组成的，而且各单个分子做随机的、混乱的运动。但是，在研究流体流动规律时，人们感兴趣的不是单个分子的微观运动，而是流体宏观的机械运动。因此，可以取流体质点而不是单个分子作为研究对象。

所谓流体质点，指的是一个含有大量分子的流体微团，其尺寸远小于设备尺寸，但比分子自由程大得多。这样，可以假定流体是由大量质点组成的彼此之间没有间隙、完全充满所占空间的连续介质。这就是流体的连续性假定。根据此假定，流体的物理性质及运动参数在空间内呈连续分布，从而可以使用连续函数的数学工具加以描述。

在流体运动时，其内部各流体质点间会发生相对运动。这是流体区别于固体的主要特征——流动性。在流动的流体内部，流体质点的运动速度不同，它们的动量也就不同。当流体质点随机运动和相互碰撞时，速度大的流体质点使速度小的流体质点速度变快，动量增大。同时，速度小的流体质点使速度大的流体质点速度降低，动量减小。由此可见，流体流动使动量从速度大处向速度小处传递，这称为动量传递。所以，流体流动过程也称为动量传递过程。

二、流体所受的力

流动中的流体受到的作用力可分为体积力和表面力两种。

体积力作用于每一个流体质点，并与流体的质量成正比，所以也称为质量力。对于均质流体，体积力与流体的体积成正比。流体在重力场运动时受到的重力、在离心力场运动时受到的离心力都是典型的体积力。

若取流体中任一微小平面，则作用在这个平面上的力称为表面力。表面力可分为垂直于表面的力和平行于表面的力。前者称为压力，后者称为剪切力（又称内摩擦力）。

三、流体的压力

垂直作用于单位面积流体的力，称为流体的静压强，简称压力，其表达式为

$$p=\frac{F}{A} \tag{1-1}$$

式中，p 为流体的压力，N/m^2 或 Pa；F 为垂直作用于流体表面的力，N；A 为作用面的面积，m^2。

在 SI 中，压力的单位是 N/m^2，称为帕［斯卡］，以 Pa 表示。但习惯上还采用其他单位，如 atm（标准大气压）、某液柱高度、bar（巴）或 kgf/cm^2 等。各单位之间的换算关系为 $1atm=1.033kgf/cm^2=760mmHg=10.33mH_2O=1.0133bar=1.0133\times10^5N/m^2$。

流体的压力除了可以用不同的单位来计量外，还可以有不同的计量基准。

若以绝对真空作为基准，则计算的压力称为绝对压力，这是流体的真实压力。

当被测流体的绝对压力大于外界大气压力时，可用压力表来测量流体的压力。压力表上的读数表示被测流体的绝对压力高出大气压力的数值，称为表压，即

表压＝绝对压力－大气压力

当被测流体的绝对压力小于外界大气压力时，要用真空表测量其压力。真空表上的读数称为真空度，表示被测流体的绝对压力低于大气压力的数值，即

真空度＝大气压力－绝对压力

显然，真空度就是表压的负值。绝对压力、表压与真空度之间的关系见图 1-2。

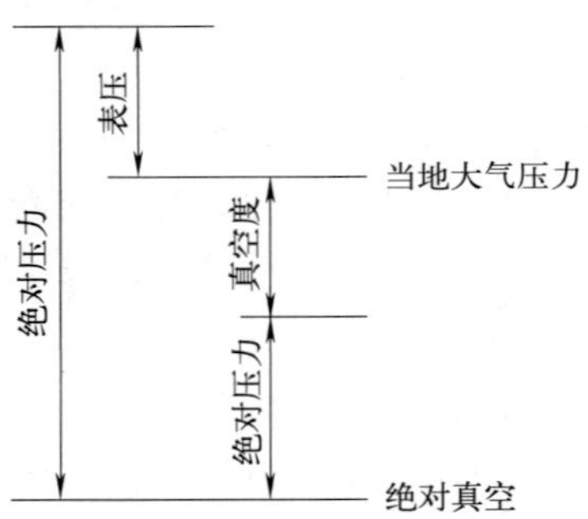

图 1-2　绝对压力、表压和真空度的关系

为了避免绝对压力、表压、真空度三者相互混淆，在书写压力时规定，表压和真空度均要加以标注，如 $2000N/m^2$（表压）、400mmHg（真空度）等，若不做任何标注则表示绝对压力。

【例 1-1】　某设备进、出口的表压分别为－13kPa 和 156kPa，若当地大气压力为 101.3kPa，试求此设备进、出口的绝对压力及进、出口的压力差。

解　进口绝对压力　$p_{进}=101.3-13=88.3$（kPa）

出口绝对压力　$p_{出}=101.3+156=257.3$（kPa）

进、出口的压力差

$$\Delta p=156-(-13)=156+13=169\ (\text{kPa})$$

或

$$\Delta p=257.3-88.3=169\ (\text{kPa})$$

四、可压缩流体与不可压缩流体

如果流体的体积不随压力和温度变化，则称为不可压缩流体；若流体的体积随压力和温度变化，则称为可压缩流体。实际流体都是可压缩的，但是液体的体积随压力和温度变化很

小，所以一般作为不可压缩流体处理。气体具有较大的压缩性，一般当作可压缩流体处理。但是，当温度或压力变化很小时，气体也可作为不可压缩流体处理。

五、流体的密度

单位体积流体所具有的质量称为流体的密度，其表达式为

$$\rho=\frac{m}{V} \tag{1-2}$$

式中，ρ 为流体的密度，kg/m^3；m 为流体的质量，kg；V 为流体的体积，m^3。

液体的密度一般可在物理化学手册或有关资料中查得。附录三、附录四给出了水和常见液体的密度值。

气体是可压缩流体，其密度随压力和温度而变化。因此，气体的密度必须标明状态。一般当压力不太高、温度不太低时，气体的密度可按理想气体来近似换算，即

$$\rho=\frac{m}{V}=\frac{pM}{RT} \tag{1-3}$$

式中，p 为气体的绝对压力，Pa；T 为气体的热力学温度，K；M 为气体的摩尔质量，kg/kmol；R 为摩尔气体常数，其值为 8.314kJ/(kmol·K)。

工程上规定气体的标准状况是指 $T^{\ominus}=273.15K$，$p^{\ominus}=100kPa$。上标$^{\ominus}$表示标准状况。根据理想气体状态方程可得理想气体标准状况下的摩尔体积 $V_m^{\ominus}=22.7m^3/kmol$，密度为

$$\rho^{\ominus}=\frac{M}{22.7} \tag{1-4}$$

已知标准状况下的气体密度，可按下式计算其他温度 T 和压力 p 下该气体的密度。

$$\rho=\rho^{\ominus}\frac{T^{\ominus}p}{Tp^{\ominus}} \tag{1-5}$$

在化工生产中常见的是含有几个组分的混合物，此时需要计算其平均密度 ρ_m。

对于理想液体混合物，其体积等于各组分单独存在时的体积之和。若以 1kg 液体混合物为基准，则其平均密度为

$$\frac{1}{\rho_m}=\frac{w_A}{\rho_A}+\frac{w_B}{\rho_B}+\cdots+\frac{w_n}{\rho_n} \tag{1-6}$$

式中，ρ_A、ρ_B、…、ρ_n 为液体混合物中各纯组分的密度，kg/m^3；w_A、w_B、…、w_n 为液体混合物中各组分的质量分数。

对于气体混合物，其密度可用下式计算：

$$\rho_m=\rho_A\varphi_A+\rho_B\varphi_B+\cdots+\rho_n\varphi_n \tag{1-7}$$

式中，φ_A、φ_B、…、φ_n 为气体混合物中各组分的体积分数。

理想气体混合物的平均密度也可按式 (1-3) 计算，此时应以气体混合物的平均摩尔质量 M_m 代替式中的气体摩尔质量 M。气体混合物的平均摩尔质量 M_m 可用下式计算：

$$M_m=M_Ay_A+M_By_B+\cdots+M_ny_n \tag{1-8}$$

式中，M_A、M_B、…、M_n 为气体混合物中各组分的摩尔质量，kg/kmol；y_A、y_B、…、y_n 为气体混合物中各组分的摩尔分数。

六、比体积

单位质量流体的体积称为流体的比体积，用符号 v 表示，单位为 m^3/kg，其表达式为

$$v=\frac{V}{m}=\frac{1}{\rho} \tag{1-9}$$

七、流体的黏性

1. 牛顿黏性定律

与流体的流动性相反的一个性质是流体的黏性。通过图 1-3 的平板实验可以详细阐述流体的黏性及其产生原因。

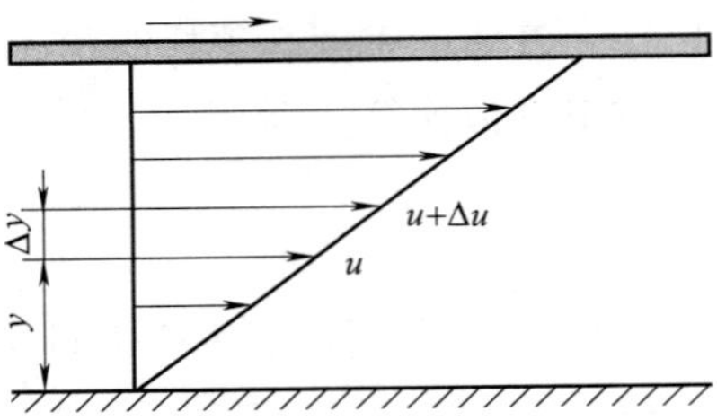

图 1-3 平板间流体的速度变化

设有上下两块平行放置且面积很大而相距很近的平板，板间充满了某种液体。若将下板固定，而对上板施加一个恒定的外力，使上板以恒定速度沿平行于下板的方向运动，则黏附在上板底面的液体薄层以同样的速度随上板运动，而紧靠下板表面的液层因附着于固定不动的下板速度为零。此时，在两平板间的液体被分成无数平行的薄层而运动，各液体层的速度呈上大下小的分布。那么，为什么流体会呈现上述分层流动呢？这是因为流体有黏性。

由于各流体层速度不同，层与层之间发生相对运动，速度快的流体层对与之相邻的速度慢的流体层产生一个力，拉动其向前运动。同时，速度慢的流体层也对与之相邻的速度快的流体层产生一个大小相等、方向相反的力，阻碍其向前运动。这种运动着的流体内部相邻两流体层间的相互作用力，称为流体的内摩擦力。流体流动时产生内摩擦力的性质称为流体的黏性，所以内摩擦力又称为黏滞力或黏性摩擦力。流体在流动时产生的内摩擦力是流动阻力产生的依据，流体流动时必须克服内摩擦力而做功，从而一部分机械能转变为热而损失掉。

流体具有黏性的物理本质是流体分子间的引力和分子的运动与碰撞。液体的黏性主要由分子引力引起，气体的黏性主要由分子运动引起。

无黏性的流体称为理想流体。自然界中不存在真正的理想流体，实际流体都具有黏性，称为黏性流体。在研究实际流体时，黏性的存在会给流体流动的研究带来很大困难。因此，为了便于处理流动问题，可以先按理想流体处理，找出规律后，再根据需要考虑黏性影响，对结果加以修正。

对于上述的流体分层流动，有实验证明，内摩擦力 F 与两流体层的速度差 Δu 成正比，与两流体层之间的垂直距离 Δy 成反比，与两流体层间的接触面积 A 成正比，即

$$F=\mu\frac{\Delta u}{\Delta y}A \tag{1-10}$$

式中，内摩擦力 F 与接触面平行。单位面积上的内摩擦力称为内摩擦应力或剪应力，以 τ 表示，于是上式可写成

$$\tau=\frac{F}{A}=\mu\frac{\Delta u}{\Delta y} \tag{1-10a}$$

式（1-10a）只适用于 u 与 y 呈直线关系的场合。当流体在管内流动时，径向速度的变化并不是直线，而是曲线，则式（1-10a）应改写成

$$\tau=\mu\frac{\mathrm{d}u}{\mathrm{d}y} \tag{1-10b}$$

式中，$\frac{\mathrm{d}u}{\mathrm{d}y}$称为速度梯度，表示在与流动方向垂直的 y 方向上流体速度的变化率。μ 值与流体的黏性有关，流体的黏性越大，其值越大，所以称为黏滞系数或动力黏度，简称黏度。式（1-10a）或式（1-10b）称为牛顿黏性定律。

2. 黏度

黏度是衡量流体黏性的物理量，是影响流体流动的一个重要物理性质。黏度的单位为 Pa·s，较早的手册也用泊（P）和厘泊（cP），其换算关系是

$$1\mathrm{cP}=\frac{1}{100}\mathrm{P}=10^{-3}\ \frac{\mathrm{N\cdot s}}{\mathrm{m}^2}=10^{-3}\mathrm{Pa\cdot s}$$

流体的黏度数据由实验测定。本书附录四中列有常见液体的黏度。通常液体的黏度随温度上升而减小，气体的黏度随温度上升而增大。液体的黏度远大于气体的黏度。

在流体力学中，还经常把流体的黏度与密度之比称为运动黏度，用符号 ν 表示，其表达式为

$$\nu=\frac{\mu}{\rho} \tag{1-11}$$

运动黏度的单位为 $\mathrm{m^2/s}$。

3. 流体中的动量传递

如图 1-3 所示，各流体层运动速度不同，其动量也就不同。此时，速度较快的流体层中的流体分子在随机运动中与速度较慢的流体分子互相碰撞，使之速度加快，动量增大。同时，速度较慢的流体层中亦有流体分子与速度较快的流体分子互相碰撞，使之速度降低，动量减小。所以，不同速度的流体层之间的流体分子碰撞也构成了动量的交换和传递。动量传递的方向是从速度大处向速度小处。这与物体内部因温度不同，有热量从温度高处向温度低处传递是相似的。

若将牛顿黏性定律改写为

$$\tau=\mu\frac{\mathrm{d}u}{\mathrm{d}y}=\frac{\mu}{\rho}\times\frac{\mathrm{d}(\rho u)}{\mathrm{d}y}=\nu\frac{\mathrm{d}(\rho u)}{\mathrm{d}y} \tag{1-12}$$

式中，$\rho u=\frac{mu}{V}$，为单位体积流体的动量；$\frac{\mathrm{d}(\rho u)}{\mathrm{d}y}$为动量梯度。剪应力 τ 可看作单位时间内单位面积的动量，称为动量传递速率。故牛顿黏性定律还表示动量传递速率与动量梯度成正比。

4. 牛顿型流体和非牛顿型流体

符合牛顿黏性定律的流体称为牛顿型流体，如水、空气等。不符合牛顿黏性定律的流体称为非牛顿型流体。非牛顿型流体包括宾汉姆流体，如牙膏、泥浆等；假塑性流体，如橡胶、大多数塑料和高聚物溶液等；胀塑性流体，如涂料、悬浮液等。本书讨论的都是牛顿型流体。

第二节　流体静力学

一、流体静力学基本方程

流体静力学实质上是讨论静止流体内部压力变化的规律。描述这一规律的数学表达式称为流体静力学基本方程。此方程可通过下面的方法推导出来。

图 1-4 所示的容器中盛有密度为 ρ 的静止液体，现于液体内部任意划出一底面积为 A 的垂直液柱，若以容器底为基准水平面，则液柱的上、下端面与基准水平面的垂直距离分别为 z_1 和 z_2。

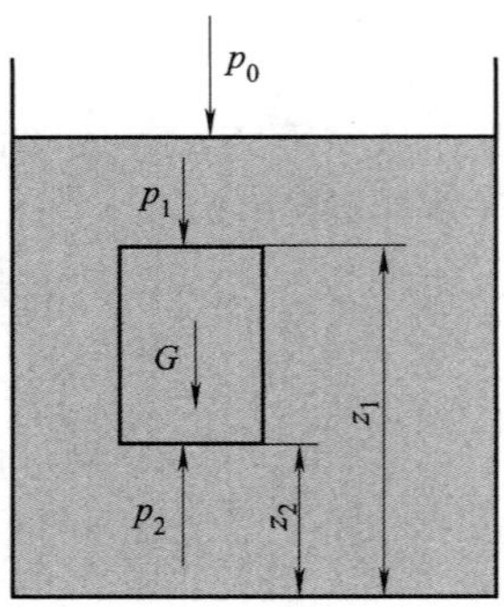

图 1-4　流体静力学基本方程的推导

由此可知，在垂直方向上作用于液柱的力有三个：

① 作用于上端面的压力 p_1A；

② 作用于下端面的压力 p_2A；

③ 作用于整个液柱的重力 $G=\rho gA(z_1-z_2)$。

液柱处于静止状态时，在垂直方向上各力的代数和应为零，即

$$p_2A-p_1A-\rho gA(z_1-z_2)=0$$

把上式各项除以 A，于是上式便可整理为

$$p_2=p_1+\rho g(z_1-z_2) \tag{1-13a}$$

为讨论方便，将液柱的上端面取在容器的液面上，设液面上方的压力为 p_0，将液柱的下端面取在距液面任意距离 h 处，设此处的压力为 p，则

$$p=p_0+\rho gh \tag{1-13b}$$

由上式可见：

① 当液面上方的压力 p_0 一定时，静止液体内部任一点的压力 p 与液体本身的密度 ρ 和该点距液面的深度 h 有关。因此，在静止、连续的同一液体内，处于同一水平面的各点压力相等。这些压力相等的面称为等压面。解流体静力学问题时要会正确选择等压面。

② 当液面上方的压力 p_0 改变时，液体内部各点的压力 p 也发生同样的改变，即压力具有传递性。

③ 式（1-13b）可改写为

$$\frac{p-p_0}{\rho g}=h \tag{1-13c}$$

上式说明可以用一定高度的液柱来表示压力差。由此可以引申出压力也可用一定高度的液柱来表示，这就是前面所介绍的压力可以用 mmHg、mmH_2O 来计量的依据。当用液柱高度来表示压力或压力差时，必须注明是何种液体，否则就失去了意义。

式（1-13a）、式（1-13b）及式（1-13c）统称为流体静力学基本方程，适用于连续、静止的不可压缩流体（如液体）。对于可压缩流体（如气体），当密度变化很小时，静力学基本方程也可适用。

二、流体静力学基本方程的应用

流体静力学基本方程的应用很广泛，这里仅介绍它在测定压力、压力差、液位以及设计液封装置方面的应用。

1. 压力和压力差的测量

以流体静力学基本方程为依据的测压仪器称为液柱压差计，可用来测量流体的压力或压力差，较典型的有下述几种。

（1） U形管压差计

如图 1-5 所示，U 形管压差计是一根 U 形玻璃管，其中装有指示液。指示液与被测流体要不互溶，不起化学作用，且指示液的密度应大于被测流体的密度。常用的指示液有汞、四氯化碳、水和液体石蜡等，要根据被测流体的种类选择指示液。有时也可以利用被测液体本身作为指示液，如图 1-6 所示。

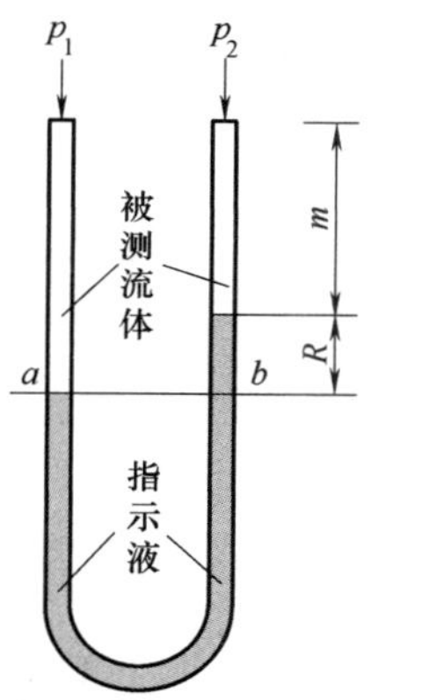

图 1-5 U 形管压差计

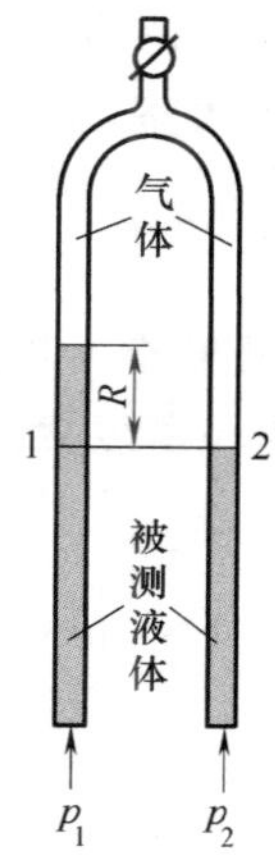

图 1-6 倒 U 形管压差计

图 1-5 中，U 形管的两侧上端分别与两测压点相连，由于两测压点的压力 p_1 和 p_2 不相等，所以 U 形管的两侧臂便显示高度差 R。R 称为压差计的读数。根据流体静力学基本方程可推导 R 与两点压力差 p_1-p_2 的关系式。

设 U 形管指示液的密度为 ρ_0，被测流体的密度为 ρ。图 1-5 中 a、b 两点都在同一种静止流体（指示液）内，并且在同一水平面上，所以这两点的静压力相等，即 $p_a=p_b$。根据流体静力学基本方程可得

$$p_a=p_1+(m+R)\rho g$$

$$p_b=p_2+m\rho g+R\rho_0 g$$

于是

$$p_1+(m+R)\rho g=p_2+m\rho g+R\rho_0 g$$

上式简化后即得 p_1-p_2 与 R 的关系式为

$$p_1-p_2=R(\rho_0-\rho)g \tag{1-14a}$$

在测量气体的压力时，由于气体的密度 ρ 远小于指示液的密度 ρ_0，故式（1-14a）可简化为

$$p_1-p_2=R\rho_0 g \tag{1-14b}$$

U 形管压差计不但可用来测量流体的压力差，也可测量流体在任一处的压力。若 U 形管的一端与设备或管道连接，另一端与大气相通，则读数 R 反映的是设备或管道中某处流体的表压。

（2）斜管压差计

当被测流体的压力或压力差不大时，可采用斜管压差计放大高度差 R，从而得到更精确的读数，如图 1-7 所示。此时斜管压差计的读数 R' 和 U 形管压差计的读数 R 的关系为

$$R'=\frac{R}{\sin\alpha} \tag{1-15}$$

式中，α 为斜管的倾斜角度，其值越小，R 值放大的倍数越大。

（3）微差压差计

若斜管压差计的读数 R' 仍然很小，则可采用微差压差计，如图 1-8 所示。微差压差计的 U 形管内装有两种密度相近且不互溶的指示液 A 和 B，而指示液 B 与被测流体不互溶。U 形管的两侧臂顶端各装有扩大室，俗称“水库”。扩大室的内径与 U 形管的内径之比应大于 10。这样，扩大室的截面积比 U 形管的截面积大很多，所以即使 U 形管内指示液 A 的高度差 R 很大，两扩大室内指示液 B 的液位变化也很微小，可以认为维持等高。根据流体静力学基本方程可得

$$p_1-p_2=\Delta p=Rg(\rho_A-\rho_B) \tag{1-16}$$

式中，$\rho_A-\rho_B$ 是两种指示液的密度差。两种指示液的密度差 $\rho_A-\rho_B$ 越小则读数 R 越大，所以应尽量选用两种密度接近的指示液。

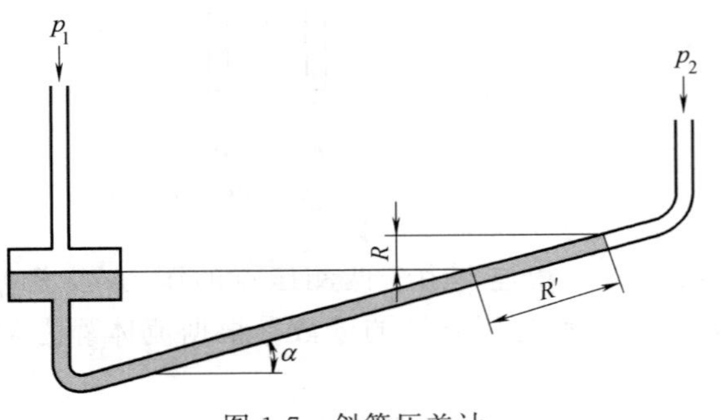

图 1-7　斜管压差计

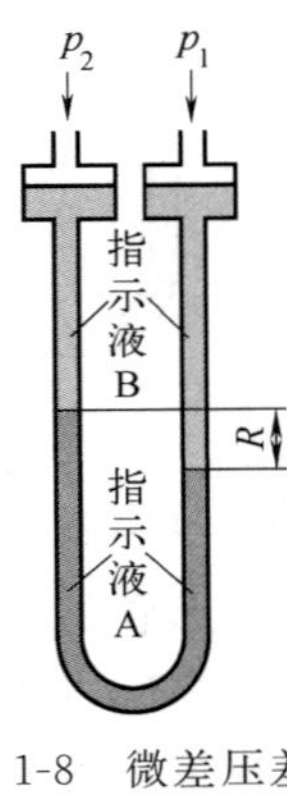

图 1-8　微差压差计

2. 液位的测量

化工厂中经常要检测和控制容器内液体的液位，因此要进行液位的测量。化工生产中常用的液位计是流体静力学基本方程的一种应用。

图 1-9 是最原始的液位计。在容器液面上方的器壁和底部器壁各开一小孔，两孔间用一根玻璃管连接，则玻璃管中液体的高度 R 就等于容器内液面的高度 h。该液位计运用了同种连续静止的流体在同一水平面上各点压力相等的原理。

3. 液封高度的计算

在化工生产中，为了控制设备内气体压力不超过规定值，常要设置图 1-10 所示的液封装置。将液封管插入液面一定深度，当设备内气体压力超过规定值时，气体就会从液封管中排出，从而释放设备内气压，保证设备操作安全。在此，主要根据流体静力学基本方程来确

定液封的高度。若设备要求表压不超过 p，按静力学基本方程，则液封管插入液面的深度为

$$h=\frac{p(表压)}{\rho_{液}g} \tag{1-17}$$

为了安全起见，实际安装时液封管插入液面的深度应比上式计算值略小。

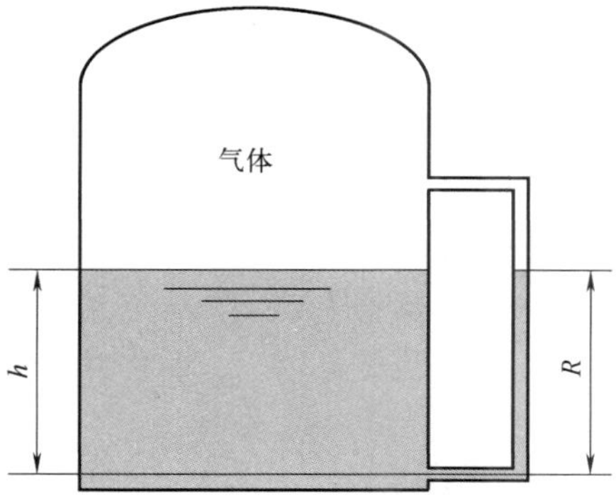

图 1-9　液位测量

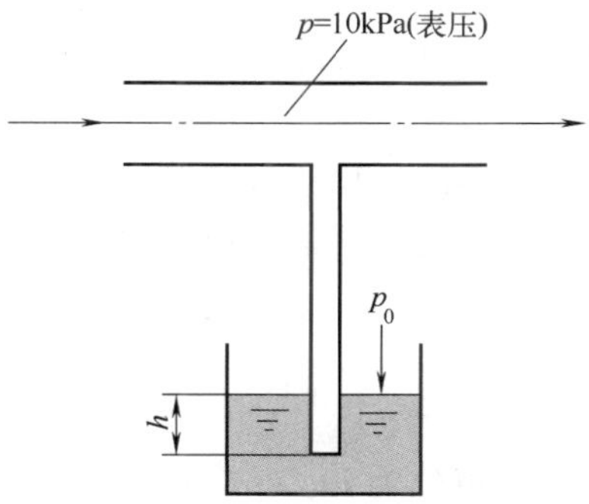

图 1-10　液封装置

【例 1-2】 为了排除煤气管中的少量积水，采用了图 1-10 所示的液（水）封装置。水由煤气管路上的垂直管排出，但管中煤气不会外泄。已知煤气压力为 10kPa（表压），试计算液封管插入液面的最小深度。

解

$$h=\frac{p(表压)}{\rho_{液}g}=\frac{10\times10^3}{1000\times9.81}=1.02\ (\mathrm{m})$$

这个例子中液封的作用是防止管道中的煤气外泄，所以在实际操作时液封管插入液面的深度要比计算值略大。

第三节　流体流动的基本方程

要想解决化工生产中常见的流体流动问题，必须找出流体流动的规律。反映流体流动规律的方程是连续性方程与机械能衡算方程，本节主要讨论这两个方程。

一、流量与流速

1. 流量

单位时间内流过管道任一截面的流体量，称为流量。若流体量用体积来计量，则称为体积流量，以 q_V 表示，其单位为 m^3/s。若流体量用质量来计量，则称为质量流量，以 q_m 表示，其单位为 kg/s。体积流量和质量流量的关系为

$$q_m=\rho q_V \tag{1-18}$$

式中，ρ 为流体的密度，kg/m^3。

2. 流速

单位时间内流体在流动方向上流过的距离称为流速，以 u 表示，其单位为 m/s。因流

体流经管道任一截面上各点的流速沿管径而变化，故流体的流速通常是指整个管道截面上的平均流速，简称流速，其表达式为

$$u=\frac{q_V}{A} \tag{1-19}$$

式中，A 为与流动方向垂直的管道截面积，m^2。

由式（1-18）和式（1-19）可得流量与流速的关系，即

$$q_m=q_V\rho=uA\rho \tag{1-20}$$

由于气体的体积流量随温度和压力而变化，显然气体的流速亦随之而变。因此，采用质量流速较为方便。质量流速的定义是单位时间内流体流过管道单位截面积的质量，亦称为质量通量，以 w 表示，其表达式为

$$w=\frac{q_m}{A}=\frac{q_V\rho}{A}=u\rho \tag{1-21}$$

式中，w 的单位为 $kg/(m^2 \cdot s)$。

3. 管道直径的估算

对于内径为 d 的圆管，可将式（1-19）写成

$$u=\frac{q_V}{\frac{\pi}{4}d^2}=\frac{q_V}{0.785d^2}$$

则有

$$d=\sqrt{\frac{q_V}{0.785u}} \tag{1-22}$$

流量一般由生产任务决定，而适宜的流速则要根据经济权衡来选择。

对于一定流量 q_V，管径 d 与 $u^{\frac{1}{2}}$ 成反比。若 u 增大，则 d 减小，设备费用降低，但 u 增大会使流动阻力增大，操作费用上升；反之，若 u 减小，设备费用升高，但操作费用下降。因此，必存在一最佳流速 u_{opt} 使输送系统的总费用（设备费用与操作费用之和）最小。原则上可以通过将总费用作为目标函数，取目标函数的最小值来求出最优管径（或流速），但对于车间内部规模较小的管路设计问题，往往采用表 1-1 列出的经验流速 u 来确定管径 d，然后再根据管道标准进行调整。

表 1-1　常见流体流速的经验值

流体种类及状况	常用流速范围/(m/s)	流体种类及状况	常用流速范围/(m/s)
水及低黏度液体	1.5～3	高压空气	15～25
黏度较大的液体	0.5～1	一般气体(常压)	10～20
低压空气	12～15	饱和蒸汽	20～40
真空下操作气体	＜10	过热水蒸气	30～50

注意：在选择流速时，还应考虑流体的性质。黏度较大的流体（如油类），流速应取得低一些；含有固体悬浮物的流体，为了防止管路堵塞，流速不能取得太低。密度较大的液体，流速应取得低一些；而密度较小的液体，流速可取得大一些。

选择了适宜的流速就可根据式（1-22）求管道内径，求得的内径需圆整到标准管径。

二、稳定流动与不稳定流动

在流动系统中，若各截面上流体的流速、压力、密度等有关物理量仅随位置而变，不随时间而变，则这种流动称为稳定流动；若各截面上流体的有关物理量既随位置而变，又随时

间而变，则这种流动称为不稳定流动。在化工生产中，流体流动大多为稳定流动，而在生产刚开工或将停工阶段，流体流动属于不稳定流动。本书讨论的是稳定流动问题。

三、连续性方程

在图 1-11 所示的稳定流动系统中，若以管内的截面 1—1 与截面 2—2 为衡算范围，以 1s 为基准，根据质量守恒定律，输入量等于输出量，则物料衡算式为

$$q_{m1}=q_{m2}$$

因 $q_m=uA\rho$，故上式可写成

$$u_1A_1\rho_1=u_2A_2\rho_2 \tag{1-23a}$$

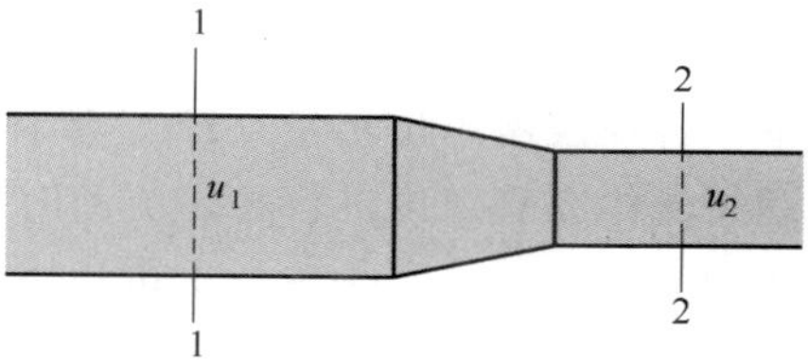

图 1-11　连续性方程的推导

若上式推广到管路中任意一个截面，则

$$q_m=u_1A_1\rho_1=u_2A_2\rho_2=\cdots=u_nA_n\rho_n=常数 \tag{1-23b}$$

若流体不可压缩，即密度 ρ 为常数，则式（1-23b）可改写为

$$q_V=u_1A_1=u_2A_2=\cdots=u_nA_n=常数 \tag{1-23c}$$

式（1-23c）表明，对于稳定流动的不可压缩流体，流速 u 与管道截面积 A 成反比。式（1-23a）、式（1-23b）和式（1-23c）都称为管内稳定流动的连续性方程。它们反映了在稳定流动系统中，流量一定时，管路各截面上流速的变化规律。此规律与管路的安排以及管路上是否装有管件、阀门或输送设备等无关。

对于圆管，由式（1-23c）可得

$$u_1d_1^2=u_2d_2^2 \tag{1-24}$$

式中，d_1 及 d_2 分别为圆管截面 1 和截面 2 处的内径。上式说明，不可压缩流体在圆管内稳定流动时的流速与管内径的平方成反比。

四、机械能衡算方程

1. 伯努利方程

伯努利方程是理想流体的机械能衡算方程。对于不可压缩的理想流体，在重力场中进行稳定流动有

$$gz+\frac{p}{\rho}+\frac{u^2}{2}=常数 \tag{1-25}$$

式（1-25）就是伯努利方程，适用于不可压缩的理想流体。对于气体，在等温情况下，压力变化很小时密度 ρ 变化也很小，则伯努利方程仍然适用。计算时密度可采用两截面的平均值。当两截面间的压力差较大时，要考虑气体的压缩性，此时伯努利方程不再适用。

式（1-25）等号左边三项表示单位质量（1kg）流体所具有的三种不同形式的机械能。gz 为位能，$\frac{p}{\rho}$为静压能，$\frac{u^2}{2}$为动能，三者之和称为总机械能，其单位均为 J/kg。故式（1-25）表示理想流体在管内进行稳定流动时，任一截面上单位质量流体所具有的位能、动能、静压能之和（即总机械能）均相等，而各种形式的机械能可以相互转换。例如，某种理想流

体在水平管道中稳定流动，若在某处管道的截面积缩小，则流速增大，动能增大，因总机械能为常数，故静压能就要相应减小，即一部分静压能转变为动能；反之，当另一处管道的截面积增大时，流速减小，动能减小，则静压能增大。因此，式（1-25）也表示了理想流体流动过程中各种形式的机械能相互转换的数量关系。

若将式（1-25）各项均除以 g，则有

$$z+\frac{p}{\rho g}+\frac{u^2}{2g}=\text{常数} \tag{1-26}$$

式中，各项表示单位重量（1N）流体所具有的能量，其单位为 J/N，即 m。式（1-26）表示理想流体在管道内进行稳定流动时，任一截面上单位重量流体所具有的位能、动能、静压能之和为一常数。它是单位重量流体的机械能衡算方程。

流体力学中常将单位重量流体的能量称为压头。z 为位压头，$\frac{p}{\rho g}$ 为静压头，$\frac{u^2}{2g}$ 为动压头或速度压头，而 $z+\frac{p}{\rho g}+\frac{u^2}{2g}$ 为总压头。

式（1-25）和式（1-26）适用于稳定流动系统，但是对于不稳定流动系统的任一瞬间，式（1-25）和式（1-26）仍成立。

如果系统里的流体是静止的，则 $u=0$。于是式（1-25）变成

$$gz+\frac{p}{\rho}=\text{常数}$$

上式就是流体静力学基本方程。由此可见，伯努利方程除表示流体流动的规律外，还表示流体静止状态的规律，而流体的静止状态只不过是流动状态的一种特殊形式。

2. 伯努利方程的应用

伯努利方程在生活和生产中都有广泛应用，下面结合几个实例加以说明。

（1）重力射流

如图 1-12 所示，容器中盛有液体，并维持液面不变。距液面 h 处开有一小孔，液体在重力作用下从小孔流出，液面 A 处及小孔出口处的压力均等于大气压力 p_a。液体自小孔流出时由于流体的惯性造成液流收缩的现象，称为缩脉。液流的最小截面位于 C 处，取 A 与 C 作为考察截面，在两截面间列伯努利方程，并取图中的水平面 0—0 作为基准面，则可得

$$\frac{p_a}{\rho}+\frac{u_A^2}{2}+gh=\frac{p_a}{\rho}+\frac{u_C^2}{2}$$

因 A 截面远大于 C 截面，故在流量相同的情况下，$u_A \ll u_C$。一般取 $u_A \approx 0$，于是求得 $u_C=\sqrt{2gh}$。为计算流量，须确定流动截面积。C 处截面积无法确定，而小孔面积却是已知的。因此，工程计算时常以小孔流速 u 代替 u_C，同时考虑流体流动时的能量损失而引入一校正系数 C_0。由此可得 $u=C_0\sqrt{2gh}$。式中，C_0 称为孔流系数，它与开孔的形状有关。

此例是位能与动能相互转化的典型应用，A 处的位能在 C 处转化为动能。

（2）压力射流

如图 1-13 所示，容器中流体的压力为 p，其值大于外界大气压力 p_a，流体从壁面小孔流出，并在 2 处形成缩脉。设容器内的流体不断得到补充，p 保持不变，在容器内截面 1—1 和缩脉处截面 2—2 间列伯努利方程可得

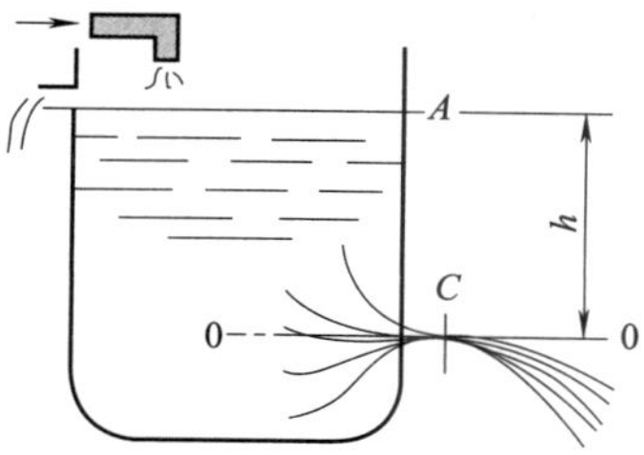

图 1-12　重力射流

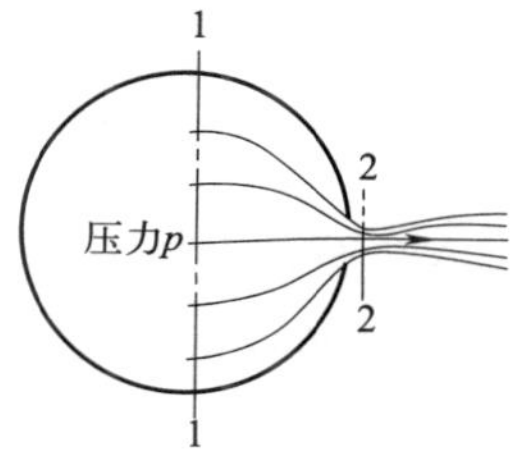

图 1-13　压力射流

$$\frac{p}{\rho}+\frac{u_1^2}{2}=\frac{p_a}{\rho}+\frac{u_2^2}{2}$$

由于 $u_1 \ll u_2$，故取 $u_1 \approx 0$，于是得

$$u_2=\sqrt{\frac{2(p-p_a)}{\rho}}$$

若以小孔流速 u 代替 u_2，同时引入一校正系数 C_0，则

$$u=C_0\sqrt{\frac{2(p-p_a)}{\rho}}=C_0\sqrt{\frac{2\Delta p}{\rho}}$$

当容器内外压力差较小时，气体密度可视为常数，上式也可用于气体。此例说明了静压能与动能的相互转化。高压水射流技术就是以此为原理发展出的一项新型技术。它具有成本低、速度快、无环境污染等优点，被广泛用于清洗、切割（俗称水刀）和破碎等多个领域。

（3）安全线

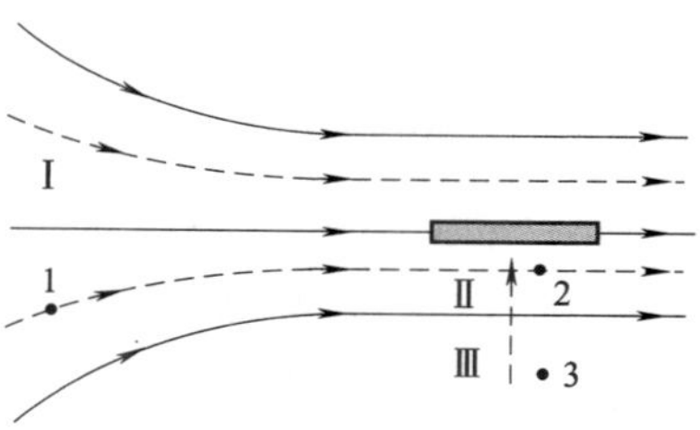

图 1-14　列车气场示意

在地铁、火车等站台上，我们会看到一条安全线，候车的旅客被要求站在安全线外，这是什么原因呢？下面我们用伯努利方程做一个简单分析。如图 1-14 所示，在列车行进时，车身周围的空气可以分成三个区域。其中，Ⅰ区位于列车尾部较远的地方，气流速度为 0，气压等于大气压力 p_a；Ⅱ区紧贴列车表面，这部分气体随列车做高速运动；Ⅲ区在列车两侧较远的地方，这部分气体是静止的，气压也等于大气压力。Ⅰ区和Ⅱ区在同一个流场，研究其中一条与地面平行的流线，在其上取两个点（点 1 和点 2），对这两个点列伯努利方程可得

$$\frac{p_1}{\rho}+\frac{u_1^2}{2}=\frac{p_2}{\rho}+\frac{u_2^2}{2}$$

点 1 在尾流区，$p_1=p_a$，$u_1=0$，则

$$p_1-p_2=p_a-p_2=\frac{\rho u_2^2}{2}$$

再来比较Ⅲ区和Ⅱ区的气压，由于Ⅲ区的气压也等于大气压力，所以

$$p_3-p_2=\frac{\rho u_2^2}{2}$$

由此可见，在Ⅲ区和Ⅱ区之间有一个从Ⅲ区指向Ⅱ区的压力差。当人站在Ⅲ区和Ⅱ区之间时，就会受到一个推力。那么这个推力有多大呢？

假设人身高为 1.7m，横向宽度为 0.4m，按照一个矩形近似计算人的平均截面积 $A=$

$0.68m^2$。如果列车的运行速度为 200km/h，那么可以算出指向列车的总压力$=0.68\times\frac{\rho u_2^2}{2}=1353$（N）。这么大的力会将人推向轨道方向。如果列车的运行速度更高，这个推力会更大。所以，人在站台上候车时要站在Ⅱ区以外，也就是安全线以外的区域。

3. 实际流体的机械能衡算方程

实际流体都有黏性，在管道内流动时，由于内摩擦力要消耗一部分机械能，因此有

$$z_1+\frac{p_1}{\rho g}+\frac{u_1^2}{2g}=z_2+\frac{p_2}{\rho g}+\frac{u_2^2}{2g}+H_f \tag{1-27}$$

或

$$gz_1+\frac{p_1}{\rho}+\frac{u_1^2}{2}=gz_2+\frac{p_2}{\rho}+\frac{u_2^2}{2}+h_f \tag{1-28}$$

式中，H_f 为压头损失，表示单位重量流体流动的机械能损失，单位是 m；h_f 为单位质量流体流动的能量损失，单位是 J/kg。显然有 $h_f=gH_f$。

实际生产中，流体的输送需要从外界输入机械功，以补偿流体流动的能量损失，故机械能衡算方程可写成

$$z_1+\frac{p_1}{\rho g}+\frac{u_1^2}{2g}+H_e=z_2+\frac{p_2}{\rho g}+\frac{u_2^2}{2g}+\sum H_f \tag{1-29}$$

或

$$gz_1+\frac{p_1}{\rho}+\frac{u_1^2}{2}+W_e=gz_2+\frac{p_2}{\rho}+\frac{u_2^2}{2}+\sum h_f \tag{1-30}$$

式中，H_e 为外加压头，表示单位重量流体从输送机械获得的能量，单位是 m；W_e 表示流体输送设备对单位质量流体所做的有效功，单位是 J/kg。由此可知 $W_e=gH_e$。

式（1-29）及式（1-30）均为实际流体的机械能衡算方程，习惯上也称为伯努利方程。

4. 流体机械能衡算方程的应用

流体机械能衡算方程和连续性方程是解决流体流动问题的基础。在应用机械能衡算方程解题时要注意下列几点。

① 画出流程图与确定衡算范围　根据题意画出流动系统的示意图，并指明流体的流动方向；定出上、下游截面，以明确流动系统的衡算范围。

② 选取截面　两截面均应与流动方向垂直，并且在两截面间的流体必须是连续的。所求的未知量应在截面上或在两截面之间，且截面上的 z、u、p 等有关物理量，除所需求取的未知量外，都应该是已知的或能通过其他关系计算出来。

③ 选取基准水平面　选取基准水平面的目的是确定流体的位能。在机械能衡算方程中反映的是位能差（$\Delta z=z_2-z_1$），所以基准面可以任意选取，但必须是水平面。z 值是指所取截面中心点与基准水平面的垂直距离。为了计算方便，通常取两个截面中较低的一个水平面作为基准面，此截面 $z=0$。如果衡算系统为水平管道，则取通过管道中心线的水平面作为基准面，此时 $\Delta z=0$。

④ 单位必须一致　在用机械能衡算方程计算之前，应把有关物理量换算成一致的 SI 单位。

⑤ 压力　两截面的压力除要求单位一致外，还要求表示方法一致，即只能同时使用表压或绝对压力，不能混合使用。

⑥ 关于外加能量　式（1-30）中，W_e 是指单位质量流体从流体输送机械（泵）获得的有效功，则泵的有效功率 $P_e = W_e q_m$。

下面举例说明流体机械能衡算方程的应用。

【例 1-3】 如图 1-15 所示，在一液位恒定的敞口高位槽的底端接有一出水管，高位槽的液面距水管出口的垂直距离为 7m，管路为 ϕ89mm×3.5mm 的钢管。设总的能量损失为 64J/kg（不包括出口阻力损失），试求该管路的输水量。

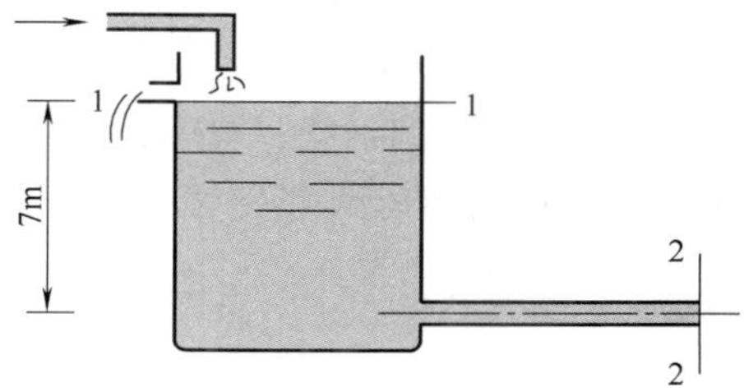

图 1-15　例 1-3 附图

解　取高位槽的液面为截面 1—1，水管出口为截面 2—2，以过截面 2—2 中心线的水平面为基准面，在截面 1—1 与截面 2—2 间列机械能衡算方程可得

$$gz_1 + \frac{1}{2}u_1^2 + \frac{p_1}{\rho} + W_e = gz_2 + \frac{1}{2}u_2^2 + \frac{p_2}{\rho} + \sum h_f$$

式中，$z_1 = 7$m，$p_1 = 0$（表压），$z_2 = 0$，$p_2 = 0$（表压），$\sum h_f = 64$J/kg。

因高位槽的截面比管道截面大得多，所以在流量相同的情况下，槽内的流速比管道内的流速小得多，故槽内流速 $u_1 \approx 0$。又因为在衡算范围内无流体输送机械，故 $W_e = 0$。将上述各项代入机械能衡算方程得

$$7 \times 9.81 = \frac{1}{2}u_2^2 + 64$$

$$u_2 = 3.06\text{m/s}$$

则体积流量为

$$q_V = Au_2 = 3600 \times \frac{\pi}{4}d^2 \times u_2 = 3600 \times 0.785 \times 0.082^2 \times 3.06 = 58\ (\text{m}^3/\text{h})$$

计算结果表明，流体的位能除用于克服管路阻力外，还可以转变为动能。

【例 1-4】 如图 1-16 所示，从高位槽向反应塔内加料液，高位槽和塔内的压力均等于大气压力。管道采用的是 ϕ45mm×2.5mm 的钢管，送液量要求为 3.6m^3/h。若料液在管内的压头损失为 1.2m 料液柱（不包括出口压头损失），试求高位槽的液面应比料液管进塔处高多少米。

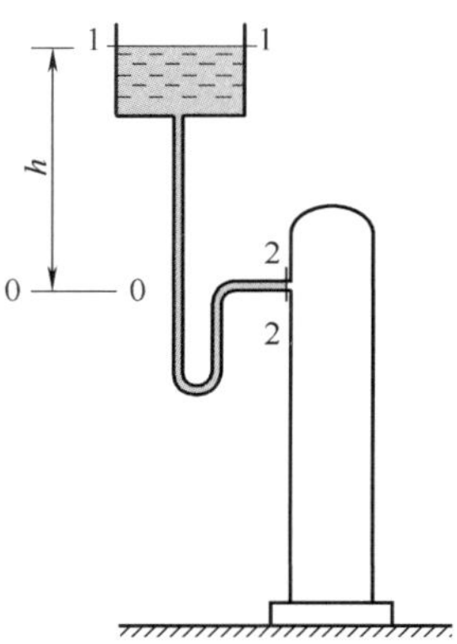

图 1-16　例 1-4 附图

解　取高位槽的液面为截面 1—1，管道进塔处为截面 2—2，以过截面 2—2 中心线的水平面 0—0 为基准面，在截面 1—1 和截面 2—2 间列机械能衡算方程可得

$$gz_1 + \frac{1}{2}u_1^2 + \frac{p_1}{\rho} + W_e = gz_2 + \frac{1}{2}u_2^2 + \frac{p_2}{\rho} + \sum h_f$$

式中，$z_1 = h$，$z_2 = 0$，$p_1 = p_2 = 0$（表压），$\sum h_f = 1.2 \times 9.81$（J/kg）。由于 1—1 截面为大截面，故 $u_1 \approx 0$。又因为在衡算范围内无流体输送机械，故 $W_e = 0$。管内流速为

$$u_2 = \frac{q_V}{\frac{\pi}{4}d^2} = \frac{3.6}{3600 \times 0.785 \times 0.04^2} = 0.796\ (\text{m/s})$$

将上述数值代入机械能衡算方程得

$$9.81h=\frac{1}{2}\times0.796^2+1.2\times9.81=12.089$$

解得 $h=1.23\text{m}$。

【例 1-5】 如图 1-17 所示，用泵将常压贮槽中的料液送进蒸发器。泵的进口为 $\phi89\text{mm}\times3.5\text{mm}$ 的钢管，料液在进口管中的流速为 1.4m/s，泵的出口为 $\phi76\text{mm}\times2.5\text{mm}$ 的钢管。贮槽的液面距蒸发器入口的垂直距离为 7.5m，料液在管路系统中的能量损失为 40J/kg，蒸发器内压力保持为 19.6kPa（表压），料液的密度为 1100kg/m^3。试计算泵的有效功率。

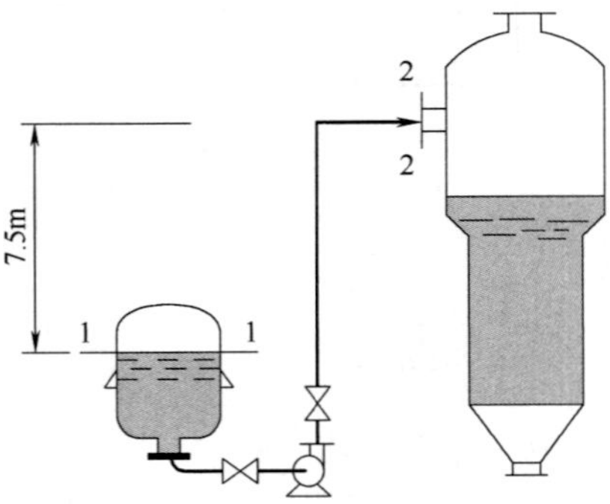

图 1-17　例 1-5 附图

解　取贮槽的液面为截面 1—1，蒸发器进料管口处为截面 2—2，以截面 1—1 为基准面，在截面 1—1 和截面 2—2 间列机械能衡算方程可得

$$gz_1+\frac{1}{2}u_1^2+\frac{p_1}{\rho}+W_e=gz_2+\frac{1}{2}u_2^2+\frac{p_2}{\rho}+\sum h_f$$

移项得

$$W_e=(z_2-z_1)g+\frac{1}{2}(u_2^2-u_1^2)+\frac{p_2}{\rho}-\frac{p_1}{\rho}+\sum h_f$$

式中，$z_1=0$，$p_1=0$（表压），$u_1\approx0$（大截面），$z_2=7.5\text{m}$，$p_2=1.96\times10^4\text{Pa}$（表压）。设进口管管径为 d_0，料液在进口管中的流速为 u_0。根据连续性方程可得料液在泵的出口管中的流速为

$$u_2=u_0\left(\frac{d_0}{d_2}\right)^2=1.4\times\left(\frac{82}{71}\right)^2=1.87\ (\text{m/s})$$

将上述各数据代入机械能衡算方程得

$$W_e=(7.5-0)\times9.81+\frac{1}{2}\times1.87^2+\frac{1.96\times10^4}{1100}+40=133.13\ (\text{J/kg})$$

则质量流量为

$$q_m=u_0A_0\rho=1.4\times0.785\times0.082^2\times1100=8.13\ (\text{kg/s})$$

泵的有效功率为

$$P_e=W_eq_m=133.13\times8.13=1082(\text{W})\approx1.1\text{kW}$$

第四节　流体流动现象

一、流动类型

1. 雷诺实验

大自然有“飞流直下三千尺”的瀑布，也有涓涓细流的小溪。当我们打开水龙头时，若水压大，水流是大而急的，冲到盆中会激起水花；若水压小，水流是小而慢的，则呈细流

状。这些生活实例都说明水的流动是有差别的。那么如何给流体流动分类？不同流型与哪些物理量有关呢？雷诺从事了专门的实验研究。

雷诺实验装置如图 1-18 所示。在一个大水箱内装满水，箱的底部接一段等径的水平玻璃管。水平玻璃管入口为喇叭状，出口处有一个阀门调节水流量。水箱上方是装着红色液体的小瓶，红色液体的密度与水几乎相同。红色液体通过针形细管注入水平玻璃管入口后的管中心位置。

打开阀门调节玻璃管中的水流量，当玻璃管中的水流量较小时，红色液体呈一条平稳的直线稳定地流过整根玻璃管，与玻璃管里的水不相混杂［图 1-19（a)］。这种现象表明，玻璃管里水的质点是沿着与管轴平行的方向做直线运动。若把水流量逐渐加大，红色细线开始出现波动［图 1-19（b)］。如果再加大流量，红色细线完全消失，红色液体流出细管后便散开，与水完全混合在一起，使整根玻璃管中的水呈现均匀的红色［图 1-19（c)］。这种现象表明，水的质点除了沿管轴向前运动外，还进行不规则的杂乱运动，且彼此相互碰撞并相互混合。质点速度的大小和方向时刻发生变化，其运动轨迹极不规则。

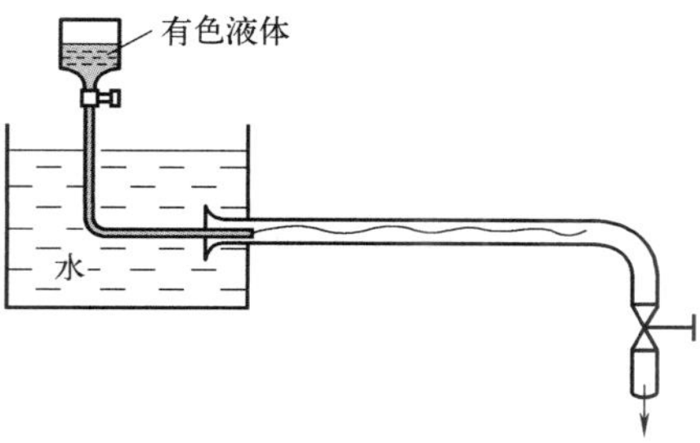

图 1-18　雷诺实验装置

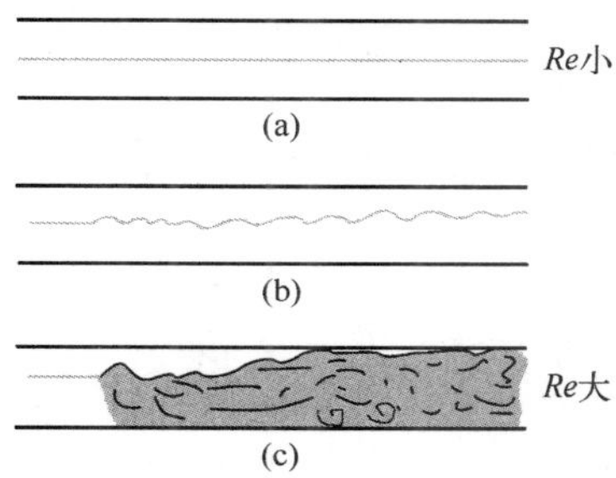

图 1-19　流体流动类型

雷诺实验揭示出流体流动有两种截然不同的类型：一种是流体质点沿管轴做直线流动，流体层次分明，层与层之间互不混杂，故称为滞流或层流；另一种是流体质点运动速度的大小和方向随时发生变化的流动，称为湍流或紊流。

2. 雷诺数

大量实验结果表明，流体的流动状况是由多方面因素决定的。不仅流速 u 能引起流动状况改变，管径 d、流体的黏度 μ 和密度 ρ 也都能引起流动状况的改变。雷诺把这些影响因素组合成了一个数群 $\frac{du\rho}{\mu}$，以判断流体的流动类型。$\frac{du\rho}{\mu}$ 称为雷诺数，以 Re 表示。

雷诺数的量纲为

$$\dim Re=\dim\frac{du\rho}{\mu}=\frac{(\mathrm{L})\left(\frac{\mathrm{L}}{\mathrm{T}}\right)\left(\frac{\mathrm{M}}{\mathrm{L}^3}\right)}{\frac{\mathrm{M}}{\mathrm{LT}}}=\mathrm{L}^0\mathrm{M}^0\mathrm{T}^0=1$$

由此可见，Re 是一个量纲为 1 的数群。组成此数群的各物理量必须用一致的单位表示。

凡是几个有内在联系的物理量组合起来的量纲为 1 的数群，均称为准数。准数既能反映所包含的各物理量的内在关系，又能说明某一现象或过程的一些本质。

实验证明，当 $Re\leqslant 2000$ 时，流体在直管内的流动类型是层流；当 $Re\geqslant 4000$ 时，流动类型属于湍流；而 Re 值在 2000～4000 的范围内时，可能是层流，也可能是湍流，依赖于外界的影响，所以这一范围被称为不稳定的过渡区。

3. 湍流的基本概念

层流与湍流的区分不仅在于各有不同的 Re 值，更重要的是它们的本质区别，即流体内部质点的运动方式不同。

流体在管内进行层流流动时，其质点沿管轴做规则的分层直线运动，互不碰撞，互不混合。流体在管内进行湍流流动时，其质点做不规则的杂乱运动，并相互碰撞，产生大大小小的旋涡。质点间的碰撞混合加剧了流体的动量传递，因此，湍流时的动量传递效果比层流时好。

湍流时，管道截面上某一固定点的流体质点在沿管轴向前运动的同时还做径向运动，而径向速度的大小和方向是不断变化的，从而引起轴向速度的大小和方向也不断变化。湍流中的流体质点除了有轴向主运动之外，还有附加的脉动。质点的脉动是湍流运动的最基本特点。

湍流时，流动阻力除来自流体的黏性引起的内摩擦外，还来自流体质点的不规则脉动产生的附加阻力。这种阻力称为湍流切应力，简称湍流应力。所以，湍流中的总摩擦应力等于黏性摩擦应力与湍流应力之和。因此，湍流时的阻力损失要比层流时大。

二、流体在圆管内的速度分布

在江中横渡可以体会到，江边水流速度小，而越接近江中心，水流越急。这一现象证明流体的流速存在一个流动分布。实验证明，无论是层流还是湍流，在管道任意截面上，流体质点的轴向速度（u_r）均沿管径而变，管壁处速度为零，离开管壁以后速度渐增，到管中心处速度最大。但流体速度在管道截面上的分布规律因流型而异。

1. 流体在圆管中层流时的速度分布

理论分析和实验都已证明，流体在圆管中层流时流体质点的速度沿管径按抛物线的规律分布，如图 1-20 所示。

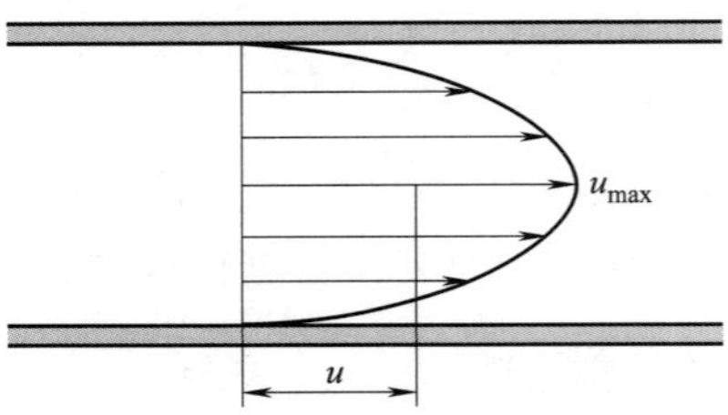

图 1-20　流体在圆管中层流时的速度分布

通过对圆管中稳定流动的某段流体进行受力分析，可以推导出层流时的速度分布方程

$$u_r=\frac{\Delta p}{4\mu l}(R^2-r^2) \qquad (1\text{-}31)$$

式中，u_r 为半径 r 处流体质点的速度；Δp 为流体段两端的压力差；l 为流体段的长度；R 为圆管的半径。

将 $r=0$ 代入上式，可得管中心处最大流速

$$u_{max}=\frac{\Delta p}{4\mu l}R^2 \qquad (1\text{-}32)$$

根据速度分布式（1-31），可求得通过管道整个截面的体积流量

$$q_V=\frac{\pi R^4\Delta p}{8\mu l} \qquad (1\text{-}33)$$

层流时管截面上的平均速度

$$u=\frac{q_V}{\pi R^2}=\frac{\dfrac{\pi R^4\Delta p}{8\mu l}}{\pi R^2}=\frac{R^2\Delta p}{8\mu l}=\frac{1}{2}u_{max} \qquad (1\text{-}34)$$

以管径 d 代替式（1-34）中的圆管半径 R，则

$$\Delta p=32\frac{\mu lu}{d^2} \tag{1-35}$$

式（1-35）称为哈根-泊肃叶方程。该式反映了层流流动时，流体段两端的压力差与流速的关系。

实验证明，层流速度的抛物线分布规律并不是在流体刚流入管口就立刻形成的，而是要流过一段距离才能充分发展成抛物线的形状。流体在流入管口之前，速度分布是均匀的。在进入管口之后，靠近管壁的流体层因附着于管壁，其速度为零。流体继续向前流动，靠近管壁的各层流体由于黏性的作用速度逐渐降低。因为各截面上的流量为一定值，所以管中心处各点的速度必然增大。当流体流过一定距离，管中心的速度等于平均速度的两倍时，层流速度分布的抛物线规律才算完全形成。尚未形成层流抛物线规律的这一段称为层流的进口起始段。若用 X_o 表示进口起始段长度，实验证明，$X_o=0.05dRe$。

2. 流体在圆管中湍流时的速度分布

前已述及，湍流时流体质点的运动不规则，所以湍流时的速度分布不能像层流一样由理论导出，只能用实验方法测得。由实验测得的湍流速度分布如图 1-21 所示。从图中可以看出，管中心附近的流体速度分布曲线比层流时的抛物线平坦。管中心附近的流体是湍流主体，流体质点的不规则运动导致了质点间的强烈碰撞混合。速度大的质点带动速度小的质点，速度小的质点阻滞速度大的质点，从而使得各点的速度彼此扯平，故其速度分布比较均匀。实验证明，Re 越大，其速度分布越均匀。

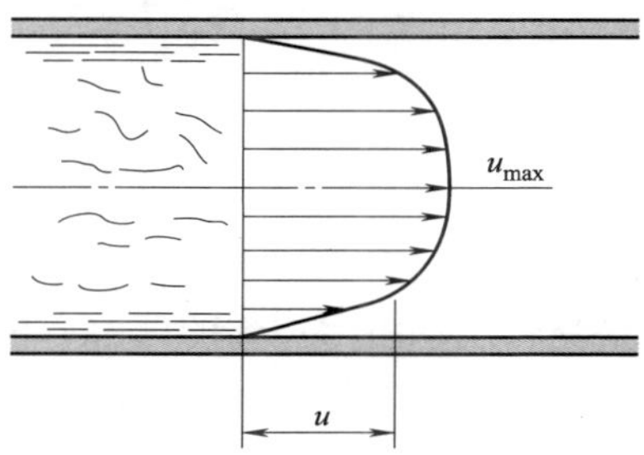

图 1-21　流体在圆管中湍流时的速度分布

附着在管壁上的流体层速度等于零，由于流体的黏性，邻近管壁处的流体层受到管壁上流体层的影响，速度不大，仍进行层流流动，这部分流体薄层称为层流底层。自层流底层往管中心推移，速度逐渐增大，出现了既非层流流动亦非完全湍流流动的区域。此区域称为过渡层，再往中心才是湍流主体。层流底层速度较小，但速度梯度很大，故速度曲线较陡。层流底层的厚度随 Re 值增大而减小。在湍流主体内，径向的传递过程因流体质点的脉动而大大强化；在层流底层中，径向的传递只能依赖随机的分子运动。因此，层流底层成为传递过程的主要阻力所在。

流体在光滑圆管内湍流时的速度分布实验结果可用下列经验式表示：

$$u_r=u_{max}\left(1-\frac{r}{R}\right)^n \tag{1-36}$$

式中，u_r 为半径 r 处流体质点的速度；u_{max} 为管中心处的速度；n 与 Re 有关，在不同的 Re 范围内可取不同的值。如 Re 在 $1.1\times10^5\sim3.2\times10^6$ 之间时，$n=\frac{1}{7}$，称为湍流速度分布的 1/7 次方定律。若取 $n=\frac{1}{7}$，则可得湍流时管截面的平均速度约为管中心处最大速度的 0.817。

上述的速度分布曲线仅在管内流动达到平稳时才成立。在管入口附近处，管路拐弯、分支处和阀门附近，流动会受到外部干扰，这些地方的速度分布就不符合上述规律。

三、边界层

由于黏性的存在，实际流体流过固体壁面时其内部有剪应力的作用。在壁面附近的流体速度梯度很大，故其中的剪应力也很大；而远离壁面处的流体速度变化很小，所以其中的剪应力也小到可以忽略，这时可以将其视为理想流体。因此，讨论实际流体在固体壁面上的流动时，把壁面附近的流体作为主要研究对象。这样可以大大简化研究工作，这就是边界层理论提出的出发点。

通常定义，流速降为主体流速 99%以内的区域为边界层。边界层内的速度梯度较大，故流体的流动阻力主要集中在该层。外流区（或称主流区）是流体流速不受壁面影响的区域，速度分布均匀，该区内流体的流动阻力可忽略不计。边界层的划分对于许多工程问题具有重要的意义，本书对此不作深入讨论，读者可参阅其他专著。

第五节　管内流体流动的阻力

流体流动阻力产生的原因是流体有黏性，在流动中产生内摩擦力。由此可见，流体的黏性是流体流动阻力产生的内因。根据前面的讨论可知，流体只有在流过固体壁面（管壁或设备壁）时，才能促使流体内部产生相对运动（即产生内摩擦）。所以说，壁面及其形状等因素是流体流动阻力产生的外因。流体在流动过程中克服这些阻力需要消耗一部分能量，这一部分能量即为机械能衡算方程中的$\sum h_f$ 项。

生产用管路主要由直管和管件、阀门等两部分组成。所以，管路中流体流动的阻力相应分为直管阻力（或称沿程阻力）和局部阻力两类。进行此种划分仅是因为这两种阻力损失起因于不同的外部条件，以及为了工程计算及研究方便，但并不意味着它们有质的不同。

流体流动阻力与固体表面间的摩擦阻力有所不同。固体表面间的摩擦阻力仅发生在接触的外表面，而流体流动阻力发生在流体内部。

一、流体在直管中的流动阻力

流体在水平等直径圆管内稳定流动时，在相距为 l 的两个截面上列机械能衡算方程，有

$$gz_1+\frac{1}{2}u_1^2+\frac{p_1}{\rho}=gz_2+\frac{1}{2}u_2^2+\frac{p_2}{\rho}+h_f$$

则流体的能量损失为

$$h_f=\frac{p_1-p_2}{\rho}=\frac{\Delta p}{\rho} \tag{1-37}$$

由此可知，对于等径水平管路，无论是直管阻力还是局部阻力，也无论是层流还是湍流，阻力损失均主要表现为流体静压能的降低，即 $\Delta p/\rho$。故可以通过测量等径水平管中两截面的压力差来确定流体的阻力损失。

1. 层流时的直管阻力损失

流体在直管内流动时，由于流型不同，流动阻力所遵循的规律亦不相同。层流时，流动

阻力来自流体本身所具有的黏性引起的内摩擦力。对于牛顿型流体，剪应力的大小服从牛顿黏性定律。

由式（1-35）可导出流体层流时的阻力损失计算式，即

$$h_f=\frac{\Delta p}{\rho}=32\frac{\mu lu}{\rho d^2} \tag{1-38a}$$

式（1-38a）可改写为

$$h_f=\frac{64}{\dfrac{du\rho}{\mu}}\times\frac{l}{d}\times\frac{u^2}{2} \tag{1-38b}$$

式（1-38a）和式（1-38b）都是流体层流时的阻力损失计算式。

令 $\lambda=\dfrac{64}{\dfrac{du\rho}{\mu}}=\dfrac{64}{Re}$，式（1-38b）可以写成

$$h_f=\lambda\frac{l}{d}\times\frac{u^2}{2} \tag{1-39}$$

式中，λ 称为摩擦系数或摩擦因数。式（1-39）称为范宁公式，是计算直管阻力损失的通式。

范宁公式对层流和湍流都适用，只是式中的摩擦系数 λ 随流型而变。由式（1-38b）可知，对于层流流动，$\lambda=\dfrac{64}{Re}$。湍流时摩擦系数 λ 要另外讨论。

2. 湍流时的直管阻力损失

湍流时的直管阻力损失也可用式（1-39）计算，但是要确定湍流时的摩擦系数 λ。湍流时，流体质点的不规则运动会受到管壁粗糙度的影响，因此，湍流摩擦系数 λ 不仅与 Re 有关，还与管壁的粗糙度有关。

化工生产所铺设的管道大致可分为光滑管（包括玻璃管、铜管、铅管及塑料管等）和粗糙管（包括钢管、铸铁管）。管壁粗糙面凸出部分的平均高度称为绝对粗糙度，以 ε 表示。绝对粗糙度与管内径的比值 ε/d 称为相对粗糙度。

层流时，由于流速较小，管壁粗糙度对流体的速度分布没有影响，所以对流体的阻力损失或摩擦系数 λ 值没有影响。

湍流时，如果层流底层的厚度 δ 大于壁面的绝对粗糙度 ε（$\delta>\varepsilon$），则流体如同流过光滑管壁（$\varepsilon=0$），故称为光滑管流动。随着流体的 Re 增大，湍流主体的区域扩大，层流底层的厚度 δ 变薄。如果 $\delta<\varepsilon$，管壁表面有一部分较高的凸出点穿过层流底层，伸入湍流主体，阻挡流体的流动，则产生旋涡，使阻力损失增大。Re 越大，层流底层越薄，壁面上较小的凸出点也会伸入湍流主体中。当 Re 增大到一定程度时，层流底层很薄，壁面的凸出点全部伸入湍流主体中。这种情况下的流体流动称为完全湍流，管子称为完全粗糙管。

3. 湍流时的摩擦系数

由前面的分析可知，影响湍流摩擦系数的因素很多，目前还不能用理论方法推导其计算式，需用实验方法来测定。为了减少实验工作量，实验前先将影响湍流摩擦系数的诸因素组成若干个量纲为 1 的量（或特征数），然后再借助实验确定这些量在不同情况下的相互关系，得到一些经验的、应用范围受限制的关联式。这种方法称为量纲分析法。量纲分析法是化学

工程实验研究中经常使用的方法之一，详细内容可参看相关专著。

通过量纲分析法可确定湍流时的摩擦系数 λ、Re 和 ε/d 这三个量纲为 1 的量，它们之间的函数关系式 $\lambda=\Phi\left(Re,\ \frac{\varepsilon}{d}\right)$ 由实验确定。为了使用方便，一般以 ε/d 为参变量，以 λ 为纵坐标，以 Re 为横坐标，将实验数据标绘在双对数坐标纸上，如图 1-22 所示。此图称为莫迪摩擦系数图。

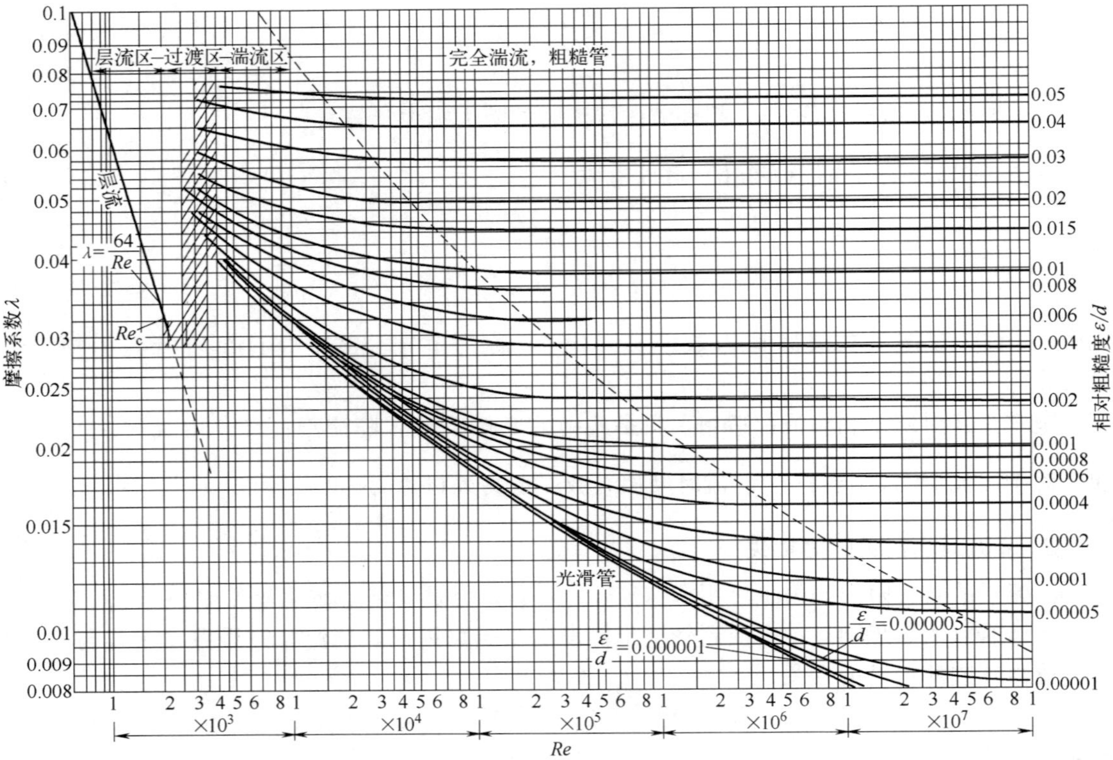

图 1-22　摩擦系数 λ 与雷诺数 Re 及相对粗糙度 ε/d 的关系

由图 1-22 可以看出，摩擦系数图可以分为五个区：

① 层流区（$Re \leqslant 2000$）。λ 与 ε/d 无关，与 Re 呈直线关系，即 $\lambda=\frac{64}{Re}$。此时流体的阻力损失与流速的一次方成正比。

② 过渡区（$Re=2000\sim4000$）。在此区内流体的流型可能是层流，也可能是湍流，视外界的条件而定。为安全起见，一般按湍流处理。

③ 湍流粗糙管区。$Re \geqslant 4000$，光滑管曲线以上到虚线的区域。这个区域内管内流型为湍流，λ 与 Re 及 ε/d 均有关。由图中曲线可知，当 ε/d 一定时，Re 增大，λ 减小；当 Re 一定时，ε/d 增大，λ 增大。

④ 湍流光滑管区。$Re \geqslant 4000$，最下面一条 λ-Re 曲线。这时管内流型为湍流。由于光滑管表面凸起的高度很小，ε≈0，因此，λ 与 ε/d 无关，而仅与 Re 有关。此处可用下列两个经验关联式：

当 $Re=5000\sim1\times10^5$ 时，$\lambda=\frac{0.3164}{Re^{0.25}}$；

当 $Re=3000\sim3\times10^{6}$ 时，$\lambda=0.0056+\dfrac{0.500}{Re^{0.32}}$。

⑤ 完全湍流区（又称阻力平方区）。虚线以上的区域。此区域内 λ-Re 曲线近似为水平线，即 λ 只与 ε/d 有关，与 Re 无关。完全湍流时流体中的黏性已不起作用，包括黏度 μ 的 Re 不再影响 λ。对于一定的管道，ε/d 为定值，$\lambda=$常数。

由范宁公式可知，在完全湍流区，流体的阻力损失与速度 u 的平方成正比，所以完全湍流区又称阻力平方区。由莫迪摩擦系数图可知，随着 ε/d 增大，达到阻力平方区的 Re 减小。

4. 非圆形管的当量直径

前面讨论的都是圆形管道。在工业生产中经常会遇到非圆形截面的管道或设备，如长方形的通风管、套管换热器的环隙、列管换热器的管间等。对于非圆形管内的流体流动，必须找到一个与圆管直径 d 相当的量才能计算 Re，为此引入了当量直径的概念。当量直径用 d_e 表示，其表达式为

$$d_e=4\times\frac{\text{流通截面积}}{\text{润湿周边长}} \tag{1-40}$$

非圆形管道的截面积不能用 d_e 求，q_V、u 也不能用 d_e 求。当量直径 d_e 仅用于计算 Re，以判断非圆形管中的流型。非圆形管中稳定层流的临界雷诺数同样是 2000。

当量直径的定义是经验性的，并无充分的理论依据。研究表明，采用当量直径计算湍流情况下的阻力损失比较可靠，但对于层流流动不够可靠，需做如下修正：

$$\lambda=\frac{C}{Re},\ Re=\frac{\rho d_e u}{\mu}$$

式中，C 为量纲为 1 的系数。对于套管环隙，$C=96$；对于正方形截面，$C=57$；对于等边三角形截面，$C=53$。对于长为 a、宽为 b 的矩形截面，$\dfrac{b}{a}=\dfrac{1}{2}$时，$C=62$；$\dfrac{b}{a}=\dfrac{1}{4}$时，$C=73$。

二、局部阻力损失

化工管路中除直管外，还有种类繁多的管件，如阀门、弯头、三通等。流体流过各种管件时，由于流道的变化产生大量旋涡，使流体质点的运动受到强烈干扰，流体湍动程度增大，阻力损失也显著增大。与直管阻力的沿程均匀分布不同，这种阻力损失集中在管件处，所以称为局部阻力损失。

局部阻力损失产生机理复杂，而且管件种类繁多，规格不一，所以局部阻力损失难以精确计算。通常采用两种近似方法计算局部阻力损失，即阻力系数法和当量长度法。

1. 阻力系数法

阻力系数法是近似地将局部阻力损失表示成动能$\dfrac{u^2}{2}$的一个倍数，这个倍数称为局部阻力系数，用符号 ζ 表示，即

$$h_f'=\zeta\frac{u^2}{2} \tag{1-41}$$

ζ 由实验测定，常见管件阀门的 ζ 值可在表 1-2 中查得。

表 1-2　常见管件阀门的 ζ 值和当量长度（用于湍流）

名称	局部阻力系数 ζ	当量长度与管径之比 l_e/d	名称	局部阻力系数 ζ	当量长度与管径之比 l_e/d
45°弯头	0.35	17	摇板式止逆阀	2	100
90°弯头	0.75	35	闸阀，全开	0.17	9
三通	1	50	闸阀，半开	4.5	225
回弯头	1.5	75	截止阀，全开	6	300
管接头	0.04	2	截止阀，半开	9.5	475
活接头	0.04	2	角阀，全开	2	100
球式止逆阀	70	3500	水表，盘式	7	350

2. 当量长度法

当量长度法是把流体流过某一管件或阀门的局部阻力损失折算成流过一段与它直径相同、长度为 l_e 的直管的阻力损失。由此折算的直管长度称为该管件或阀门的当量长度，单位为 m。所以，局部阻力损失可表示为

$$h_f'=\lambda \frac{l_e}{d}\times\frac{u^2}{2} \tag{1-42}$$

l_e 由实验测定，而且为了使用方便，常表示成当量长度与管径之比 l_e/d 的形式。表 1-2 中可查得常见管件阀门的当量长度值。

由于 ζ 与 l_e 的定义不同，因此上述两种计算方法所得的结果不会一致，它们都是工程计算中的近似估算值。

3. 突然扩大和突然缩小

流体流过图 1-23（a）所示的突然扩大管道时，下游流速减小，压力相应上升，壁面间产生旋涡，导致机械能损失。流体流过图 1-23（b）所示的突然缩小管道时，由于惯性作用，流道将继续收缩至最小处（缩脉）后再扩大至充满整个管截面。流体在缩脉后是和突然扩大一样的逆压流动，也产生了机械能损失。由此可见，突然缩小造成的阻力损失还是在于突然扩大。

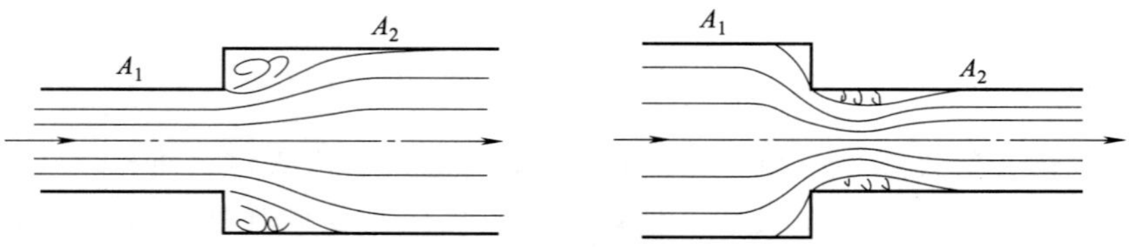

(a) 突然扩大　　(b) 突然缩小

图 1-23　突然扩大和突然缩小

通常用阻力系数法计算突然扩大和突然缩小的局部阻力损失。突然扩大的阻力系数可用 $\zeta=\left(1-\frac{A_1}{A_2}\right)^2$ 来求，突然缩小的阻力系数可用 $\zeta=0.5\left(1-\frac{A_2}{A_1}\right)^2$ 来求。要注意，对于突然扩大和突然缩小，式（1-41）中的 u 要用小管截面的速度。

突然扩大和突然缩小有两种极端情况，即管出口 ζ_o 和管入口 ζ_i。管出口可看作很小的截面突然扩大到很大的截面，相当于$\frac{A_1}{A_2}\approx 0$ 的情况，故管出口 $\zeta_o=1$；而管入口可看作很大的截面突然缩小到很小的截面，相当于$\frac{A_2}{A_1}\approx 0$ 的情况，故管入口 $\zeta_i=0.5$。

三、流体在管内流动的总阻力损失计算

管路的总阻力损失是直管阻力损失与局部阻力损失之和，即

$$\sum h_f = h_f + h'_f = \lambda\frac{l}{d}\times\frac{u^2}{2} + \lambda\frac{\sum l_e}{d}\times\frac{u^2}{2} + \sum\zeta\frac{u^2}{2} = \left(\lambda\frac{l+\sum l_e}{d} + \sum\zeta\right)\frac{u^2}{2} \tag{1-43}$$

或

$$\sum H_f = \left(\lambda\frac{l+\sum l_e}{d} + \sum\zeta\right)\frac{u^2}{2g} \tag{1-44}$$

注意：上述各式仅适用于直径相同的管段或管路系统的计算。当管路由若干直径不同的管段组成时，由于各段的流速不同，管路的总能量损失应分段计算，然后再求和。

第六节　管路计算

化工生产中的管路按其配置可以分为简单管路和复杂管路（管网）。这里仅讨论简单管路计算，复杂管路计算可参考有关资料。管路计算的依据是前述的连续性方程、机械能衡算方程、摩擦系数计算式、阻力损失计算式和雷诺数表达式：

$$q_V = u\frac{\pi d^2}{4}, \quad \frac{u_2}{u_1} = \left(\frac{d_1}{d_2}\right)^2$$

$$gz_1 + \frac{p_1}{\rho} + \frac{u_1^2}{2} + W_e = gz_2 + \frac{p_2}{\rho} + \frac{u_2^2}{2} + \sum h_f$$

$$\lambda = \Phi\left(Re, \frac{\varepsilon}{d}\right)$$

$$\sum H_f = \left(\lambda\frac{l+\sum l_e}{d} + \sum\zeta\right)\frac{u^2}{2g}$$

$$Re = \frac{du\rho}{\mu}$$

由于已知量与未知量情况不同，因而计算的过程有所不同。下面通过几个例题展示典型的管路计算问题的求解和分析过程。

一、阻力损失计算

这类问题一般给定的条件是 q_V、d、l、p_1、p_2、ε，要求 $\sum H_f$，进而可求得位差或流体输送机械的输入能量等。

【例 1-6】 如图 1-24 所示，用泵将地面上敞口贮槽中的溶液送往 10m 高的容器中，贮槽液面恒定，容器内压力为 0.05MPa（表压）。泵的吸入管为 ϕ57mm×3.5mm 的无缝钢管，管长 6m，管路中设有 1 个止逆底阀、1 个 90°弯头。压出管为 ϕ48mm×4mm 的无缝钢管，管长 25m，管路中装有 1 个闸阀（全开）、10 个 90°弯头。管壁粗糙度 ε 取 0.2mm。溶

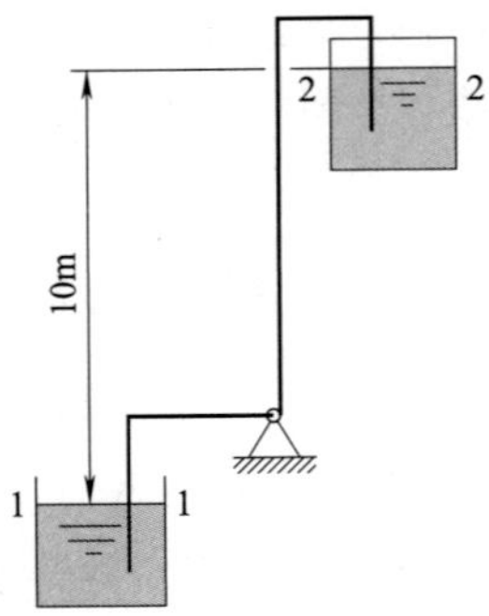

图 1-24　例 1-6 附图

液的密度为 900kg/m^3，黏度为 1.5mPa·s。求送液量为 $4.5\times10^{-3}\text{m}^3/\text{s}$ 时需向单位重量液体补加多少能量。

解　在截面 1—1 和截面 2—2 间列机械能衡算方程可得

$$z_1+\frac{p_1}{\rho g}+\frac{u_1^2}{2g}+H_e=z_2+\frac{p_2}{\rho g}+\frac{u_2^2}{2g}+\sum H_f$$

因为 $u_1=u_2\approx0$，故移项可得

$$H_e=(z_2-z_1)+\frac{p_2-p_1}{\rho g}+\sum H_f$$

已知 $z_2-z_1=10\text{m}$，$p_1=0$（表压），$p_2=0.05\times10^6\text{Pa}$（表压），可得

$$(z_2-z_1)+\frac{p_2-p_1}{\rho g}=10+\frac{0.05\times10^6}{900\times9.81}=15.7\ (\text{m})$$

吸入管路中的流速为

$$u_1=\frac{q_V}{\frac{\pi}{4}d_1^2}=\frac{4.5}{1000\times0.785\times0.05^2}=2.29\ (\text{m/s})$$

吸入管路的 Re_1 为

$$Re_1=\frac{d_1u_1\rho}{\mu}=\frac{0.05\times2.29\times900}{1.5\times10^{-3}}=6.87\times10^4$$

吸入管管壁的相对粗糙度 $\frac{\varepsilon}{d}=0.004$，查莫迪摩擦系数图可得 $\lambda_1=0.03$。管入口的 $\zeta=0.5$，止逆底阀的 $\zeta=70$，90°弯头的 $\zeta=0.75$，故吸入管路的局部阻力系数

$$\sum\zeta_1=0.5+70+0.75=71.25$$

压出管路中的流速为

$$u_2=\frac{q_V}{\frac{\pi}{4}d_2^2}=\frac{4.5}{1000\times0.785\times0.04^2}=3.58\ (\text{m/s})$$

压出管路的 Re_2 为

$$Re_2=\frac{d_2u_2\rho}{\mu}=\frac{0.04\times3.58\times900}{1.5\times10^{-3}}=8.59\times10^4$$

压出管管壁的相对粗糙度 $\frac{\varepsilon}{d}=0.005$，查莫迪摩擦系数图可得 $\lambda_2=0.031$。管出口的 $\zeta=1$，闸阀（全开）的 $\zeta=0.17$，90°弯头的 $\zeta=0.75$，故压出管的局部阻力系数

$$\sum\zeta_2=1+0.17+10\times0.75=8.67$$

管路的总阻力损失为

$$\sum H_f=\left(\lambda_1\frac{l_1}{d_1}+\sum\zeta_1\right)\frac{u_1^2}{2g}+\left(\lambda_2\frac{l_2}{d_2}+\sum\zeta_2\right)\frac{u_2^2}{2g}=\left(0.03\times\frac{6}{0.05}+71.25\right)\frac{2.29^2}{2\times9.81}+$$

$$\left(0.031\times\frac{25}{0.04}+8.67\right)\frac{3.58^2}{2\times9.81}=38.32\ (\text{m})$$

单位重量液体补加的能量为

$$H_e=15.7+38.32=54.02\ (\text{m})$$

二、流量（速）计算

流量（速）计算问题是管路已定，要求核算在某给定条件下管路的输送能力。这类问题一般是给定 d、l、$\sum\zeta$（或$\sum l_e$）、ε、$\frac{p_1}{\rho}$（供液点的静压能）、$\frac{p_2}{\rho}$（需液点的静压能）等 6 个量，要求输送量 q_V。在这种问题中虽然给定了 6 个变量，但是由于 u 未知，Re 未知，无法确定流型，λ 不知道，必须用试差法求解。

【例 1-7】 如图 1-25 所示，由高位槽向贮槽中加入液体，两槽均为敞口，两槽液面恒定为 5m。输送管路为 ϕ38mm×3mm 的钢管（ε=0.05mm），总管长为 100m（包括所有局部阻力的当量长度）。已知液体的密度为 900kg/m^3，黏度为 7.37×10^{-4}Pa·s，求液体的流量。

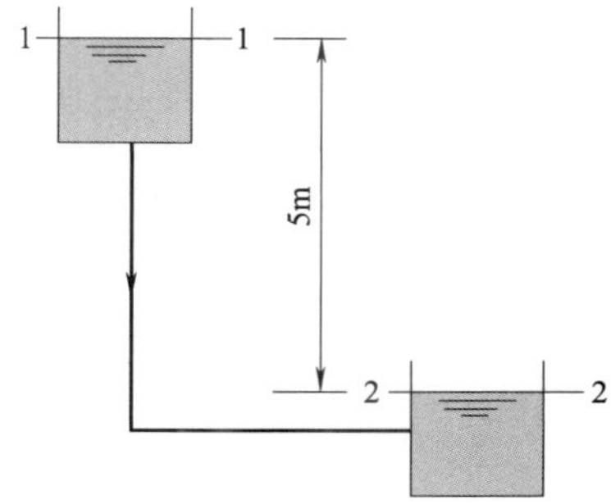

图 1-25　例 1-7 附图

解 取高位槽的液面为截面 1—1，贮槽的液面为截面 2—2，以截面 2—2 为基准面，在两截面间列机械能衡算方程可得

$$gz_1+\frac{1}{2}u_1^2+\frac{p_1}{\rho}=gz_2+\frac{1}{2}u_2^2+\frac{p_2}{\rho}+\sum h_f$$

其中

$$\sum h_f=\lambda\frac{l+l_e}{d}\times\frac{u^2}{2}$$

式中，z_1=5m，$p_1=p_2=0$（表压），$u_1=u_2\approx0$，u 为管中流速，$l+l_e$=100（m），d=38−2×3=32（mm）=0.032m。将各数值代入化简得

$$\lambda u^2=0.0314 \tag{a}$$

式中含有两个未知数，要采用试差法计算流速。

设 λ=0.02，代入式（a）得 u=1.25m/s，则雷诺数 $Re=\frac{du\rho}{\mu}=4.74\times10^4$。钢管的相对粗糙度$\frac{\varepsilon}{d}$=0.00156，查莫迪摩擦系数图可得 λ=0.026，大于假设值，需重新试差。

第二次试差，假设 λ=0.026，代入式（a）可得 u=1.10m/s，此时 $Re=\frac{du\rho}{\mu}=4.20\times10^4$，查莫迪摩擦系数图得 λ=0.026，与假设值相符，则流量

$$q_V=\frac{\pi}{4}d^2u=0.785\times0.032^2\times1.10=8.84\times10^{-4}(\mathrm{m^3/s})$$

从上述解题过程可以看出解此类问题的试差方法和过程。由于 λ 变化范围小（一般情况下 λ=0.02～0.03），通常先选取一个 λ 假设值，然后根据假设值计算 u 和 Re，确定流型计算出 λ，并与假设值比较。若 λ 不等于假设值，则用求得的 λ 作为下一次的假设值重新计算，直至 λ 与假设值大致相等。

三、管径计算

管径计算是给定输送任务，要求管径 d。由于 $Re=\frac{du\rho}{\mu}$和相对粗糙度$\frac{\varepsilon}{d}$中都含有未知量 d，因此这类问题比较复杂，需要用试差法计算。

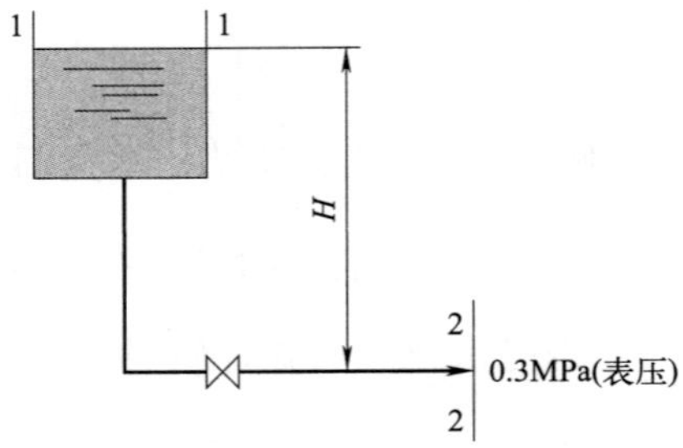

图 1-26 例 1-8 附图

【例 1-8】 如图 1-26 所示，用一根长 1600m 的钢管将水池中的水排到远处，水池的液面恒定。排水管出口处表压为 0.3MPa，与水池液面的垂直距离 $H=35\text{m}$。管道上装有闸阀、弯头等管件，总的阻力系数取 0.17，管壁粗糙度取 2mm。水的密度取 1000kg/m^3，黏度取 $1.0\text{mPa}\cdot\text{s}$。试求为达到 $6\text{m}^3/\text{s}$ 的排放量需要多粗的管子。

解 取水池的液面为截面 1—1，排水管出口内侧为截面 2—2，以截面 2—2 为基准面，在两截面间列机械能衡算方程可得

$$gz_1+\frac{1}{2}u_1^2+\frac{p_1}{\rho}=gz_2+\frac{1}{2}u_2^2+\frac{p_2}{\rho}+\sum h_f$$

其中

$$\sum h_f=\left(\lambda\frac{l+l_e}{d}+\sum\zeta\right)\frac{u^2}{2}$$

式中，$z_1=35\text{m}$，$p_1=0$（表压），$p_2=0.3\text{MPa}=3\times10^5\text{Pa}$（表压），$u_1\approx0$，$u_2=u=\dfrac{6}{\frac{\pi d^2}{4}}=\dfrac{7.64}{d^2}$，$l=1600\text{m}$，管入口的 $\zeta=0.5$，闸阀等管件的 $\zeta=0.17$，$\rho=1000\text{kg/m}^3$，$\mu=1.0\times10^{-3}\text{Pa}\cdot\text{s}$。将各数值代入得

$$9.81\times35+0+0=\frac{3\times10^5}{1000}+\left(\lambda\frac{1600}{d}+0.5+0.17+1\right)\frac{29.18}{d^4}$$

化简得

$$d=(1077\lambda+1.12d)^{1/5} \tag{b}$$

由上式求 d 需用试差法，类似例 1-7。首先假设 $\lambda=0.025$，代入式（b）解得

$$d=1.96\text{m}$$

$\dfrac{\varepsilon}{d}=0.00102$，$Re=\dfrac{du\rho}{\mu}=3.90\times10^6$，查莫迪摩擦系数图可得 $\lambda=0.02$，比假设值小，将此值重新代入式（b），得

$$d=1.88\text{m}$$

用此 d 值再检验所假设值 λ，与 0.02 接近，表明所求的 d 值正确。

实际使用时管子都有一定规格，所以求出管径后还需查阅管子的规格（见附录十三），以选定确切的管径。

第七节 流量和流速的测定

流体流动研究中必须测量流量和流速。流量和流速的测量方法很多，原理各异，这里仅介绍以流体流动的机械能转化原理为基础设计的三种测量仪器。

一、测速管

测速管又称皮托管，用来测量管路中流体的点速度。

如图 1-27 所示，它是由两根弯成直角的同心套管组成，外管的管口是封闭的，在外管前端壁面四周开有若干测压小孔。为了减小误差，测速管的前端经常做成半球形以减少涡流。测量时，测速管可以放在管截面的任一位置上，但其管口应正对着管道中流体的流动方向，外管与内管的末端分别与液柱压差计的两臂相连接。

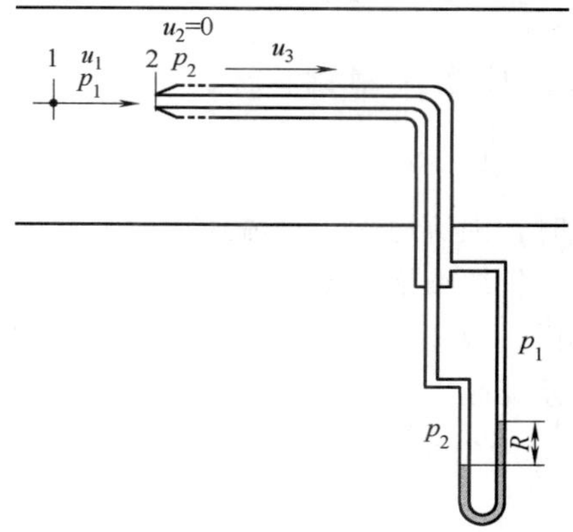

图 1-27　测速管

设在测速管前一小段距离的点 1 处流速为 u_1，压力为 p_1。当流体流到测速管管口点 2 时，因管内充满液体，故流体在管口被截住，速度降为零。于是动能转化为静压能，压力增至 p_2。所以，测速管内管测得的是动能 $u_1^2/2$ 与静压能 p_1/ρ 之和，称为冲压能，即

$$\frac{p_2}{\rho}=\frac{p_1}{\rho}+\frac{u_1^2}{2}$$

外管壁上小孔与流体的流动方向平行，所以外管测得的是流体的静压能 p_1/ρ。故压差计的读数反映的是冲压能与静压能之差，即

$$\frac{\Delta p}{\rho}=\frac{p_2}{\rho}-\frac{p_1}{\rho}=\left(\frac{p_1}{\rho}+\frac{u_1^2}{2}\right)-\frac{p_1}{\rho}=\frac{u_1^2}{2}$$

故有

$$u_1=\sqrt{2\Delta p/\rho} \tag{1-45}$$

式中，Δp 值由液柱压差计的读数 R 来确定。

测速管只能测出流体在管道截面上某一点的局部流速。欲得到管道截面上的平均流速，可先将测速管管口置于管道的中心线上测量流体的最大流速 u_{max}，然后按最大流速计算雷诺数 $Re_{max}(=du_{max}\rho/\mu)$，最后再利用图 1-28 的 u/u_{max} 与 Re_{max} 的关系曲线计算管道截面的平均流速 u。

这里应注意，图 1-28 表示的 u/u_{max} 与 Re_{max} 的关系是经过稳定段之后才出现的。因此

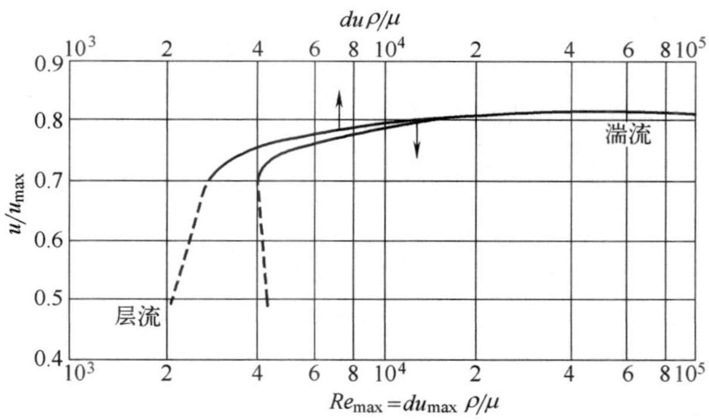

图 1-28　$\frac{u}{u_{max}}$ 与 Re_{max} 及 Re 的关系

用测速管测量流速时，测量点应在稳定段以后。一般要求测速管的外管直径不大于管道内径的 1/50。

测速管的优点是对流体阻力影响较小，适用于测量大直径管路中的气体流速。测速管的缺点是不能直接测出平均流速，且读数较小，常需配用微差压差计。当流体中含有固体杂质时，会将测压孔堵塞，故不宜采用测速管。

二、孔板流量计

孔板流量计见图 1-29。流体在孔板前的截面 1 处速度为 u_1，压力为 p_1。当流体通过孔板时，因流道缩小，流速增大，动能增大，静压能降低。流体流过孔板后，由于惯性，实际流道将继续缩小至截面 2（缩脉）。缩脉处流体流速（u_2）最高，动能最大，而静压能（p_2）最低。因此，当流体以一定流量流过孔板时就会产生一定的压力差，流量越大，所产生的压力差就越大。在截面 1 和孔口截面间列伯努利方程可得

$$q_m=\alpha A_0\sqrt{2\rho\Delta p} \tag{1-46}$$

式中，α 为流量系数，它与孔板的取压方式、开孔直径 d_0 与管道内径之比、Re 及管壁的粗糙度有关；A_0 为开孔的面积；$\Delta p=p_1-p_2$。

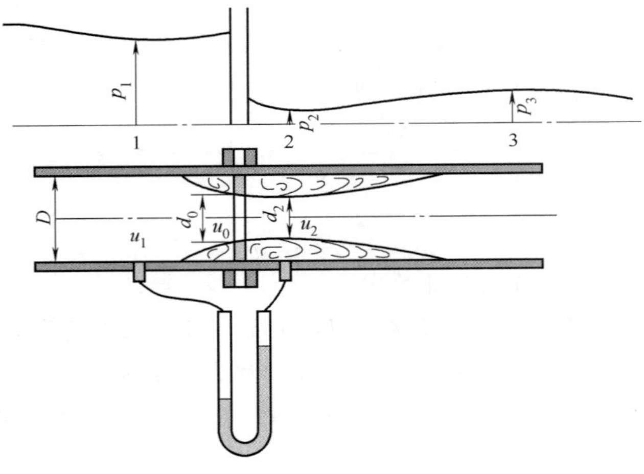

图 1-29 孔板流量计

孔板流量计构造简单，制造和安装都比较方便，其主要缺点是阻力损失较大。由图 1-29 可以看到，缩脉后流体逐渐扩大到全管，在截面 3 处流速恢复后，压力 p_3 仍比 p_1 小很多。这一压力降称为压力损失，是流体与孔板间的摩擦阻力以及流体在缩脉后流道突然扩大形成大量旋涡造成的。

为了克服孔板阻力损失大的缺点，可以用喷嘴或文丘里管代替孔板，如图 1-30 所示。流体在喷嘴和文丘里管中的流动过程与孔板类似。喷嘴由特殊形状的曲面和一段很短的圆柱组成，它可以引导流体达到充分收缩，减少涡流，所以流体流过喷嘴的能量损失较小。文丘里管有与喷嘴相似的收缩部分和圆柱部分，并在其后面加了一段扩散段。这样流体从收缩到扩大都有一定的型面引导，产生的涡流区更小，阻力损失也更小。

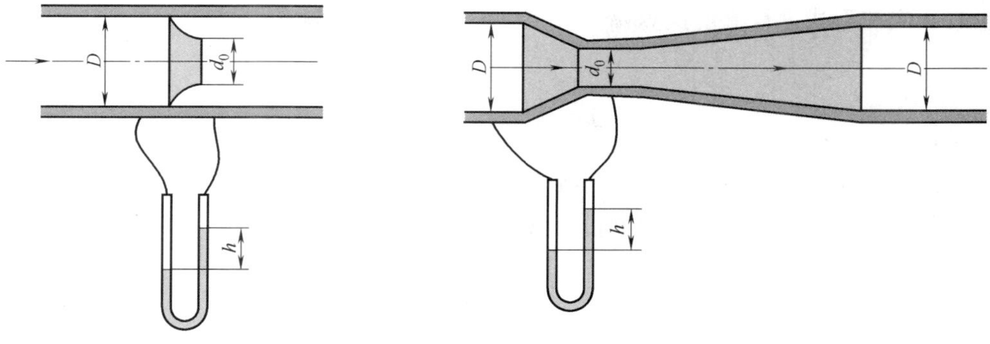

图 1-30　喷嘴和文丘里管流量计

三、转子流量计

转子流量计的构造如图 1-31 所示，在一根截面积自下而上逐渐扩大的垂直锥形（锥角在 4°左右）玻璃管内，装有一个能够上下移动的由金属或其他材质制成的转子。被测流体自玻璃管底部进入，从顶部流出。当流体流过锥形管时，转子受到两个力的作用：一个是垂直向上的推动力，它等于流体流经转子与锥管间的环形截面所产生的压力差；另一个是垂直向下的净重力，它等于转子所受的重力减去流体对转子的浮力。

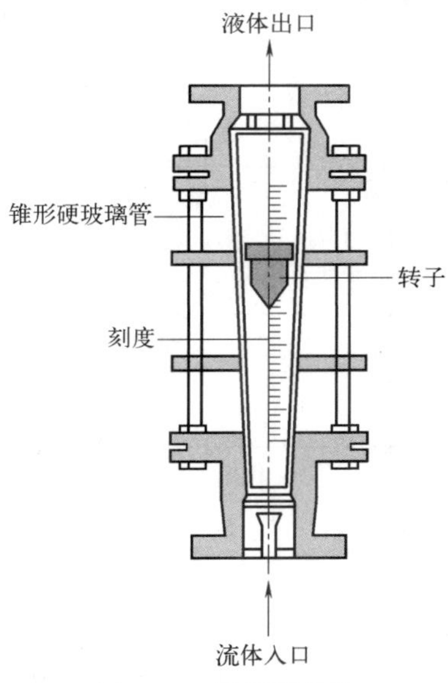

图 1-31　转子流量计

设 V_f 为转子的体积，A_f 为转子最大部分的截面积，ρ_f 为转子材质的密度，ρ 为被测流体的密度。若转子下端与玻璃管间的环形截面为 1，转子上端与玻璃管间的环形截面为 2，则流体流经环形截面所产生的压力差为 Δp（p_1-p_2）。当转子在流体中处于平衡状态时，转子承受的压力差等于转子所受的重力减去流体对转子的浮力，即

$$\Delta p A_f = V_f(\rho_f-\rho)g \tag{1-47}$$

由式（1-47）可知，对于一定的转子和流体，其 V_f、A_f、ρ_f 及 ρ 均为定值，所以不论转子停留在哪个位置，其承受的压力差 Δp 都是一定的，与流量无关。当流量增大时，玻璃管与转子环隙处的流速增大，根据伯努利方程不难得出转子承受的压力差 Δp 也增大，则此时的上升力 ΔpA_f 增大。但是转子的净重力 $V_f(\rho_f-\rho)g$ 不变，因此，转子在该位置上的受力平衡被打破，转子“浮起”。随着转子上浮，环隙面积逐渐增大，环隙中的流速减小，转子两端的压力差随之降低。当转子上浮至某一高度，转子上、下端压力差造成的上升力又等于转子的净重力时，转子不再上升，悬浮于该高度。由此可见，转子的悬浮高度随流量而变。根据这一原理，可在玻璃管外表面刻上刻度，并标上它所对应的流量值，这样在测量流量时，即可由转子停留的高度直接读出流体的流量值。读数时要看转子最大横截面所处的刻度。

转子流量计在出厂前，直接用 20℃的水（测量液体的转子流量计）或 20℃、101.3kPa 的空气（测量气体的转子流量计）进行标定，将流量值刻在玻璃管上。当用于测量其他流体

的流量时，应按下式进行流量换算：

$$\frac{q_{V2}}{q_{V1}}=\sqrt{\frac{\rho_1(\rho_f-\rho_2)}{\rho_2(\rho_f-\rho_1)}} \tag{1-48}$$

式中，下标 1 指标定流体（20℃的水或 20℃、101.3kPa 的空气）；下标 2 指实际被测流体。

转子流量计在安装时，应严格保持垂直。转子流量计的优点是读数方便，能量损失小，测量范围宽，可用于腐蚀性流体的测量。其缺点是不能经受高温高压，且在安装和使用时易破碎。

小结

本章是以机械能衡算方程为主线把相关的重要内容有机地联系起来，形成清晰的网络，如下所示。

W_e—输送 1kg 流体需要的有效功，J/kg

1. 有效功率 $P_e=W_e q_m$。
2. q_m 为质量流量，$q_m=uA\rho$。

gz—位能，J/kg

1. 两截面的选取。
2. 基准面的选定——计算方便原则。

$\frac{p}{\rho}$—静压能，J/kg

1. Δp 为两截面的压力差，若两容器开口，$\Delta p=0$。
2. 绝对压力、表压、真空度（负压）的概念；在两个截面上应使用同一方式表示压力。
3. 根据流体静力学方程，可以用 U 形管压差计计算两截面的压力差。
4. 密度的概念：$\rho=\frac{m}{V}$。
5. 可压缩流体与不可压缩流体的概念。
6. 对于可压缩流体，$(p_1-p_2)/p_1<20\%$时，密度取两截面的平均值 ρ_m。

$$W_e=g\Delta z+\frac{\Delta u^2}{2}+\frac{\Delta p}{\rho}+\sum h_f$$

$\frac{u^2}{2}$—动能，J/kg

1. u 的定义式为 $u=\frac{q_V}{A}$（m/s），q_V 为体积流量（m^3/s）。
2. 圆管内连续稳定流动，$u_1d_1^2=u_2d_2^2$。
3. 两截面积相差很大时，大截面上（贮槽）$u=0$。
4. 流速（量）的测定：测速管、孔板流量计、转子流量计等。

$\sum h_f=h_f+h_f'$—总阻力损失，J/kg

1. 直管阻力损失 $h_f=\lambda\frac{l}{d}\times\frac{u^2}{2}$（范宁公式）。
2. 两种流型及判据 Re；牛顿黏性定律（适用条件）；黏度。
3. 层流时的 $\lambda=\frac{64}{Re}$；湍流时的 $\lambda=f(Re,\varepsilon/d)$，完全湍流区的$\lambda=f(\varepsilon/d)$。
4. 非圆形管的当量直径 $d_e=4\times\frac{流通截面积}{润湿周边长}$。
5. 局部阻力损失 $h_f'=\lambda\frac{l_e}{d}\times\frac{u^2}{2}$或 $h_f'=\zeta\frac{u^2}{2}$。

思考题

1-1　什么是连续性假定？流体质点的含义是什么？有什么条件？

1-2　什么是绝对压力、表压和真空度？

1-3　什么是可压缩流体？什么是不可压缩流体？

1-4　什么是牛顿黏性定律？流体黏性的物理本质是什么？为什么温度上升，气体的黏度增大，而液体的黏度减小？

1-5　什么是牛顿型流体？什么是非牛顿型流体？请分别举例说明。

1-6　在化工过程中，液封的作用有哪些？高中学过的排水集气法算不算液封？

1-7　某液体连续稳定流过变径管路，粗管径是细管径的 2 倍，则粗管中的流速是细管中流速的多少倍？

1-8　利用机械能衡算方程解题要注意哪些问题？

1-9　层流与湍流的本质区别是什么？

1-10　如何用雷诺数判断流动类型？

1-11　一定质量流量的水在一定内径的圆管中稳定流动，当水温升高时，Re 将如何变化？

1-12　在圆管中流动的流体，不同流型时流体质点的速度分布有什么区别？

1-13　什么是哈根-泊肃叶方程？其应用条件是什么？

1-14　什么是层流底层？其厚度与哪些因素有关？

1-15　什么是范宁公式？其中摩擦系数 λ 如何确定？

1-16　管壁粗糙度对湍流时的阻力损失有何影响？

1-17　什么是流体的光滑管流动？

1-18　在莫迪摩擦系数图中，哪个区域的流体阻力损失 h_f 与流速 u 的一次方成正比？哪个区域的 h_f 与 u^2 成正比？

1-19　什么是局部阻力损失？如何计算？

1-20　用测速管测量的是管中流体的什么速度？

1-21　孔板流量计测量流体流量的原理是什么？

1-22　转子流量计测量流体流量的原理是什么？

习题

[1-1]　在甲地操作的设备真空度为 85.3kPa，当移到乙地操作时，维持其中的绝对压力不变，则真空表的读数应为多少？已知甲地的大气压为 94.8kPa，乙地的大气压为 101.33kPa。

[答案：91.83kPa]

[1-2]　在 20℃条件下，在试管中先装入 12cm 高的水银，再在其上面装入 5cm 高的水。水银的密度为 $13.55\times10^3 kg/m^3$，当地大气压力为 101kPa，试求试管底部的绝对压力。

[答案：117.4kPa（绝对压力）]

[1-3]　如附图所示，容器内贮有密度为 $1.2\times10^3 kg/m^3$ 的液体，液面高度为 3m。容器侧壁上有两根测压管线，距容器底部的高度分别为 2m 及 1m，容器上部空间的压力为 29.4kPa（表压）。试求 A、B 两个弹簧压力表的读数。当指示液的密度为 $1.4\times10^3 kg/m^3$ 时压差计的读数为 h，当换成密度为 $13.55\times10^3 kg/m^3$ 的指示液时压差计的读数为 h'，比较 h 和 h' 的大小。

[答案：(1) $p_A=52.9\times10^3 Pa$，$p_B=41.17\times10^3 Pa$；(2) $h=h'=0$]

[1-4]　如附图所示，用一复式 U 形管压差计测量流体流过管路 A、B 两点的压力差。已知流体的密度为 $1000kg/m^3$，指示液的密度为 $13.55\times10^3 kg/m^3$，且两 U 形管指示液之间的流体与管内流体相同。两个 U 形管压差计的读数分别为 $R_1=150mm$、$R_2=200mm$，则 A、B 两点的压力差 Δp 为多少？

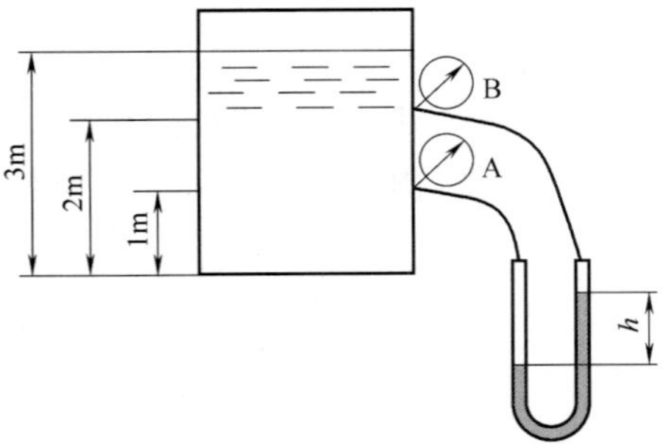

习题 1-3 附图

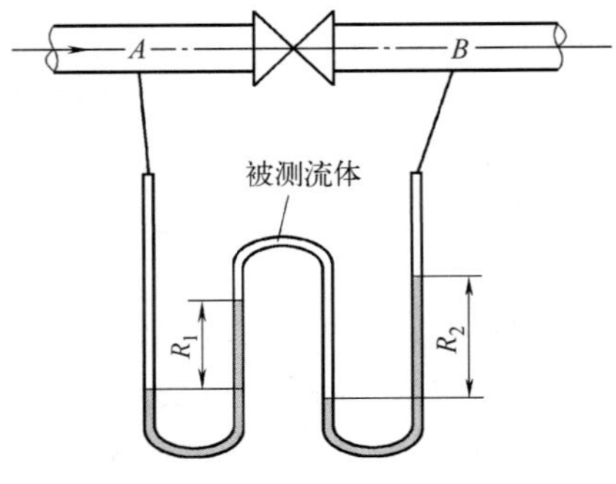

习题 1-4 附图

［答案：$\Delta p=43.09\text{kPa}$］

［1-5］ 两贮罐中均装有密度为 800kg/m^3 的油品，用一根管路连通，见附图。两贮罐的直径分别为 1.2m 和 0.48m，贮罐 1 中的真空度为 $1.2\times10^4\text{Pa}$ 且维持恒定，罐 2 与大气相通。当阀门关闭时，贮罐 1、2 内的液面高度分别为 2.4m 和 1.8m。试判断阀门开启后油品的流向，并计算平衡后两贮罐新的液面高度。

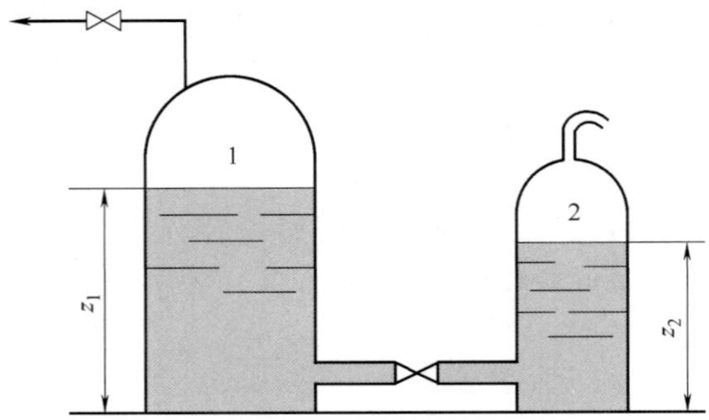

习题 1-5 附图

［答案：阀门开启后油品从贮罐 2 向贮罐 1 流动，$z_1'=2.53\text{m}$，$z_2'=1.00\text{m}$］

［1-6］ 有密度为 $1.8\times10^3\text{kg/m}^3$ 的液体在内径为 60mm 的管中输送到某处，若其流速为 0.8m/s，试求该液体的体积流量（$\text{m}^3\text{/h}$）、质量流量（kg/s）与质量流速［$\text{kg/(m}^2\cdot\text{s)}$］。

［答案：$q_V=8.14\text{m}^3\text{/h}$，$q_m=4.07\text{kg/s}$，$w=1440\text{kg/(m}^2\cdot\text{s)}$］

［1-7］ 如附图所示的水槽，槽底接有一根直径为 $\phi57\text{mm}\times3.5\text{mm}$ 的排水管。当出水阀全关时，压力表的读数为 30.4kPa；而阀门开启后，压力表的读数降至 20.3kPa。水的密度取 1000kg/m^3。设压力表之前管路中的压头损失为 4.9J/kg，试求水的流量。

［答案：$q_V=22.8\text{m}^3\text{/h}$］

［1-8］ 某厂的输液系统如附图所示。将某种料液由敞口高位槽 A 输送至一敞口反应槽 B 中，输液管为 $\phi38\text{mm}\times2.5\text{mm}$ 的铜管。已知料液在管中的流速为 u（m/s），系统的阻力损失 $\sum h_f=20.6\dfrac{u^2}{2}$（J/kg）。因扩大生产，需再建一套同样的系统，所用输液管直径不变，而要求的输液量需增加 30%。试求新系统所设的高位槽液面相比原系统需要增高多少。

［答案：4.14m］

［1-9］ 有一测量水在管道内流动阻力的实验装置，如附图所示。已知大管直径是小管的 2

倍，小管中的流速 u_2 为 1m/s，$R=10$mm，$h=80$mm。水的密度取 1000kg/m^3，指示液的密度为 13.55×10^{3}kg/m^3。试计算测压口 1、2 间的阻力损失。

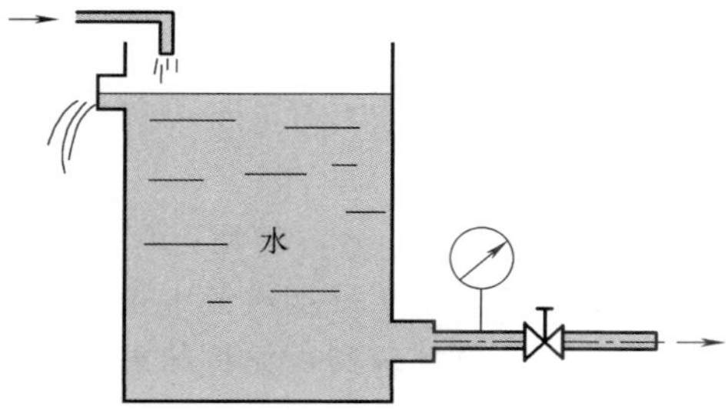

习题 1-7 附图

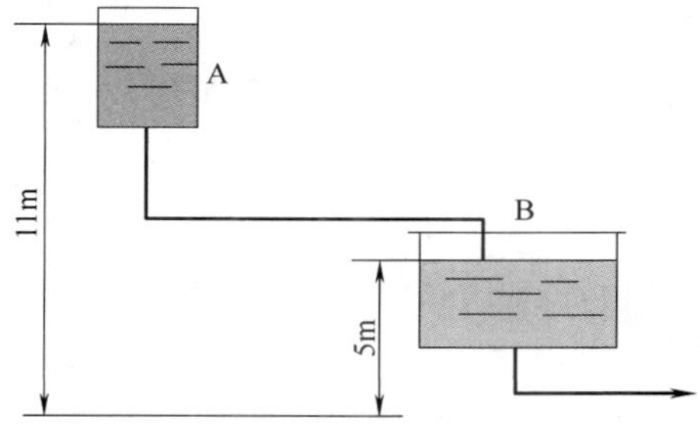

习题 1-8 附图

［答案：$\sum h_f=0.76$J/kg］

［1-10］ 如附图所示，用离心泵将水从水池中送到水洗塔顶，水池内水位维持恒定。管路的直径均为 ϕ76mm×3.5mm。在操作条件下，泵入口处真空表的读数为 24.7kPa，水流经吸入管与排出管（不包括喷头）的能量损失可分别按 $\sum h_{f1}=2u^2$ 与 $\sum h_{f2}=10u^2$ 计算。式中，u 为吸入管和排出管中水的流速。排水管与喷头连接处的压力为 98.1kPa（表压）。试求泵的有效功率。

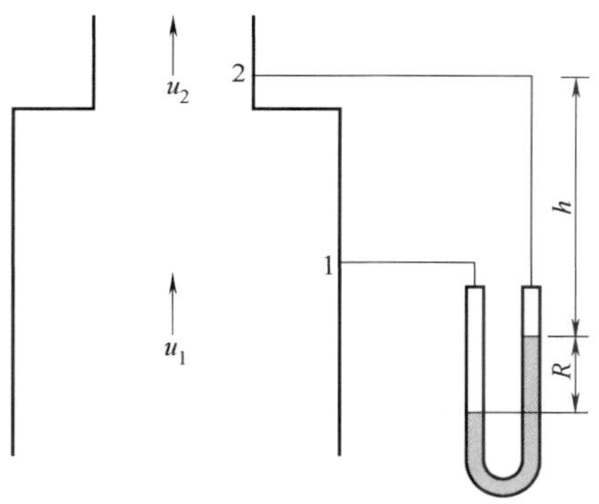

习题 1-9 附图

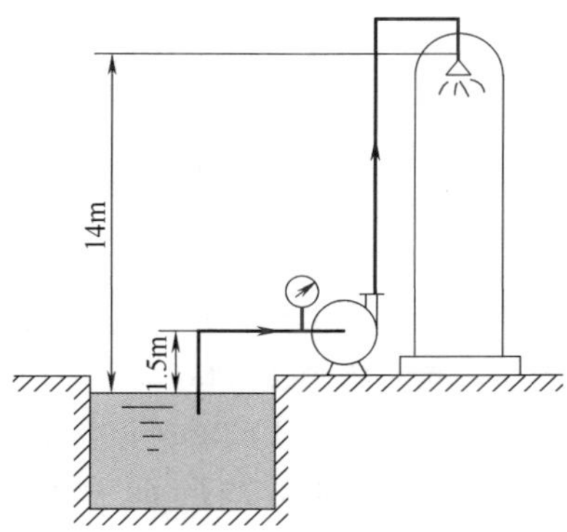

习题 1-10 附图

［答案：$P_e=2.131$kW］

［1-11］ 水在 ϕ219mm×6mm 的直管内流动。设水的密度为 1000kg/m^3，黏度为 1.005mPa・s。试求管中的水流量达到多少时，流动转为稳定湍流。若将管内改为运动黏度为 0.14cm^2/s 的某种液体，为保持层流流动，管中最大流速应为多少？

［答案：(1) $q_V=6.53\times10^{-4}$ m^3/s；(2) $u=0.135$m/s］

［1-12］ 如附图所示的套管式换热器，其外管为 ϕ219mm×9mm，内管为 ϕ114mm×4mm，试求套管环隙的当量直径。

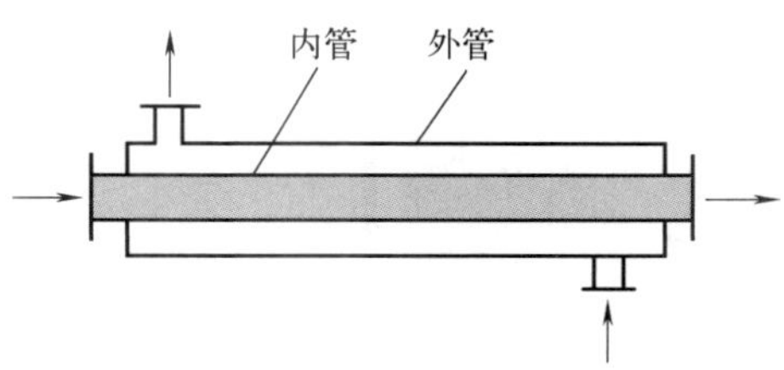

习题 1-12 附图

［答案：$d_e=0.087\text{m}$］

［1-13］ 如附图所示，有黏度为1.7mPa·s、密度为765kg/m^{3}的液体从敞口高位槽经直径为ϕ114mm×4mm的钢管流入表压为0.16MPa的密闭低位槽中。液体在钢管中的流速为1m/s，钢管总长190m，管子的相对粗糙度$\frac{\varepsilon}{d}=0.002$，管路上的阀门当量长度$l_e=50d$，90°弯头的阻力系数$\zeta=0.75$。两液槽的液面保持不变，试求两槽液面的垂直距离$H$。

［答案：$H=23.9\text{m}$］

［1-14］ 如附图所示，有两个敞口水槽，其底部用一水管相连，水从一水槽经水管流入另一水槽，水管内径0.1m，管长100m。管路中有两个90°弯头、一个全开球阀，如将球阀拆除，而管长及液面差H等其他条件均保持不变，试问管路中水的体积流量能增加多少？设摩擦系数λ为常数，$\lambda=0.023$，90°弯头的阻力系数$\zeta=0.75$，全开球阀的阻力系数$\zeta=6.4$。

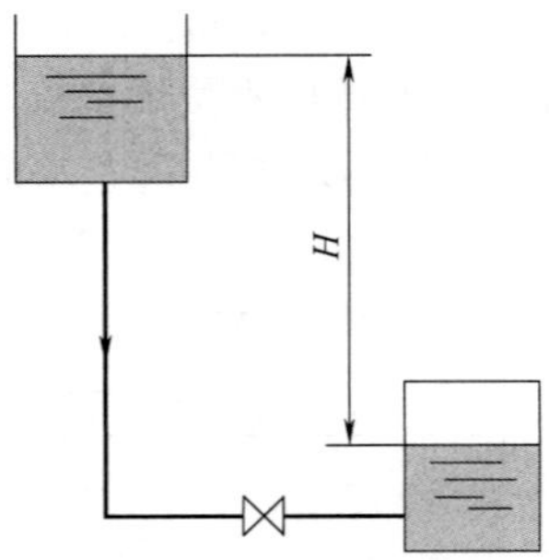

习题1-13附图

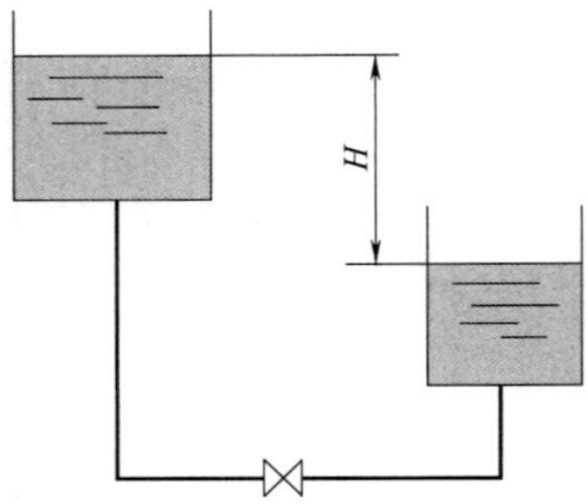

习题1-14附图

［答案：体积流量增加11.63%］

［1-15］ 如附图所示，槽内水位维持不变，槽底部与内径为100mm的钢管相连。管路上装有一个闸阀，阀前离管路入口端15m处安有一个U形管压差计，测压点与管路出口端之间的距离为20m。水的密度取1000kg/m^3，指示液的密度为13.6×10^{3}kg/m^3。

(1) 当闸阀关闭时，测得$R=600\text{mm}$，$h=1.5\text{m}$；当闸阀部分开启时，测得$R=400\text{mm}$，$h=1.4\text{m}$，管路摩擦系数取0.02，入口处局部阻力系数取0.5，试求此时管中的水流量。

(2) 当闸阀全开时（取$\frac{l_e}{d}=15$，$\lambda=0.018$），测压点B处的压力为多少？

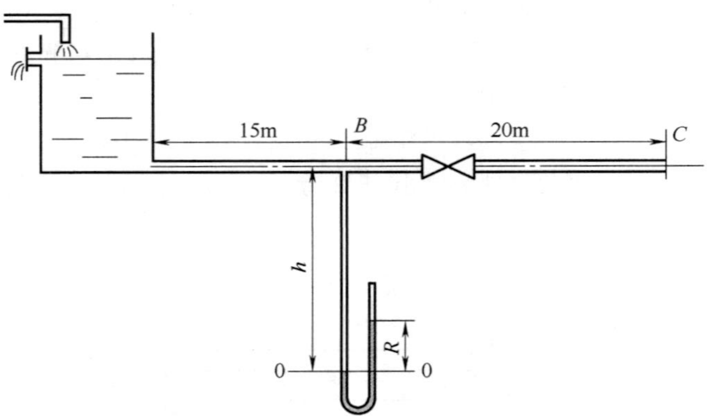

习题1-15附图

［答案：(1) $q_V=95.52\text{m}^3/\text{h}$；(2) $p_B=39.17\text{kPa}$（表压）］

本章符号说明

英文

A　面积，m^2

C_0　孔流系数

d　管径，m

d_e　当量直径，m

d_0　孔径，m

F　作用力，N

g　重力加速度，m/s^2

H_e　外加压头，m

H_f　压头损失（单位重量流体的机械能损失），m

h_f　能量损失（单位质量流体的机械能损失），J/kg

l　管长，m

l_e　局部阻力的当量长度，m

M　摩尔质量，kg/kmol

m　质量，kg

P_e　泵的有效功率，W

p　压力（压强），Pa

q_m　质量流量，kg/s（kg/h）

q_V　体积流量，m^3/s

R　压差计读数，m 液柱；摩尔气体常数，8.314kJ/(kmol·K)

Re　雷诺数

r　半径，m

T　热力学温度，K

u　流速，m/s

V　体积，m^3

v　比体积，m^3/kg

W_e　外加能量，J/kg

w　质量流速，$kg/(m^2 \cdot s)$

z　高度，m；位压头，m

希文

α　流量系数

ε　绝对粗糙度

ζ　局部阻力系数

λ　摩擦系数

μ　黏度，Pa·s

ν　运动黏度，m^2/s

ρ　密度，kg/m^3

上标

$\ominus$　标准状态

下标

max　最大

第二章

流体输送设备

目标导学

[目的] 通过本章的学习，应掌握化工中常用流体输送设备的基本结构、工作原理和操作特性。

[重点] 离心泵的工作原理、性能参数和特性曲线，离心泵的工作点与流量调节，离心泵的汽蚀现象和安装高度。

[难点] 离心泵的工作点与流量调节、离心泵的汽蚀现象和安装高度。

[内容导图]

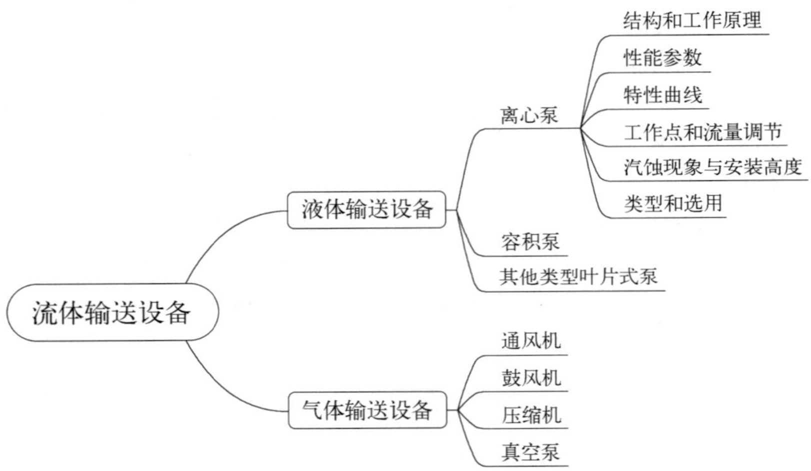

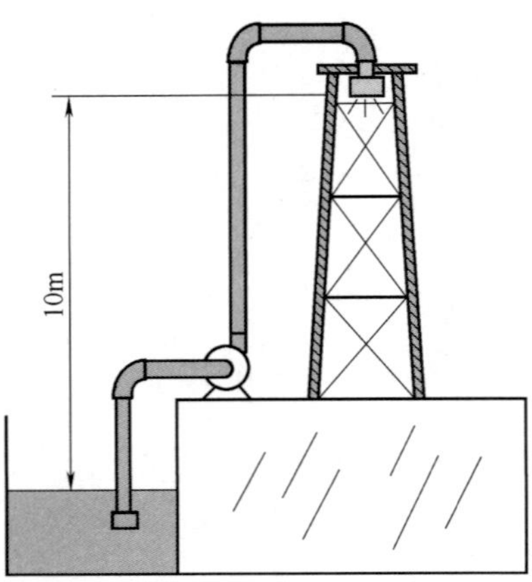

图 2-1 高塔送水示意

如图 2-1 所示，若要将水池中的水送到 10m 的高塔上，如果外界不提供机械能，水不能自动由低处流到高处。为了完成送水任务，该如何选择合适的送水设备？设备应如何正确安装？如何调节设备才能保证其安全高效地运转？要想解决上述问题，必须了解流体输送设备的操作原理、主要结构与性能。本章将对上述内容进行讨论。

在化工生产中，经常遇到把流体输送到高处或远处的情况，有时还需要提高流体的压力或将设备抽成真空，这都需用到为流体提供能量的输送设备。为液体提供能量的输送设备称为泵。为气体提供能量的输送设备称为风机及压缩机。它们都是化工厂最常用的通用设备。

第一节 离心泵

离心泵是重要的液体输送设备，它具有结构简单、流量大且均匀、操作方便的优点。因此，离心泵在化工生产中的应用很广泛，占化工用泵的80%～90%。

一、离心泵的基本结构和工作原理

离心泵的种类虽多，但工作原理相同，构造大同小异。如图2-2所示，离心泵由两个部分构成：一是包括叶轮和泵轴的旋转部件；二是由泵壳、填料函和轴承组成的静止部件。其中最主要的部件是叶轮和泵壳。叶轮安装在泵壳内，并紧固在泵轴上，泵轴可由电动机带动旋转。泵壳中央的吸入口与吸入管路相连，吸入管路底部装有带过滤网的底阀。泵侧旁的排出口与排出管路相连，其上装有调节阀，可供开工、停工和调节流量时使用。

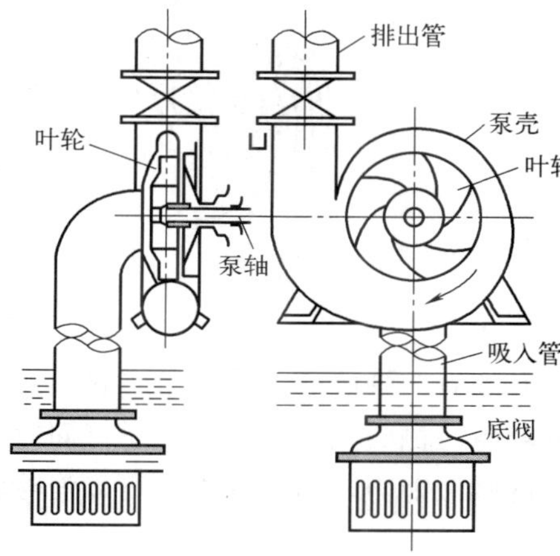

图2-2 离心泵构造与装置

离心泵在启动前需向壳内灌满被输送的液体。启动后电动机通过泵轴带动叶轮旋转，迫使叶片内的液体旋转，液体在离心力的作用下从叶轮中心被抛向外缘并获得能量。叶轮外缘的液体以很高的流速（一般可增大到15～25m/s）离开叶轮进入泵壳。由于泵壳中的流道逐渐加宽，液体的流速逐渐降低，部分动能转变为静压能。于是，具有较高压力的液体从泵的排出口压入排出管路，被送到所需的地方。

当泵内液体从叶轮中心被抛向外缘时，在泵中心处形成低压区。由于贮槽液面上方的压力大于泵吸入口处的压力，致使液体被吸进叶轮中心。因此，只要叶轮不断地转动，液体便被不断地吸入和排出。由此可见，离心泵之所以能输送液体，主要是因为高速旋转的叶轮产生离心力，液体在离心力的作用下获得了能量，因而得名离心泵。

离心泵启动时，若泵内存有空气，由于空气的密度很小，旋转后产生的离心力也很小。此时，叶轮中心处所形成的压力不足以将贮槽内的液体吸入泵内。所以，虽然离心泵启动了，但是不能输送液体。这种现象称为气缚。气缚发生时离心泵无自吸能力。为了避免产生气缚现象，离心泵启动前必须向泵内灌满液体，俗称“灌泵”。为了防止启动前所灌入的液体倒流出泵，离心泵吸入管底部装有止逆底阀。底阀上带有滤网，可以阻拦液体中的固体杂质被吸入，从而避免堵塞管道和泵壳。

叶轮是离心泵的关键部件，它的作用是将机械能传给液体，使液体的静压能和动能均有所提高。

叶轮通常由6～12片后弯的叶片组成，按其机械结构可分为敞式、半蔽式和蔽式三种，如图2-3所示。敞式叶轮前、后没有盖板，仅由叶片和轮毂组成。只有后盖板的称为半蔽式叶轮。敞式叶轮与半蔽式叶轮流道不容易堵塞，适用于输送含有固体颗粒的悬浮液或浆状、糊状液体。但由于没有盖板，液体在叶片间运动时容易产生倒流，故效率也较低。叶片两侧带有前、后盖板的称为蔽式叶轮，它适用于输送清洁液体。一般离心泵多采用这种叶轮。

蔽式或半蔽式叶轮运转时，离开叶轮的一部分高压液体会漏入叶轮后侧与泵壳之间的空腔中，而叶轮前侧吸入口处的液体压力较低，故叶轮前、后两侧所受的压力不等，从而产生一个指向叶轮吸入口方向的轴向推力。轴向推力将叶轮推向吸入口侧，导致叶轮与泵壳发生摩擦，严重时造成泵的振动，破坏泵的正常操作。为了平衡轴向推力，经常在叶轮后盖板上钻一些平衡孔［图 2-4（a）］。这些平衡孔可将后盖板与泵壳空腔中的部分高压液体漏到低压区，减小叶轮前后两侧的压力差，从而起到平衡部分轴向推力的作用。但是高压区的漏液会扰乱叶轮的主液流，增大液流阻力损失，从而降低泵的效率。

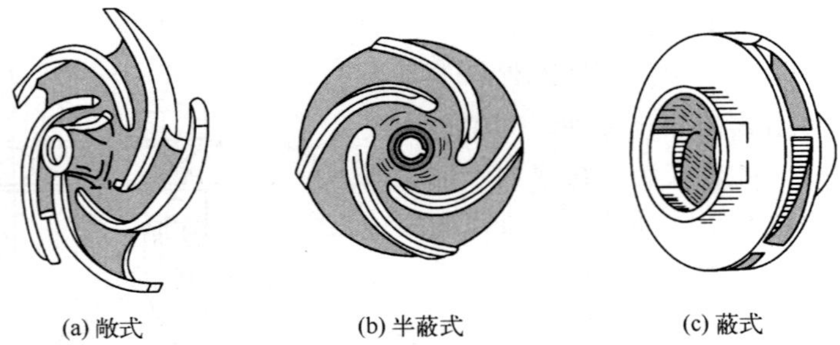

图 2-3　叶轮的类型

叶轮有两种吸液方式：单吸式和双吸式，如图 2-4 所示。单吸式叶轮结构简单，液体只能从叶轮一侧吸入。双吸式叶轮可同时从叶轮两侧对称地吸入液体。显然，双吸式叶轮具有较大的吸液能力，而且基本上可以消除轴向推力。

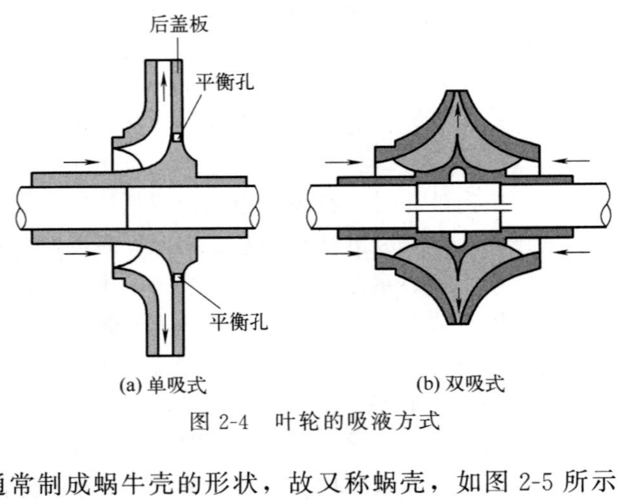

图 2-4　叶轮的吸液方式

离心泵的泵壳通常制成蜗牛壳的形状，故又称蜗壳，如图 2-5 所示。叶轮在壳内顺着蜗形通道逐渐扩大的方向旋转，越接近液体出口，通道截面积越大。液体从叶轮外缘高速流出后，流过泵壳蜗形通道时流速逐渐降低，减少了能量损失，而且使部分动能有效地转变为静压能。所以泵壳不仅是一个汇集液体的部件，也是一个转能装置。

为了减少液体进入蜗壳时的碰撞，在叶轮与泵壳之间安装有固定不动而带有叶片的导轮，如图 2-5 所示。液体流过导轮叶片间逐渐转向的流道时将部分动能转变为静压能，并能减小能量损失。导轮多用于多级离心泵中。多级离心泵是指泵轴上安装有多个叶轮。

离心泵运行时，泵轴转动而泵壳固定不动，泵轴穿过泵壳处必定会有环隙。其间的环隙如果不加以密封或密封不好，泵内高压液体便会发生泄漏，或者外界的空气会渗入叶轮中心的低压区，从而使泵的流量、效率下降，严重时还会发生气缚。所以，离心泵通常需要设置轴封装置。普通离心泵采用的轴封装置是填料密封，即将泵轴穿过泵壳的环隙做成密封圈，在其中填入软填料（例如浸油或涂石墨的石棉绳），从而将泵壳内、外隔开，而泵轴仍能自由转动。输送酸、碱以及易燃、易爆、有毒的液体时，密封的要求比较高，广泛采用的是机械密封装置。

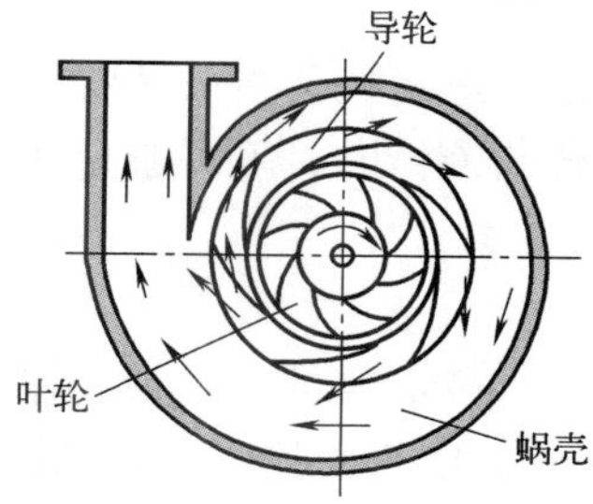

图 2-5　泵壳与导轮

二、离心泵的主要性能参数

离心泵的主要性能参数包括流量、扬程、功率和效率。

1. 流量

离心泵的流量用 q_V 表示，是指离心泵在单位时间里排到管路系统的液体体积，常用单位为 m^3/s 或 m^3/h。离心泵的流量取决于泵的结构、尺寸（主要为叶轮的直径与叶片的宽度）和转速。

离心泵总是安装在特定的管路里，因此，离心泵的实际流量还与管路特性有关。

2. 扬程

离心泵的扬程又称为压头，以 H 表示，是指离心泵对单位重量（1N）的液体所提供的有效能量，其单位为 m。离心泵的扬程与泵的结构（如叶片的弯曲情况、叶轮直径等）、转速及流量有关。对于输送液体一定的离心泵，在指定的转速下，扬程 H 与流量 q_V 有关。离心泵的 H 与 q_V 关系一般由实验测定，如图 2-6 所示。

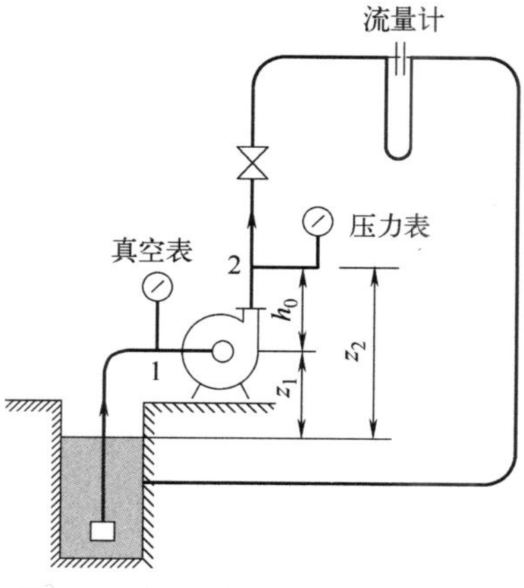

图 2-6　离心泵性能实验装置示意

在泵前真空表所在截面 1 与泵后压力表所在截面 2 间列机械能衡算方程可得

$$H=h_0+\frac{p_M-p_V}{\rho g}+\frac{u_2^2-u_1^2}{2g}+\sum H_f \tag{2-1}$$

式中，h_0 为截面 1、2 的垂直距离，m；p_M 为压力表读数（表压），Pa；p_V 为真空表读数（负表压值），Pa；u_1、u_2 分别为吸入管和排出管中的液体流速，m/s；$\sum H_f$ 为两截面间管路中的压头损失，m。

由于两截面的流速差很小，故 $\frac{u_2^2-u_1^2}{2g}$ 可以忽略不计。又因为两截面之间管路很短，其压头损失 $\sum H_f$ 也可以忽略不计。由此式（2-1）可写为

$$H=h_0+\frac{p_M-p_V}{\rho g} \tag{2-2}$$

3. 有效功率、轴功率与效率

功率是指单位时间内所做的功。根据扬程 H 和流量 q_V 可以算出离心泵对液体输出的有

效功率，以 P_e 表示，$P_e=q_V\rho gH$。这是液体从叶轮获得的能量。离心泵一般由电动机驱动，电动机传给泵轴的功率称为轴功率，用 P 表示。电动机提供给泵轴的能量在通过叶轮传给液体时，不可避免地会有能量损失，一般用离心泵的效率 η 来反映能量损失程度，即

$$\eta=\frac{P_e}{P} \tag{2-3}$$

离心泵的能量损失包括下列几项：

① 容积损失　容积损失是由于泵的泄漏造成的损失。一部分获得能量的高压液体发生泄漏，致使泵排入管道的液体量小于吸入的液体量，并消耗一部分能量。容积损失主要与泵的结构及液体在泵进、出口处的压力差有关。容积损失可由容积效率 η_v 来表示。

② 机械损失　轴与轴承之间、泵轴与填料函之间、叶轮盖板表面与液体之间产生摩擦而引起的能量损失称为机械损失。可用机械效率 η_m 来反映这种损失，其值一般为 0.96～0.99。

③ 水力损失　黏性液体在泵内流动时产生的摩擦阻力损失称为水力损失，可用水力效率 η_h 来反映。水力损失与泵的结构、流量及液体的性质等有关。

离心泵在一定转速下运转时，容积损失和机械损失可近似地视为与流量无关，但水力损失则随流量变化而改变。

离心泵的效率反映上述三项能量损失的总和，故又称为总效率。总效率为上述三个效率的乘积。

离心泵的效率与泵的类型、尺寸、制造精密程度、液体的流量和性质等有关。一般小型泵的效率为 50%～70%，大型泵可达 90%左右。

【例 2-1】 某离心泵用 20℃的水进行性能实验，实验装置如图 2-6 所示。流量计的读数为 $540m^3/h$，泵出口压力表的读数为 350kPa，泵入口真空表的读数为 30kPa。若压力表与真空表测压截面间的垂直距离为 350mm，吸入管与排出管的内径分别为 350mm 和 310mm，试求泵的扬程和有效功率。

解 已知 20℃时水的密度 $\rho=998.2kg/m^3$，流量 $q_V=540m^3/h$，管径 $d_1=0.35m$，$d_2=0.31m$，则

$$u_1=\frac{q_V}{\frac{\pi}{4}d_1^2}=\frac{540/3600}{\frac{\pi}{4}\times 0.35^2}=1.56\ (m/s)$$

$$u_2=u_1\left(\frac{d_1}{d_2}\right)^2=1.56\times\left(\frac{0.35}{0.31}\right)^2=1.99\ (m/s)$$

压力表的读数 $p_M=350kPa$，真空表的读数 $p_V=-30kPa$（表压），压力表与真空表测压点的垂直距离 $h_0=0.35m$，将上述各数值代入式（2-1）得

$$H=0.35+\frac{350\times 10^3-(-30\times 10^3)}{998.2\times 9.81}+\frac{1.99^2-1.56^2}{2\times 9.81}=0.35+38.8+0.078=39.2\ (m)$$

$$P_e=q_V\rho gH=\frac{540}{3600}\times 998.2\times 9.81\times 39.2=57.58\ (kW)$$

三、离心泵的特性曲线

离心泵的主要性能参数——流量 q_V、扬程 H、轴功率 P 及效率 η 间的关系曲线称为离

心泵的特性曲线。离心泵的特性曲线一般是在额定转速和101.325kPa下用20℃的清水进行实验测定的。图2-7是某型号离心泵在转速$n=2900\mathrm{r/min}$下的特性曲线。图中有三条曲线，分别是H-q_V、P-q_V、η-q_V曲线。由图可见这三条曲线的变化规律：

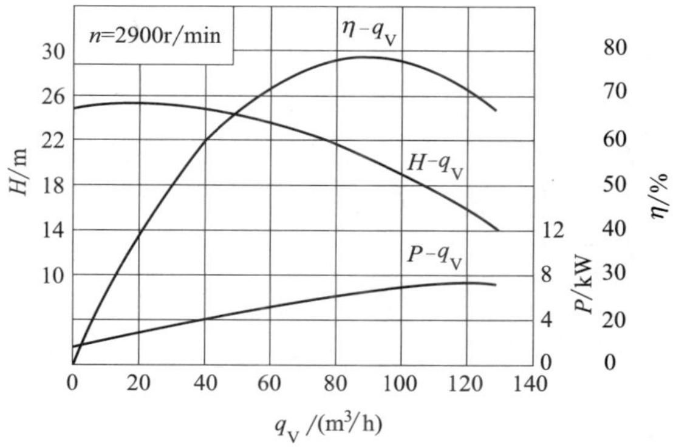

图2-7　离心泵的特性曲线

① H-q_V曲线　离心泵的扬程H随流量q_V增大而减小（q_V很小时可能例外）。当$q_V=0$时，H也只能达到一定数值，这是离心泵的一个重要特性。

② P-q_V曲线　离心泵的轴功率P随流量q_V增大而增大，当$q_V=0$时，P最小。因此，在离心泵启动时应关闭出口阀门，以减小启动功率，保护电动机，防止因超载而受损。

③ η-q_V曲线　离心泵的效率η先随流量q_V增大而增大，达到最大值后又随流量q_V增大而减小。曲线上的最大效率点为离心泵的设计工况点。在此点下操作，离心泵的效率最高，能量损失最小，最为经济。与此点对应的流量称为额定流量，离心泵的铭牌上标注的即为额定流量。

离心泵在实际管路上运行时，很难恰好在最大效率点下操作，所以各种离心泵都规定了一个高效区。一般高效区取不低于$92\%\eta_{max}$的范围。

1. 离心泵的转速 n 对特性曲线的影响

离心泵的特性曲线都是在一定转速下测定的，但在实际使用时，常会遇到要改变转速的情况，这时扬程、流量、效率及轴功率也会随之改变。当液体的黏度不大且离心泵的效率不变时，流量、扬程、轴功率与转速的近似关系为

$$\frac{q_{V2}}{q_{V1}}=\frac{n_2}{n_1},\ \frac{H_2}{H_1}=\left(\frac{n_2}{n_1}\right)^2,\ \frac{P_2}{P_1}=\left(\frac{n_2}{n_1}\right)^3 \tag{2-4}$$

式中，q_{V1}、H_1、P_1及q_{V2}、H_2、P_2分别是转速为n_1及n_2时离心泵的性能参数。

式（2-4）称为离心泵的比例定律。当离心泵的转速变化小于20%时，用上式进行计算误差不大。

2. 叶轮直径 D 对特性曲线的影响

当离心泵的转速一定时，其扬程、流量与叶轮直径有关。当叶轮直径变化不大，且转速不变时，叶轮直径和流量、扬程、轴功率之间的近似关系为

$$\frac{q_{V2}}{q_{V1}}=\frac{D_2}{D_1},\ \frac{H_2}{H_1}=\left(\frac{D_2}{D_1}\right)^2,\ \frac{P_2}{P_1}=\left(\frac{D_2}{D_1}\right)^3 \tag{2-5}$$

式中，q_{V1}、H_1、P_1及q_{V2}、H_2、P_2分别是叶轮直径为D_1及D_2时离心泵的性能参数。

式（2-5）称为离心泵的切割定律。该式只有在叶轮直径的变化不大于20%时才适用。

3. 液体物性对特性曲线的影响

（1）密度ρ的影响

离心泵的流量q_V等于叶轮周边出口截面积与液体在周边处的径向速度的乘积。这些因素不受液体密度影响，所以当液体的密度变化时，离心泵的流量不会改变。

泵内液体在离心力的作用下从低压 p_1 变为高压 p_2 排出，p_2-p_1 取决于液体离心力的大小，而液体离心力与液体密度成正比，故 p_2-p_1 与液体密度成正比。因离心泵的扬程 H 正比于$\frac{p_2-p_1}{\rho g}$，所以扬程与液体密度无关。

由 $P_e=q_V\rho gH$ 可知，离心泵的有效功率随液体密度增大而增大，但离心泵的效率不随液体密度而改变，故离心泵的轴功率亦随液体密度增大而增大。

（2）黏度的影响

若被输送的液体黏度较大，离心泵的特性曲线会发生改变。液体黏度增大，叶轮内液体的流速降低，从而使流量减小；黏度较大的液体在离心泵内流动时阻力损失增大，扬程减小；液体黏度增大，导致叶轮前、后盖板与液体之间的摩擦增大，引起机械损失增大，所需轴功率增加。总之，当液体黏度增大时，离心泵的效率会下降。液体黏度越大，效率下降越明显。通常，当输送液体的运动黏度 $\nu>20\times10^{-6}\,m^2/s$ 时，离心泵的性能参数需要进行换算。

四、离心泵的工作点和流量调节

1. 管路特性曲线

当离心泵安装在特定的管路系统中工作时，实际的工作扬程和流量不仅与离心泵本身的特性有关，还与管路的特性有关，即在输送液体的过程中，离心泵和管路是互相制约的。所以，讨论离心泵的工作情况之前应了解离心泵所在的管路状况。

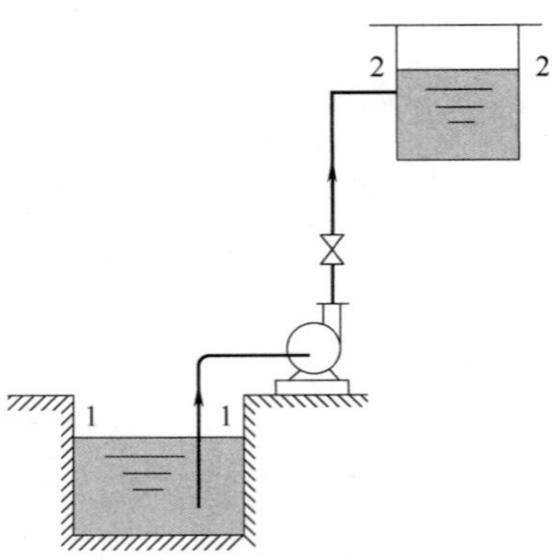

图 2-8 管路输送系统示意

在图 2-8 所示的输送系统内，若贮液槽与受液槽的液面均维持恒定，且输送管路的直径不变，则液体流过管路系统时所需的压头（要求离心泵提供的压头）可通过在截面 1—1 与截面 2—2 间列机械能衡算方程求得，具体如下：

$$H_e=\Delta z+\frac{\Delta p}{\rho g}+\frac{\Delta u^2}{2g}+\sum H_f \tag{2-6}$$

在特定的管路系统中，在操作条件一定时，上式的 Δz 与$\frac{\Delta p}{\rho g}$均为定值，可令 $H_0=\Delta z+\frac{\Delta p}{\rho g}$。若贮液槽和受液槽的截面都比管路截面大很多，则$\frac{\Delta u^2}{2g}\approx0$。于是式（2-6）可简化为

$$H_e=H_0+\sum H_f \tag{2-7}$$

若输送管路的直径相同，则管路系统的扬程损失可表示为

$$\sum H_f=\left(\lambda\frac{l+\sum l_e}{d}+\sum\zeta\right)\frac{u^2}{2g}=\frac{8}{\pi^2 g}\left(\lambda\frac{l+\sum l_e}{d^5}+\frac{\sum\zeta}{d^4}\right)q_V^2 \tag{2-8}$$

式中，q_V 为管路中液体的流量，m^3/s；d 为管内径，m；$l+\sum l_e$ 为管路中直管长度和局部阻力的当量长度之和，m；ζ 为局部阻力系数；λ 为摩擦系数。

对于特定的管路，上式中的 d、l、l_e、ζ 均为定值，湍流时 λ 变化不大，于是可令

$$k=\frac{8}{\pi^2 g}\left(\lambda\,\frac{l+\sum l_e}{d^5}+\frac{\sum\zeta}{d^4}\right)$$

则式（2-8）可简化为

$$\sum H_f=kq_V^2 \tag{2-9}$$

代入式（2-7）得

$$H_e=H_0+kq_V^2 \tag{2-10}$$

式（2-10）称为管路特性方程。

由式（2-10）可以看出，在特定管路中输送液体时，管路所需的压头 H_e 与所输送液体流量 q_V 的平方成正比。将此关系标绘在 H-q_V 坐标图上，得图 2-9 所示的管路特性曲线。

式（2-10）中的 k 为管路特性系数，它与管路长度、管径、摩擦系数及局部阻力系数有关。在其他条件一定时，改变管路中调节阀的开度，其局部阻力系数将改变，因而管路特性系数 k 和管路特性曲线的斜率也随之改变。k 较大的管路称为高阻力管路，其特性曲线的斜率较大，较为陡峭；反之称为低阻力管路，其特性曲线的斜率较小，较为平缓。

2. 工作点

如图 2-9 所示，若将离心泵的特性曲线 H-q_V 与其所在管路的特性曲线 H_e-q_V 绘于同一图上，则两线交点 P 称为离心泵在该管路上的工作点。该点对应的流量和压头既能满足管路系统的要求，又是离心泵所能提供的。若该点对应的效率在离心泵的高效区，则该工作点是合适的，否则就要调节工作点。

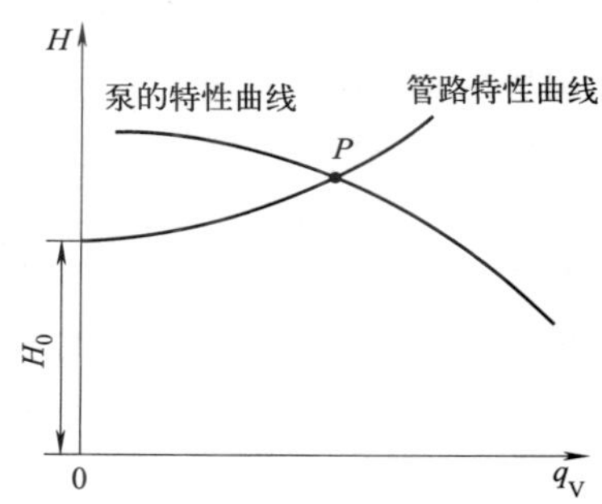

图 2-9　离心泵的工作点

【例 2-2】　用离心泵将水由敞口低位槽送往密闭高位槽，高位槽中的表压为 98.1kPa，两槽液位相差 4m 且维持恒定。已知输送管路为 ϕ45mm×2.5mm，在泵出口阀门全开的情况下，整个输送系统的总长为 20m（包括所有局部阻力的当量长度），设流动进入完全湍流区，摩擦系数为 0.02。在输送范围内，该离心泵的特性方程为 $H=28-6\times10^5 q_V^2$（q_V 的单位为 m^3/s，H 的单位为 m）。水的密度可取为 $1000kg/m^3$。试求离心泵的工作点。

解　令管路特性方程为

$$H_e=H_0+kq_V^2$$

其中

$$H_0=\Delta z+\frac{\Delta p}{\rho g}=4+\frac{98.1\times10^3}{10^3\times9.81}=14\ (\text{m})$$

$$k=\lambda\,\frac{8}{\pi^2 g}\times\frac{l+\sum l_e}{d^5}=0.02\times\frac{8}{3.14^2\times9.81}\times\frac{20}{0.04^5}=3.23\times10^5$$

故管路特性方程为

$$H_e=14+3.23\times10^5 q_V^2$$

已知离心泵的特性方程为 $H=28-6\times10^5 q_V^2$，联立两式得

$$28-6\times10^5 q_V^2=14+3.23\times10^5 q_V^2$$

则工作点下的流量与扬程为

$$q_V=3.89\times10^{-3}\,\text{m}^3/\text{s},\ H=18.92\text{m}$$

3. 流量调节

离心泵在指定的管路上工作时，若出现泵的工作流量与生产要求不相适应的情况，需要进行流量调节。流量调节实质上就是改变离心泵的工作点。离心泵的工作点由管路特性和泵的特性共同决定，因此，改变其中一种特性曲线就能达到调节流量的目的。

（1）改变阀门的开度

改变离心泵出口管路上阀门的开度，实质上是改变管路特性曲线。当阀门关小时，管路的局部阻力加大，管路特性曲线变陡，反之，管路特性曲线变平缓。如图 2-10 所示，曲线 k 表示阀门开度为 k 时的管路特性曲线，此时工作点为 A。当阀门开度关小为 k'时，管路特性曲线变陡，如曲线 k'所示。此时工作点移至 B，流量由 q_{VA} 减小到 q_{VB}。对流量 q_{VB} 来说，阀门开度为 k 时管路阻力损失为 H_C-H_0，阀门开度为 k'时管路阻力损失为 H_B-H_0，H_B-H_C 为阀门开度由 k 减小到 k'时所增加的阻力损失。

采用阀门调节流量迅速方便，且流量可以连续变化，适用于需要经常调节流量且调节幅度不大的系统。其缺点是当阀门关小时，流动阻力加大，要额外消耗一部分动力，不太经济。故这种方法一般只在较小流量的离心泵管路系统中使用。

（2）改变离心泵的转速

改变离心泵的转速，实质上是改变离心泵的特性曲线。如图 2-11 所示，离心泵原来的转速为 n，工作点为 A。若把其转速降至 n'，H-q_V 曲线便向下移，工作点移至 C，流量减小至 q_{VC}。由式（2-4）可知，离心泵的功率随转速下降而减小，因此从能耗的角度来看，通过改变转速来调节流量是比较经济的。但是改变离心泵的转速需要配备变速装置或价格昂贵的变速电动机，且难以做到连续调节流量。此外，改变的转速不可超过离心泵的额定转速，以免叶轮和电动机超过允许负荷。

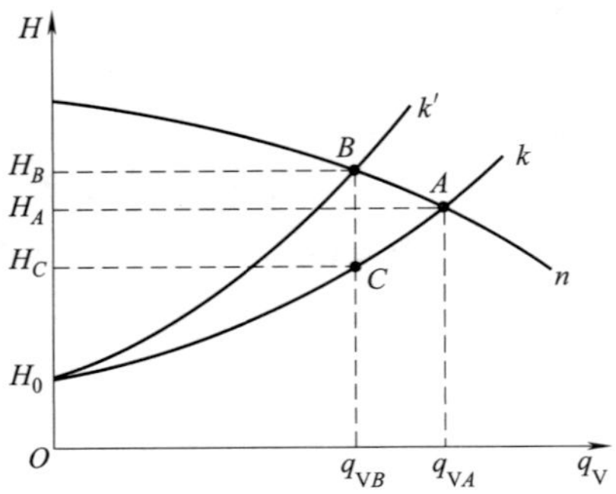

图 2-10　改变阀门开度时的流量变化

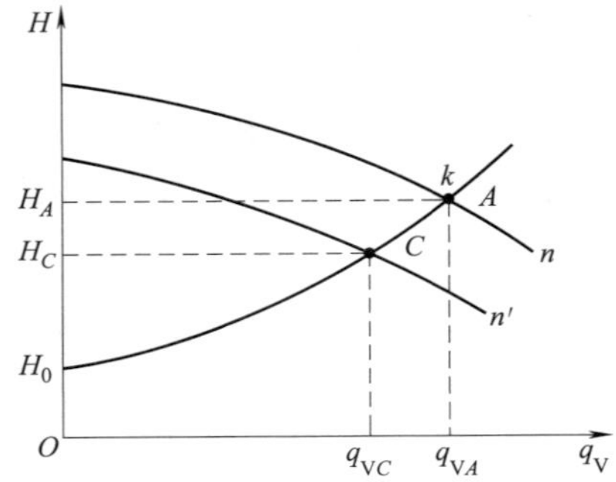

图 2-11　改变离心泵转速时的流量变化

4. 离心泵的并联和串联

在实际生产中，当单台离心泵不能满足输送任务要求时，可对离心泵进行并联或串联操作。

（1）离心泵的并联操作

对于一定的管路系统，当使用一台离心泵流量太小时，可将两台型号相同的离心泵并联，使两台离心泵排出的液体汇合送入同一管路系统，如图 2-12（a）所示。显然，两台离心泵的扬程相同，总流量为两台离心泵的流量之和。按这个条件，对单台离心泵特性曲线Ⅰ上的任意一点，保持其纵坐标（H）不变，使其横坐标（q_V）加倍，由此可得到一系列对应点，连成曲线即为两台并联离心泵的特性曲线Ⅱ，如图 2-12（b）所示。

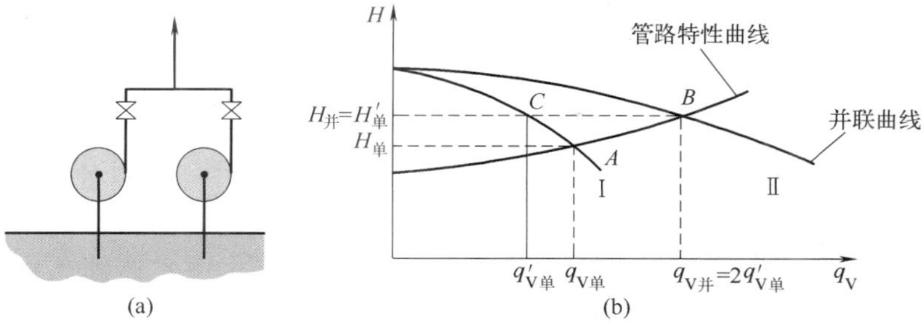

图 2-12 离心泵的并联操作

原来单台离心泵的工作点为 A，并联后两台离心泵的工作点为 B，其中一台离心泵的工作点为 C。B 点的扬程 $H_{并}$ 比单台离心泵操作时的 $H_{单}$ 高一些，其流量 $q_{V并}$ 相比单台离心泵操作时的 $q_{V单}$ 增大了，但达不到 $q_{V单}$ 的两倍，而是 C 点流量 $q'_{V单}$ 的两倍。

（2）离心泵的串联操作

为了使管路系统的输液距离增大、流量增加，需要提高泵的扬程。为此，可将两台型号相同的离心泵串联，使第一台离心泵排出的液体先流入第二台离心泵，然后再排入管路系统，如图 2-13（a）所示。显然，两台泵的流量相同，总扬程为单台泵的两倍。于是，对单台离心泵特性曲线Ⅰ上的任意一点，保持其横坐标（q_V）不变，使其纵坐标（H）加倍，由此可得到一系列对应点，连成曲线即得两台串联离心泵的特性曲线Ⅱ，如图 2-13（b）所示。

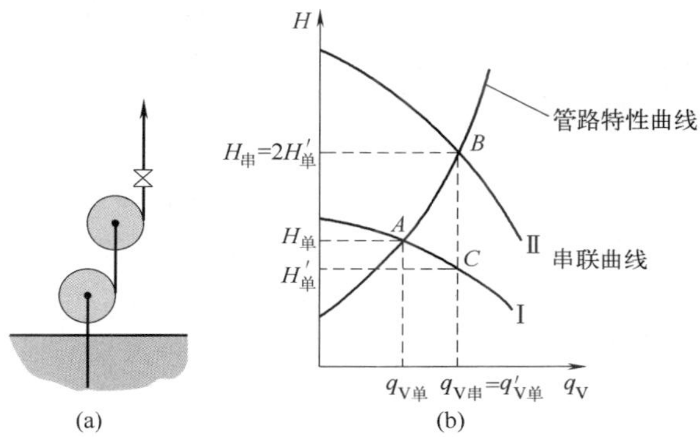

图 2-13 离心泵的串联操作

单台离心泵的工作点为 A，串联后两台离心泵的工作点为 B，其中一台离心泵的工作点为 C。B 点的流量 $q_{V串}$ 相比单台离心泵操作时的 $q_{V单}$ 增加了，其扬程 $H_{串}$ 相比单台离心泵操作时的 $H_{单}$ 也增大了，但达不到 $H_{单}$ 的两倍，而是 C 点扬程 $H'_{单}$ 的两倍。

多台泵串联操作，相当于一台多级泵。多级泵的结构紧凑，安装、维修也方便，因而可选用多级泵代替多台泵串联使用。

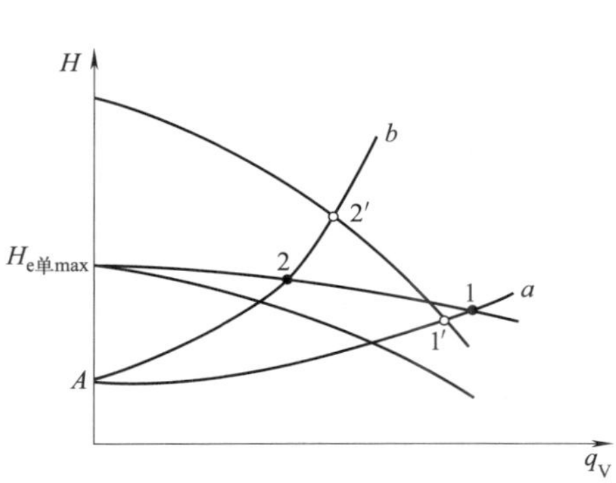

图 2-14 离心泵组合方式的选择

生产中究竟采用离心泵的哪种组合方式比较经济合理，取决于管路特性曲线的形状。如图 2-14 所示，对于管路特性曲线较平坦的低阻管路（曲线 a），并联操作的工作点为点 1，串联操作的工作点为点 1′，此时采用并联操作可获得更高的流量和扬程。对于管路特性曲线较陡的高阻管路（曲线 b），串联操作的工作点为点 2′，并联操作的工作点为点 2，此时采用串联操作可获得更高的流量和扬程。但是对于 $\Delta z+\dfrac{\Delta p}{\rho g}$ 值高于单台泵所能提供的最大扬程 $H_{e单max}$ 的特定管路，则必须采用串联组合的方式。

五、离心泵的汽蚀现象与安装高度

1. 汽蚀现象

离心泵运行时，叶轮中央的液体被甩向外围，因而在叶轮中心进口处形成低压（真空）。如图 2-15 所示的离心泵吸液管路，泵内压力最低处在叶轮中心进口 K 点。当 p_K 下降至该操作温度下被输送液体的饱和蒸气压 p_V 时，液体将沸腾并部分汽化，同时还会有溶解在液体中的气体解吸出来，生成大量小气泡。这些小气泡随液体从叶轮中心进口向外围流动，因叶轮外围压力升高，气泡会突然破裂，其消失处会产生局部真空。于是，周围的液体将以极大的速度冲向气泡消失处，在冲击处产生很高的局部压力（高达几百个大气压力），且冲击频率高达每秒几万次。这种高频、高压的冲击会引起泵体震动、发出噪声。在这种冲击力的反复作用下，叶轮和泵壳局部表面会受到侵蚀。另外，气泡中可能带有氧气等活泼气体，这些气体会对金属材料产生化学腐蚀作用，导致叶轮表面出现斑痕和裂缝而过早损坏。这种现象称为泵的汽蚀现象。汽蚀现象开始发生时，汽蚀区域较小，对离心泵的正常工作没有明显影响。但当汽蚀现象发展到一定程度时，气泡量较多，泵内液体流动的连续性遭到破坏，离心泵的流量、扬程和效率均会明显下降。汽蚀现象严重时甚至吸不上液体，离心泵无法正常工作。

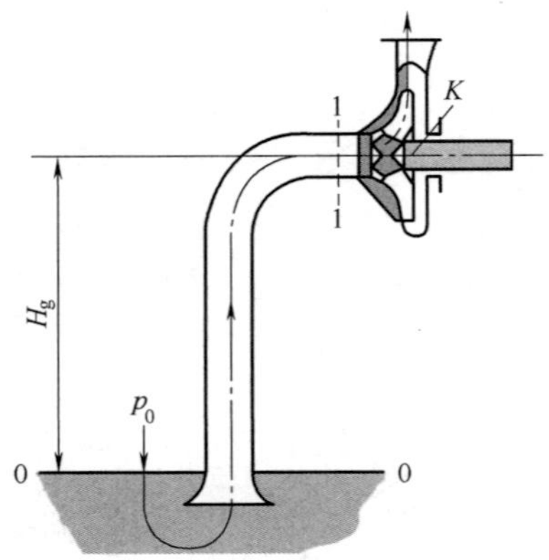

图 2-15　离心泵吸液示意

为了避免汽蚀的发生，需控制叶轮中心进口 K 点的压力使之不能太低。离心泵入口截面 1—1 的压力 p_1 和叶轮 K 点的压力 p_K 密切相关，在截面 0—0 与泵入口的截面 1—1 之间列机械能衡算方程，并以截面 0—0 为基准水平面可得

$$\frac{p_1}{\rho g}=\frac{p_0}{\rho g}-H_g-\frac{u_1^2}{2g}-\sum H_{f(0-1)} \tag{2-11}$$

由式（2-11）可知，当吸入管路的流量及管路一定时，若增大离心泵的安装高度 H_g，则 p_1 下降。再在泵入口的截面 1—1 与 K 点所在截面之间列机械能衡算方程可得

$$\frac{p_1}{\rho g}+\frac{u_1^2}{2g}=\frac{p_K}{\rho g}+\frac{u_K^2}{2g}+\sum H_{f(1-K)} \tag{2-12}$$

由式（2-12）可知，在一定流量下，p_1 降低，p_K 也相应地减小。因此离心泵的安装高度 H_g 不能太高，以保证叶轮中各处压力均高于被输送液体的饱和蒸气压 p_V，避免发生汽蚀现象。离心泵规格表中给出的汽蚀余量（国外称净正吸入扬程，以 NPSH 表示）就是该泵的安装高度限制。下面介绍汽蚀余量的有关概念。

2. 汽蚀余量

（1）有效汽蚀余量 Δh_a

当离心泵内刚发生汽蚀现象时，p_K 等于被输送液体的饱和蒸气压。此时，液体在泵入口截面 1—1 所具有的压头 $\frac{p_1}{\rho g}+\frac{u_1^2}{2g}$ 相比液体饱和蒸气的压头 $\frac{p_V}{\rho g}$ 超出 $\frac{u_K^2}{2g}+\sum H_{f(1-K)}$。此超出值为有效富余压头，常称为有效汽蚀余量 Δh_a，单位为 m，其表达式为

$$\Delta h_a=\left(\frac{p_1}{\rho g}+\frac{u_1^2}{2g}\right)-\frac{p_V}{\rho g} \tag{2-13}$$

若大气压力 p_0 一定，且流体流速及温度均保持一定，当离心泵的安装高度 H_g 增高或管路压头损失增大时，都会使 p_1 减小，从而使有效汽蚀余量 Δh_a 减小。所以，Δh_a 与吸液管路的高度、管径等有关，而与离心泵本身无关。

（2）必需汽蚀余量 Δh_r

必需汽蚀余量表示液体从泵入口截面 1—1 流到叶轮内最低压力点 K 处的全部压头损失，它与离心泵的结构、尺寸及液体流量有关。对于某一型号的离心泵，若流量不变，则 Δh_r 是定值。必需汽蚀余量 Δh_r 是离心泵的重要性能参数，它决定了离心泵的安装高度。Δh_r 不能用计算的方法确定，只能通过实验求得。

若离心泵的有效汽蚀余量 Δh_a 不变，其必需汽蚀余量 Δh_r 越小，越不易发生汽蚀现象。因为泵入口处的压头余量 Δh_a 减去越少的压头损失 Δh_r（上述必需汽蚀余量）之后，所剩余的压头就越多。此时，液体在叶轮内最低压力点 K 处的压头就比 $\frac{p_V}{\rho g}$ 高出越多，所以更不会发生汽蚀现象。Δh_a 与 Δh_r 的关系如图 2-16 所示。由此可知，当 $\Delta h_a>\Delta h_r$ 时，$p_K>p_V$，不会发生汽蚀现象；当 $\Delta h_a=\Delta h_r$ 时，$p_K=p_V$，开始发生汽蚀现象；若 $\Delta h_a<\Delta h_r$，则 $p_K<p_V$，发生严重汽蚀现象。

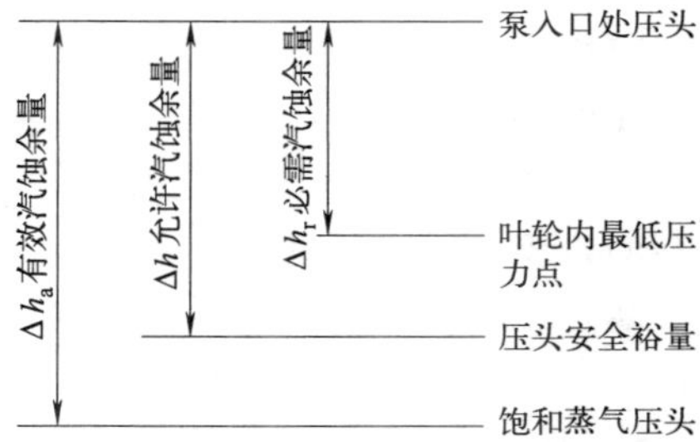

图 2-16　Δh_a、Δh_r 与 Δh 三者的关系

（3）允许汽蚀余量 Δh

为了保证离心泵安全操作，防止发生汽蚀现象，应在必需汽蚀余量 Δh_r 的基础上加上一安全裕量（0.3m）。该值称为允许汽蚀余量 Δh，即

$$\Delta h=\Delta h_r+0.3 \tag{2-14}$$

离心泵规格表中列出的汽蚀余量就是允许汽蚀余量 Δh。其值是以 20℃ 的清水为介质，通过实验测定出来的。当输送其他液体时，Δh 值应按下式校正。

$$\Delta h'=\phi\Delta h$$

式中，$\Delta h'$ 为输送其他液体时的允许汽蚀余量，m；ϕ 为校正系数，其值可查有关手册。

3. 离心泵的安装高度

将式（2-13）代入式（2-11）可得

$$H_g=\frac{p_0}{\rho g}-\frac{p_V}{\rho g}-\Delta h_a-\sum H_{f(0-1)} \tag{2-15}$$

由上式可知，当离心泵的安装高度增高时，有效汽蚀余量 Δh_a 将减小。当 Δh_a 减小到与必需汽蚀余量 Δh_r 相等时，$p_K=p_V$，开始发生汽蚀。此时离心泵的安装高度称为最大安装高度，以 H_{gmax} 表示。根据式（2-15）可知

$$H_{gmax}=\frac{p_0}{\rho g}-\frac{p_V}{\rho g}-\Delta h_r-\sum H_{f(0-1)} \tag{2-16}$$

若用允许汽蚀余量 Δh 代替式（2-16）中的必需汽蚀余量 Δh_r，则得到离心泵的最大允

许安装高度，用 $H_{g允许}$ 表示，其表达式为

$$H_{g允许}=\frac{p_0}{\rho g}-\frac{p_V}{\rho g}-\Delta h-\sum H_{f(0-1)} \tag{2-17}$$

为安全起见，在实际安装离心泵时，通常将 $H_{g允许}$ 减去一定量（0.5～1m）作为安装高度，称为实际安装高度。

必需汽蚀余量 Δh_r 与流量 q_V 有关，q_V 增大，Δh_r 增大，离心泵的安装高度 H_g 下降。因此，在确定离心泵的安装高度时，必须根据安装管路的最大流量进行计算。

由式（2-15）可知，吸入管路的阻力损失 $\sum H_{f(0-1)}$ 增加，离心泵的安装高度也会下降，所以应尽可能降低管路的阻力损失。可采取的措施有：离心泵靠近液源，吸入管路少拐弯，尽量省去不必要的管件；调节阀装在排出管路上；吸入管径可大于排出管径，使吸入管内的流速减小。

【例 2-3】 用某型号的离心泵将敞口水槽中的水送出，已知吸入管路的压头损失为 4m，当地环境大气的绝对压力为 98kPa，泵的允许汽蚀余量 $\Delta h=2$m。试求水温 20℃时离心泵的最大允许安装高度。

解 查表得 20℃时水的饱和蒸气压 $p_V=2.338$kPa，密度 $\rho=998.2\text{kg/m}^3$。已知环境大气压力 $p_0=98$kPa，吸入管 $\sum H_{f(0-1)}=4$m，泵的允许汽蚀余量 $\Delta h=2$m。将各数值代入式（2-17）中可求得离心泵的最大允许安装高度为

$$H_{g允许}=\frac{p_0-p_V}{\rho g}-\Delta h-\sum H_{f(0-1)}=\frac{(98-2.338)\times 10^3}{998.2\times 9.81}-2-4=3.77\ (\text{m})$$

输送 20℃的水时，此泵的实际安装高度 $H_g<3.77$m。

六、离心泵的类型、选择与应用

1. 离心泵的类型

离心泵的种类很多，根据输送液体的不同，常用的类型可分为清水泵、耐腐蚀泵、油泵和杂质泵等。下面对这些泵进行简要介绍，详情可参阅泵的产品样本。

（1）清水泵

工业生产中输送物理、化学性质与清水类似的液体一般都用清水泵，其特点是结构简单、操作容易。IS 型单级单吸式离心泵是我国最早按国际标准（ISO）设计、研制的系列水泵，共有 29 个品种。该系列水泵输送介质的温度不超过 80℃，口径在 40～200mm，流量范围为 6.3～400m^3/h，扬程范围为 5～125m。例如，IS80-50-200 型清水泵，其各项意义是：IS 表示国际标准单级单吸式清水离心泵；80 表示泵入口直径为 80mm；50 表示泵出口直径为 50mm；200 表示泵叶轮公称直径为 200mm。

如果要求的扬程较高，可采用多级离心泵，其系列代号为“D”或“DG”。多级泵相当于多个离心泵串联，故可提供高扬程。如果输送液体的流量要求很大，可采用双吸式离心泵，其系列代号为“S”。双吸泵有两个吸入口，相当于两个离心泵并联，故可加大吸入量。

（2）耐腐蚀泵

当输送酸、碱等腐蚀性液体时，应采用耐腐蚀泵。其主要特点是泵内和液体接触的部件

用耐腐蚀材料制成。常用的是F型单级单吸式耐腐蚀泵。各种材料制造的耐腐蚀泵在结构上基本相同，为了区分不同的耐腐蚀材料，常在F后面再加一个字母。例如，灰口铸铁的材料代号为H，用于输送浓硫酸；高硅铸铁的材料代号为G，用于输送压力不高的硫酸或以硫酸为主的混酸。F型耐腐蚀泵全系列的扬程范围为15～105m，流量范围为2～400m^3/h。

耐腐蚀泵的另一个特点是密封要求高。由于填料本身被腐蚀的问题难以彻底解决，因此F型耐腐蚀泵会根据需要采用机械密封装置。

（3）油泵

输送石油产品的泵称为油泵。油品的特点是易燃、易爆，因此对油泵要求密封完善。当输送200℃以上的热油时，还要求对轴封装置和轴承等进行冷却，故这些部件常设有冷却水夹套。

国产的油泵系列代号为Y，有单吸和双吸、单级和多级（2～6级）多种。Y型油泵全系列的扬程范围为60～603m，流量范围为6.25～500m^3/h。

（4）杂质泵

输送悬浮液及稠厚的浆液等常用杂质泵。其系列代号为P，又细分为污水泵PW、砂泵PS、泥浆泵PN等。对这类泵的要求是不易被杂质堵塞、耐磨、容易拆洗。所以，它的特点是叶轮流道宽、叶片数目少、常采用半蔽式或敞式叶轮。有些杂质泵的泵壳还内衬以耐磨的铸钢护板。

2. 离心泵的选用

选择离心泵应以能满足液体输送的工艺要求为前提，选择步骤如下。

（1）选型

根据被输送液体的性质确定泵的类型。

（2）确定流量和扬程

一般流量q_V由生产任务来定，根据输送系统管路设计和生产任务需要，用机械能衡算方程计算管路所需扬程。

（3）确定泵的型号

根据所需流量和扬程，从泵的样本或产品目录中选出合适的泵。若生产中流量有变动，要以最大流量来查找，扬程也应以最大流量的对应值来查找。若H和q_V与管路所需不符，则应在邻近型号中找H和q_V都稍大一点的型号。若几个型号同时满足需要，应选一个在操作条件下效率最高的型号。

（4）校核泵的特性参数

若被输送液体的性质与标准流体相差较大，则应对所选泵的特性曲线和参数进行校正，看是否能满足要求。

第二节　容积泵

容积泵也叫正位移泵，是指依靠容积变化原理来工作的泵，即借助物体周期性的位移来增大或减小工作容积，从而进行液体输送。按照工作方式，容积泵又分为往复式和转动式。往复泵及隔膜泵是常见的往复式容积泵，转动式容积泵有齿轮泵、螺杆泵等。

一、往复泵和计量泵

往复泵依靠往复运动的活塞依次开启吸入阀和排出阀，从而吸入和排出液体。它的应用范围很广，打气筒和农村用的压水井装置都属于往复泵。

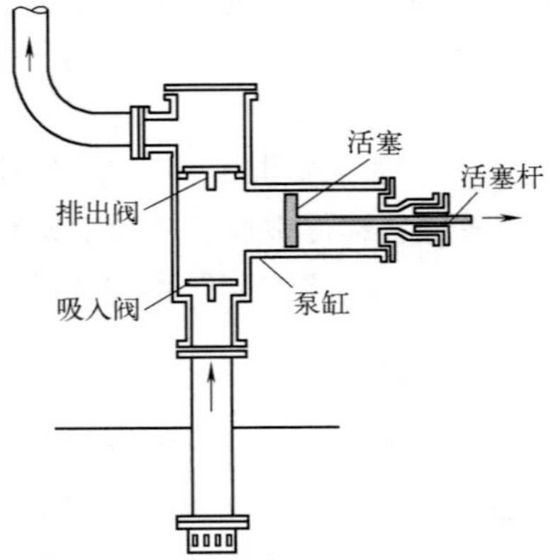

图 2-17　往复泵装置示意

1. 往复泵的作用原理

曲柄连杆机构带动的往复泵如图 2-17 所示。它主要由泵缸、活塞（或柱塞）、吸入阀和排出阀等组成。活塞在外力推动下进行往复运动，由此改变泵缸内的容积和压力，交替地打开和关闭吸入阀、排出阀，从而达到输送液体的目的。由此可见，往复泵是通过活塞的往复运动直接以压力能的形式向液体提供能量。

2. 往复泵的类型

按照动力来源，可分为电动往复泵和汽动往复泵。

电动往复泵由电动机驱动，是往复泵中最常见的一种。电动机通过减速箱和曲柄连杆机构与泵相连，它们把电动机的旋转运动变为活塞的往复运动。汽动往复泵直接由蒸汽机驱动，泵的活塞和蒸汽机的活塞连在一根活塞杆上，构成一个总的机组。

按照作用方式，可分为单动往复泵、双动往复泵和三联泵。

活塞往复一次只吸入和排出液体一次的泵，称为单动往复泵。由于单动泵的吸入阀和排出阀均装在活塞的一侧，吸液时就不能排液，因此其排液不连续。加之活塞由连杆和曲轴带动，活塞在左、右两端点之间的往复运动不是等速的，所以其排液量随着活塞的移动有相应的起伏，如图 2-18（a）所示。

双动往复泵活塞两侧的泵体内都装有吸入阀和排出阀，因此无论活塞向哪边运动，总有一个吸入阀和一个排出阀打开。在活塞往复一次的运动中，双动往复泵吸液和排液各两次，使吸入管路和排出管路内总是有液体流过，所以双动往复泵送液连续，但流量曲线仍有起伏，如图 2-18（b）所示。

为了改善流量的不均匀性，可采用三台单动泵并联而成三联泵。其排液量比较均匀，如图 2-18（c）所示。

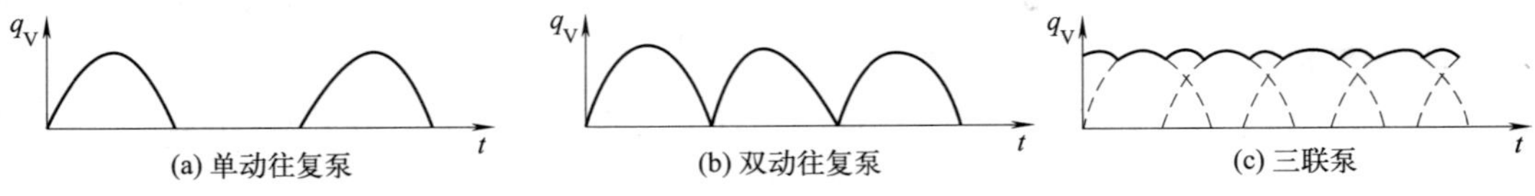

图 2-18　往复泵的流量曲线

3. 往复泵的扬程和流量调节

往复泵的扬程与泵的几何尺寸无关，只要泵的机械强度及原动机的功率允许，无论输送系统要求多高的扬程，往复泵均能提供。但是，活塞环、轴封、吸入阀和排出阀等处的泄漏往往会降低往复泵可能达到的扬程。

往复泵的吸上真空度亦随安装地区的大气压力、输送液体的性质和温度而变，所以往复泵的安装高度也有一定限制。但是，往复泵内的低压是靠工作室的扩张形成的，所以在开动之前，泵内无须充满液体，即往复泵有自吸作用。

往复泵的理论流量可按下列两式计算。

单动泵：
$$q_{V理}=ASn \tag{2-18}$$

双动泵：
$$q_{V理}=(2A-a)Sn \tag{2-19}$$

式中，$q_{V理}$为往复泵的理论流量，m^3/min；A 为活塞的截面积，m^2；S 为活塞的行程（冲程），m；n 为活塞每分钟的往复次数，1/min；a 为活塞杆的截面积，m^2。

由式（2-18）可知，往复泵的理论流量由活塞扫过的体积决定。所以，往复泵不能像离心泵一样用出口阀来调节流量。一旦出口阀门完全关闭，泵缸内的压力将急剧上升，会导致机件破损或电动机烧毁。往复泵通常在排出管与吸入管之间安装回流支路，用支路阀进行流量调节。

图 2-19 为回流支路的安装方式。液体经吸入管路进入泵内，经排出管排出，部分液体经旁路阀门流回吸入管路。改变阀门开度，可以增减支路流回泵入口的流量，从而调节进入管路系统的流量。若下游压力超过规定值，安全阀立即自动开启，泄回部分液体，以减轻泵及管路所承受的压力，保护泵和电动机。这种调节方式较为简便，但会增加功率消耗。

另外，改变电动机转速来调节活塞的往复次数 n 以及改变活塞行程 S 都可以调节往复泵的流量。

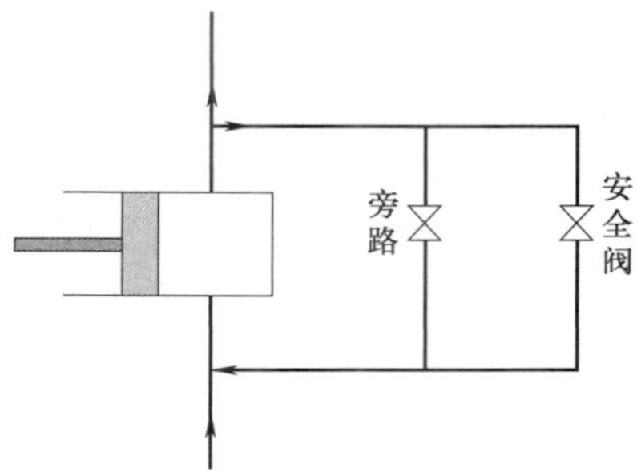

图 2-19　旁路调节流量示意

计量泵从操作原理来说是一种往复泵。它是通过偏心轮把电动机的旋转运动变成活塞的往复运动。调整偏心轮的偏心距离，可以使活塞的行程改变。若单位时间内活塞的往复次数不变，计量泵的流量与活塞的行程成正比，则调整偏心轮的偏心距离可以比较严格地控制和调节流量。

计量泵适用于要求输液量十分准确而又便于调节的场合，如向化工厂的反应器输送液体。有时可通过用一台电动机带动几台计量泵的办法使每股液体流量稳定，且各股液体量的比例也固定，故其又称为比例泵。

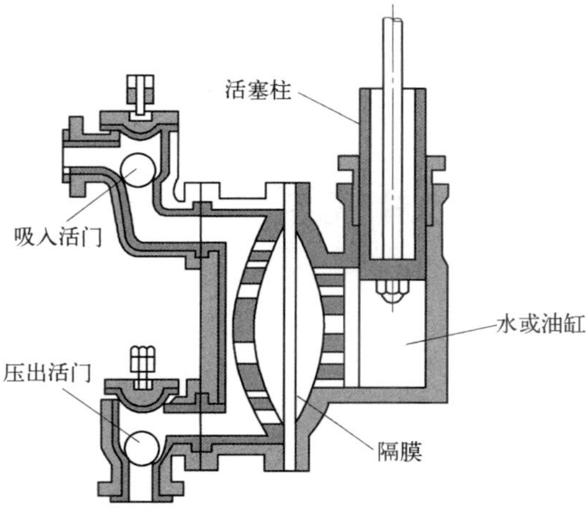

图 2-20　隔膜泵

往复泵主要用于小流量、高压力的场合，其输送高黏度液体时的效果也比离心泵好，但不能输送腐蚀性液体和有固体颗粒的悬浮液。

二、隔膜泵

隔膜泵实际上就是活塞柱往复泵，它是借弹性薄膜将活塞柱与被输送的液体隔开，如图 2-20 所示。这样，当输送腐蚀性液体或悬浮液时，活塞柱和缸体就不会受到损伤。隔膜通常采用耐腐蚀橡皮或弹性金属薄片制成。隔膜一侧所有和液体接触的部分均由耐腐蚀材料制成或涂有耐腐蚀材料；隔膜另一侧则充满油或水。当活塞柱进行往复运动时，迫使隔膜交替地向两边弯曲，从而将液体吸入和排出。

三、齿轮泵

齿轮泵属于转动式容积泵。如图 2-21 所示，齿轮泵的泵壳内有两个齿轮，一个靠电动机带动旋转，称为主动轮；另一个靠与主动轮相啮合而随之进行反向转动，称为从动轮。两齿轮与泵体间形成吸入和排出两个空间。当齿轮按一定方向转动时，吸入空间内两轮的齿互相拨开，形成低压而将液体吸入，然后液体分为两路沿壳壁被齿轮嵌住，并随齿轮转动而到达排出空间。排出空间内两齿轮互相合拢，形成高压将液体排出。

齿轮泵的扬程高而流量小，可用于输送黏稠液体甚至膏状物，但不能输送有固体颗粒的悬浮液。齿轮泵具有构造简单、维修方便、价格低廉、运转可靠等优点。

四、螺杆泵

螺杆泵是一种新型转动式容积泵，如图 2-22 所示。螺杆泵按螺杆的数目可分为单螺杆泵、双螺杆泵、三螺杆泵和五螺杆泵。螺杆泵是靠螺杆在具有内螺纹的泵壳中转动，将液体沿轴向推进，最后从排出口排出。偏心多螺杆泵则依靠螺杆间相互啮合的容积变化来输送液体。螺杆泵的效率比齿轮泵高，运转时无噪声、无振动、流量均匀，特别适合用于高黏度液体的输送。

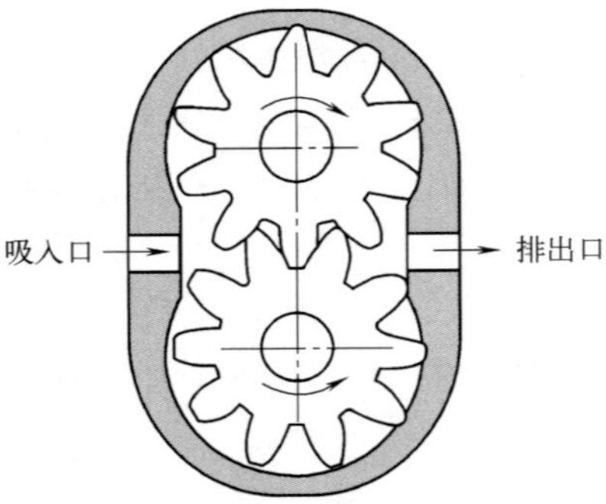

图 2-21　齿轮泵

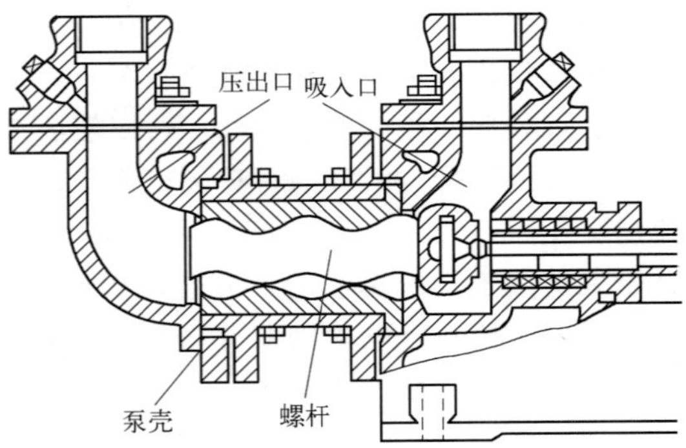

图 2-22　螺杆泵

第三节　其他类型的叶片式泵

一、旋涡泵

旋涡泵是一种特殊的离心泵。如图 2-23 所示，旋涡泵的泵壳内壁为圆形，吸入口与排出口均在泵壳的顶部，两者由间壁隔开。间壁与叶轮的间隙非常小，以减少由排出口漏回吸入口的液体。旋涡泵的叶轮是一个圆盘，四周铣有凹槽，呈辐射状排列。叶轮两侧平面紧靠泵壳，间隙很小，而叶轮上的叶片与泵壳之间有一定空隙，形成了液体流道。

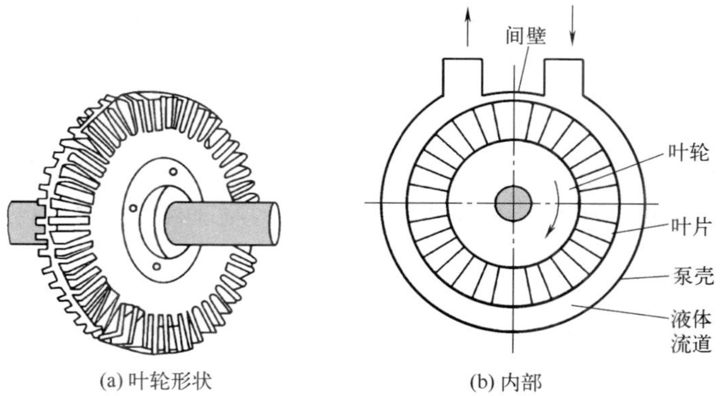

(a) 叶轮形状　　(b) 内部

图 2-23　旋涡泵

泵壳内充满液体后，当叶轮旋转时，叶片推着液体向前运动，同时叶片槽中的液体在离心力的作用下甩向流道，流道内的液体压力增大，导致流道与叶片槽之间产生涡流。液体从吸入口流到排出口的过程中经过了多次涡流作用，液体压力逐渐增大，最后达到出口压力而排出。

液体在旋涡泵中获得的能量与液体在流动过程中进入叶轮的次数有关。当流量减小时，流道内液体的运动速度减小，液体流入叶轮的平均次数增多，其扬程必然增大；当流量增大时，则情况相反，旋涡泵的扬程急剧减小。因此，旋涡泵一般适用于小流量液体的输送。旋涡泵在小流量时功率大，所以启动时应打开出口阀，并且要采用旁路回流调节流量。

在叶轮直径和转速相同的条件下，旋涡泵的扬程为离心泵的 2～4 倍。但是由于泵内流体的涡流作用，流动阻力损失较大，所以旋涡泵的效率较低，一般为 30%～40%。

旋涡泵结构简单、加工容易，且可采用各种耐腐蚀材料制造，因此被广泛用于小流量、高扬程、低黏度液体的场合，有时也可作为耐腐蚀泵使用。它的缺点是，被输送液体的黏度不宜过大，否则其扬程和效率都将大幅度下降，且液体不能含有固体颗粒。

二、轴流泵

轴流泵的设计原理与离心泵基本相同，但其液体沿转轴方向流动。轴流泵的简单构造如图 2-24 所示。转轴带动轴头转动，轴头上装有叶片。液体顺着箭头方向进入泵壳，经过叶片，然后又经过固定于泵壳的导叶流入压出管路。轴流泵的叶片形状与离心泵的叶片形状不同，其叶片通常制成螺旋桨式，以使液体做旋转运动。经过导叶时，液体的旋转运动变为轴向运动，并把旋转运动的动能转变为压力能。在轴流泵内，液体通过对叶片做绕流运动，在叶片两侧形成压力差而获得能量，故轴流泵提供的压头小，输送量却大。因此，轴流泵适用于大流量和压头低的输送场合。

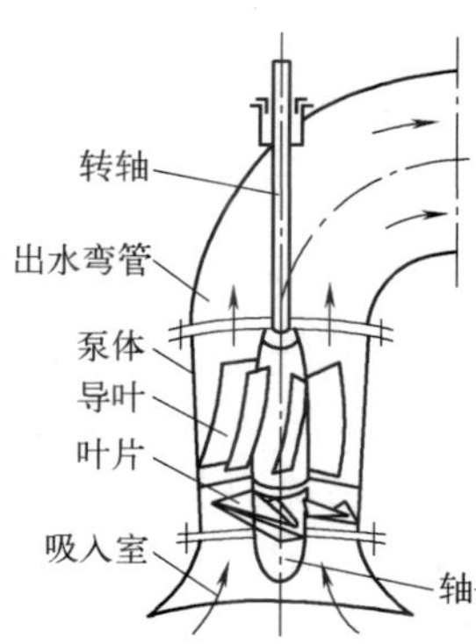

图 2-24　轴流泵

第四节　气体输送设备

输送和压缩气体的设备统称为气体输送设备，其作用与液体输送设备颇为类似，都是对流体做功，从而提高流体的压力。气体输送设备的结构原理与液体输送设备大体相同。但气体的密度 $\rho_{气体}$ 远小于液体的密度 $\rho_{液体}$ $\left(\rho_{气体} \approx \frac{\rho_{液体}}{1000}\right)$，故气体输送设备有自身的特点。

气体在输送管道中的流速要比液体大很多，若以各自的经济流速输送同样质量的流体，则经相同的管长后气体的阻力损失比液体的阻力损失大很多。因此，气体输送设备的动力消耗往往很大。

由于气体的体积流量很大，因此气体输送设备的体积一般都很庞大，对出口压力高的设备来说更是如此。

另外，由于气体的可压缩性，故在气体输送设备内部压力变化的同时，气体的体积和温度也随之变化。这些变化对气体输送设备的结构和形状有很大影响。

气体输送设备出口气体的压力称为终压。压缩比是指气体输送设备出口与进口气体的绝对压力的比值。根据终压和压缩比，可大致将气体输送设备分为通风机、鼓风机、压缩机和真空泵。

通风机的终压不大于 15kPa（表压），压缩比不大于 1.15；鼓风机的终压为 10～300kPa（表压），压缩比为 1.1～4；压缩机的终压在 300kPa（表压）以上，压缩比大于4；真空泵是将气体从设备内抽至大气中，使设备内产生真空，其终压为大气压力或略高于大气压力。

通风机与鼓风机之间、鼓风机与压缩机之间很难有统一的明确划分界限，这里给出的只是划分界限的大致范围。通风机的出口压力较低，气体的压缩性可忽略，而鼓风机和压缩机必须考虑气体的压缩性。

此外，按结构与工作原理，气体输送设备又可分为离心式、往复式、旋转式和流体作用式几种。

一、离心式通风机

常用的通风机有离心式和轴流式两种。轴流式通风机的送气量较大，但风压较低，常用于通风换气，而离心式通风机使用较为广泛。

1. 离心式通风机的结构特点

离心式通风机的工作原理与离心泵相同，结构也大同小异。气体被吸入离心式通风机后流经旋转的叶轮，在离心力的作用下，其压力和速度都有提高。当气体进入机壳内的流道时，流速逐渐减慢，部分动压转变为静压，因此气体流经离心式通风机提高了机械能。

离心式通风机的机壳为蜗壳形，机壳内的气体流道有矩形和圆形两种。低、中压通风机多用矩形流道，高压通风机多为圆形流道。离心通风机一般为单级，根据叶轮上的叶片大小、形状，分为多翼式和涡轮式，如图 2-25 所示。

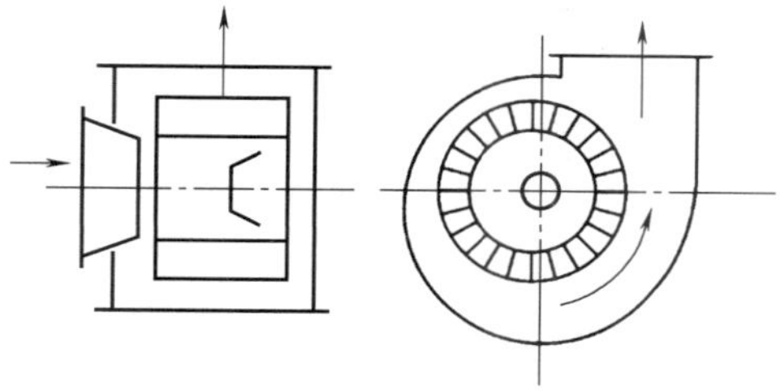

(a) 多翼式

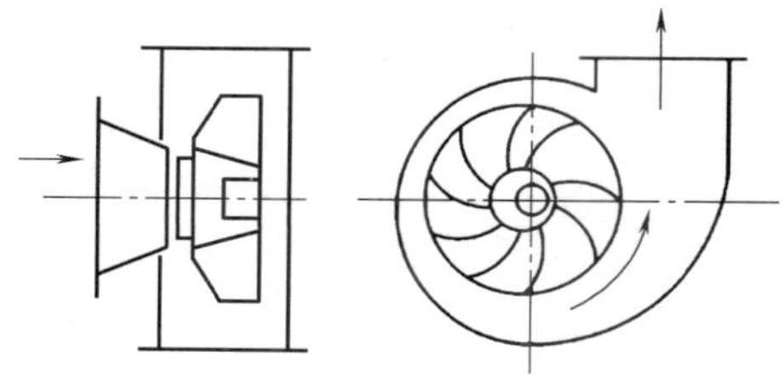

(b) 涡轮式

图 2-25　离心式通风机

多翼式通风机叶片的数目比较多，为前弯叶片。这种通风机尺寸较小，风量大，但效率不高，通常用于通风换气和空调设备。涡轮式通风机叶片的数目较少，为后弯叶片，与离心泵的叶片类似。这种通风机风压较高，性能稳定，效率较高，应用广泛。

2. 离心式通风机的性能参数和特性曲线

离心式通风机的性能参数主要有流量和全风压。

（1）流量 q_V

流量（风量）是指按入口状态计的单位时间内进入通风机的气体体积，单位是 m^3/s、m^3/h。

离心式通风机内气体的压力变化不大，一般可忽略气体的压缩性。所以，离心式通风机的体积流量是指单位时间内通过风机内任一处的气体体积。离心式通风机性能表上的风量是指空气在标定状况（20℃，101.3kPa）下的数值，以 q_{V0} 表示。若操作条件下的风量为 q_V，则

$$q_V=\frac{\rho_0}{\rho}q_{V0}$$

标定状况下，空气的密度 $\rho_0=1.2kg/m^3$。

（2）全风压

全风压指单位体积气体通过通风机后获得的机械能，以 p_t 表示，单位是 J/m^3、Pa。全风压通过实验来测定。

通风机的全风压由静风压 p_s 和动风压 p_d 两部分组成。

但对离心式通风机而言，由于出口气体的速度很高，且其压缩比很低，动风压在全风压中所占比例较高。

离心式通风机性能表上所列的全风压一般都是在 20℃、101.3kPa 的条件下用空气测定的。若操作条件下气体（空气或其他气体）的密度 ρ 与标定条件下空气的密度 ρ_0 不同，则在选用离心式通风机之前，应先把操作条件下所需的全风压换算成标定条件下的全风压。

（3）特性曲线

与离心泵一样，离心式通风机的性能参数也可以用特性曲线表示。特性曲线由生产厂家在 1 atm、20℃的条件下用空气测定，主要有 p_t-q_V、p_s-q_V、P-q_V 和 η-q_V 四条曲线。其中 P 表示离心式通风机的轴功率，η 表示离心式通风机的效率。

二、鼓风机和压缩机

1. 鼓风机

在工厂中常用的鼓风机有旋转式和离心式两种类型。

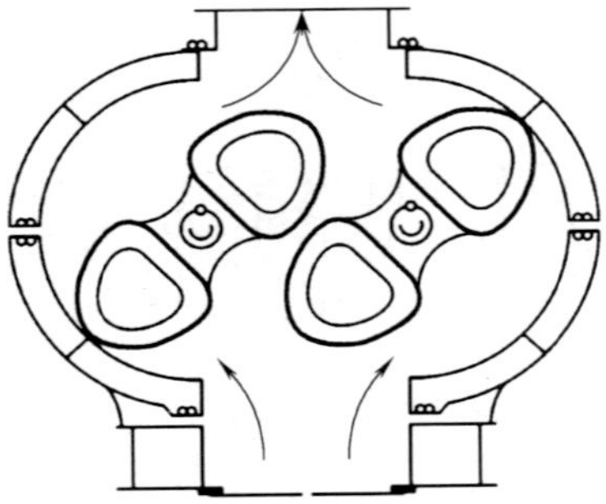

图 2-26　罗茨鼓风机

（1）旋转式鼓风机

旋转式鼓风机有很多种，罗茨鼓风机是其中应用最广的一种，它的工作原理与齿轮泵类似。

如图 2-26 所示，罗茨鼓风机的机壳内有两个渐开摆线形的转子，两转子的旋转方向相反，可使气体从机壳一侧吸入，从另一侧排出。转子与转子、转子与机壳之间的缝隙很小，从而在转子自由运动的同时不会有过多气体从排出口的高压区泄漏到吸入口的低压区。

罗茨鼓风机的风量与转速成正比，与出口压力无关。罗茨鼓风机的风量范围为 2～500m^3/min，出口表压可达 80kPa，一般在 40kPa 左右效率最高。

罗茨鼓风机出口应装稳压罐，并设安全阀。一般采用旁路调节流量，出口阀不可完全关闭。操作时，气体温度不能超过 85℃，否则转子会因受热膨胀而卡住。

（2）离心式鼓风机

离心式鼓风机又称为蜗轮鼓风机，其工作原理和离心式通风机相同，结构也与之类似，主要由蜗形壳与叶轮组成，但外壳的直径和厚度比较大。离心式鼓风机叶轮上的叶片数目较多，转速较高，叶轮外周都装有导轮。单级离心式鼓风机出口表压多在 30kPa 以内，多级可达 0.3 MPa。

2. 压缩机

化工生产中常用的压缩机主要有往复式和离心式两大类。

（1）往复式压缩机

往复式压缩机的结构和工作原理与往复泵类似，都是通过活塞在气缸内的往复运动完成气体的吸入、压缩和排出的工作循环。但往复式压缩机处理的是可压缩气体，其工作过程与往复泵有所不同。

往复式压缩机排气终了时，活塞与气缸盖之间必须留有一定的空隙，以免活塞杆受热鼓胀后使活塞与气缸相撞。这个空隙称为余隙，余隙中残留有高压气体。在吸气阶段，活塞刚开始反向移动时，由于缸内气压大于吸入阀外面的气压，低压气体进不来，先是余隙中残留的高压气体膨胀，当膨胀到缸内气压低于吸入阀外面的气压时，吸入阀自动打开，开始吸气。因为有余隙，其循环一次的吸气量小于活塞扫过的体积。余隙的体积和压缩比越大，吸气量就越小，排气量必然减少。因此，余隙的体积和压缩比都不能太大，应有限制。

往复式压缩机每次压缩时，所允许的压缩比不能太大。压缩比太大，动力消耗显著增加，气体的温度也随之升高。一方面，气体温度升高会使气缸内的润滑油黏度降低，失去润滑性能，从而导致运动部件间摩擦加剧，零件磨损，增加功耗；另一方面，温度过高，润滑油易分解，且油中的低沸点组分挥发与空气混合，会使油燃烧，严重的还会造成爆炸事故。此外，压缩比太大在机械结构上也会造成不合理现象。如为了承受很高的终压，气缸要做得很厚，为了吸入初压很低的气体，气缸体积又必须很大。所以，当要得到高压气体、所需压缩比太大时应改为多级压缩。

多级压缩是指在一个气缸里压缩了一次的气体进入中间冷却器冷却之后再送入下一个气缸进行压缩，经几次压缩才达到所需的终压。压缩级数越多，总压缩功越接近于等温压缩功，即最小值。然而，压缩级数越多，整体构造就越复杂。因此，常用的压缩级数为2～6，每级压缩比为3～5。理论上可以证明，在压缩级数相同时，若各级压缩比相等，则总压缩功最小。

往复式压缩机的流量调节主要通过：①转速调节；②旁路调节；③改变气缸余隙的体积。显然，余隙容积增大，余隙内残存的气体膨胀后所占的容积将增大，吸入气体量必然减少，供气量随之下降。反之，供气量上升。在大型往复式压缩机中，多采用这种调节方法。

（2）离心式压缩机

离心式压缩机又称为涡轮压缩机，其工作原理与离心式鼓风机相同，两者的构造也基本相同，但离心式压缩机的压缩比较大。离心式压缩机采用多级叶轮，其绝热压缩所产生的热量很大，气体排出温度可达100℃以上，因此需要冷却装置进行降温。离心式压缩机流量大，供气均匀，体积小，机体内易损部件少，可连续运转且安全可靠，维修方便，机体内无润滑油污染气体。所以，近年来除压力很高的应用场景外，离心式压缩机的应用日趋广泛。

三、真空泵

真空泵就是从容器中抽气，在大气压力下排气的气体输送设备。若将前述任何一种气体输送设备的进口与容器接通，即成为从容器抽气的真空泵。然而，专门为产生真空用的设备具有其独特之处。常见的真空泵有下列几种。

1. 往复式真空泵

往复式真空泵的基本结构和操作原理与往复式压缩机相同，只是真空泵在低压下操作，气缸内、外压力差很小，所用的活门更加轻巧。另外，当要求达到较高的真空度时，压缩比会很大，余隙容积必须很小，否则就不能保证较大的吸气量。为减少余隙的影响，设有连通活塞左、右两侧的平衡气道。活塞排气阶段终了，平衡气道连通很短的时间，使残留在余隙中的气体可以从活塞一侧流到另一侧，从而降低其压力。

2. 水环真空泵

如图2-27所示，水环真空泵的外壳呈圆形，其中的叶轮偏心安装。启动前，泵内注入一定量的水，当叶轮旋转时，由于离心力的作用，水被甩至壳壁形成水环，故称为水环真空泵。此水环上部内表面与轮毂相切，沿箭头所示顺时针方向旋转的叶轮在右半部时，水环的内表面逐渐离开轮毂，各叶片间的空间逐渐扩大，形成真空而吸入气体。叶轮旋转到左半部时，水环的内表面逐渐接近轮毂，叶片间的气体被水环压缩而排出。叶轮每旋转一周，叶片

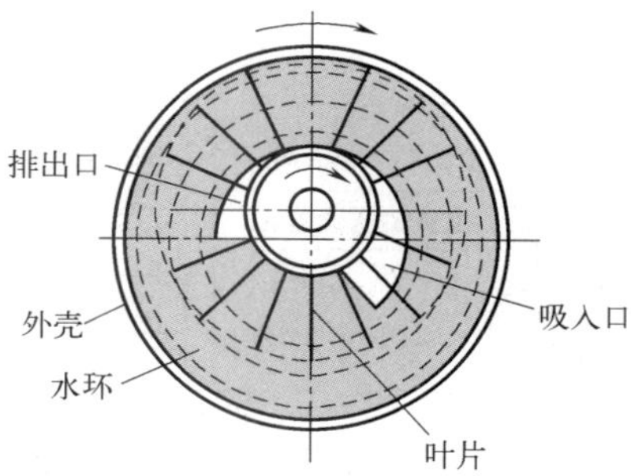

图2-27 水环真空泵的结构示意

间的容积即改变一次，叶片间的水就像活塞一样反复运动，连续不断地吸入和排出气体。水环真空泵结构简单、紧凑，真空度最高可达 85kPa。当抽入的气体不宜与水接触时，可以换用其他液体，称为液环真空泵。

3. 喷射泵

喷射泵是利用高速流体射流时压力能向动能转换所造成的真空将气体吸入泵内，如图 2-28 所示。吸入气体与工作流体混合后流经扩散管，速度逐渐降低，压力随之升高，然后从压出口排出泵外。喷射泵的工作流体可以是高压水，也可以是水蒸气，分别称为水喷射泵和蒸汽喷射泵。单级蒸汽喷射泵仅能达到 90kPa 的真空度。为获得更高的真空度，可采用多级蒸汽喷射泵，也可以用高压空气及其他流体作为工作流体使用。

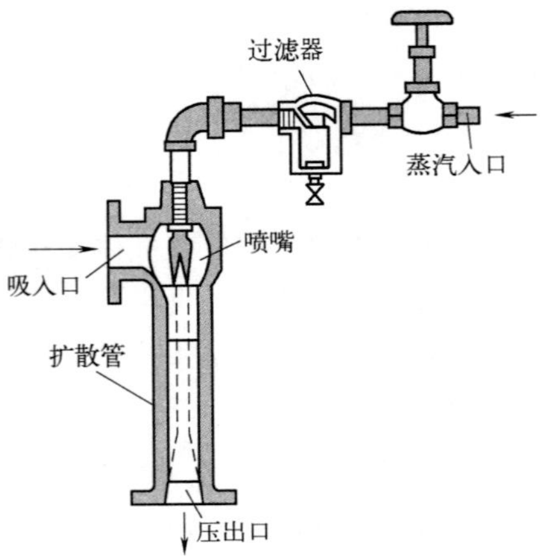

图 2-28　蒸汽喷射泵示意

喷射泵的优点是工作压力范围大、抽气量大、结构简单、适应性强；缺点是效率低，只有 10%～25%。喷射泵除用于抽真空外，还常作为小型锅炉的注水器，这样既能利用锅炉本身的蒸汽来注水，又能回收蒸汽的热能。

小结

本章将离心泵作为流体力学原理应用的典型实例加以重点讨论，在学习中要着重理解掌握；要通过与离心泵的比较来理解和掌握其他类型的流体输送设备的工作原理、结构特点、性能。本章小结如下。

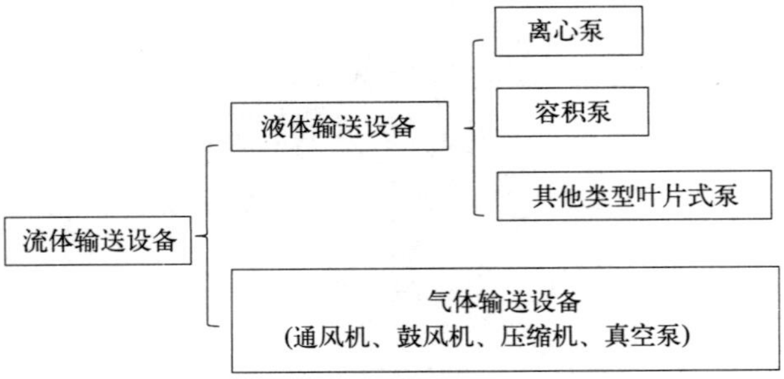

工作原理与基本结构

一、工作原理

依靠离心力连续吸液和排液。

气缚——无自吸力——灌泵，吸入管安装单向阀。

二、基本结构

叶轮——供能装置（分类）；蜗壳——集液及转能装置；后弯叶片、蜗壳、导轮——使 η 提高；轴封——填料及端面密封。

泵的汽蚀现象与安装高度

一、汽蚀

$p_K < p_V$——液体汽化——泵运行故障——降低泵的安装高度。

二、汽蚀余量

有效汽蚀余量 Δh_a、必需汽蚀余量 Δh_r、允许汽蚀余量 Δh。

三、最大允许安装高度

$$H_{g允许}=\frac{p_0}{\rho g}-\frac{p_V}{\rho g}-\Delta h-\sum H_{f(0-1)}$$

工作点与流量调节

一、工作点

泵的特性曲线（$H-q_V$）与管路特性曲线的交点。

管路特性曲线：$H_e=H_0+kq_V^2$。

二、流量调节

1. 改变管路特性曲线：调节泵的出口阀开度（最常用、方便，但增加能量损失）。
2. 改变泵的特性曲线：

（1）调泵的转速 n（需增加变速装置）；

（2）更换泵的叶轮（季节性流量调节）；

（3）泵的并联或串联。

离心泵

性能曲线与影响因素

一、性能参数与离心泵的特性曲线（实验测定）

1. 流量 q_V：单位时间内通过泵的液体量；
2. 扬程（压头）H：1N 液体通过泵获得的有效能，m；
3. 有效功率 P_e：液体从叶轮获得的功率；轴功率 P：电动机传给泵轴的功率；效率 η：外加能量利用的程度，由水力、容积及机械三个效率的乘积决定。

二、影响因素分析

1. 泵转速的影响：比例定律。
2. 叶轮直径的影响：切割定律。
3. 物性影响：

（1）扬程、流量、效率均与液体的密度无关，轴功率随液体密度增加而增大；

（2）扬程、流量、效率均随液体黏度增大而减小，轴功率随液体黏度增大而增大。

离心泵的类型与选用

一、离心泵的类型

1. 根据用途分为清水泵、耐腐蚀泵、油泵、杂质泵；
2. 根据结构分为单级与多级、单吸与双吸。

二、泵的选型

1. 根据工作介质和操作条件选类型；
2. 确定 q_V 和 H；
3. 根据 q_V 和 H 选型号；
4. 校核特性参数。

思考题

2-1　流体输送设备有什么作用？

2-2　在离心泵启动前，为什么要向泵壳内灌满液体？

2-3　离心泵的主要性能参数有哪些？

2-4　离心泵的特性曲线有哪几条？

2-5　离心泵启动时，为什么要关闭出口阀门？

2-6　什么是离心泵的管路特性方程？它是怎样推导的？

2-7　离心泵的工作点是怎样确定的？流量调节有哪几种常用的方法？

2-8　什么是离心泵的汽蚀现象？如何防止汽蚀现象发生？

2-9　影响离心泵最大允许安装高度的因素有哪些？

2-10　什么是容积泵？

2-11　往复泵的流量由什么决定？与管路情况是否有关？往复泵的扬程与什么有关？最大允许扬程是由什么决定的？

2-12　什么是通风机的全风压？其单位是什么？如何计算？

习题

[2-1]　在图 2-6 所示的离心泵性能测试实验装置上，用 20℃ 的清水测定离心泵的性能参数。离心泵的吸入管内径为 80mm，压出管内径为 50mm，流量计的读数是 $18.84m^3/h$，实验测得的一组数据为：泵入口处真空度为 70.0kPa，泵出口处压力表的读数为 226kPa。两测压点间垂直高

度差为0.4m，电动机功率为2.25kW，离心泵由电动机直接带动，电动机效率为92%。试求该泵在操作条件下的流量、扬程、轴功率和效率。

[答案：$q_V=18.84m^3/h$，$H=30.94m$，$P=2.07kW$，$\eta=76.6\%$]

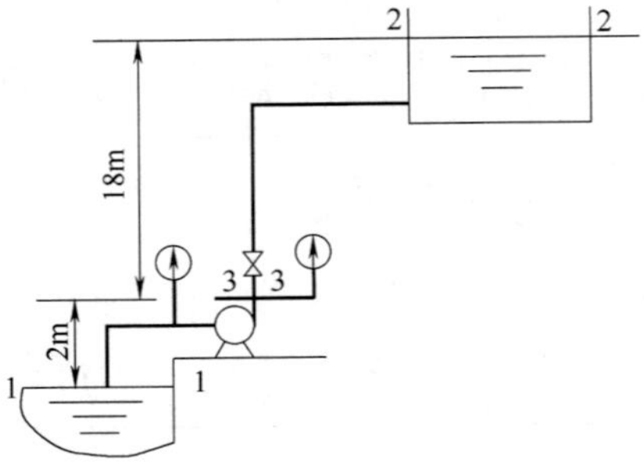

习题 2-2 附图

[2-2] 如附图所示的输水系统，已知管路总长度为100m（包括所有局部阻力的当量长度），压出管路总长80m（包括所有局部阻力的当量长度），管路摩擦系数$\lambda=0.025$，管子内径为0.05m，水的密度为1000kg/m^3，泵的效率为0.8，输水量为10m^3/h。试求：(1) 泵的轴功率；(2) 压力表的读数。

[答案：(1) $P=855W$；(2) $p=215.62kPa$]

[2-3] 用离心泵将水从贮槽送至高位槽中，两槽均为敞口，试判断下列几种情况下泵的流量、扬程及轴功率如何变化并画出定性判断示意图。(1) 贮槽中水位上升；(2) 将高位槽改为高压容器；(3) 输送密度大于水的其他液体，高位槽敞口；(4) 输送密度大于水的其他液体，高位槽为高压容器（设管路状况不变，且流动处于完全湍流区）。

[答案：(1) 流量上升，扬程下降，轴功率增大；(2) 流量下降，扬程上升，轴功率减小；(3) 流量不变，扬程不变，轴功率增大；(4) 与工况 (2) 相比，流量上升，扬程下降，轴功率增大]

[2-4] 如附图 (a) 所示，用离心泵将水由贮槽A送往高位槽B，两槽均为敞口，且液位恒定。已知输送管路为$\phi45mm\times2.5mm$，在出口阀门全开的情况下，其管路特性曲线如附图 (b) 中1所示。整个输送系统管路总长为20m（包括所有局部阻力的当量长度），摩擦系数可取为0.02。在输送范围内该泵的特性方程为$H=18-6\times10^5q_V^2$（q_V的单位为m^3/s，H的单位为m）。试求：(1) 阀门全开时离心泵的流量与扬程；(2) 现关小阀门使流量减为原来的90%，其管路特性曲线如附图 (b) 中2所示，写出此时的管路特性方程，并计算由于阀门开度减小而多消耗的功率（设泵的效率为62%，且忽略其变化）。

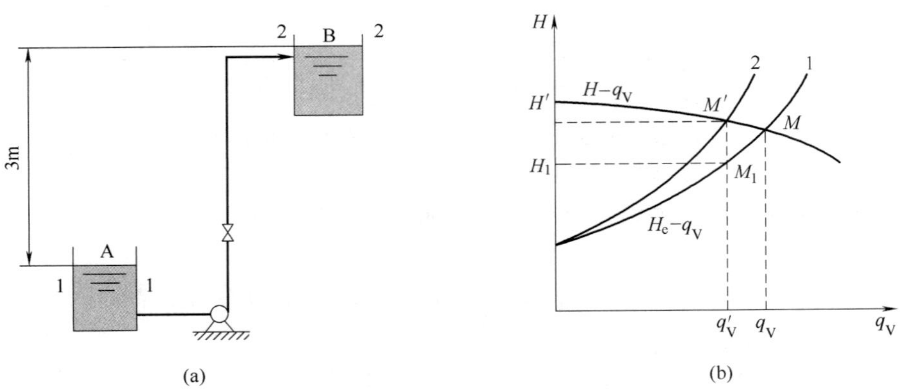

习题 2-4 附图

[答案：(1) $q_V=4.03\times10^{-3}m^3/s$，$H=8.25m$；(2) $H_e=3+5.38\times10^5q_V^2$，$\Delta P=162.5W$]

[2-5] 用离心泵将水从敞口贮槽送至密闭高位槽，高位槽中的气相表压为98.1kPa，两槽液位相差10 m，且维持恒定。已知该泵的特性方程为$H=40-7.2\times10^4q_V^2$（q_V的单位为m^3/s，H的单位为m）。当管路中阀门全开时，输水量为0.01m^3/s，且流动已进入完全湍流区。试求：(1) 管路特性方程；(2) 若阀门开度及管路其他条件均不变，而改为输送密度为1200kg/m^{3}的

碱液，求碱液的输送量。

[答案：(1) $H_e=20+1.28\times10^5 q_V^2$；(2) $q_V=1.04\times10^{-2}m^3/s$]

[2-6] 欲用离心泵将水池中的水送至10m高的水塔。输送量为$0.21m^3/min$，管路总长为50 m（包括局部阻力的当量长度），管径均为40mm，摩擦系数为0.02。试问：(1) 若选用的离心泵特性方程为$H=40-222q_V^2$（q_V的单位为m^3/min，H的单位为m），为什么该泵是适用的？(2) 管路情况不变时，此泵正常运转后，实际管路流量为多少？(3) 为使流量满足设计要求，需用出口阀进行调节，则消耗在该阀门上的阻力损失增加了多少？

[答案：(1) 该泵能提供30.21m的扬程，大于管路需要的19.89m的扬程，故适用；(2) $0.26m^3/min$；(3) 101.24J/kg]

[2-7] 用型号为IS65-40-250的离心泵将水槽中的80℃水送到各车间，水槽液面压力为101.5kPa，吸入管路的扬程损失为4m水柱。80℃时水的密度为$971.8kg/m^3$，饱和蒸气压为47.38kPa。该泵的必需汽蚀余量为2m。试求该泵的最大允许安装高度。

[答案：$H_{g允许}=-0.623m$]

[2-8] 用离心泵将密闭容器中的有机液体送出，容器内液面上方的绝对压力为360kPa。在操作温度下液体的密度为$580kg/m^3$，饱和蒸气压为310kPa。吸入管路的扬程损失为1.8m，所选泵的必需汽蚀余量为2.0m。现拟将该泵安装在液面以上垂直高6m处，问该泵能否正常操作？

[答案：最大允许安装高度为4.6m，实际安装高度过高，不能正常操作]

本章符号说明

英文

A	面积，m^2
D	直径，m
g	自由落体加速度，m/s^2
H	泵的扬程（压头），m液柱
H_g	泵的安装高度，m
H_{gmax}	泵的最大安装高度，m
$H_{g允许}$	泵的最大允许安装高度，m
Δh_a	有效汽蚀余量，m
Δh_r	必需汽蚀余量，m
Δh	允许汽蚀余量，m
l	长度，m
l_e	当量长度，m
P	轴功率，W
P_e	有效功率，W
n	转速，1/s或r/min
p	压力，Pa
p_d	动风压，Pa
p_s	静风压，Pa
p_t	全风压，Pa
p_V	饱和蒸气压，真空表的负表压，Pa
q_V	体积流量，m^3/s
S	冲程，m
u	速度，m/s

希文

η	效率
η_h	水力效率
η_m	机械效率
η_v	容积效率
λ	摩擦系数
ρ	密度，kg/m^3

第三章

沉降与过滤

目标导学

[目的] 通过本章的学习，要求熟练掌握非均相混合物的定义和分离机理，颗粒与流体之间的相互作用规律，并将其应用于沉降、过滤等过程；掌握沉降和过滤过程的基本原理、计算公式、典型设备的结构特性，并运用这些知识分析和解决分离过程的有关问题。

[重点] 沉降（重力沉降和离心沉降）的基本计算、降尘室的设计、旋风分离器的选型；过滤基本方程、恒压过滤的计算、过滤常数的测定方法、板框压滤机的结构及计算。

[难点] 重力沉降和离心沉降、恒压过滤的计算。

[内容导图]

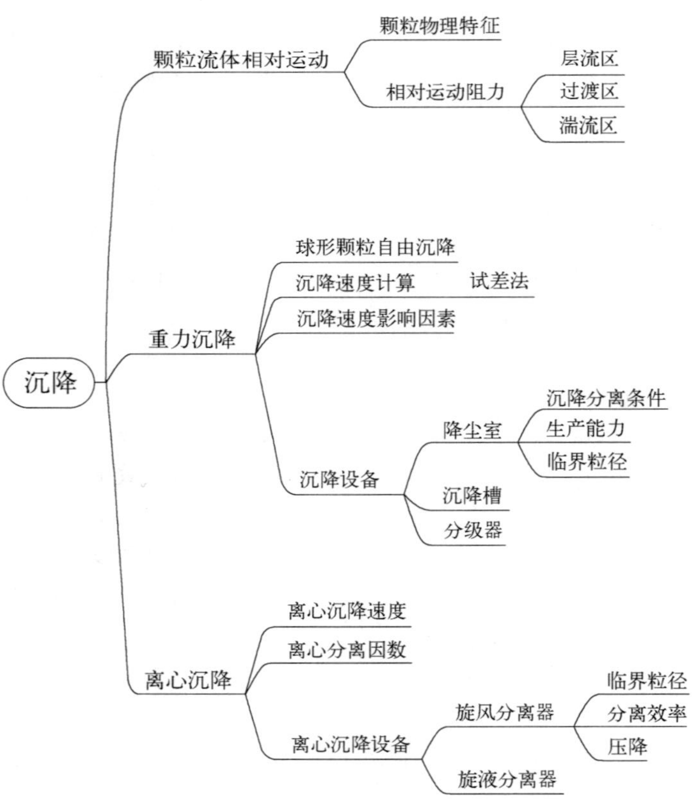

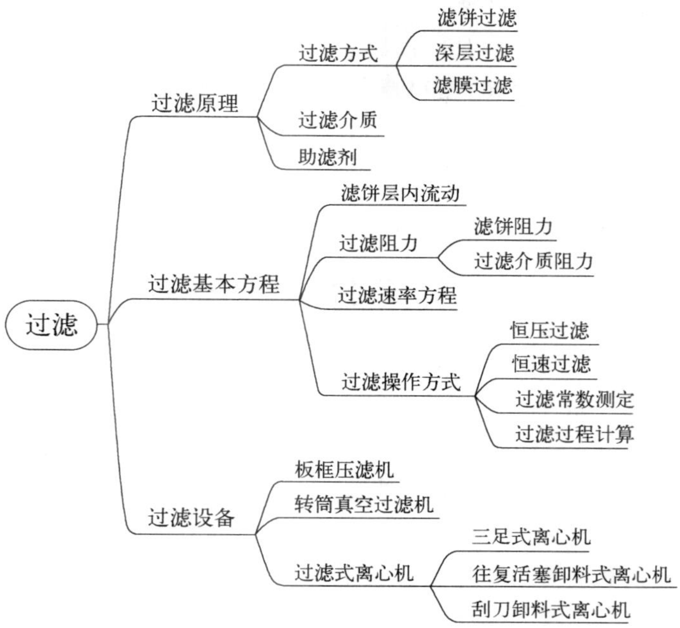

第一节　非均相混合物分离概述

化工过程中，经常需要对混合物进行分离，以达到收集、提纯或净化等目的。混合物大致可分为均相混合物与非均相混合物两大类。均相混合物包括混合气体和混合液体，此类混合物只有一个物相，不同的物质之间不存在相界面。相反，存在相界面的混合物为非均相混合物。因此，气-固、气-液、液-固、液-液、固-固混合物都有可能是非均相混合物。例如，由固体颗粒与液体构成的悬浮液，由不互溶液体构成的乳浊液，由固体颗粒（或液滴）与气体构成的含尘气体（或含雾气体）等。其中，悬浮液和乳浊液等属于液态非均相物系，含尘气体和含雾气体属于气态非均相物系。

非均相混合物中，处于分散状态的物质称为分散相或分散物质，例如，气体中的粉尘、悬浮液中的颗粒、液体中的气泡等；包围着分散相且处于连续状态的物质称为连续相或分散介质，例如，气态非均相混合物中的气体、液态非均相混合物中的液体等。

非均相混合物的分离是将不同相的物质分开，一般采用机械分离方法，即利用非均相混合物中两相物理性质（如密度、形状、尺寸等）的差异，促使两相之间发生相对运动而分离。工业上最常用的方法有沉降法与过滤法，由于其能耗较低，在含尘气体及悬浮液等分离领域得到了广泛应用。沉降法是利用气体或液体中的固体颗粒受重力、离心力或惯性力作用而沉降从而进行分离的方法；过滤法则是利用气体或液体能通过过滤介质而固体颗粒不能通过过滤介质的特性进行分离的方法。

非均相混合物分离的目的与应用如下。

① 收集分散物质：例如，从结晶器排出的晶浆中分离回收固体晶粒产品；又如，回收

催化反应器排出气中夹带的催化剂颗粒以循环使用。

② 净化分散介质：例如，去除催化反应原料气中的杂质，以保证催化剂的活性。

③ 环境保护：工业污染对环境的危害严重，通过对非均相废气、废液的分离处理，使其达到规定的排放标准，可达到保护环境的目的。

因此，非均相混合物的分离在工业生产中具有重要意义。

第二节　沉降分离原理及设备

前面讨论了非均相混合物的概念，并简述了其分离的基本方法。本节主要介绍沉降分离的基本原理、过程规律、计算公式和典型设备。

由颗粒自身重力作用而引起的沉降过程，称为重力沉降。例如，空气中的尘粒受重力作用逐渐降落到地面。依靠离心力作用使流体中的颗粒产生沉降的过程，称为离心沉降。例如，旋转的含尘气体中尘粒因离心力作用而从中央甩向四周。重力沉降适用于分离较大的颗粒。当颗粒较小时，其重力沉降速度小，可通过离心力强化沉降力场，进行离心沉降分离。

一、颗粒相对于流体的运动

颗粒在流体中进行重力沉降或离心沉降时，要受到流体的阻力作用。因此，在这里先介绍颗粒与流体相对运动时所受的阻力。

1. 颗粒的物理特征

颗粒的形状和大小是其重要的物理特征。

（1）球形颗粒

球形颗粒的尺寸可用直径 d 表示，其他参数均可表示为直径 d 的函数，如：

表面积
$$S=\pi d^2 \tag{3-1}$$

体积
$$V=\frac{\pi d^3}{6} \tag{3-2}$$

比表面积
$$a=\frac{S}{V}=\frac{6}{d} \tag{3-3}$$

式中，d 为球形颗粒的直径，m；S 为球形颗粒的表面积，m^2；V 为球形颗粒的体积，m^3；a 为球形颗粒的比表面积（单位体积颗粒具有的表面积），m^2/m^3。

（2）非球形颗粒

工业上处理的颗粒大多是非球形的。对于非球形颗粒，常用球形度描述其形状，用当量直径描述其尺寸。

① 球形度 ϕ　球形度表示非球形颗粒的形状与球形的差异程度，定义为与非球形颗粒体积相等的球体的表面积除以非球形颗粒的表面积，即

$$\phi=\frac{S}{S_p} \tag{3-4}$$

式中，ϕ 为球形度或形状系数，量纲为 1；S 为与非球形颗粒体积相等的球体的表面积，

m^2；S_p 为非球形颗粒的表面积，m^2。

在同体积、不同形状的颗粒中，球形颗粒的表面积最小，因此对于非球形颗粒，总有 $\phi<1$。颗粒形状越接近球形，ϕ 越接近 1；达到球形时，$\phi=1$。

② 当量直径 非球形颗粒的当量直径一般用体积当量直径来表示，定义为与非球形颗粒体积相等的球体的直径，即

$$d_e=\sqrt[3]{\frac{6}{\pi}V_p} \tag{3-5}$$

式中，d_e 为非球形颗粒的体积当量直径，m；V_p 为非球形颗粒的体积，m^3。

非球形颗粒的表面积、体积和比表面积可由体积当量直径和球形度表示：

$$S_p=\frac{\pi d_e^2}{\phi} \tag{3-6}$$

$$V_p=\frac{\pi}{6}d_e^3 \tag{3-7}$$

$$a=\frac{S_p}{V_p}=\frac{6}{\phi d_e} \tag{3-8}$$

2. 颗粒与流体相对运动的阻力

当固体颗粒与流体之间存在相对运动时，由于流体的黏性，就会对颗粒产生阻力作用。流体与颗粒之间的相对运动有多种情况：颗粒静止，流体对其绕流；流体静止，颗粒进行沉降运动；两者都运动，但具有相对速度。对于一定的颗粒和流体，无论进行何种相对运动，当相对运动的速度相同时，流体对颗粒产生的阻力就相同。

阻力与流体的密度 ρ、黏度 μ、流动速度 u 有关，而且受颗粒形状等因素影响，计算较为复杂。目前，只有少数几何形状简单规整的颗粒可以获得阻力的理论计算式。若直径为 d_p 的球形颗粒在密度为 ρ、黏度为 μ 的流体中进行相对运动，运动速度为 u，则颗粒所受的阻力 F_D 为诸因素的函数：

$$F_D=F(d_p,u,\rho,\mu) \tag{3-9}$$

以 d_p、u、ρ 为独立变量，对 F_D、μ 进行量纲处理，可获得 $F_D/d_p^2\rho u^2$ 和 $d_p\rho u/\mu$ 两个无量纲数群。按工程习惯将 d_p^2 换成颗粒在运动方向上的投影面积 $A_p(=\pi d_p^2/4)$，将 ρu^2 换成动压 $\rho u^2/2$，由量纲分析可得

$$\frac{F_D}{A_p\frac{\rho u^2}{2}}=f\left(\frac{d_p\rho u}{\mu}\right)$$

令

$$Re_p=\frac{d_p u\rho}{\mu} \tag{3-10}$$

$$\zeta=f(Re_p) \tag{3-11}$$

则

$$F_D=\zeta A_p\frac{\rho u^2}{2} \tag{3-12}$$

式中，ζ 为阻力系数。ζ 与颗粒相对运动时雷诺数 Re_p 的关系需由实验测定，结果如图 3-1 所示。球形颗粒的曲线大致可分为 3 个区间，各区间内的曲线可用下列公式表示。

层流区或斯托克斯区（$10^{-4}<Re_p<2$）：

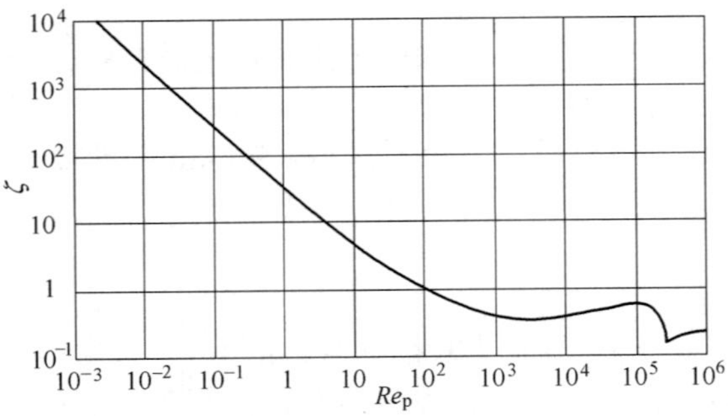

图 3-1 球形颗粒的阻力系数 ζ 与雷诺数 Re_p 的关系

$$\zeta=\frac{24}{Re_p} \tag{3-13}$$

过渡区或艾伦区（$2<Re_p<500$）：

$$\zeta=\frac{10}{\sqrt{Re_p}} \tag{3-14}$$

湍流区或牛顿区（$500<Re_p<2\times10^5$）：

$$\zeta\approx0.44 \tag{3-15}$$

颗粒运动时所受的阻力可分为表面阻力与形体阻力。在层流区，相对运动速度很小，流体与球形颗粒成层流运动，流体于球形颗粒左、右两侧加速绕过，在球形颗粒表面形成的边界层很薄，没有旋涡出现，流体对球形颗粒的阻力主要是表皮黏性摩擦，即表面阻力［图 3-2（a）］。在该区内，阻力与速度成正比，即服从一次方定律。随着 Re_p 增大，流速加快，球形颗粒表面上的边界层开始脱离，在球形颗粒的后部出现大量旋涡，称为尾流［图 3-2（b）］。尾流区内的压强降低，从而使形体阻力增大，表面阻力逐渐让位于形体阻力。Re_p 大于 500 以后，形体阻力占主要地位，表面阻力可以忽略。此时，阻力系数不再随 Re_p 而变（$\zeta\approx0.44$），阻力与流速的平方成正比，即服从平方定律。当 Re_p 超过 2×10^5 时，边界层内的流动自层流转为湍流。在湍流边界层内流体的动量增大，从而使边界层分离点后移，尾流区缩小，导致形体阻力突然下降，ζ 值由 0.44 突然降至 0.1 左右。

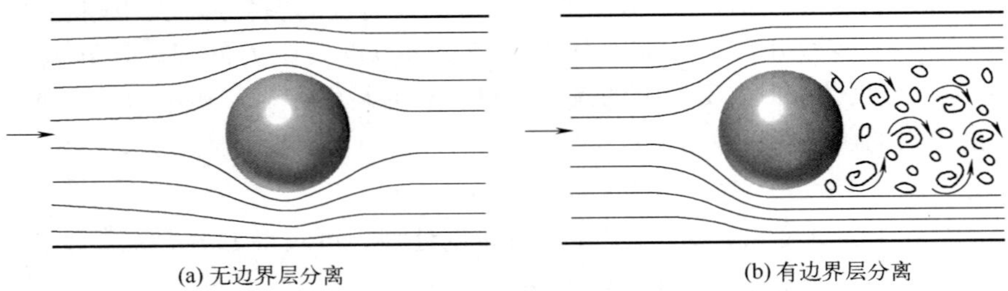

图 3-2 流体绕颗粒流动的路径

二、重力沉降

1. 球形颗粒的自由沉降

若单个颗粒在流体中沉降，或者颗粒间彼此相距较远，在互不干扰的条件下沉降，且容器壁面对颗粒沉降的阻滞作用可以忽略，则称为自由沉降。

将一个球形颗粒放置在静止的流体中，若球形颗粒的密度大于流体的密度，则球形颗粒所受的重力大于浮力，球形颗粒将在流体中开始沉降运动。由于流体的黏性，颗粒沉降时会受到与运动方向相反的流体阻力。对球形颗粒进行受力分析可知，此时颗粒受到向下的重力以及向上的浮力、阻力，如图 3-3 所示。

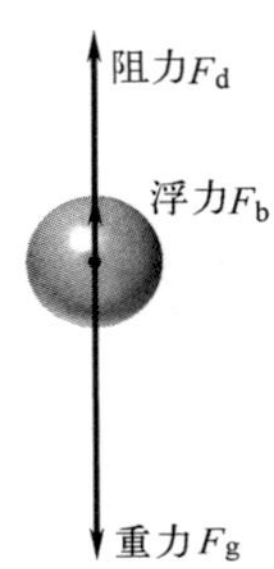

图 3-3 沉降颗粒的受力情况

若球形颗粒的密度为 ρ_p、直径为 d_p，流体的密度为 ρ，则球形颗粒所受的三个力分别为：

重力
$$F_g=\frac{\pi}{6}d_p^3\rho_p g \tag{3-16}$$

浮力
$$F_b=\frac{\pi}{6}d_p^3\rho g \tag{3-17}$$

阻力
$$F_d=\zeta A\frac{\rho u^2}{2}=\zeta\frac{\pi d_p^2}{4}\times\frac{\rho u^2}{2} \tag{3-18}$$

式中，u 为球形颗粒相对于流体的沉降速度。

对于一定的流体和颗粒，重力 F_g 和浮力 F_b 是恒定的，而阻力 F_d 却随颗粒的沉降速度而变。

由牛顿第二定律可知，颗粒所受的合力应等于颗粒的质量 m 与加速度 a 的乘积，即

$$F_g-F_b-F_d=ma \tag{3-19}$$

将式（3-16）～式（3-18）代入式（3-19），整理可得

$$\frac{\pi}{6}d_p^3(\rho_p-\rho)g-\zeta\frac{\pi d_p^2}{4}\times\frac{\rho u^2}{2}=\frac{\pi}{6}d_p^3\rho_p\frac{du}{d\theta} \tag{3-20a}$$

即

$$\frac{du}{d\theta}=\frac{(\rho_p-\rho)g}{\rho_p}-\frac{3\zeta\rho u^2}{4d_p\rho_p} \tag{3-20b}$$

式中，m 为颗粒的质量，kg；a 为加速度，m/s^2；θ 为时间，s。

由式（3-20b）可知，沉降的加速度随 u 增大（阻力增大）而减小。颗粒开始沉降的瞬间，初始速度为零，使得阻力 F_d 为零，因此加速度 a 为最大值。随着颗粒开始沉降，速度逐渐增大，阻力也随之增大，加速度则相应减小。当速度达到某一值 u_t 时，阻力、浮力与重力达到平衡，颗粒所受的合力为零，加速度 a 为零，颗粒的速度不再增大，开始进行匀速沉降运动。

从以上分析可知，颗粒的沉降过程分为两个阶段，起初为加速阶段，而后为匀速阶段。对于小颗粒，由于比表面积很大，使得颗粒与流体间的接触面积很大，颗粒开始沉降后，在极短的时间内向上的阻力 F_d 便与颗粒所受向下的净重力（F_g-F_b）达到平衡。因此，沉降的加速阶段很短，通常可忽略不计，只考虑匀速阶段。在匀速阶段中，颗粒相对于流体的运动速度 u 称为自由沉降速度或终端速度 u_t。

当 $\frac{du}{d\theta}=0$ 时，$u=u_t$，由式（3-20b）可得出沉降速度计算式，即

$$u_t=\sqrt{\frac{4gd_p(\rho_p-\rho)}{3\zeta\rho}} \tag{3-21}$$

式中，u_t 为颗粒的自由沉降速度，m/s；g 为重力加速度，m/s^2；d_p 为颗粒直径，m；ρ_p、ρ 分别为颗粒和流体的密度，kg/m^3；ζ 为阻力系数。

对于球形颗粒，将不同 Re_p 范围的阻力系数计算式（3-13）～式（3-15）分别代入式（3-21），可得到各相应区域的沉降速度计算公式。

层流区（$10^{-4}<Re_p<2$）：

$$u_t=\frac{gd_p^2(\rho_p-\rho)}{18\mu} \tag{3-22}$$

过渡区（$2<Re_p<500$）：

$$u_t=\sqrt[3]{\frac{4g^2(\rho_p-\rho)^2}{225\mu\rho}}d_p \tag{3-23}$$

湍流区（$500<Re_p<2\times10^5$）：

$$u_t=1.74\sqrt{\frac{gd_p(\rho_p-\rho)}{\rho}} \tag{3-24}$$

式（3-22）～式（3-24）分别称为斯托克斯公式、艾伦公式和牛顿公式。

根据上述计算公式可知，u_t 与 d_p、ρ_p 以及 ρ 有关。d_p 和 ρ_p 越大，ρ 越小，则 u_t 就越大。层流区与过渡区中，u_t 还与流体的黏度 μ 有关，μ 越小，u_t 越大。例如，气体的黏度远小于液体的黏度，因此颗粒在气体中的沉降速度比在液体中快得多。

2. 沉降速度计算

球形颗粒的沉降速度 u_t 可从式（3-22）～式（3-24）中选择一个进行计算。但由于 u_t 为待求量，所以雷诺数 Re_p 值是未知量，无法判断流型确定计算公式。因此，沉降速度需要通过试差法进行计算，即先假设沉降属于某一流型（如层流区），选用相应的沉降速度公式计算 u_t，然后核算 Re_p，验证是否在原假设的流型区域内。如果与原假设一致，则计算的 u_t 有效。否则，按计算的 Re_p 所确定的流型另选相应的计算公式求 u_t，直到用所求 u_t 计算出的 Re_p 值与所选公式的 Re_p 范围相符为止。

当已知沉降速度 u_t，求颗粒直径 d_p 时，也需要用类似的试差法计算。

【例 3-1】 现有一直径为 0.1mm、密度为 3000kg/m^3 的玻璃小球在 20℃的水中自由沉降，试计算其沉降速度。

解 由于颗粒直径较小，先假设流型处于层流区，用式（3-22）计算 u_t。

查附录三可知，20℃时水的黏度 μ 约为 $1\times10^{-3}\text{Pa·s}$，则

$$u_t=\frac{gd_p^2(\rho_p-\rho)}{18\mu}=\frac{9.81\times(10^{-4})^2\times(3000-1000)}{18\times10^{-3}}=1.09\times10^{-2}(\text{m/s})$$

然后核验流型。$Re_p=\dfrac{d_pu_t\rho}{\mu}=\dfrac{10^{-4}\times(1.09\times10^{-2})\times10^3}{10^{-3}}=1.09$，属于层流区，与假设相符。

3. 沉降速度的其他影响因素

上述的沉降速度计算是针对球形颗粒在流体中自由沉降时的速度，实际颗粒沉降过程中尚需考虑下列各因素的影响。

① 颗粒形状：对于非球形颗粒，由于阻力系数 ζ 比同体积的球形颗粒大，因此其实际沉降速度比按等体积球形颗粒计算的沉降速度小。颗粒的球形度 ϕ 越小，阻力系数 ζ 越大，计算偏差越大。

同时必须指出的是，自由沉降速度计算公式不适用非常细微颗粒（如 $d_p<0.5\mu\text{m}$）的沉降计算。这是因为流体分子热运动会使颗粒发生布朗运动。当 $Re_p>10^{-4}$ 时，布朗运动的影响便可忽略。

② 干扰沉降：实际非均相混合物中存在许多颗粒，相邻颗粒的运动会改变原来单个颗粒周围的流场，因而发生干扰沉降，其沉降速度比自由沉降速度小。在颗粒的体积浓度<0.2%的悬浮物中，依据单颗粒自由沉降计算，所产生的偏差<1%。但当颗粒浓度较高时，颗粒间相互作用明显，计算偏差较大。

③ 器壁效应：容器的壁面和底面均可加强颗粒沉降时的阻力，从而使颗粒的实际沉降速度比自由沉降速度小。若容器直径小于颗粒直径的 100 倍，则需考虑器壁效应对沉降速度的影响。

三、重力沉降设备

1. 降尘室

降尘室是利用重力沉降从含尘气流中分离出固体尘粒的设备。本小节主要介绍最典型的水平流动型降尘室的操作原理，其结构如图 3-4（a）所示。

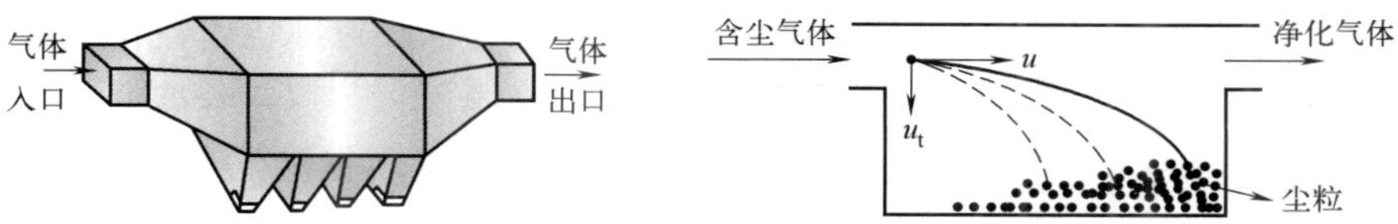

(a) 降尘室结构　　(b) 尘粒在降尘室的运动情况

图 3-4　降尘室示意

含尘气体进入降尘室后，尘粒随气流以速度 u 水平向前运动的同时，在重力作用下会以沉降速度 u_t 向下沉降。由于进入降尘室后，流道截面积扩大，气体流速降低，因此只要气体从降尘室入口流到出口的停留时间大于或等于尘粒从降尘室顶部沉降至底部所需的沉降时间，尘粒就可以分离出来。这种重力降尘室结构简单、流动阻力小，但体积庞大，且分离效率低，通常用于分离粒径较大（>50μm）的粗颗粒，作为预除尘用。

（1）停留时间和沉降时间

尘粒在降尘室的运动情况见图 3-4（b）。设降尘室的长度为 L，宽度为 W，高度为 H，颗粒随气流的前进速度为 u，沉降速度为 u_t，则颗粒在降尘室的停留时间为 L/u，从降尘室顶部至底部的沉降时间为 H/u_t。

颗粒在降尘室中沉降分离出来的条件是停留时间≥沉降时间，即

$$\frac{L}{u} \geqslant \frac{H}{u_t} \tag{3-25}$$

（2）生产能力和形状构造

设降尘室的生产能力（即含尘气体通过降尘室的体积流量）为 q_V（单位为 m^3/s），则含尘气体在降尘室中的流速为

$$u = \frac{q_V}{HW} \tag{3-26}$$

为达到除尘要求，气流的停留时间至少与颗粒的沉降时间相等。式（3-25）中考虑极限条件取等号，并将式（3-26）代入，得

$$q_V = LWu_t \tag{3-27}$$

式（3-27）表明，对于一定物系，降尘室的处理能力 q_V 取决于降尘室的底面积 LW 及颗粒的沉降速度 u_t，而与降尘室的高度 H 无关。所以为了增大气体处理量，降尘室应设计成扁平形状，且通常在室内均匀设置多层水平隔板，构成多层隔板降尘室。多层隔板降尘室的结构如图 3-5 所示。

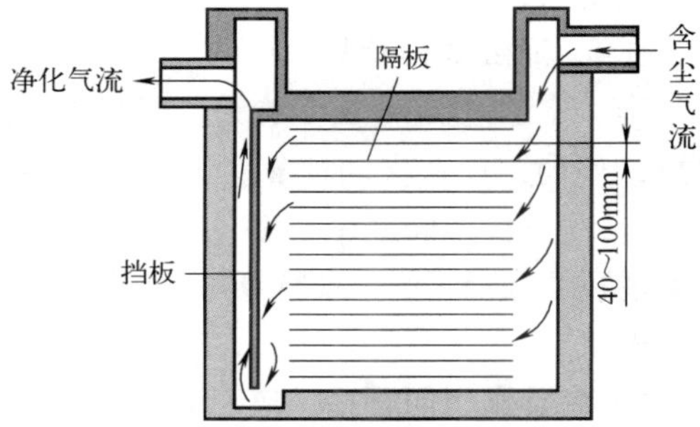

图 3-5　多层隔板降尘室

对于用水平隔板均匀分成 n 层的降尘室，

其生产能力为

$$q_V = nLWu_t \tag{3-28}$$

多层隔板降尘室中相邻隔板的间距通常为40～100mm。其单层高度的设计应保证气流通过时的速度不能太大，一般不超过3m/s。这是因为气速过高会干扰颗粒的沉降或将已沉降的颗粒重新扬起。

（3）临界粒径 d_{pc}

通常，被处理的含尘气体中尘粒大小不一，颗粒大者沉降速度快，颗粒小者沉降速度慢。在沉降室中能100％去除的颗粒最小粒径，称为临界粒径，以 d_{pc} 表示。

将式（3-26）代入式（3-25）中，则得到在降尘室中可去除尘粒的沉降速度应满足的条件为

$$u_t \geqslant \frac{q_V}{LW} \tag{3-29}$$

即尘粒的沉降速度 u_t 应大于或等于 q_V/LW。考虑极限情况，某一颗粒具有最小的沉降速度，即

$$u_{tc} = \frac{q_V}{LW} \tag{3-29a}$$

则此颗粒的粒径即为临界粒径 d_{pc}。式中，u_{tc} 为临界粒径颗粒的沉降速度。

只要粒径为 d_{pc} 的颗粒能够沉降下来，则比它大的颗粒在离开降尘室之前都能沉降下来。将式（3-29a）的临界粒径 d_{pc} 所对应的沉降速度 u_{tc} 代入不同 Re_p 范围的沉降速度计算式（3-22）、式（3-23）和式（3-24），即可求出临界粒径 d_{pc}。

假如尘粒的沉降处于层流区（斯托克斯定律区），将式（3-29a）代入式（3-22），则颗粒的临界粒径 d_{pc} 计算公式为

$$d_{pc} = \sqrt{\frac{18\mu}{(\rho_p - \rho)g} u_{tc}} = \sqrt{\frac{18\mu}{(\rho_p - \rho)g} \times \frac{q_V}{LW}} \tag{3-30}$$

由式（3-29a）与式（3-30）可知，当 q_V 一定时，d_{pc} 及 u_{tc} 与降尘室的底面积 LW 成反比，而与高度 H 无关。

对于分为 n 层的多层隔板降尘室，每层高度为 H/n，由于含尘气体流动的截面积未变，则颗粒的水平流速 u 不变，因此其停留时间 L/u 不变。同时，若单个隔层中临界粒径颗粒的沉降时间保持 H/u_{tc} 不变，则仍可达到除尘目的。由于单层的沉降高度变为原来的 $1/n$，则临界粒径颗粒的沉降速度 u_{tc} 也需降为原来的 $1/n$，因此临界粒径 d_{pc} 降为原来的$\sqrt{1/n}$，使得更细的颗粒也能分离。多层隔板降尘室一般可分离20μm以上的颗粒，且节省占地面积，但清灰比较麻烦。

（4）降尘室的计算

降尘室的计算问题可联立公式（3-29a）与适当的 u_{tc} 计算式［式（3-22）～式（3-24）］解决，例如，层流区的计算式（3-30）。降尘室的计算问题可大致分为两类：

① 在设计型问题中，若已知气体处理量 q_V、相关物性数据（气体的密度 ρ、黏度 μ 和颗粒的密度 ρ_p）及要求除去的最小颗粒直径（临界粒径 d_{pc}），则可计算降尘室的底面积 LW。

② 在操作型问题中，若已知降尘室的底面积 LW 和物性数据，则可根据临界粒径 d_{pc} 计算气体处理量 q_V，或根据气体处理量 q_V 计算临界粒径 d_{pc}。

【例 3-2】 某一重力降尘室长 4m、宽 2m、高 3m，内部用隔板均匀分成 30 层。含尘炉气进入降尘室时密度为 $0.5kg/m^3$，黏度为 0.035mPa·s。炉气所含尘粒的密度为 $4500kg/m^3$。若要求用此降尘室分离出粒径 100μm 以上的尘粒，试求可处理的炉气流量。

解 已知炉气的密度 $\rho=0.5kg/m^3$、黏度 $\mu=3.5\times10^{-5}$Pa·s，尘粒的密度 $\rho_p=4500kg/m^3$，临界尘粒直径 $d_{pc}=100\times10^{-6}$m。

设沉降处于层流区，则沉降速度为

$$u_{tc}=\frac{gd_{pc}^2(\rho_p-\rho)}{18\mu}=\frac{9.81\times(100\times10^{-6})^2\times(4500-0.5)}{18\times3.5\times10^{-5}}=0.701\ (m/s)$$

核验流型，$Re_p=\frac{d_{pc}u_{tc}\rho}{\mu}=\frac{(100\times10^{-6})\times0.701\times0.5}{3.5\times10^{-5}}=1$，属于层流区，与假设相符。

炉气流量为

$$q_V=nLWu_{tc}=30\times4\times2\times0.701=168.24\ (m^3/s)$$

2. 沉降槽

沉降槽是盛放悬浮液并在重力作用下沉降固体颗粒以得到澄清液与稠浆的设备。根据目的不同，沉降槽又称为澄清器和增稠器。从浓度较低的悬浮液中分离出固体颗粒以获得澄清液的沉降设备称为澄清器。从较稠的原液中尽可能将液体分离从而得到稠浆的设备称为增稠器。

工业上对大量悬浮液的分离常采用连续式沉降槽。其结构如图 3-6 所示，是一个底部略成锥形的大直径圆槽，直径一般为 10～100m，高度为 2.5～4m。悬浮液经中心处的进料管送到液面以下 0.3～1.0m 处，在尽可能减小扰动的情况下向圆周方向分散。液体向上流动，澄清液经由槽顶端四周的溢流堰连续流出，称为溢流；固体颗粒下沉至底部，槽底有缓慢旋转的齿耙（转速约为 0.1～1r/min）将沉渣缓慢地聚拢到底部中央的排渣口连续排出，排出的稠浆称为底流。

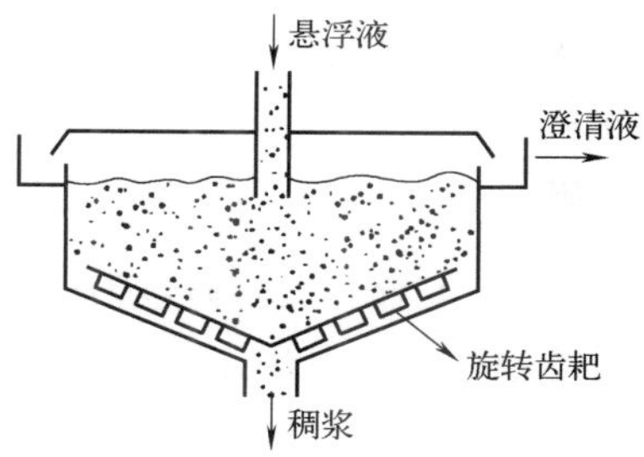

图 3-6　沉降槽

3. 分级器

利用重力沉降速度不同对悬浮液中不同粒径的颗粒进行粗略分离，或对不同密度的颗粒进行分类的操作称为分级，其操作设备称为分级器。它由几根直径不同的柱形容器串联而成，如图 3-7 所示。待分离的悬浮液从第一个沉降柱的顶部进入，水或其他密度适当的液体由各级沉降柱底部向上流动。通过控制悬浮液的加料速率，使柱中的固体浓度<1%～2%，从而柱中颗粒基本处于自由沉降。各级沉降柱直径依次增大，则柱内流体流速依次减小。粒径大/密度大的颗粒沉降速度大，在各级沉降柱中，当颗粒的沉降速度比向上流动的液体速度大时，将沉降于容器底部，而粒径小/密度小的颗粒则被带入后一级沉降柱中。通过适当安排各级沉降柱流动截面积的相对大小，选择密度适宜的液体并控制其流量，可将悬浮液中不同粒径或密度的颗粒按指定的大小范围加以分级。

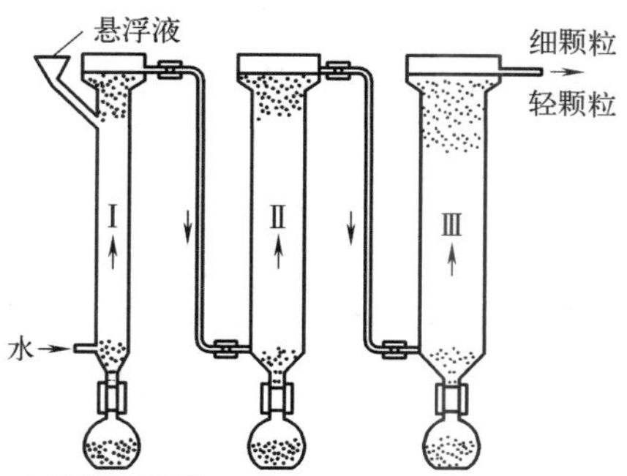

图 3-7　分级器

四、离心沉降

对于颗粒和流体间密度很接近，或颗粒粒径较小的混合物体系，重力沉降往往速度很慢，效率很低，甚至完全不能分离。为达到分离目的，可采用离心沉降，通过离心力形成更强的沉降力场，大幅提高沉降速度。如此设备尺寸也可缩小。

1. 离心沉降速度

若颗粒的密度大于流体的密度，混合物旋转时离心力将会使颗粒在径向上与流体发生相对运动而远离中心。类似于重力场中颗粒在垂直向所受的三个作用力，离心力场中颗粒在径向上也受到三个力的作用，即离心力 F_c、浮力 F_b 和阻力 F_d。离心力 F_c 的方向沿半径径向向外，浮力 F_b 的大小等于颗粒所排开的流体所受的离心力，方向与离心力相反（径向向内），阻力 F_d 为颗粒相对运动时所受的流体阻力，其方向与颗粒运动方向相反（径向向内）。设流体的密度为 ρ、黏度为 μ，悬浮的球形颗粒密度为 ρ_p、直径为 d_p，颗粒与旋转轴中心的距离为 r，旋转的角速度为 ω（旋转速度亦可用切向速度 u_T 表示，$u_T=\omega r$），则上述三个力的大小如下：

离心力
$$F_c=mr\omega^2=\frac{\pi}{6}d_p^3\rho_p r\omega^2 \tag{3-31}$$

浮力
$$F_b=\frac{\pi}{6}d_p^3\rho r\omega^2 \tag{3-32}$$

阻力
$$F_d=\zeta\frac{\pi d_p^2}{4}\times\frac{\rho u_r^2}{2} \tag{3-33}$$

式中，u_r 为颗粒与流体在径向上的相对速度，m/s。

若上述三个力达到平衡，则

$$\frac{\pi}{6}d_p^3(\rho_p-\rho)r\omega^2-\zeta\frac{\pi d_p^2}{4}\times\frac{\rho u_r^2}{2}=0 \tag{3-34}$$

平衡时，颗粒与流体在径向上的相对速度 u_r 为颗粒在此处的离心沉降速度，即

$$u_r=\sqrt{\frac{4d_p(\rho_p-\rho)}{3\zeta\rho}r\omega^2} \tag{3-35}$$

对比式（3-35）与式（3-21）可知，颗粒的离心沉降速度与重力沉降速度具有相似的关系式，仅将式（3-21）中的重力加速度 g 替换为了离心加速度 $r\omega^2$。但离心沉降速度不是颗粒运动的绝对速度，而是绝对速度在径向上的分量，且方向不是向下，而是沿半径向外。另外，离心沉降速度随着颗粒在半径方向上的位置不同而变化，而重力沉降速度一定条件下是不变的。

计算离心沉降速度时，球形颗粒沉降的阻力系数 ζ 仍可用式（3-13）～式（3-15）表示，结合式（3-35）即可得到球形颗粒在不同流型下的离心沉降速度。考虑到在沉降分离中，沉降速度较小的颗粒才多采用离心沉降，因此离心沉降的对象多为小颗粒。小颗粒沉降时所受的流体阻力一般处于层流区（斯托克斯区），即阻力系数为 $\zeta=24/Re_p$，代入式（3-35）可得

$$u_r=\frac{d_p^2(\rho_p-\rho)}{18\mu}r\omega^2 \tag{3-36}$$

由上式可知，在层流区颗粒的离心沉降速度 u_r 与 r 以及 ω^2 成正比。离心沉降中，u_r 随 r 和 ω 的增大而增大。

2. 离心分离因数

离心分离中，同一颗粒所受的离心力与重力之比称为离心分离因数 K_c，即

$$K_c=\frac{r\omega^2}{g} \tag{3-37}$$

离心分离因数的值反映了离心力的大小，是评估离心分离设备性能的重要指标。相比于固定不变的重力，颗粒受到的离心力会因设备运行时 r 和 ω 的改变而变化。某些高速离心机的离心分离因数 K_c 值可高达数十万，旋风或旋液分离器的离心分离因数值一般为 5～2500。

五、离心沉降设备

1. 旋风分离器

气-固非均相混合物的离心沉降一般在旋风分离器中进行。旋风分离器结构简单，造价低廉，分离效率高，适用温度范围广，所以在工业生产中得到了广泛应用。

（1）结构与操作原理

旋风分离器的结构和气流运动情况如图 3-8 所示。其上部为圆筒形，下部为圆锥形。含尘气体从圆筒上部的进气管切向进入，进口的气速约为 15～20m/s。受器壁的约束含尘气体由上向下做螺旋运动，在惯性离心力的作用下，颗粒被抛向器壁，然后沿内壁面落至锥底的灰斗再由排灰口排除。气流到了圆锥部分，由于旋转半径缩小而切向速度增大，到了圆锥的底部附近转变为上升气流，在中心轴附近由下向上做螺旋运动，最后由顶部排气管排出。通常，把下行的螺旋形气流称为外旋流，把上行的螺旋形气流称为内旋流。内、外旋流的旋转方向相同。外旋流的上部是主要除尘区。

工业上广泛使用的旋风分离器的结构型式如图 3-9 所示，称为标准旋风分离器。其各部位尺寸均与圆筒直径成比例，比例标注于图中。

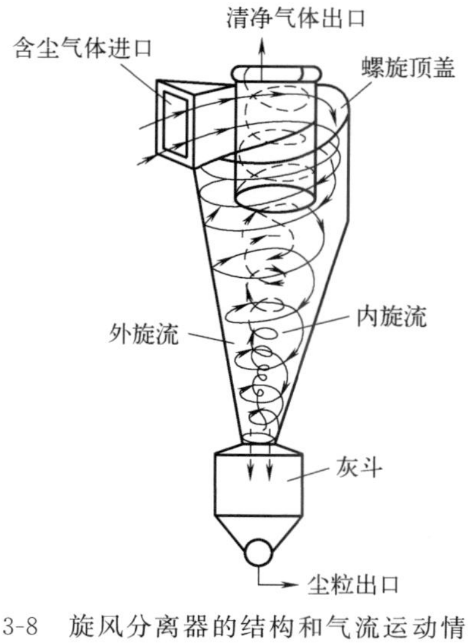

图 3-8 旋风分离器的结构和气流运动情况

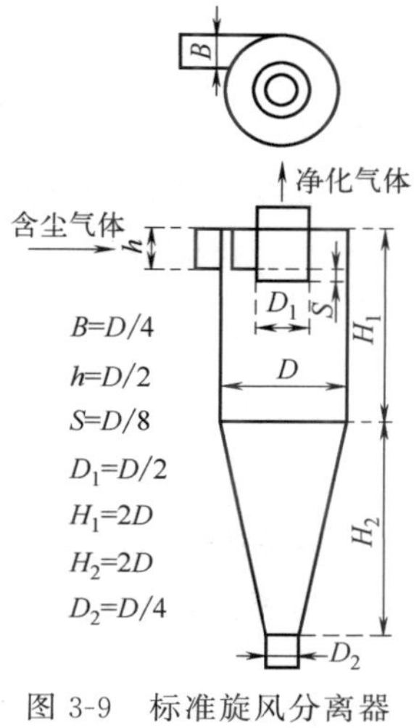

图 3-9 标准旋风分离器

旋风分离器一般用于分离气流中直径 5～75μm 的颗粒，或从气流中分离去除雾沫，但不适合处理黏性粉尘、含湿量高的粉尘及腐蚀性粉尘。

（2）性能评价

评价旋风分离器性能的主要指标是从气流中分离颗粒的效果及气体经过旋风分离器的压降。其中，分离效果可用临界粒径和分离效率来表示。

1）临界粒径

与前述相同，临界粒径是指理论上能够被旋风分离器完全分离的最小粒径。临界粒径很难精确测定，需要在一定假设条件下推出近似计算式。具体假设如下。

假设 1：颗粒在层流区（斯托克斯区）进行自由沉降。

假设 2：含尘气流严格按螺旋形路线进行等速运动，其切向速度恒定且等于进口气速 u_i；颗粒的切向速度与气流的切向速度相等，与其所处位置无关。

假设 3：进入旋风分离器的含尘气流按入口形状（即宽度为 b）沿圆筒旋转 n 圈，沉降距离为 b，即由内旋转半径 $r=0.5D-b$ 处沉降到 $r=0.5D$ 处的内壁面。

根据式（3-36）可知，在半径 $r=0.5D-b$ 处颗粒沿圆筒半径向外的沉降速度为

$$u_r=\frac{d_p^2(\rho_p-\rho)}{18\mu}r\omega^2=\frac{d_p^2(\rho_p-\rho)}{18\mu}\times\frac{u_i^2}{r} \tag{3-38}$$

由此式可知，u_i 恒定时，u_r 随 r 的变化而变化。当含尘气流切向流入旋风分离器，时间 $\theta=0$ 时，颗粒在 $r=0.5D-b$ 处；$\theta=\theta_t$ 时，颗粒沉降到圆筒内壁面，即 $r=0.5D$ 处，沉降速度 u_r 可表示为 $\mathrm{d}r/\mathrm{d}\theta$，则有

$$\int_{0.5D-b}^{0.5D} r\,\mathrm{d}r=\frac{d_p^2(\rho_p-\rho)}{18\mu}u_i^2\int_0^{\theta_t}\mathrm{d}\theta$$

两边积分得

$$\theta_t=\frac{9\mu b(D-b)}{d_p^2(\rho_p-\rho)u_i^2} \tag{3-39}$$

式中，θ_t 为沉降时间。

含尘气流在圆筒中旋转的平均半径为 $r_m=0.5(D-b)$，则以速度 u_i 旋转 n 圈所需的时间为

$$\theta=\frac{2\pi r_m n}{u_i}=\frac{\pi(D-b)n}{u_i} \tag{3-40}$$

式中，θ 为停留时间。

若某种粒径的尘粒所需的沉降时间 θ_t 恰好等于停留时间 θ，则该粒径就是理论上能被完全分离的最小粒径，即临界粒径 d_{pc}，因此，

$$\frac{9\mu b(D-b)}{d_{pc}^2(\rho_p-\rho)u_i^2}=\frac{\pi(D-b)n}{u_i}$$

得

$$d_{pc}=3\sqrt{\frac{\mu b}{\pi n(\rho_p-\rho)u_i}} \tag{3-41}$$

进行标准旋风分离器的 d_{pc} 计算时，n 一般取 5。

临界粒径是判断旋风分离器分离效果的重要依据。临界粒径越小，表明旋风分离器的分离性能越好。

2）分离效率

旋风分离器的分离效率有两种表示方法，一种是总效率 η_0，另一种是分效率 η_i，又称粒级效率。

总效率是指被分离出的颗粒占进入的总颗粒的质量分数，即

$$\eta_0=\frac{C_{进}-C_{出}}{C_{进}} \tag{3-42}$$

式中，$C_{进}$ 为旋风分离器进口气体的颗粒质量浓度，g/m^3；$C_{出}$ 为旋风分离器出口气体的颗粒质量浓度，g/m^3。

总效率是工程中最常用的，也是最容易测定的分离效率。但总效率并不能全面地说明旋风分离器的分离性能。含尘气体中颗粒大小不等，各种颗粒被分离去除的比例也不尽相同。粒径越小，被分离的比例也越小。总效率无法显示旋风分离器对各种尺寸颗粒的分离效率，因此对于不同粒度分布的颗粒，总效率相同的两台旋风分离器，分离性能却可能相差很大。

为准确表示旋风分离器的分离性能，通常将气流中所含颗粒的尺寸范围分成 n 个小段，对于其中第 i 小段范围的颗粒（平均粒径为 d_{pi}），定义其粒级效率为

$$\eta_i=\frac{C_{i进}-C_{i出}}{C_{i进}} \tag{3-43}$$

式中，$C_{i进}$ 为旋风分离器进口气体中第 i 小段范围颗粒的质量浓度，g/m^3；$C_{i出}$ 为旋风分离器出口气体中第 i 小段范围颗粒的质量浓度，g/m^3。

不同 d_{pi} 颗粒的粒级效率不同，标准旋风分离器的 η_i-d_{pi}/d_{50} 关系如图 3-10 所示。

d_{50} 是粒级效率恰为 50% 的颗粒直径，称为分割粒径。对于标准旋风分离器

$$d_{50}\approx 0.27\sqrt{\frac{\mu D}{u_{i}(\rho_{p}-\rho)}} \tag{3-44}$$

某些高效旋风分离器的分割粒径 d_{50} 可小至 3～10μm。

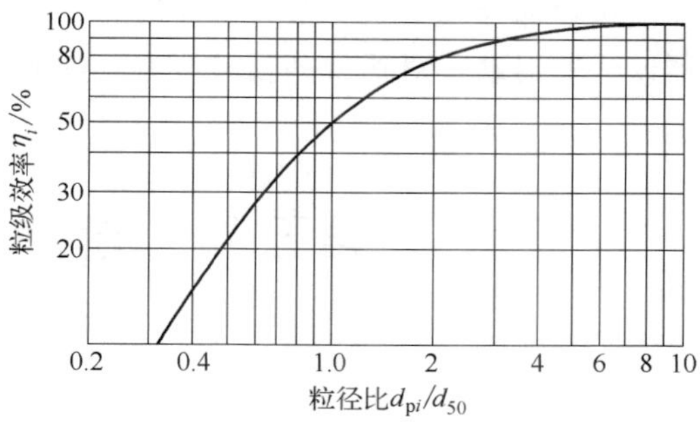

图 3-10　标准旋风分离器的 η_i-d_{pi}/d_{50} 曲线

总效率与粒级效率的关系为

$$\eta_0=\sum_{i=1}^{n}\eta_i w_i \tag{3-45}$$

式中，η_i 为粒径在第 i 小段范围颗粒的粒级效率；w_i 为粒径在第 i 小段范围颗粒占全部颗粒的质量分数；n 为全部粒径被划分的段数。

3）压降

气体经旋风分离器时，进、出气管及主体器壁所引起的摩擦阻力、流动时的局部阻力及气体旋转运动所产生的动能损失等造成了气体的压力损失，即压降 Δp（单位为 Pa）。

$$\Delta p=\zeta\frac{\rho u_{i}^{2}}{2} \tag{3-46}$$

式中，ζ 为比例系数，也称阻力系数。旋风分离器的 ζ 可用下式估算：

$$\zeta=\frac{30bh\sqrt{D}}{d^{2}\sqrt{L+H}} \tag{3-47}$$

对于同一结构型式及尺寸比例的旋风分离器，由于各部分尺寸都为 D 的倍数，因此阻

力系数 ζ 为常数，不因尺寸大小而变。对于标准旋风分离器，其 ζ 约为 8.0。

压降是旋风分离器性能的另一重要指标，设备的压降应尽可能小。旋风分离器的压降 Δp 一般在 500～2000Pa 的范围内。

2. 旋液分离器

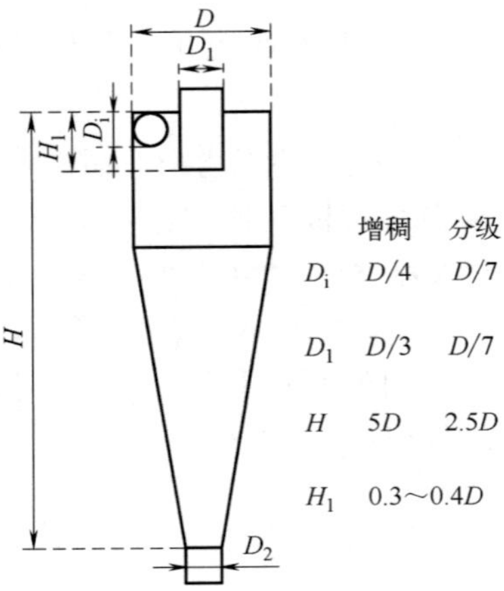

图 3-11 旋液分离器

固体颗粒悬浮液的离心沉降通常在旋液分离器中进行。在离心力的作用下，悬浮液中颗粒浓度得到增稠，或粒径不同及密度不同的颗粒得以分级。

旋液分离器的构造及操作原理与旋风分离器相似，如图 3-11 所示。悬浮液从圆筒上部的切向进口进入旋液分离器内，旋转向下流动。固体颗粒在离心力的作用下沉降到器内壁上，然后随液流下降到锥形底的出口，成为较稠的悬浮液排出，称为底流。清液或含有较小、较轻颗粒的液体则形成向上的内旋流，经顶部的中心管排出，称为溢流。溢流为清液的操作称为增稠，为含细小颗粒液体的操作称为分级。

旋液分离器的圆筒直径一般为 75～300 mm，锥形段的倾斜度一般为 10°～20°。旋液分离器的圆筒内径较小，悬浮液进口速度较大（一般为 5～15m/s），故而压力损失较大，约为 50～200kPa，且颗粒沿器壁快速运动，对器壁磨损较严重。旋液分离器可分离的颗粒粒径约为 10～40 μm。

第三节 过滤分离原理及设备

通过布、网等多孔介质对非均相混合物分离出固体颗粒的操作，称为过滤。虽然过滤分为含尘气体的过滤和悬浮液的过滤，但通常所说的“过滤”指的是悬浮液的过滤。本节主要介绍悬浮液的过滤原理与设备。

过滤是分离悬浮液最普遍、最有效的单元操作之一，在工业生产中被广泛采用。通过过滤可获得洁净的液体或固体颗粒产品。与沉降分离相比，悬浮液的过滤分离更迅速、更彻底。在某些生产场合中，过滤是沉降的后续操作。

一、过滤原理

过滤操作是利用重力或压力差或离心力作为推动力，使悬浮液中的液体穿过多孔介质的孔道流出，而固体颗粒被截留，从而实现固、液相分离的，其过程如图 3-12 所示。被处理的原始悬浮液称为滤浆或料浆，所用的多孔介质称为过滤介质，留在过滤介质上的颗粒称为滤饼或滤渣，通过滤饼和过滤介质的清液称为滤液。

1. 过滤方式

工业上常用的过滤方式有三种，即滤饼过滤、深层过滤和滤膜过滤。

（1）滤饼过滤

悬浮液过滤时，固体颗粒沉积在过滤介质的表面形成滤饼。由于悬浮液中固体颗粒大小不一，可能存在部分细小颗粒的粒径小于过滤介质孔道，过滤之初会有部分细小颗粒进入过滤介质孔道，迅速发生“架桥现象”，如图3-13所示。最初虽也会有少量颗粒穿过过滤介质流走，但随着滤渣的逐渐堆积形成滤饼层，可有效截留细小颗粒，从而得到澄清的滤液。此类过滤称为滤饼过滤，适用于处理固体颗粒含量较高（体积分数>1%）的悬浮液。

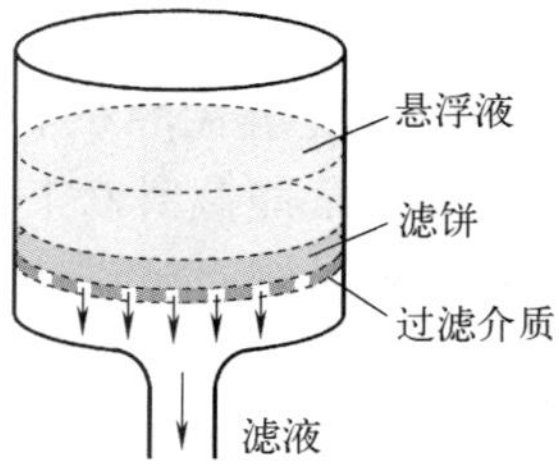

图3-12　过滤操作过程

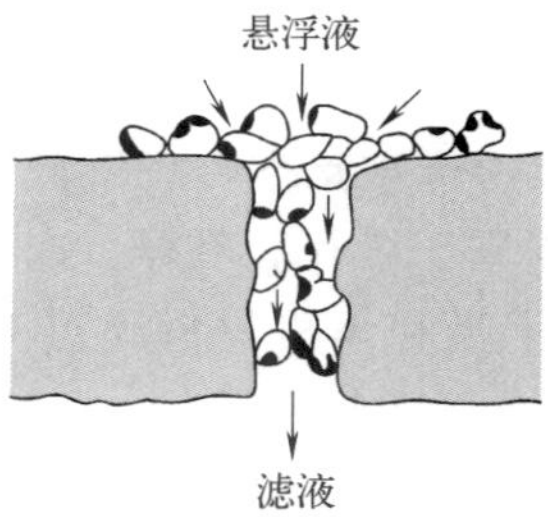

图3-13　架桥现象

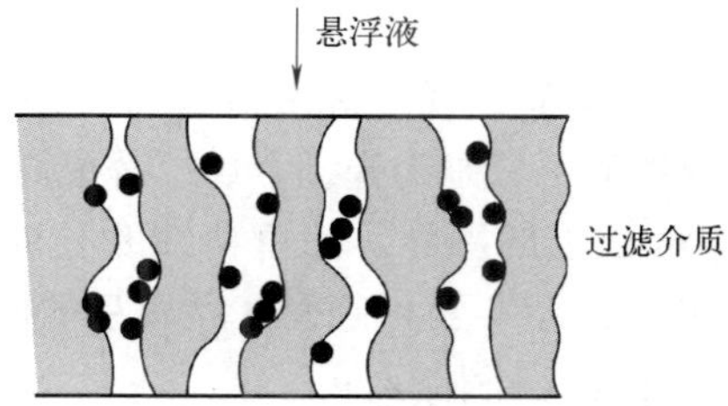

图3-14　深层过滤

（2）深层过滤

深层过滤主要针对颗粒粒径很小，而且含量很低（体积分数<0.1%）的悬浮液，是利用较厚的粒状床层作为过滤介质（例如，自来水净化用的砂层）进行过滤的。如图3-14所示，由于悬浮液中的颗粒尺寸小于过滤介质孔隙，颗粒可随液体进入床层内细长曲折的孔道，并在表面力和静电的作用下附着在孔道壁上，而过滤介质床层上并无滤饼形成。自来水的净化，污水的处理，啤酒、果汁等液体食品的过滤均采用此过滤方法。

（3）滤膜过滤

滤膜过滤作为一种精密分离技术，可实现分子级过滤。它是利用膜孔隙的选择透过性进行两相分离的技术，即以膜两侧的压力差为推动力，使溶剂、无机离子、小分子等透过膜，而截留微粒及大分子。常规过滤一般只可截留10μm以上的颗粒，无法达到对超微颗粒的分离。滤膜过滤可分为微滤、超滤、纳滤、反渗透，其截留颗粒尺寸大致为：微滤可截留0.1～10μm的微粒，超滤可截留0.005～0.1μm的微粒，纳滤可截留0.5～5nm的微粒，反渗可透截留0.1～1nm的微粒。

化工生产中所处理的悬浮液通常颗粒含量较高、尺寸较大，故本节只讨论滤饼过滤。

2. 过滤介质

工业上所用的过滤介质应具备下列特性：

① 过滤介质的作用是使液体通过而截留固体颗粒，因此应具有适宜的孔道，使液体通过的阻力尽量小，但为了截留住固体颗粒，孔道又不宜过大；

② 根据所处理的悬浮液的性质（如酸碱性、流体温度等），应具有相当的耐腐蚀性、耐热性；

③ 过滤时过滤介质要承受一定的压力，且操作当中拆装、移动频繁，故应具有足够的机械强度；

④ 工业生产中过滤介质用量较大，因此应低廉易得。

工业上常用的过滤介质主要有以下几种：

① 织物介质　由天然纤维（棉、毛、麻、丝等）或合成纤维（尼龙、聚氯乙烯等）、金

属丝（铜、镍、不锈钢等）等编织而成的滤布、滤网。这类过滤介质价格便宜，清洗及更换方便，是工业上使用最广泛的过滤介质。视织物的编织方法和网孔的疏密程度，其可截留颗粒的最小直径在 5～65μm 的范围。

② 多孔性固体介质　包括陶瓷、烧结金属（或玻璃），或由塑料粉末黏结而成的多孔性板状或管状介质等，能截留小至 1～3μm 的微小颗粒。

③ 堆积介质　由各种固体颗粒（砂、木炭、石棉粉等）或非编织纤维（玻璃棉等）堆积成较厚的床层，多用于深层过滤，处理固体颗粒含量很少的悬浮液，如自来水的净化处理等。

④ 滤膜介质　如覆膜滤布，即以滤布为机械支撑，将带均匀细孔的滤膜覆盖在滤布上。滤膜材质可以是陶瓷、金属、合成高分子材料、微孔玻璃等。这种覆膜滤布通常能截留 0.1～10μm 以上的颗粒。而更精细的有机高分子膜和无机材料膜可对更细的颗粒做到过滤分离，如粗醋酸纤维素和芳香聚酰胺系的两大类有机高分子膜。

3. 滤饼的压缩性

过滤时滤饼的厚度随着过程的进行不断增大，滤液的流动阻力也随之逐渐增大。流动阻力的大小主要取决于构成滤饼的颗粒特性。若滤饼颗粒为不易变形的刚性固体（如硅藻土、碳酸钙等），则当滤饼两侧的压力差增大时，滤饼颗粒的形状和颗粒间的空隙不会发生明显变化，流动阻力可视为恒定，这种滤饼称为不可压缩滤饼。反之，若滤饼颗粒因压力差发生变形，如豆渣、干酪等，则滤饼颗粒间的空隙将随滤饼两侧压力差的增大而减小，滤饼层的流动阻力也随之急剧增大，这种滤饼称为可压缩滤饼。

4. 助滤剂

为了降低可压缩滤饼的过滤阻力，可加入助滤剂改变滤饼的结构。助滤剂通常是某种质地坚硬且能形成疏松滤饼层的固粉状或纤维状物质。对助滤剂的基本要求如下：

① 在操作压力差范围内具有不可压缩性，以使滤饼保持较高的空隙率；

② 可形成多孔饼层，以使滤饼有良好的渗透性及较低的流动阻力；

③ 具有化学稳定性，不与悬浮液发生化学反应，不溶于液相中。

工业上常用的助滤剂有硅藻土、珍珠岩粉、炭粉、纸浆粉和石棉粉等。助滤剂的使用方法有预敷和掺滤两种。预敷法是先将助滤剂制备的悬浮液在过滤介质上过滤，使过滤介质表面预先形成一层 1～3mm 的助滤剂层，然后再进行正式过滤。掺滤法则是将助滤剂加入到待滤悬浮液中一并过滤，助滤剂的添加量约为滤浆的 0.1%～0.5%（质量分数）。此法滤渣与助滤剂不容易分开，若过滤是为回收滤渣，则此法不适用。

5. 滤饼的滤后处理

过滤后的滤饼处理主要包括滤饼脱液和滤饼洗涤。滤饼脱液是通过气体置换（压缩空气吹脱、真空吸脱）、机械力脱除（机械压榨、惯性力和离心力脱液、振动脱液）等去除滤饼中残留的液体。某些过滤操作需要回收滤饼中残留的滤液或去除滤饼中的可溶性盐，则一般在过滤操作结束后用清水或其他液体通过滤饼流动，进行滤饼洗涤。

二、过滤基本方程

1. 滤液通过滤饼层的流动

在过滤操作中，由于构成滤饼层的颗粒尺寸通常很小，形成的滤液孔道不仅细小曲折，而且相互交联，形成不规则的网状结构，所以通常滤液流过孔道的流速很小，多属于层流流动的范围。因此，在这里可以借用第一章中流体在圆管内层流流动的哈根-泊肃叶方程式（1-35）描述滤液通过滤饼时的流动，即

$$u=\frac{d^2\Delta p_c}{32\mu l}=\frac{\Delta p_c}{32\mu l/d^2} \tag{3-48}$$

式中，u 为滤液在滤饼层中毛细孔道内的流速，m/s；Δp_c 为滤液通过滤饼层的压降，Pa；μ 为滤液的黏度，Pa・s；l 为滤饼层中毛细孔道的平均长度，m；d 为滤饼层中毛细孔道的平均直径，m。

2. 过滤速率与过滤速度

过滤速率定义为单位时间内滤过的滤液体积，单位为 m^3/s；过滤速度定义为单位时间内通过单位过滤面积的滤液体积，单位为 m/s。过滤速度是单位过滤面积上的过滤速率。设过滤面积为 A，过滤时间为 $d\theta$，滤液体积为 dV，则过滤速率为 $dV/d\theta$，而过滤速度为 $dV/Ad\theta$。其表示的是过滤时任一瞬间的过滤速率和过滤速度。

3. 过滤阻力

随着过滤操作的持续进行，滤饼厚度会不断增大，过滤阻力也就逐渐增大。若过滤操作的压力差（p_1-p_2）条件不变，则过滤速度必然逐渐减小。若想保持过滤速度不变，可以随着过滤操作的进行逐渐增大压力差，以克服逐渐增大的过滤阻力。因此，过滤速度可表示为

$$过滤速度=\frac{过滤推动力}{过滤阻力} \tag{3-49}$$

式中，过滤推动力就是压力差（总压降）$\Delta p=p_1-p_2=\Delta p_c+\Delta p_m$；过滤阻力包括滤饼阻力和过滤介质阻力，如图 3-15 所示。

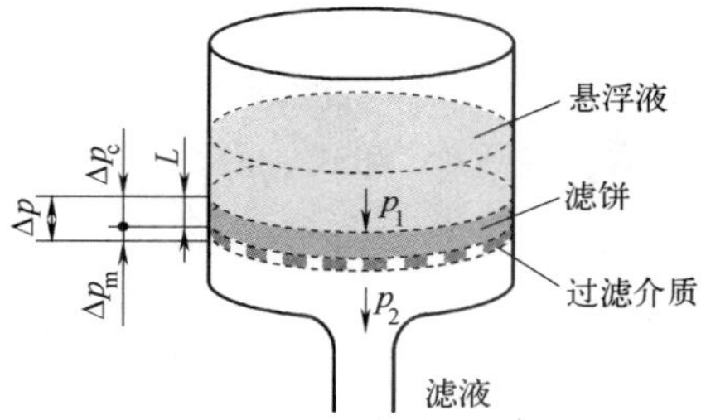

图 3-15　过滤推动力与阻力

（1）滤饼阻力

过滤阻力与滤液及滤饼层的性质有关。已知滤液在滤饼层中层流流动的速度公式（3-48），设滤饼层中毛细孔道的平均长度 l 与滤饼厚度 L 成正比，滤饼体积为 V_c，由于滤饼厚度 L 与单位过滤面积的滤饼体积 V_c/A 成正比，所以 l 与 V_c/A 成正比。设比例系数为 α，则有

$$l=\alpha\frac{V_c}{A} \tag{a}$$

滤液在滤饼层细微孔道内的流速 u 与过滤速度 $dV/Ad\theta$ 成正比，设比例系数为 β，则有

$$u=\beta\frac{dV}{Ad\theta} \tag{b}$$

对于一定性质的滤饼层，其中毛细孔道的平均直径 d 应为定值。因无法测量，将其列入常数项内。

将式（a）与式（b）代入式（3-48），可求得任一瞬间的过滤速度 $dV/Ad\theta$ 与滤饼层两侧压降 Δp_c 的关系式为

$$\frac{dV}{Ad\theta}=\frac{\Delta p_c}{\left(\frac{32\alpha\beta}{d^2}\right)\mu\frac{V_c}{A}}$$

令 $r=\dfrac{32\alpha\beta}{d^2}$，得

$$\frac{\mathrm{d}V}{A\,\mathrm{d}\theta}=\frac{\Delta p_{\mathrm{c}}}{r\mu\,\dfrac{V_{\mathrm{c}}}{A}} \tag{c}$$

式中，r 为比例系数，单位为 $1/\mathrm{m}^2$。上式表明任一瞬间的过滤速度 $\mathrm{d}V/A\,\mathrm{d}\theta$ 与滤饼层两侧的压降 Δp_{c} 成正比，与当时的滤饼厚度（$L\propto V_{\mathrm{c}}/A$）及滤液黏度 μ 成反比。

滤液通过滤饼层的推动力为两侧压降 Δp_{c}，根据式（3-49）可知滤饼阻力为

$$R_{\mathrm{c}}=r\mu\,\frac{V_{\mathrm{c}}}{A} \tag{d}$$

式中，R_{c} 为在单位过滤面积形成了体积为 V_{c}/A（$\mathrm{m}^3/\mathrm{m}^2$）的滤饼时的滤饼阻力；比例系数 r 为黏度 1Pa·s 的滤液通过单位过滤面积上体积为 $1\mathrm{m}^3$（即 $V_{\mathrm{c}}/A=1$）的滤饼时的阻力，称为滤饼的比阻，单位为 $1/\mathrm{m}^2$。

比阻 r 代表了滤饼层中颗粒形状、尺寸及滤饼层空隙率对滤液流动的影响。对于不可压缩滤饼，过滤过程中滤饼层的空隙率可视为恒定，颗粒的形状、尺寸也不变，因此，比阻 r 可视为常数。

滤饼体积 V_{c} 与滤液体积 V 之间的关系为

$$V_{\mathrm{c}}=vV \tag{e}$$

式中，v 为单位体积滤液所对应的滤饼体积，$\mathrm{m}^3/\mathrm{m}^3$。

结合式（d）和式（e），可知

$$R_{\mathrm{c}}=\frac{r\mu vV}{A} \tag{3-50}$$

滤饼阻力 R_{c} 是获得滤液体积 V 时所形成的滤饼层的阻力。

（2）过滤介质阻力

除了滤饼阻力外，过滤过程还要考虑过滤介质阻力。可以把过滤介质阻力看作获得当量滤液体积 V_{e} 时所形成的滤饼层的阻力，表示为

$$R_{\mathrm{m}}=\frac{r\mu vV_{\mathrm{e}}}{A} \tag{3-51}$$

滤饼过滤中，过滤介质阻力一般都比较小。但在过滤初期，滤饼还较薄时，过滤介质阻力占总阻力的比例较大，此时过滤介质阻力不能忽略。过滤介质阻力与其材质、厚度等因素有关。通常把过滤介质阻力视为常数。

综上可知，滤液通过滤饼层及过滤介质的总压降即为总推动力，可表示为

$$\Delta p=\Delta p_{\mathrm{c}}+\Delta p_{\mathrm{m}} \tag{3-52}$$

过滤阻力为滤饼阻力与过滤介质阻力之和，可表示为

$$R_{\mathrm{c}}+R_{\mathrm{m}}=\frac{r\mu v(V+V_{\mathrm{e}})}{A} \tag{3-53}$$

4. 过滤速率方程

根据式（3-49）、式（3-52）和式（3-53），可得过滤速度方程为

$$\frac{\mathrm{d}V}{A\,\mathrm{d}\theta}=\frac{A\Delta p}{r\mu v(V+V_{\mathrm{e}})} \tag{3-54}$$

过滤速率方程为

$$\frac{dV}{d\theta}=\frac{A^2\Delta p}{r\mu v(V+V_e)} \tag{3-55}$$

式中，$dV/d\theta$ 为瞬时的过滤速率，m^3/s；Δp 为滤液通过滤饼层及过滤介质的总压降，Pa；V 为生成厚度为 L 的滤饼所获得的滤液体积，m^3；V_e 为过滤介质的当量滤液体积，m^3；r 为滤饼的比阻，$1/m^2$；μ 为滤液的黏度，Pa·s；v 为单位体积滤液所对应的滤饼体积，m^3/m^3；A 为过滤面积，m^2。

过滤速率计算时，对于不可压缩滤饼，比阻 r 可视为恒定常数。但对可压缩滤饼，过滤过程中 r 不再是常数，而是两侧压降的函数。通常用经验公式估算比阻随压降 Δp 的变化，即

$$r=r_0(\Delta p)^s \tag{3-56}$$

式中，r_0 为单位压降下滤饼的比阻，$1/m^2$；Δp 为过滤压降，Pa；s 为滤饼的压缩性指数，量纲为 1。

一般情况下，$s=0\sim1$。对于不可压缩滤饼，$s=0$。表 3-1 列出了几种典型物料的压缩性指数。

表 3-1　典型物料的压缩性指数

物料	硅藻土	碳酸钙	钛白粉	高岭土	滑石	黏土	硫化锌	硫化铁
s 值	0.098	0.19	0.27	0.33	0.51	0.56～0.6	0.69	0.8

三、过滤操作方式

上面得到的过滤速率方程为微分形式，用于求过滤时间 θ 与滤液体积 V 之间的关系时，还需要依据具体操作情况进行积分运算。过滤的典型操作方式有两种：一种是在恒压力差、变速率的条件下进行，称为恒压过滤；另一种是在恒速率、变压力差的条件下进行，称为恒速过滤。

1. 恒压过滤

恒压过滤是最常见的过滤方式。连续过滤机的过滤方式都是恒压过滤，间歇过滤机的过滤方式也多为恒压过滤。恒压过滤时，滤饼不断变厚，使得阻力逐渐增大，但推动力 Δp 恒定，因而过滤速率逐渐变小。

恒压过滤时，Δp 为常数。对于一定的悬浮液和过滤介质，r、μ、v、V_e 及 A 也均为常数。对式（3-55）进行积分，可以得到 V 与 θ 的关系式为

$$\int_0^V (V+V_e)dV=\frac{A^2\Delta p}{r\mu v}\int_0^\theta d\theta$$

即

$$\frac{V^2}{2}+VV_e=\frac{A^2\Delta p}{r\mu v}\theta$$

令

$$K=\frac{2\Delta p}{r\mu v} \tag{3-57}$$

则

$$V^2+2VV_e=KA^2\theta \tag{3-58}$$

式（3-58）为恒压过滤方程，表明了恒压条件下滤液体积 V 与过滤时间 θ 之间的关系为抛物线。

令
$$q=\frac{V}{A},\ q_e=\frac{V_e}{A}$$

可将式（3-58）改写为 q 与 θ 的关系式，即

$$q^2+2qq_e=K\theta \tag{3-59}$$

式中，q 为单位过滤面积获得的滤液体积，m^3/m^2；q_e 为单位过滤面积获得的当量滤液体积（与过滤介质阻力对应），m^3/m^2；K 为过滤常数，m^2/s；θ 为过滤时间，s。

由式（3-57）可知，过滤常数 K 与过滤压降 Δp 及悬浮液性质、温度（表现在 r、μ、v 上）有关。

2. 恒速过滤

恒速过滤时，$dV/d\theta$ 为常数，由式（3-55）和式（3-57）可得

$$\frac{dV}{d\theta}=\frac{KA^2}{2(V+V_e)}=常数$$

即

$$\frac{V}{\theta}=\frac{KA^2}{2(V+V_e)}$$

$$V^2+VV_e=\frac{1}{2}KA^2\theta \tag{3-60}$$

上式改写为 q 与 θ 的关系式，得

$$q^2+qq_e=\frac{1}{2}K\theta \tag{3-61}$$

3. 过滤常数的测定

在工业生产设计中应用过滤方程进行计算时，需要知道过滤常数 q_e 与 K。由于各种悬浮液的性质及浓度不同，其过滤常数会存在很大差别。由于没有可靠的预测方法，过滤常数通常是在相同条件下，用相同物料在小型实验设备上进行恒压过滤实验而测定的。

将恒压过滤方程式（3-59）改写为

$$\frac{\theta}{q}=\frac{1}{K}q+\frac{2}{K}q_e \tag{3-62}$$

即在恒压过滤时，θ/q 与 q 呈线性关系，直线的斜率为 $1/K$，截距为 $2q_e/K$。实验时，测定不同过滤时间 θ 所获得的单位过滤面积的滤液体积 q 的数据，并将数据 θ/q 与 q 标绘于直角坐标系中，可得一条直线，由直线的斜率 $1/K$ 与截距 $2q_e/K$ 便可求出过滤常数 q_e 与 K 的值。

【例 3-3】 在 20℃下将某种悬浮液进行恒压过滤，压力差为 $\Delta p=1.5\times10^5$ Pa，过滤时间 θ 与单位过滤面积的滤液体积 q 的数据如下表所示。求过滤常数 K 及 q_e。

过滤时间 θ/s	26.0	59.8	103.2	154.4	215.0	281.4
单位过滤面积的滤液体积 $q/(m^3/m^2)$	0.01	0.02	0.03	0.04	0.05	0.06
$(\theta/q)/(s/m)$	2600	2990	3440	3860	4300	4690

解 根据式（3-62）

$$\frac{\theta}{q}=\frac{1}{K}q+\frac{2}{K}q_e$$

和上表的数据 θ 与 q，计算出 θ/q，并列于上表第 3 行。

将数据 θ/q 与 q 标绘于直角坐标系中，得一条直线，如图 3-16 所示。直线方程为 $Y=42286X+2167$，则过滤常数如下：

$\frac{1}{K}=42286\text{s/m}^2$，得 $K=2.36\times10^{-5}\text{m}^2/\text{s}$；

$\frac{2}{K}q_e=2167\text{s/m}$，得 $q_e=0.0256\text{m}^3/\text{m}^2$。

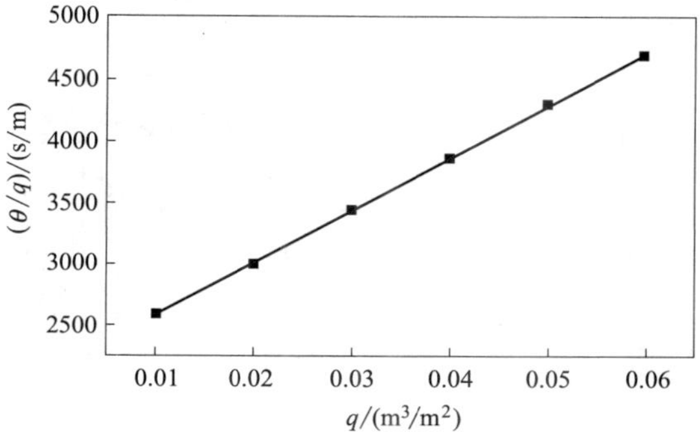

图 3-16　(θ/q)-q 的关系

4. 过滤过程的计算

过滤过程的计算主要包含设计型计算和操作型计算。

在设计型计算中，设计者首先应进行小型过滤实验以测得必要的设计数据，如过滤常数 q_e、K 等，并为过滤介质和过滤设备的选型提供依据；然后应根据设计任务给定的滤液体积 V 和过滤时间 θ 选择操作压降 Δp，计算过滤面积 A。

在操作型计算中，则是已知设备尺寸和参数，给定操作条件，核算该过程设备可以完成的生产任务，或已知设备尺寸和参数，给定生产任务，求取相应的操作条件。

根据过滤方程式（3-58）与式（3-59）可知，过滤计算涉及滤液体积 $V(q)$、过滤时间 θ 以及过滤面积 A 之间的计算，下面举例说明。

【例 3-4】 用板框压滤机对含 $CaCO_3$ 粉末的悬浮液进行过滤，在压力差 $13\times10^4\text{Pa}$、25℃的条件下过滤 3h 得到 8m^3 滤液。经测试已知过滤常数 $K=1.6\times10^{-5}\text{m}^2/\text{s}$，$q_e=3.78\times10^{-3}\text{m}^3/\text{m}^2$。试求所需的过滤面积 A。

解　已知 $K=1.6\times10^{-5}\text{m}^2/\text{s}$，$q_e=3.78\times10^{-3}\text{m}^3/\text{m}^2$，根据式（3-59）可计算过滤面积 A。

$$q^2+2qq_e=K\theta$$

$$q=-q_e+\sqrt{q_e^2+K\theta}=-3.78\times10^{-3}+\sqrt{(3.78\times10^{-3})^2+1.6\times10^{-5}\times3\times3600}$$

$$=0.412\ (\text{m}^3/\text{m}^2)$$

因此，过滤面积 $A=\frac{V}{q}=\frac{8}{0.412}=19.4\ (\text{m}^2)$。

四、过滤设备

为适应工业生产的不同要求，开发了多种形式、性能各异的过滤机。根据操作方式，过滤设备可分为间歇过滤机与连续过滤机；依照产生压力差的方式，可分为压滤机、吸滤机和离心过滤机。本小节简单介绍最典型的板框压滤机、转筒真空过滤机和过滤式离心机。

1. 板框压滤机

板框压滤机是一种压滤型间歇过滤机（图 3-17），历史悠久，但至今仍被广泛应用。它由多块滤板和滤框交替排列组装于机架而构成。滤板和滤框的个数在机座长度范围内可自行调节，一般为 10～60 块不等，过滤面积约为 $2\sim80\text{m}^2$。

滤板和滤框的构造如图 3-18 所示，为正方形，四角均开有圆孔，将其组装叠合后即构成滤浆、滤液或洗涤液的流动通道（图 3-19）。滤框的两侧覆以滤布，空框与滤布围成了容纳滤浆及滤饼的空间。滤板两侧表面做成纵横交错的沟槽，形成凹凸不平的表面，凸起部分

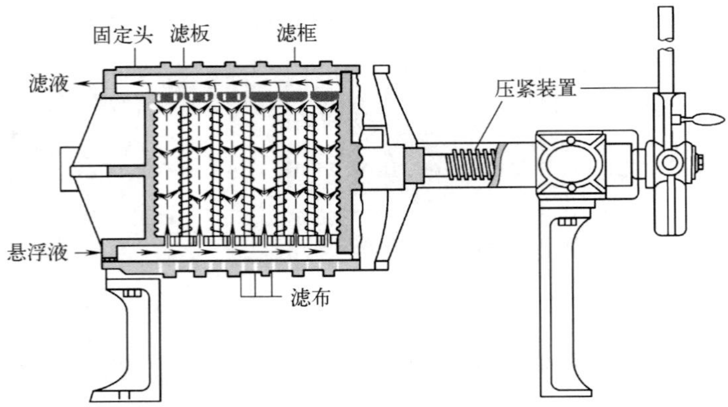

图 3-17　板框压滤机

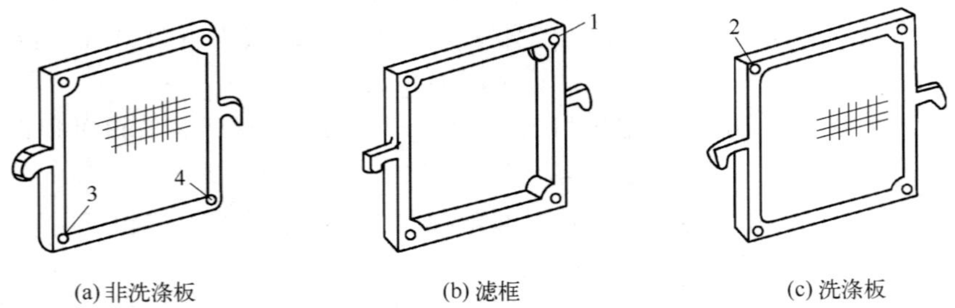

图 3-18　滤板和滤框

1—悬浮液通道；2—洗涤液入口通道；3—滤液通道；4—洗涤液出口通道

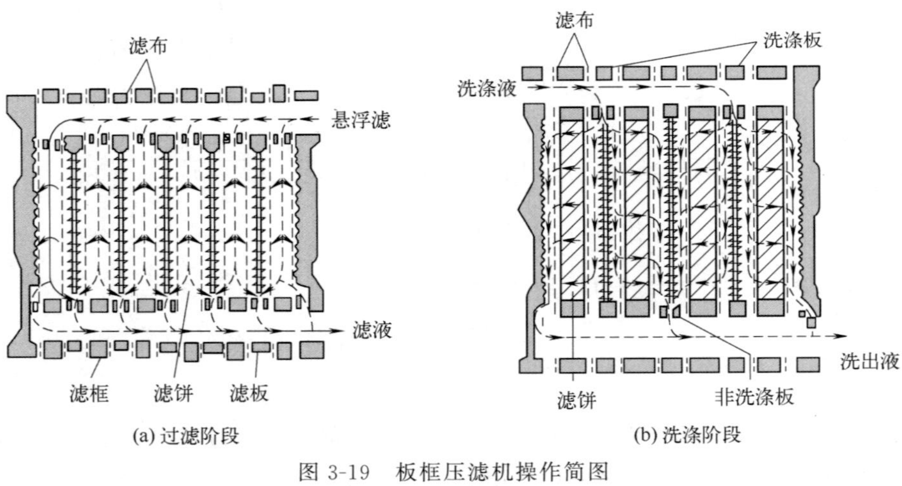

图 3-19　板框压滤机操作简图

用来支撑滤布，凹槽是滤液通道。滤板分为洗涤板和非洗涤板两种。洗涤板左上角的洗涤液通道与两侧表面的凹槽相通，可使洗涤液流进凹槽；若洗涤液通道与两侧表面的凹槽不相通，则称为非洗涤板。为了便于区别，常在板、框外侧铸有小钮或其他标志。通常，非洗涤板为 1 个小钮，滤框为 2 个，洗涤板为 3 个。组合时先将四角开孔的滤布盖于滤板和滤框的交界面上，再按钮数 1-2-3-2-1-2…的顺序排列板和框，然后压紧板和框即可。

过滤时，悬浮液在压力差的推动下从通道 1 进入滤框，滤液穿过框两边的滤布，从每一滤板左下角的通道 3 排出机外［图 3-19（a)］。待框内充满滤饼后，停止过滤。若需要洗涤滤饼，则由过滤阶段转入洗涤阶段［图 3-19（b)］。洗涤液由通道 2 进入洗涤板的两侧，穿过整块框内的滤饼，在非洗涤板的表面汇集，最后由右下角的通道 4 排出。洗涤阶段结束后，松开螺旋杆，打开板框，卸除滤饼，洗涤滤布及板、框，然后重新组装，进行下个过滤操作循环。

板框压滤机的优点是结构紧凑，价格低廉，占地面积小，过滤面积大，并可根据需要增减滤板的数量，调节过滤能力，主要用于过滤固体含量多的悬浮液。另外，由于其可承受较高的操作压力（0.3～1MPa），因此可用于过滤颗粒细小而液体黏度较大的滤浆。但由于间歇操作，生产能力低，卸渣清洗和组装阶段需用人力操作，劳动强度大，所以它只适用于小规模生产。近年出现了各种自动操作的板框压滤机，可使劳动强度得到减轻。

2. 转筒真空过滤机

转筒真空过滤机是一种工业上应用较广的连续式过滤机（图 3-20），其主体为可旋转的水平圆筒（转筒）。转筒表面装有金属网，网上覆以滤布，筒的下部浸入盛有悬浮液的滤槽中。转筒内用隔板分成 12 个扇形格，这些格为小过滤室，每格与转鼓端面上的带孔圆盘（转动盘）相通。此转动盘与装于支架上的固定盘借弹簧压力紧密叠合，这两个互相叠合而又相对转动的圆盘组成一副分配头，如图 3-21 所示。转筒旋转时，分配头的转动盘随着筒体一起旋转，固定盘保持不动，使得转筒上的 12 个小过滤室依次与滤液排出管、洗涤液排出管及空气吹进管相通。因而转筒旋转一周的过程中，每个小过滤室可依次进行过滤、吸干、洗涤、吹松、卸渣等项操作。例如，当转筒的某一格转入液面下时，与此格相通的转盘上的小孔即与固定盘上的槽 1 相通，抽吸滤液。当此格离开液面时，转筒表面与槽 2 相通，将滤饼中的液体吸干。当转筒继续旋转时，可在转筒表面喷洒洗涤液进行滤饼洗涤，洗涤液通过固定盘的槽 3 抽往洗涤液贮槽。转筒的右边装有卸渣用的刮刀，刮刀与转筒表面的距离可以调节，当转筒继续旋转时，刮刀刮除转筒表面滤渣，且该格转筒内部与固定盘的孔 4 相通，可供压缩空气吹卸滤渣。卸渣后的转筒表面在必要时可由固定盘的孔 5 吹入压缩空气，以再生和清理滤布。转筒转动一周即完成一个操作循环，整个过滤过程在转筒表面连续进行。

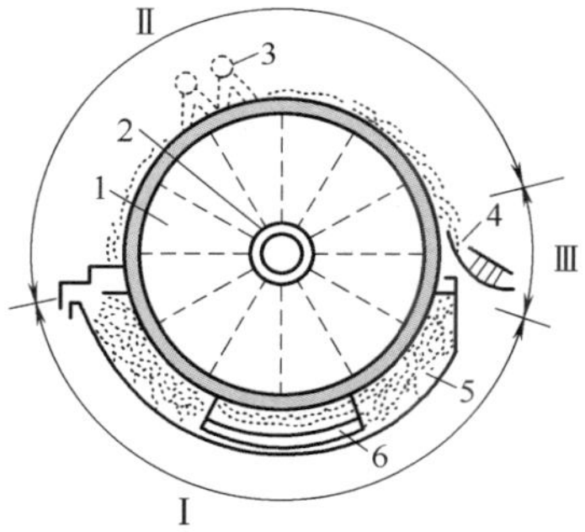

图 3-20　转筒真空过滤机操作示意

1—转鼓；2—分配头；3—洗涤水喷嘴；4—刮刀；5—悬浮液槽；6—搅拌器

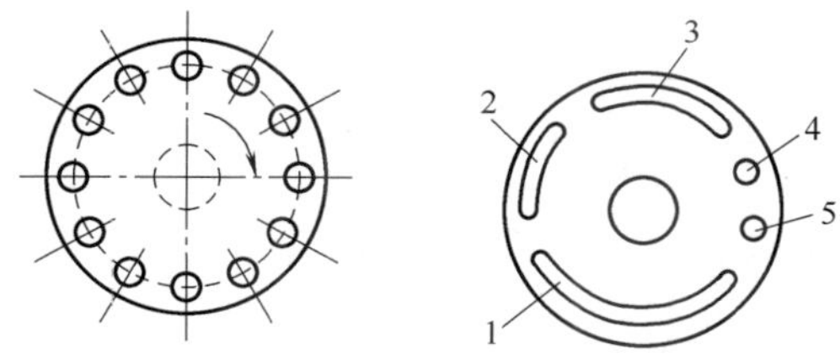

图 3-21　转筒真空过滤机的分配头

1，2—与滤液贮罐相通的槽；3—与洗涤液贮罐相通的槽；4，5—通压缩空气的孔

转筒的过滤面积一般为 5～40m^2，浸没部分占总面积的 30%～40%。转速通常为 0.1～3r/min；滤饼的厚度约为 3～40mm，滤饼中的液体含量多在 10%以上，通常在 30%左右。

转筒真空过滤机可连续自动操作，节省人力，生产能力大，适宜处理量大而固体颗粒含量较多的滤浆，对过滤性较差的胶体物系或细微颗粒的悬浮液，若采用预涂助滤剂措施也比较方便。转筒真空过滤机的缺点在于附属设备较多，过滤面积不大，且由于真空操作，过滤推动力有限；滤饼在被吸干时体积收缩，形成许多裂缝，使大量空气被吸入，增加了能耗；滤饼的洗涤也不够充分。

3. 过滤式离心机

过滤式离心机有过滤用的转鼓，转鼓上有许多小孔，称为滤筐，滤筐里面装有滤网。离心过滤时，悬浮液在滤筐内部随滤筐一起旋转，在离心力作用下，液体产生径向压力差，经由滤饼、滤网及滤筐而流出。根据卸渣方式不同，过滤式离心机有间歇操作与连续操作之分。

（1）三足式离心机

三足式离心机是一种人工卸料的间歇式离心机，在工业上应用较早，目前仍是国内应用最广、制造数目最多的一种离心机。其结构如图 3-22 所示，主要部件是一篮式滤筐，壁面钻有许多小孔，内壁衬有金属丝网及滤布。整个机座和外罩借助三根拉杆弹簧悬挂于三足支柱上，以减轻运转时的振动。悬浮液加入滤筐后，滤液穿过滤筐于机座下部排出，滤渣沉积于滤筐内壁。待一批料液过滤完毕，或滤筐内的滤渣量达到设备允许的最大值时，可停止加料并继续运转一段时间以沥干滤液。必要时，也可在滤饼表面喷洒清水进行洗涤，然后停车卸料，清洗设备。

三足式离心机结构简单，制造方便，运转平稳，适应性强；其滤筐直径一般较大，转速不高（<2000r/min），过滤面积为 0.6～2.7m^2，适用于间歇生产中小批量物料；且由于滤饼中固体颗粒不易受损伤，适合处理固体为颗粒晶体或纤维状的物料。

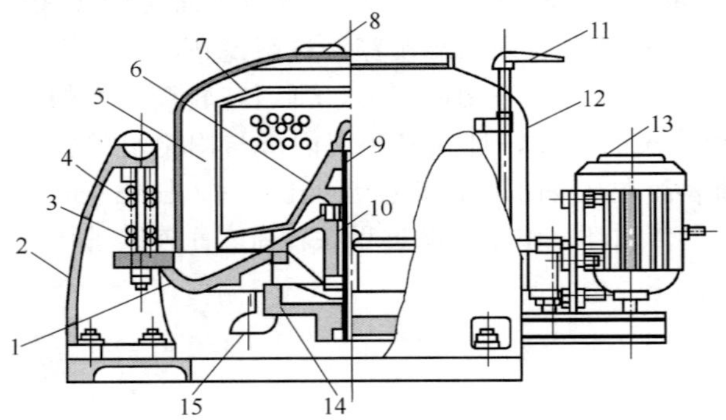

图 3-22　三足式离心机

1—底盘；2—支柱；3—缓冲弹簧；4—摆杆；5—滤筐壁；6—滤筐底；7—拦液板；8—机盖；9—主轴；10—轴承座；11—制动器手柄；12—外壳；13—电动机；14—制动轮；15—滤液出口

（2）往复活塞卸料式离心机

往复活塞卸料式离心机是一种连续式离心机，其结构如图 3-23 所示。悬浮液由进料管送进旋转的圆锥形加料斗中，在离心力作用下液体沿加料斗的锥形面流动，均匀地沿圆周分散到滤筐的过滤段，滤液透过滤网而形成滤渣层。滤筐底部装有与滤筐一起旋转的推料活塞，其直径稍小于滤筐内壁。推料活塞与加料斗一同做往复运动，沿着滤筐内表面间断地将滤渣向排渣口方向推动。滤渣经过洗涤段和干燥段，最后由排渣口排出。推料活塞的往复运动是先向前推，随即后退，经过一段时间形成一定厚度的滤渣层后再次向前推，如此重复进行推渣。推料活塞的冲程约为滤筐全长的 1/10，往复次数约 30 次/min。这种离心机的离心分离因数约为 300～700，生产能力大，每小时可处理 0.3～25t 的固体，适用于分离固体颗粒浓度较浓、粒径较大（0.1～5mm）的悬浮液，在生产中被广泛应用。

（3）刮刀卸料式离心机

刮刀卸料式离心机是一种连续式离心机，其结构如图 3-24 所示。悬浮液从加料管进入连续运转的卧式滤筐，机内设有耙齿，以使沉积的滤渣均匀分布于转鼓内壁。待滤饼达到一定厚度时，停止加料，进行洗涤、沥干。然后，借液压传动的刮刀逐渐向上移动，将滤饼刮入卸料斗卸出机外，继而清洗滤筐。整个操作周期均在连续运转中完成，每一步骤均采用自动控制的液压操作。

刮刀卸料式离心机可连续运转，每一操作周期约 35～90s，生产能力较大，劳动条件好，适用于大规模连续生产中过滤粒径较大的颗粒（>0.1mm）。目前，刮刀卸料式离心机在石油、化工、食品等行业中有广泛应用，如硫、尿素、碳酸氢铵、聚氯乙烯、食盐、糖等物料的脱水。

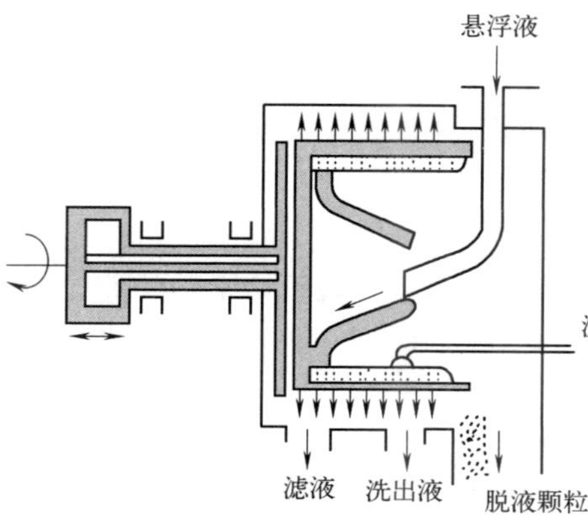

图 3-23　往复活塞卸料式离心机

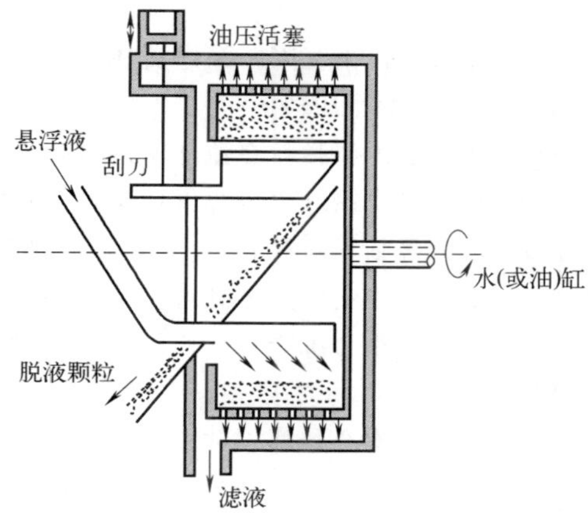

图 3-24　刮刀卸料式离心机

小结

本章是以颗粒与流体之间的流动规律为主线，介绍机械分离方法（沉降法与过滤法）的分离原理和操作设备，形成清晰的网络，如下所示。

颗粒与流体的相对流动

1. 非均相混合物：存在相界面的混合物。
2. 机械分离法：混合物两相之间发生相对运动而分离。
3. 相对流动阻力：$F_D=\zeta A\dfrac{1}{2}\rho u^2$。
4. 阻力系数 ζ：层流区，$\zeta=\dfrac{24}{Re_p}$；过渡区，$\zeta=\dfrac{10}{\sqrt{Re_p}}$；湍流区，$\zeta\approx0.44$。

重力沉降

1. 球形颗粒自由沉降：重力，浮力，阻力。
2. 重力沉降速度：$u_t=\sqrt{\dfrac{4gd_p(\rho_p-\rho)}{3\zeta\rho}}$。
3. 不同流型的沉降速度：层流区，$u_t=\dfrac{gd_p^2(\rho_p-\rho)}{18\mu}$；过渡区，$u_t=\sqrt[3]{\dfrac{4g^2(\rho_p-\rho)^2}{225\mu\rho}}\,d_p$；湍流区，$u_t=1.74\sqrt{\dfrac{gd_p(\rho_p-\rho)}{\rho}}$。
4. 实际沉降速度计算：试差法。
5. 重力沉降设备：除尘室，沉降槽，分级器。
6. 降尘室分离条件：$\dfrac{L}{u}\geqslant\dfrac{H}{u_t}$；层流临界粒径 $d_{pc}=\sqrt{\dfrac{18\mu}{(\rho_p-\rho)g}\times\dfrac{q_V}{LW}}$。

颗粒与流体之间的流动

过滤分离

1. 过滤方式：滤饼过滤、深层过滤和滤膜过滤。
2. 过滤介质：织物介质，多孔性固体介质，堆积介质，滤膜介质。
3. 滤饼的压缩性与助滤剂。
4. 过滤速率方程：$\dfrac{dV}{d\theta}=\dfrac{A^2\Delta p}{r\mu v(V+V_e)}$。
5. 恒压过滤：$V^2+2VV_e=KA^2\theta$；$q^2+2qq_e=K\theta$。
6. 恒速过滤：$V^2+VV_e=\dfrac{1}{2}KA^2\theta$；$q^2+qq_e=\dfrac{1}{2}K\theta$。
7. 过滤常数测定：$\dfrac{\theta}{q}=\dfrac{1}{K}q+\dfrac{2}{K}q_e$。
8. 过滤设备：板框压滤机，转筒真空过滤机，过滤式离心机。

离心沉降

1. 离心沉降受力情况：离心力，浮力，阻力。
2. 离心沉降速度：$u_r=\sqrt{\dfrac{4d_p(\rho_p-\rho)}{3\zeta\rho}r\omega^2}$。
3. 层流区的沉降速度：$u_r=\dfrac{d_p^2(\rho_p-\rho)}{18\mu}r\omega^2$。
4. 离心分离因数：$K_c=\dfrac{r\omega^2}{g}$。
5. 离心沉降设备：旋风分离器，旋液分离器。
6. 旋风分离器的性能：临界粒径，分离效率，压降。

思考题

3-1　固体颗粒与流体相对运动时，阻力系数存在哪几种情况？有何不同？

3-2　什么是自由沉降？简述流体中球形颗粒在重力作用下自由沉降的受力情况。从静止开始沉降，经历哪两个阶段？

3-3　什么是固体颗粒在流体中的沉降速度？它受哪些因素影响？

3-4　重力降尘室分离含尘气体中的尘粒时分离条件是什么？

3-5　什么是临界粒径 d_{pc}？什么是临界沉降速度 u_{tc}？

3-6　重力降尘室的气体处理量与哪些因素有关？降尘室的高度是否影响气体处理量？

3-7　试分析重力沉降与离心沉降的相同和不同之处。在什么情况下用离心沉降分离非均相混合物？

3-8　什么是离心分离因数？提高离心分离因数的方法有哪些？

3-9　过滤体系由哪几部分组成？过滤阻力的影响因素有哪些？如何提高过滤速率？

3-10　恒压过滤方程中，操作压力的影响表现在哪里？过滤常数 K 如何测定？它与哪些因素有关？

习题

[3-1]　在 60℃的空气中，密度为 3000kg/m^3 的球形颗粒进行自由沉降，试求服从斯托克斯定律的最大直径。

[答案：77.5μm]

[3-2]　一球形颗粒的密度为 3000kg/m^3，在 20℃的水中和空气中进行自由沉降，设沉降处于斯托克斯定律区。试计算颗粒在水中和空气中沉降速度的比值。

[答案：1.2%]

[3-3]　某重力降尘室长 3m、宽 2m，在常压、100℃下处理 3000m^3/h 的含尘气体。设尘粒为球形，其密度为 2000kg/m^3，气体的物性与空气相同，密度为 0.946kg/m^3，黏度为 2.19×10^{-5}Pa·s。求：(1) 可被 100%去除的最小尘粒直径；(2) 直径 0.04mm 的尘粒有百分之几能被除去？

[答案：(1) 52.8μm；(2) 57.4%]

[3-4]　某重力降尘室长 3m、宽 2m、高 2m，内部用隔板分成 30 层。含尘气体进入降尘室时的密度为 0.6kg/m^3，黏度为 0.04mPa·s。含尘气体中尘粒的密度为 5000kg/m^3。现拟分离 100μm 以上的尘粒，试求可处理的含尘气体流量。

[答案：123m^3/s]

[3-5]　用标准旋风分离器净化含尘气体。已知固体密度为 1100kg/m^3；气体密度为 1.2kg/m^3，黏度为 18×10^{-5}Pa·s，流量为 0.40m^3/s；允许压降为 1500Pa。试估算旋风分离器的临界粒径。

[答案：7.51×10^{-6}m]

[3-6]　用板框压滤机过滤某悬浮液，共有 40 个滤框，每个滤框的两侧有效过滤面积为 0.65m^2，过滤常数 $K=4.97\times10^{-5}$m^2/s，$q_e=1.64\times10^{-2}$m^3/m^2，试求过滤 1h 所得的滤液量。

[答案：10.58m^3]

[3-7]　在恒压条件下用板框压滤机过滤某悬浮液，10min 得滤液 5m^3。若忽略过滤介质阻力，试求：(1) 过滤 1h 的滤液量；(2) 过滤 1h 后的过滤速率。

［答案：(1) $12.25m^3$；(2) $4.17\times10^{-3}m^3/s$］

［3-8］ 某悬浮液在板框压滤机中先以恒速过滤 10min，得滤液 $5m^3$，继而维持在此最高压强进行恒压过滤，试求 1h 后又可得多少滤液？设过滤介质阻力可略去不计。

［答案：$13m^3$］

本章符号说明

英文

A　面积，m^2

a　颗粒的比表面积，m^2

D　直径，m

d　球形颗粒的直径，m

d_e　非球形颗粒的体积当量直径，m

d_p　颗粒直径，m

d_{pc}　临界粒径，m

g　重力加速度，m/s^2

K　过滤常数，m^2/s

K_c　离心分离因数

m　颗粒的质量，kg

Δp　压降，Pa

Δp_c　滤液通过滤饼层的压降，Pa

Δp_m　滤液通过过滤介质的压降，Pa

q　单位过滤面积的滤液体积，m^3/m^2

q_e　单位过滤面积的当量滤液体积，m^3/m^2

q_V　体积流量，m^3/s

Re_p　颗粒沉降雷诺数

R_c　滤饼阻力，1/m

R_m　过滤介质阻力，1/m

r　半径，m；滤饼的比阻，$1/m^2$

r_0　单位压降下滤饼的比阻，$1/m^2$

S　与非球形颗粒等体积球体的表面积，m^2

S_p　非球形颗粒的表面积，m^2

s　压缩性指数

u　速度，m/s

u_i　进口气速，m/s

u_r　离心沉降速度，m/s

u_t　重力沉降速度，m/s

u_{tc}　临界粒径颗粒的沉降速度，m/s

V　滤液体积，球形颗粒的体积，m^3

V_e　过滤介质的当量滤液体积，m^3

V_p　非球形颗粒的体积，m^3

希文

ϕ　球形度

μ　黏度，Pa·s

ζ　阻力系数

ρ　流体密度，kg/m^3

ω　角速度，rad/s

θ　时间，s

η_0　总效率

η_i　粒级效率

第四章

传　热

目标导学

［目的］ 通过本章的学习，需掌握传热的有关概念、基本原理和规律，并学会运用其原理和规律分析解决两流体在间壁换热过程中的相关问题。

［重点］ 传热的基本原理，热传导、热对流的基本规律，两流体间壁换热的计算。

［难点］ 两流体间壁换热的计算。

［内容导图］

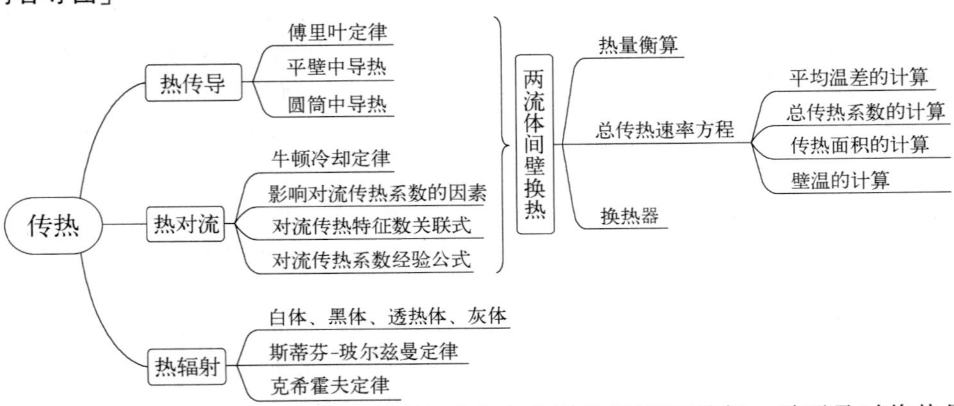

丙烯环氧化属于强放热反应，为保证该反应在合适的温度下进行，需要及时将热量移出。现要在一换热器中用水冷却环氧化产物，冷却水流量可以调节（物性已知），环氧化产物的产量和进入换热器的温度一定（物性已知）。对此传热过程如何根据上述要求设计并选择适合的换热器？冷却水流量和环氧化产物产量对换热效果有何影响？使用一段时间后，换热效果能否达到要求？季节变化对换热效果有何影响？本章将对上述传热过程问题进行讨论。

第一节　概　述

一、传热在化工生产中的应用

传热即热量传递，是生活中一种常见的现象。例如，食物的烹饪、房间的取暖、冰箱的制冷等都离不开传热。传热与化工生产的关系尤为密切。为了使化学反应在一定的温度下进行，需要向反应器输入或从反应器输出热量；在蒸发、蒸馏、干燥等单元操作中，都要向这些设备输入或从这些设备输出热量。此外，化工设备的保温，生产过程中热能的合理利用以及废热的回收等都涉及传热问题。由此可见，传热过程普遍存在于化工生产中，且具有极其重要的作用。

二、传热的基本方式

根据传热机理，热传递有三种基本方式：热传导、热对流和热辐射。

若物体内部或直接接触的两物体间存在温度差，则热将从高温部分自动地流向低温部分，直至各部分温度相等。此种传热方式称为热传导，又称导热。固体中热的传递是典型的热传导。在金属固体中，热传导起因于自由电子的运动；在非金属固体和大部分液体中，热传导是相邻分子的热振动和碰撞所致；在气体中，高温区气体分子的平均动能大于低温区气体分子的平均动能，动能不同的分子在不规则运动时发生的相互碰撞使热量从高温区向低温区传递。因此，从微观角度来看，热传导是物质的分子、原子和自由电子等微观粒子的热运动产生的热传递现象。

热对流又称对流传热，是指流体中的质点发生相对位移而引起的热交换。对流传热仅发生在流体中，因此它与流体的流动状况密切相关。在对流传热时，必然伴随着流体质点间的热传导。事实上，要将它们分开是很困难的。在流体中产生对流的原因有两种。第一种流体质点的相对位移是因流体中各处的温度不同而引起密度的差别，从而轻者上浮，重者下沉，这种对流称为自然对流。第二种流体质点的运动是泵（风机）或搅拌等外力所致，这种对流则称为强制对流。流动的原因不同，对流传热的规律也有所不同。但在同一种流体中，可能同时存在自然对流和强制对流现象。

物体因温度的原因而产生电磁波在空间传递热，称为热辐射。物体（固体、液体和气体）都能将热能以电磁波的形式发射出去，而不需要任何介质。热辐射不仅产生能量的传递，而且还伴随着能量形式的转换。即在放热处热能转变为辐射能，以电磁波的形式向空间传送；当遇到另一个能够吸收辐射能的物体时，辐射能又转化为热能。辐射传热就是物体间相互辐射和吸收能量的总结果。任何物体只要在绝对零度以上，都能发射辐射能，但是只有在物体的温度差较大时，辐射传热才能成为主要的传热方式。

上述三种传热方式在生产实际中很少单独存在，往往是以两种或三种方式同时出现，但在不同场合以某一种方式为主。

如果是两流体间发生传热，冷、热流体会有三种接触方式：混合式、蓄热式和间壁式。

混合式传热是将热流体与冷流体直接接触混合的一种传热方式。例如，老式澡堂中水池的温水是将热水直接通入冷水中形成的。

蓄热式传热是先将热流体的热量储存在蓄热器中，然后由蓄热器将热量传递给冷流体（图 4-1）。蓄热器由热容较大的蓄热室构成，室内可填充耐火砖等各种填料。蓄热式传热常用于气体介质之间的换热，炼焦炉中的煤气燃烧系统采用的就是蓄热式传热。对于液体间的换热，采用蓄热式传热时会有一层液膜黏附在固体表面，从而造成冷、热流体的

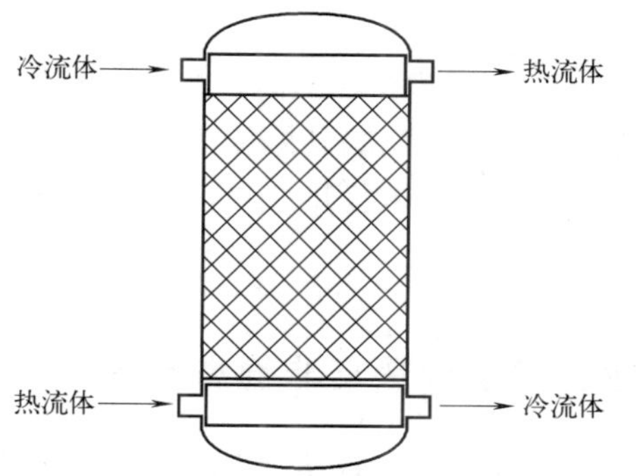

图 4-1 蓄热式传热

微量混合。实际上，即使是气体介质，这种微量混合也不可能完全避免。如果传热过程中不允许有这种微量混合，便不能采用这种传热方式。

为了避免冷、热流体混合反应，化工中常采用间壁式传热。间壁式传热是通过间壁将热流体的热量传递给冷流体。间壁式换热器类型很多，经常用到的有夹套式换热器、蛇形式换热器、套管式换热器、列管式换热器、板式换热器等。图 4-2 是最简单且最经典的套管式换热器。它类似于实验室用的冷凝管，热流体在管中流动，冷流体在套管中流动，两流体通过内管壁进行传热。

如图 4-3 所示，间壁式传热过程由热流体与冷壁对流、壁间导热、冷流体与热壁对流三个步骤串联而成。冷、热流体与壁面之间的热传递以热对流为主，热传导为辅。在固体壁面两侧，热量则是以传导的方式从热流体一侧的热壁面传递到冷流体一侧的冷壁面。由此可见，在间壁式传热过程中包括热传导和热对流两种传热方式。

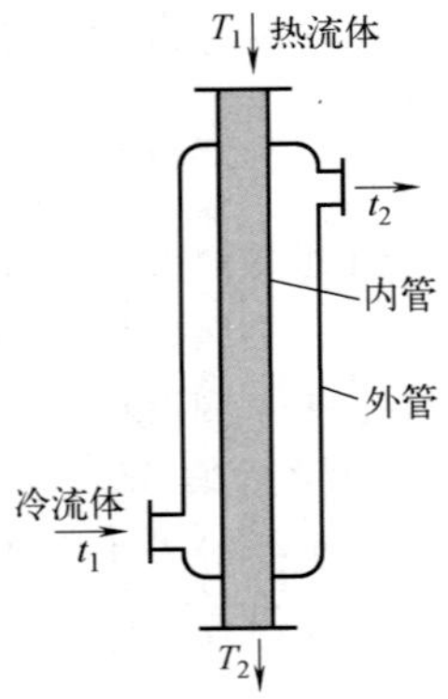

图 4-2　套管式换热器

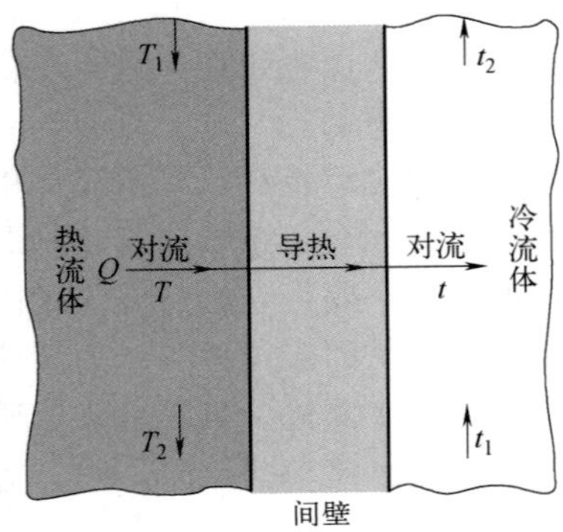

图 4-3　间壁式传热过程

三、传热速率与热阻

传热过程的速率可用下列两种方式表示。

① 传热速率 Q　又称热流量，是指单位时间内通过传热面传递的热量，单位是 W（或 J/s）。因此，Q 与传热面积 A 有关。

② 热流密度 q　又称热通量，是指单位时间内通过单位传热面积传递的热量，单位是 W/m^2。因此，不难得出热流密度与传热速率的关系为

$$q=\frac{Q}{A} \tag{4-1}$$

与传热速率 Q 不同，热流密度和传热面积 A 无关，完全取决于冷、热介质之间的热量传递过程，是反映具体传热过程速率大小的特征量。

对于不同的传热方式，传热速率方程也不相同，但是一般可用下式表达：

$$传热速率=\frac{传热温差}{热阻} \tag{4-2}$$

四、稳态传热与非稳态传热

物体中各点的温度不随时间变化的热量传递过程，称为稳态传热或定态传热；反之，则称为非稳态传热或非定态传热。稳态传热时，Q 和 q 以及有关的物理量都不随时间而变。工

业上，连续生产中的传热过程都属于稳态传热；而在开车、停车以及改变操作条件时，以及间歇操作中的传热过程则为非稳态传热。本章讨论的均为稳态传热。

第二节　热传导

热传导是起因于物体内部分子微观运动的一种传热方式。只有固体中才有单纯的热传导，本节只讨论各向同性、质地均匀的固体物质的热传导。

先看一个生活实例：冬天，铁棍和木棍的温度是一样的，但是我们手中拿着铁棍感觉要比拿着木棍冷得多。这是为什么呢？人体的温度是 36℃左右，冬天拿着棍子，手上的热量就向棍子传递，由于铁的导热速率比木头快得多，手上散热更快，所以会感觉更冷。此例说明同样是固体，材质不同，导热速率是不同的。下面讨论热传导速率的相关影响因素。

一、傅里叶定律

1. 温度场和温度梯度

在某一瞬间，空间（或物体内）各点的温度分布称为温度场。在稳态传热时，温度场的数学表达式为 $t=f(x,y,z)$。温度场中相同温度各点所组成的面称为等温面。由于某瞬间内空间任一点上不可能同时有两个不同的温度，故不同的等温面彼此不能相交。

两相邻等温面之间的温度差 Δt 与该两面间的垂直距离 Δn 之比的极限，称为温度梯度。温度梯度的数学定义式为

$$\mathrm{grad}t=\lim_{\Delta n\to 0}\frac{\Delta t}{\Delta n}=\frac{\partial t}{\partial n} \tag{4-3}$$

温度梯度$\frac{\partial t}{\partial n}$为向量，它的正方向为温度增加的方向。

2. 傅里叶定律

热传导的微观机理虽难以弄清，但其宏观规律可用傅里叶定律加以描述，即

$$Q=-\lambda A\frac{\partial t}{\partial n} \tag{4-4}$$

式中，Q 为传热速率，W；A 为传热面积，即垂直于热流方向的截面积，m^2；λ 为热导率或导热系数，W/(m·℃)；$\frac{\partial t}{\partial n}$为法向温度梯度，℃/m 或 K/m。由于温度梯度$\frac{\partial t}{\partial n}$指向温度增加的方向，而导热方向是从高温指向低温，与其方向相反，所以在傅里叶定律表达式中加上负号。

傅里叶定律表明，在质地均匀的物体内，若等温面上各点的温度梯度相同，则单位时间内传导的热量与温度梯度及垂直于热流方向上的传热面积成正比。

二、热导率

由式（4-4）可得

$$\lambda=-\frac{Q}{A\dfrac{\partial t}{\partial n}} \tag{4-5}$$

由上式可知，热导率在数值上等于温度梯度为1℃/m，单位时间内通过单位传热面积的导热量。所以，热导率是表征物质导热能力的重要热物性参数。

物体的热导率λ与材料的组成、结构、温度、湿度、压力以及聚集状态等多种因素有关，一般通过实验测定。各种材料的热导率依次为：$\lambda_{金属}>\lambda_{一般非金属固体}>\lambda_{液体}>\lambda_{固体绝热材料}>\lambda_{气体}$。

固体材料的热导率随温度而变，绝大多数质地均匀的固体的热导率与温度呈线性关系，可用下式表示：

$$\lambda=\lambda_0(1+\alpha t) \tag{4-6}$$

式中，λ是温度t℃时固体的热导率，W/(m·℃)；λ_0是0℃时固体的热导率，W/(m·℃)；α是温度系数，1/℃。对于大多数金属材料（汞除外），$\alpha<0$，即温度t升高，热导率λ下降；对于大多数非金属固体，$\alpha>0$，即温度t升高，热导率λ增大。若金属材料的纯度下降，会使λ大大降低。

除水和甘油等少量液体物质外，绝大多数液体的热导率都随温度升高而下降。水、甘油的热导率随温度升高而增大。一般来说，纯液体的热导率大于溶液的热导率。

气体的热导率比液体小，约为液体的$\frac{1}{10}$。固体绝热材料的热导率之所以很小，是因为其空隙率大，空隙中含有大量低热导率的空气。

气体的热导率随温度升高而增大。在通常压力范围内，压力p对气体热导率λ无明显的影响。只有当压力很低（$p<2.7$kPa）或很高（$p>200$MPa）时，λ才随p增大而增大。

三、平壁的稳态热传导

1. 单层平壁的稳态热传导

如图4-4所示，假设有一高度和宽度均远大于厚度的平壁，厚度为b，两侧表面温度保持均匀，分别为t_1、t_2，且$t_1>t_2$。若t_1、t_2不随时间而变，则壁内温度只沿x方向（壁厚方向）变化，傅里叶定律可写为

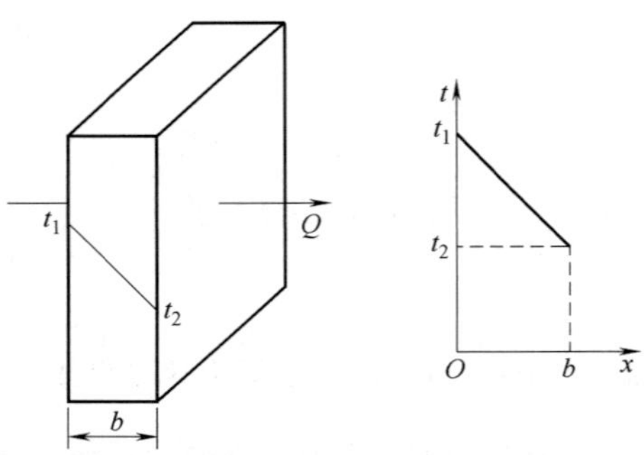

图4-4　平壁的热传导及温度分布

$$Q=-\lambda A\frac{\mathrm{d}t}{\mathrm{d}x} \tag{4-7}$$

将式（4-7）分离变量积分，得

$$\int_{t_1}^{t_2}\mathrm{d}t=-\frac{Q}{\lambda A}\int_0^b\mathrm{d}x$$

即

$$Q=\frac{\lambda}{b}A(t_1-t_2) \tag{4-8}$$

或

$$Q=\frac{t_1-t_2}{\dfrac{b}{\lambda A}}=\frac{\Delta t}{R}=\frac{传热推动力}{热阻} \tag{4-8a}$$

由上式可知，单层平壁内传热速率Q与传热推动力Δt成正比，与热阻$R=\frac{b}{\lambda A}$成反比。

壁厚 b 越大，或传热面积 A 或热导率 λ 越小，热阻 R 就越大。式（4-8）也可写成

$$q=\frac{Q}{A}=\frac{\lambda}{b}(t_1-t_2) \tag{4-9}$$

2. 多层平壁的稳态热传导

下面以图 4-5 所示的三层平壁为例，说明多层平壁导热过程的计算。

对于稳态一维热传导，热量在平壁内没有积累，因而数量相等的热量依次通过各层平壁，是一典型的串联传递过程。假设各相邻壁面接触紧密，接触面两侧温度相同，各层热导率都为常量，则

$$Q=\frac{t_1-t_2}{\frac{b_1}{\lambda_1 A}}=\frac{t_2-t_3}{\frac{b_2}{\lambda_2 A}}=\frac{t_3-t_4}{\frac{b_3}{\lambda_3 A}} \tag{4-10}$$

因 $\Delta t=t_1-t_4=\Delta t_1+\Delta t_2+\Delta t_3$，由上式可得

$$Q=\frac{t_1-t_4}{\frac{b_1}{\lambda_1 A}+\frac{b_2}{\lambda_2 A}+\frac{b_3}{\lambda_3 A}}=\frac{t_1-t_4}{\sum_{i=1}^{i=3}\frac{b_i}{\lambda_i A}}=\frac{\Delta t}{\sum_{i=1}^{i=3}R_i}=\frac{\text{总推动力}}{\text{总阻力}} \tag{4-11}$$

由式（4-11）可知，通过多层平壁的稳态热传导，传热推动力和热阻可以加和；总热阻等于各层热阻之和，总推动力等于各层推动力之和。

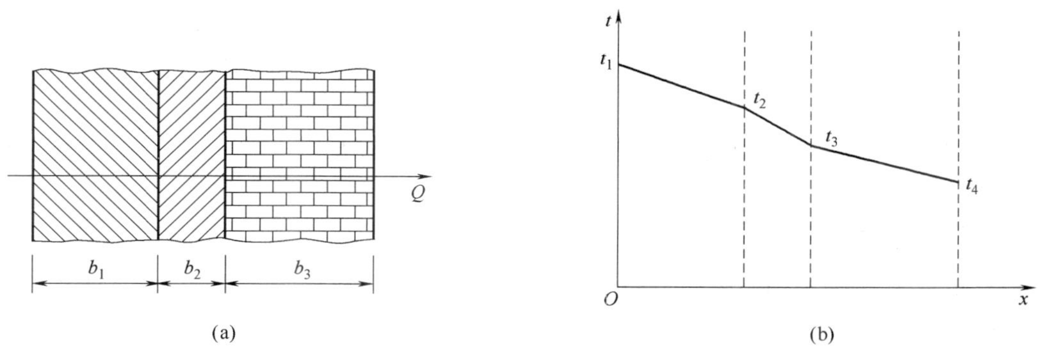

图 4-5 三层平壁的热传导及温度分布

从上面的式子可以推出

$$t_1-t_2:t_2-t_3:t_3-t_4=\frac{b_1}{\lambda_1 A}:\frac{b_2}{\lambda_2 A}:\frac{b_3}{\lambda_3 A}=R_1:R_2:R_3 \tag{4-12}$$

上式表明，在多层平壁稳定导热过程中，热阻大的一层壁的温差就大。当总温差一定时，传热速率的大小取决于总热阻的大小。

【例 4-1】 如图 4-5（a）所示，燃烧炉的平壁由三种材料构成。最内层为耐火砖，厚度 b_1 为 150mm，热导率 λ_1 为 1.05W/(m·℃)；中间层为绝热砖，厚度 b_2 为 290mm，热导率 λ_2 为 0.15W/(m·℃)；最外层为普通砖，厚度 b_3 为 228mm，热导率 λ_3 为 0.8W/(m·℃)。已知炉内、外壁表面温度分别为 1050℃ 和 36℃，试求耐火砖和绝热砖之间以及绝热砖和普通砖之间界面的温度。假设各层接触良好。

解 设 t_2 为耐火砖和绝热砖之间的温度，t_3 为绝热砖和普通砖之间的温度。已知燃烧炉内壁温度 $t_1=1050$℃，外壁温度 $t_4=36$℃，$\lambda_1=1.05$W/(m·℃)，$\lambda_2=0.15$W/(m·℃)，$\lambda_3=$

0.8W/(m·℃)，b_1=150mm=0.15m，b_2=290mm=0.29m，b_3=228mm=0.228m。

计算热流密度 q：

$$q=\frac{t_1-t_4}{\dfrac{b_1}{\lambda_1}+\dfrac{b_2}{\lambda_2}+\dfrac{b_3}{\lambda_3}}=\frac{1050-36}{\dfrac{0.15}{1.05}+\dfrac{0.29}{0.15}+\dfrac{0.228}{0.8}}=429.44(\mathrm{W/m^2})$$

计算耐火砖和绝热砖之间界面的温度 t_2：

$$q=\frac{t_1-t_2}{\dfrac{b_1}{\lambda_1}}$$

$$429.44=\frac{1050-t_2}{\dfrac{0.15}{1.05}}$$

解得 t_2=988.65℃。

计算耐火砖和绝热砖之间界面的温度 t_3：

$$q=\frac{t_3-t_4}{\dfrac{b_3}{\lambda_3}}$$

$$429.44=\frac{t_3-36}{\dfrac{0.228}{0.8}}$$

解得 t_3=158.39℃。

在本例中，绝热砖层热阻最大，所以这一层的温差也最大。

四、圆筒壁的稳态热传导

在化工生产中，所用设备、管路及换热器管子多为圆筒形，所以工程上更多的情况是圆筒壁的热传导。

1. 单层圆筒壁的稳态热传导

设有内、外半径分别为 r_1、r_2 的圆筒，内、外表面维持恒定的温度 t_1、t_2，管长 l 足够大，则圆筒壁内沿圆筒径向导热。由傅里叶定律得

$$q=\frac{Q}{2\pi rl}=-\lambda\frac{\mathrm{d}t}{\mathrm{d}r} \tag{4-13}$$

因为 r 是变化的，所以 q 是变化的，不是一常数。但对于一维稳态导热，热流量 Q 为常数。所以对式（4-13）移项积分，即

$$\int_{t_1}^{t_2}\mathrm{d}t=-\frac{Q}{2\pi\lambda l}\int_{r_1}^{r_2}\frac{\mathrm{d}r}{r}$$

可得

$$Q=\frac{2\pi\lambda l(t_1-t_2)}{\ln\dfrac{r_2}{r_1}} \tag{4-14}$$

通过比较式（4-13）和式（4-14）可以看出，圆筒壁内的温度随半径按对数曲线变化，

温度梯度随半径增大而减小，如图 4-6 所示。

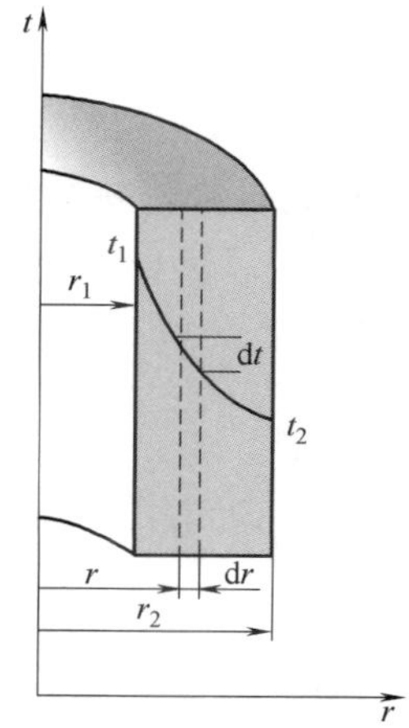

图 4-6　单层圆筒壁的稳态热传导

式（4-14）也可改写成

$$Q=\frac{2\pi\lambda l(t_1-t_2)(r_2-r_1)}{(r_2-r_1)\ln\frac{r_2}{r_1}}$$

$$=\frac{\lambda(t_1-t_2)(A_2-A_1)}{b\ln\frac{A_2}{A_1}}$$

$$=\frac{t_1-t_2}{\frac{b}{\lambda A_m}}=\frac{\Delta t}{R}=\frac{推动力}{热阻} \tag{4-15}$$

式中，$A_m=\frac{A_2-A_1}{\ln\frac{A_2}{A_1}}$，为对数平均面积。当$\frac{A_2}{A_1}<2$时，可用算术平均值$A_m=\frac{A_2+A_1}{2}$近似计算。

式（4-15）与平壁的导热公式形式相同，但热阻 R 与半径 r 有关。

【例 4-2】 在外径 100mm 的蒸汽管道外包绝热层。绝热层的热导率 λ_1 为 0.085W/(m·℃)，已知蒸汽管外壁温度 t_1 为 180℃，要求绝热层外壁温度 t_2 在 50℃以下，且每米管长的热损失不超过 150W/m，试求绝热层厚度 b。

解　因 $Q=\frac{t_1-t_2}{\frac{b}{\lambda_1 A_m}}=\frac{t_1-t_2}{\frac{b}{\lambda_1 2\pi r_m l}}$，所以每米管长的热损失

$$q_1=\frac{Q}{l}=\frac{t_1-t_2}{\frac{b}{\lambda_1 2\pi r_m}}$$

已知 $r_1=\frac{100}{2}\text{mm}=0.05\text{m}$，$r_2=(0.05+b)\ \text{m}$，则 $r_m=\frac{r_2-r_1}{\ln\frac{r_2}{r_1}}=\frac{b}{\ln\frac{0.05+b}{0.05}}$代入上式可得

$$q_1=150=\frac{180-50}{\frac{b}{0.085\times2\pi\times\frac{b}{\ln\frac{0.05+b}{0.05}}}}=0.085\times2\pi\times\frac{180-50}{\ln\frac{0.05+b}{0.05}}$$

解得 $b=30.09\text{mm}$。

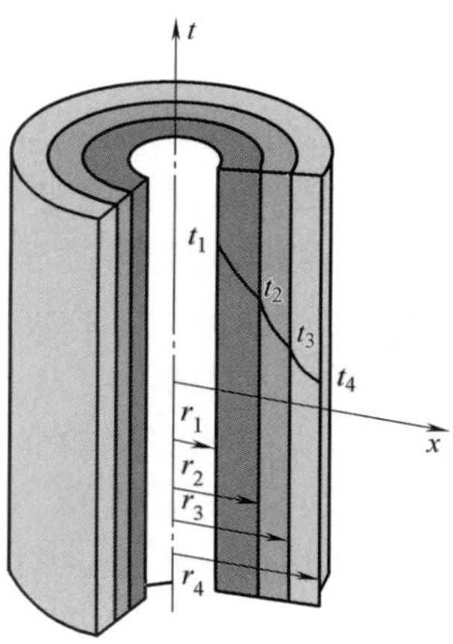

图 4-7　三层圆筒壁的稳态热传导

2. 多层圆筒壁的稳态热传导

下面以图 4-7 的三层圆筒壁为例，说明多层圆筒壁的稳态热传导。

设各层壁厚分别为 $b_1=r_2-r_1$，$b_2=r_3-r_2$，$b_3=r_4-r_3$。假设各相邻壁面接触紧密，接触面两侧温度相同，各层热导率都为常量，则可以用类似多层平壁的方法处理，得

$$Q=\frac{t_1-t_2}{\frac{b_1}{\lambda_1 A_{m1}}}=\frac{t_2-t_3}{\frac{b_2}{\lambda_2 A_{m2}}}=\frac{t_3-t_4}{\frac{b_3}{\lambda_3 A_{m3}}}=\frac{t_1-t_4}{\sum_{i=1}^{i=3}\frac{b_i}{\lambda_i A_{mi}}} \tag{4-16}$$

此式可推广到多层圆筒壁的情况，即

$$Q=\frac{\sum \Delta t_i}{\sum \frac{b_i}{\lambda_i A_{mi}}}=\frac{总推动力}{总阻力} \tag{4-17}$$

式中，A_{mi} 为各层圆筒壁的对数平均面积。

第三节　对流传热

对流传热是通过流体质点的宏观流动来进行热量传递的。比如一杯热水，用勺子搅拌要比不搅拌凉得快，边搅拌边吹风，则凉得更快。前者利用了热水对流强化传热，后者加上了空气对流传热。空气的流速加大，可加快热量的传递。这个生活实例说明加快流体流动可以促进热量传递，那这是为什么呢？要探究其中原因，先要讨论一下对流传热方程。

一、对流传热方程与对流传热系数

图 4-8 是工业上常见的间壁式换热器中两侧流体与固体壁面之间的对流传热。下面以此为例说明对流传热过程及温度分布。当流体为湍流流动时，不管湍流主体的湍动程度多大，紧靠壁面处总有一薄层流体沿着壁面做层流流动，称为层流底层。在层流底层中，垂直于流体流动方向的热量传递主要以导热方式进行。又由于大多数流体的热导率较小，故该层热阻较大，而温度梯度也较大。在层流底层与湍流主体之间有一过渡区，过渡区内的热量传递是传导与对流的共同作用。而湍流主体中，由于流体质点的剧烈运动，各部分的动量与热量传递充分，其传热阻力很小，因而温度梯度较小。由此可见，流体与固体壁面之间的对流传热过程的热阻主要集中在层流底层中。当流体的湍动程度增大时，层流底层的厚度会变薄，在相同的温度差下，对流传热速率会增大。这就是加大流体流速能促进对流传热的原因。

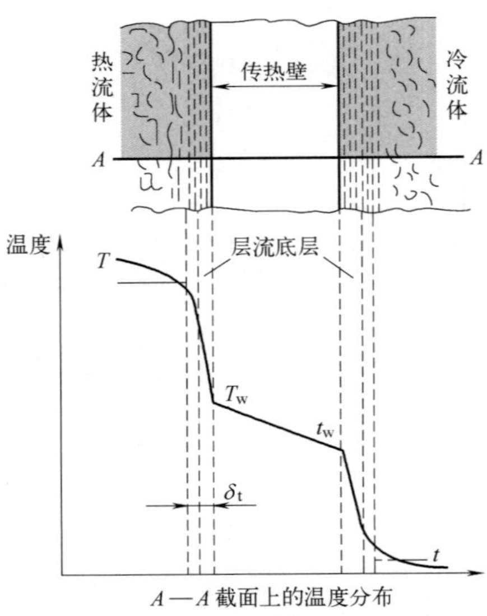

图 4-8　对流传热的温度分布

在垂直于流动方向的某一截面 A—A 上，用粗实线表示从热流体到冷流体的温度分布，结果如图 4-8 所示。热流体一侧湍流主体的最高温度 T 经过渡区、层流底层降至壁面温度 T_w，而冷流体一侧的壁面温度 t_w 经层流底层、过渡区降至冷流体一侧湍流主体的最低温度 t。

从上述分析可知，对流传热过程比较复杂，工程上常用膜理论模型来处理对流传热问题。这种处理方法就是假设把过渡区和湍流主体的传热阻力全部叠加到层流底层的热阻中，在靠近壁面处构成一层厚度为 δ_t 的流体膜（称为有效膜）。假设膜内为层流流动，而膜外为湍流，所有热阻都集中在有效膜中，则可以用单层平壁的热传导公式处理，即

$$Q=\frac{\lambda}{\delta_t}A(t_1-t_2)$$

但是有效膜是虚拟的，其厚度难以测定，所以用 α 代替式中的 $\frac{\lambda}{\delta_t}$，得

$$Q=\alpha A(t_1-t_2) \tag{4-18}$$

式中，Q 为固体与流体的对流传热速率，W；A 为传热面积，m^2；$t_1-t_2=\Delta t$，为对流传热温差，℃（对热流体，为热流体温度 T 与壁温 T_w 之差；对冷流体，为壁温 t_w 与冷流体温度 t 之差）；α 为对流传热系数或膜系数，$W/(m^2 \cdot ℃)$。

式（4-18）称为对流传热速率方程，也称为牛顿冷却定律。

牛顿冷却定律将复杂的对流传热过程的传热速率 Q 用一简单的关系式（4-18）表达了出来。但如何求得各种具体传热条件下的对流传热系数 α，成为解决对流传热问题的关键。这里还应指出，间壁两侧流体沿壁面边流动边传热时，流体温度是不断变化的，所以 α 值也就不同。因此，间壁式换热器的计算中需要求出传热的平均 α 值。

二、影响对流传热系数的因素

实验表明，影响对流传热系数 α 的因素主要有五个方面：流体的物理性质，流体对流起因，流体流动状态，流体的相态变化和传热面的形状、相对位置与尺寸。

流体的物理性质，包括密度 ρ、比定压热容 c_p、热导率 λ、黏度 μ、体积膨胀系数 β 等都会影响对流传热。流体的物理性质都与温度有关。在对流传热过程中，流体的温度各处不同，流体的物性也必随之而变。确定流体物性参数所依据的温度称为定性温度，将在各对流传热系数计算式中说明。

通常强制对流的流速比自然对流高，因而 α 值也高。如空气自然对流的 α 值约为 5～25$W/(m^2 \cdot ℃)$，而强制对流的 α 值可达 10～250$W/(m^2 \cdot ℃)$。

当流体为湍流流动时，湍流主体中流体质点呈混杂运动，热量传递充分，且随着 Re 增大，靠近固体壁面的有效层流膜厚度变薄，会提高传热速率，增大 α 值。当流体为层流流动时，流体中无混杂的质点运动，所以其 α 值比湍流时小。

在传热过程中，有相变化时，如蒸气在冷壁面上冷凝或液体在热壁面上沸腾，其 α 值比无相变时大很多。这是因为相变时的潜热比无相变时的显热大得多。

传热面的形状、相对位置与尺寸会影响流体的流动，进而影响对流传热系数。传热面的形状通常有圆管、翅片管、管束、平板、螺旋板等；传热面的相对位置有水平放置、垂直放置以及管内流动、管外沿轴向流动或垂直于轴向流动等；传热面的尺寸有管内径、管外径、管长、平板的宽与长等。通常把对流体流动和传热有决定性影响的尺寸称为特征尺寸，在对流传热系数计算式中都有说明。

由上述分析可见，影响对流传热的因素很多，故对流传热系数的确定是一个复杂的问题。目前不能用理论推导各种情况下的对流传热系数计算式，需用实验方法来测定。为了减少实验工作量，实验前也是用量纲分析法将影响对流传热系数的诸因素组成若干个量纲为1

的量（或称特征数），然后再借助实验确定这些量纲为 1 的量在不同情况下的相互关系，从而得到一些经验的、应用范围受限制的关联式。

三、对流传热的特征数关联式

通过量纲分析可得出无相变时对流传热的特征数关联式为

$$Nu=KRe^{a}Pr^{b}Gr^{c} \tag{4-19}$$

式中，各特征数的名称、符号及意义见表 4-1。

表 4-1　特征数的名称、符号及意义

特征数名称	符号	意义
努塞特(Nusselt)数	$Nu=\frac{\alpha l}{\lambda}$	表示对流传热系数的特征数
雷诺(Reynolds)数	$Re=\frac{lu\rho}{\mu}$	表示流体的流动状态对对流传热的影响
普朗特(Prandtl)数	$Pr=\frac{c_p\mu}{\lambda}$	表示流体物性对对流传热的影响
格拉斯霍夫(Grashof)数	$Gr=\frac{\beta g\Delta t l^3\rho^2}{\mu^2}$	表示自然对流对对流传热的影响

故式（4-19）可写成

$$\frac{\alpha l}{\lambda}=K\left(\frac{lu\rho}{\mu}\right)^{a}\left(\frac{c_p\mu}{\lambda}\right)^{b}\left(\frac{l^3\rho^2\beta g\Delta t}{\mu^2}\right)^{c} \tag{4-20}$$

此式是无相变条件下对流传热系数的特征数关联式的一般形式。针对不同的条件，需要通过实验确定式中各参数 K、a、b、c 的具体值。在使用该关联式时要注意下列几点。

① 公式的应用范围　各关联式都是在一定条件下实验获得的，使用时要注意适用范围。

② 特征尺寸的取法　要选择对对流传热过程产生直接影响的几何尺寸作为特征数 Nu、Re、Gr 中的特征尺寸 l。如在圆管内对流传热时，特征尺寸应取管内径 d；如为非圆形管道，通常取当量直径 d_e。对于大空间内自然对流，要取加热（或冷却）表面的垂直高度作为特征尺寸，因为加热表面的垂直高度对自然对流的范围和运动速度有直接影响。

③ 定性温度　不同关联式的定性温度往往不同，有的用流体进、出口温度的算术平均值 t_m，也有的用壁温 t_w 或膜温 $\frac{t_w+t_m}{2}$。所以在使用关联式时要注意遵照该式的规定，正确选择定性温度。

四、流体无相变时的对流传热系数

1. 圆形直管内强制湍流的对流传热系数

对于强制湍流，自然对流的影响可以忽略不计。许多研究者对不同流体在光滑圆管内的强制湍流传热进行了大量实验，拟合出下列关联式：

$$Nu=0.023Re^{0.8}Pr^{n} \tag{4-21}$$

或

$$\alpha=0.023\frac{\lambda}{d}\left(\frac{du\rho}{\mu}\right)^{0.8}\left(\frac{c_p\mu}{\lambda}\right)^{n} \tag{4-22}$$

该式的应用条件如下：

① $Re>10000$，即流动是充分湍流的；

② $0.7<Pr<160$，一般流体皆可满足，但不适用于液体金属；

③ 低黏度流体，即 $\mu<2\text{mPa}\cdot\text{s}$；

④ 管长与管径之比$\dfrac{l}{d}>60$，即管内流动是充分发展的；

⑤ 特征尺寸 l 取管子内径 d，定性温度为流体进、出口温度的算术平均值；

⑥ Pr 的指数 n 与热流方向有关，当流体被加热时 $n=0.4$，被冷却时 $n=0.3$。

对于不满足上述条件的情况，可作如下修正。

① 对于高黏度的液体，因黏度的绝对值较大，固体表面与主体温度差带来的影响更为显著。因此可引入一个黏度比，采用下列关联式：

$$\alpha=0.027\frac{\lambda}{d}\left(\frac{du\rho}{\mu}\right)^{0.8}\left(\frac{c_p\mu}{\lambda}\right)^{0.33}\left(\frac{\mu}{\mu_w}\right)^{0.14} \tag{4-23}$$

式中，μ、μ_w 是液体在主体平均温度和壁温下的黏度。由于壁温难以测得，所以工程上近似处理为：当液体被加热时，取$\left(\dfrac{\mu}{\mu_w}\right)^{0.14}=1.05$；当液体被冷却时，取$\left(\dfrac{\mu}{\mu_w}\right)^{0.14}=0.95$。

② 对于$\dfrac{l}{d}<60$的短管，因管内流动尚未充分发展，层流底层较薄，热阻小。因此对于短管，按式（4-22）计算的传热系数偏低，需乘以 1.02～1.07 的系数加以修正。

③ 对于 $2000<Re<10000$ 之间的过渡流，因湍流不充分，层流底层较厚，热阻大而 λ 小。因此，按式（4-22）计算的结果须乘以小于 1 的修正系数 f，$f=1.0-\dfrac{6\times10^5}{Re^{1.8}}$。

④ 对于流体在弯管内的流动，由于离心力的作用，扰动加剧，传热系数增大。先按直管用式（4-22）计算，然后乘以校正系数 f，$f=\left(1+1.77\dfrac{d}{R}\right)$。式中，$d$ 为管内径，m；R 为弯管的曲率半径，m。

⑤ 流体在非圆形直管内强制湍流的对流传热系数仍可用式（4-22）计算，但需将式中的特征尺寸用当量直径 d_e 代替。这种方法比较简便，但误差较大。另一种方法就是直接使用实验求得的非圆形管路对流传热系数关联式。

2. 圆形直管内强制层流的对流传热系数

常用的圆管内层流对流传热系数关联式为

$$Nu=1.86\left(RePr\frac{d}{l}\right)^{\frac{1}{3}}\left(\frac{\mu}{\mu_w}\right)^{0.14} \tag{4-24}$$

上式适用于 $RePr\dfrac{d}{l}>10$，$Re<2300$ 的情况。其特征尺寸为管内径，定性温度取流体进、出口温度的算术平均值。

3. 管外强制对流的传热系数

在换热器内遇到的大多是流体垂直流过管束的传热。此时由于管子之间的相互影响，传热过程更为复杂。管束的排列又可分为直列和错列两种，如图 4-9 所示。对于第一排管子，无论是直列还是错列，流体流动情况均相同。但从第二排开始，流体在错列管束间通过时受到阻拦，使湍动增强，故错列式管束的对流传热系数大于直列式管束。流体在管束外垂直流过的传热系数可用下式计算：

$$Nu=C_1C_2Re^nPr^{0.4} \tag{4-25}$$

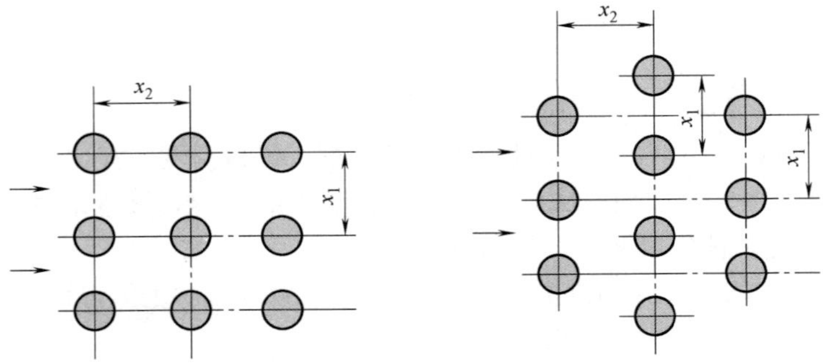

(a) 直列　　(b) 错列

图 4-9　管束的排列

此式的适用范围为 $5000<Re<70000$，$\frac{x_1}{d}=1.2\sim5$，$\frac{x_2}{d}=1.2\sim5$。其特性尺寸取管外径 d，定性温度取流体进、出口温度的算术平均值 t_m，流速 u 取每列管子中最窄流道处的流速，即最大流速。式中的参数 C_1、C_2、n 取决于排列方式和管排数，由实验测定，具体取值见表 4-2。

表 4-2　流体垂直流过管束时的参数值

排数	直列		错列		C_1
	n	C_2	n	C_2	
1	0.6	0.171	0.6	0.171	$\frac{x_1}{d}=1.2\sim3$ 时，$C_1=1+0.1\frac{x_1}{d}$；$\frac{x_1}{d}>3$ 时，$C_1=1.3$
2	0.65	0.157	0.6	0.228	
3	0.65	0.157	0.6	0.290	
4	0.65	0.157	0.6	0.290	

对于某一排列方式，由于各排传热管的 α 值不同，应按下式求平均的对流传热系数。

$$\alpha=\frac{\alpha_1A_1+\alpha_2A_2+\alpha_3A_3+\cdots}{A_1+A_2+A_3+\cdots}=\frac{\sum\alpha_iA_i}{\sum A_i} \tag{4-26}$$

式中，α_i 是各排传热管的对流传热系数，$W/(m^2\cdot℃)$；A_i 是各排传热管的外表面积，m^2。

五、流体有相变时的对流传热系数

液体沸腾和蒸汽冷凝必伴有流体的流动，故沸腾传热和冷凝传热同样属于对流传热。但与前面所讲的对流传热不同，这两种传热过程伴有相变化，相变化的存在使传热过程有其特有的规律。

1. 蒸汽冷凝时的对流传热

蒸汽冷凝作为一种加热方法在工业生产中得到了广泛应用。在蒸汽冷凝加热过程中，加热介质为饱和蒸汽，饱和蒸汽与低于其温度的冷壁接触时将凝结为液体，释放出汽化热。冷凝液在壁面上的存在和流动方式有两种类型：膜状冷凝和滴状冷凝。

膜状冷凝时冷凝液能很好地润湿壁面，形成一层完整的液膜布满壁面并连续向下流动（图 4-10）。若冷凝液不能很好地润湿壁面，仅在其上凝结成小液滴，此后长大或合并成较大的液滴而脱落，即为滴状冷凝。

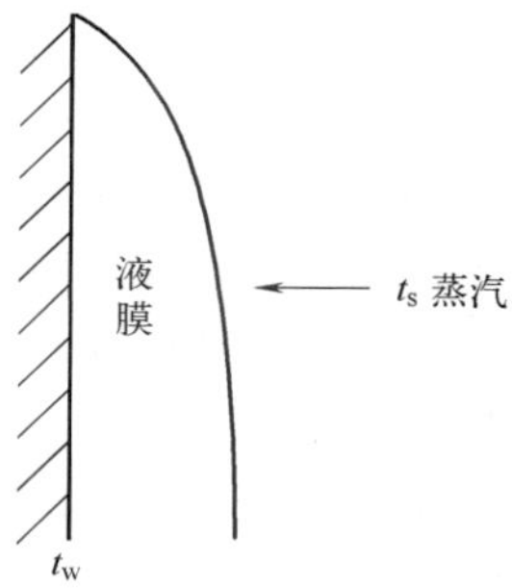

图 4-10 膜状冷凝

通常滴状冷凝时蒸汽不必通过液膜传热，可直接在冷壁面上冷凝，故其对流传热系数比膜状冷凝的对流传热系数大 5～10 倍。但滴状冷凝难以控制，因此工业上冷凝器的设计大多是按膜状冷凝考虑。工业上常见的是蒸汽在水平管外和垂直管外或平壁上的冷凝传热，其传热系数计算公式可参看相关资料。

2. 液体沸腾时的对流传热

按设备的尺寸和形状可将沸腾分为大容器沸腾和管内沸腾。大容器沸腾是指加热壁面浸入液体中，液体被加热而引起的无强制对流的沸腾现象。管内沸腾是指在一定压力差下流体在流动过程中受热沸腾。管内沸腾是强制对流，液体流速对沸腾过程有影响。而且加热面上气泡不能自由上浮，被迫随流体一起流动，出现了复杂的气液两相的流动。所以，管内沸腾的传热机理相较大容器沸腾更为复杂。

工业上的再沸器、蒸发器、蒸汽锅炉等都是通过大容器沸腾传热来产生蒸汽的，本节仅讨论这种大容器中液体的沸腾传热过程。

（1）大容器饱和沸腾现象

液体加热沸腾的主要特征是在液体内部的加热壁面上不断有气泡生成、长大、脱离和浮升到液体表面。在一定压力下，若液体的饱和温度为 t_s，主体温度为 t，则 $\Delta t(=t-t_s)$ 称为液体的过热度。过热度是液体中气泡形成和成长的条件。过热度越大，则越容易生成气泡，生成的气泡数量越多。紧靠加热壁面处（壁面温度 t_w）的液体过热度 $\Delta t(=t_w-t_s)$ 最大，所以壁面上最容易生成气泡。壁面除了过热度最大之外，还要有汽化核心存在。加热壁面有许多粗糙不平的小坑和划痕等，这些地方残留有微量气体，当它们被加热时就会膨胀生成气泡，成为汽化核心。过热度 $\Delta t(=t_w-t_s)$ 越大，生成的气泡越多，气泡内表面的液体继续汽化，气泡不断长大。当它长大到某一直径后，浮力大于对壁面的附着力，气泡就脱离壁面向上浮升。在浮升过程中，周围的过热液体继续对其加热，气泡直径继续增大，可一直浮升到液体表面，冲破液面与气相混合。这就是饱和沸腾过程。

在沸腾传热过程中，由于气泡在加热面上不断生成、长大、脱离和浮升，远处温度较低的液体不断流向加热面，对靠近壁面的液体产生扰动（一方面是液体对流，另一方面是液体不断汽化）。所以，对于同一种液体，沸腾时的对流传热系数远大于无相变的对流传热系数。

（2）大容器饱和沸腾曲线

图 4-11 是常压水在大容器内沸腾时 Δt 与 α 的关系曲线，称为沸腾曲线。沸腾曲线可分为三段：

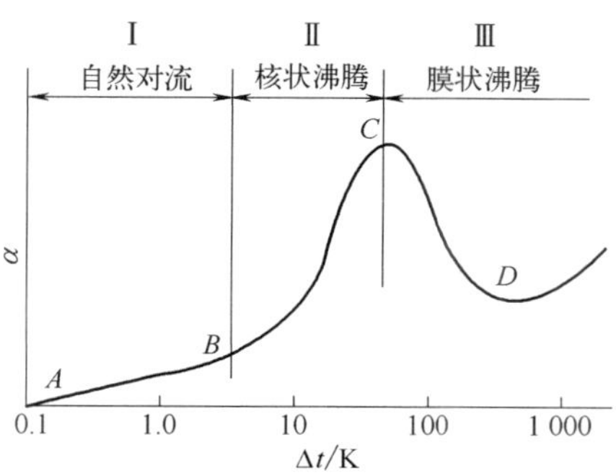

图 4-11 大容器饱和沸腾曲线

① AB 段 加热壁面的过热度 Δt 很小，仅在加热面有少量汽化核心形成气泡，而且气泡的长大速度慢，不能脱离壁面，加热面与液体之间主要以自然对流为主。所以该区段称为自然对流区，此时汽化现象仅发生在液体表面，只是表面汽化。此阶段，α 较小，且随 Δt 升高得缓慢。

② BC 段 加热壁面的过热度增大（$\Delta t>2.2K$），加热面上汽化核心数增多，气泡长大速度增快，对液体的扰动增强，有大量气泡产生，α 随 Δt

急剧上升。这时由汽化核心产生的气泡对传热起主导作用，故称为核状沸腾区。

③ *CD* 段　当 Δt 进一步增大到一定数值时，加热面上的汽化核心大大增加，以至气泡产生的速度大于脱离壁面的速度，气泡相连形成气膜，将加热面与液体隔开。由于气体的热导率较小，传热系数降低。此阶段称为不稳定膜状沸腾。

从核状沸腾到膜状沸腾的转折点 *C* 称为临界点，其对应临界值分别有临界温差 Δt_C、临界对流传热系数 α_C 和临界热流密度 q_C。工业上一般维持沸腾装置在核状沸腾下工作，控制温差不大于其临界值 Δt_C。否则一旦核状沸腾转变为膜状沸腾，不仅对流传热系数急剧下降，使沸腾装置的效率降低，而且加热面温度过高，可能烧毁设备。因此，*C* 点也称为烧毁点。

④ *D* 点以后段　当 $\Delta t > 250\text{K}$ 时，气膜稳定，由于加热面 t_w 高，热辐射影响增大，导致对流传热系数稳定。此时为稳定膜状沸腾。

（3）影响沸腾传热的因素

影响沸腾传热过程的主要因素有：温差、液体的物理性质、加热表面状况和操作压力。温差 Δt 是影响沸腾传热的主要因素。由前面的讨论可知，Δt 增大能增大对流传热系数。在双对数坐标图上，核状沸腾阶段的 α 与 Δt 近似呈直线关系。在一般情况下，液体的热导率和密度增大、黏度和表面张力减小都能增大沸腾传热系数。加热面清洁，没有油污时，对流传热系数较高。壁面粗糙，汽化核心较多，则生成的气泡较多，可强化沸腾传热。因此，可以采用机械加工等方法使沸腾表面粗糙化。提高操作压力即提高液体的饱和温度，从而液体的黏度和表面张力均下降，有利于气泡的生成和脱离壁面。此外，设备的结构、加热面形状和材质以及液体深度等都会对沸腾传热产生影响。

由于沸腾传热过程复杂，影响因素很多，所以至今尚无可靠的通用对流传热系数关联式。在工程上一般针对不同的具体条件进行实验测定。

第四节　两流体间的热量传递

化工生产中应用最广的是间壁式传热，下面以此为例来介绍两流体间的热量传递。

一、间壁传热速率方程

冷、热流体通过壁面的传热过程同时包含对流与传导两种传热方式，单一的对流定律和导热定律无法适用。要根据传递过程的普遍关系，通过经验推导出两流体间壁传热的速率方程，即

$$\text{传热速率 } Q=\frac{\text{传热温差}}{\text{热阻}}=\text{系数}\times\text{推动力}=KA\Delta t_m \tag{4-27}$$

式中，Q 为传热速率，W；K 为总传热系数，$\text{W}/(\text{m}^2\cdot\text{K})$ 或 $\text{W}/(\text{m}^2\cdot{}^\circ\text{C})$；$A$ 为传热面积，m^2；Δt_m 为两流体的平均温度差，K（或℃）。

通常在设计计算冷、热两流体间的传热面积 A 时，需要计算出两流体之间所需传递的热量 Q（也称为热负荷）、平均温度差 Δt_m 及总传热系数 K 等，下面分别介绍。

二、热量衡算

对间壁式换热器进行热量衡算，以单位时间为基准。假设换热器绝热良好，热损失可以忽略，则在单位时间内热流体放出的热量等于冷流体吸收的热量，即

$$Q=q_{m1}(H_1-H_2)=q_{m2}(h_2-h_1) \tag{4-28}$$

式中，Q 为换热器的热负荷，即传热速率，kJ/h 或 W；q_{m1}、q_{m2} 分别为热、冷流体的质量流量，kg/s；H、h 分别为单位质量热流体和冷流体的比焓，J/kg。其中下标 1 和 2 分别表示换热器的进口和出口。

若换热器中两流体无相变，且流体的比定压热容不随温度而变或可取平均温度下的比定压热容，式（4-28）可表示为

$$Q=q_{m1}c_{p1}(T_1-T_2)=q_{m2}c_{p2}(t_2-t_1) \tag{4-29}$$

式中，c_{p1}、c_{p2} 分别为热、冷流体的平均比定压热容，kJ/(kg·℃)；t 为冷流体的温度，℃；T 为热流体的温度，℃。其中下标 1 和 2 分别表示换热器的进口和出口。

若换热器中的热流体有相变，例如饱和蒸汽冷凝时，式（4-30）可以表示为

$$Q=q_{m1}r=q_{m2}c_{p2}(t_2-t_1) \tag{4-30}$$

式中，r 为饱和蒸汽的比汽化热，kJ/kg。式（4-30）的应用条件是冷凝液在饱和温度下离开换热器。若冷凝液的温度 T_2 低于饱和温度 T_s，则该式变为

$$Q=q_{m1}[r+c_{p1}(T_s-T_2)]=q_{m2}c_{p2}(t_2-t_1) \tag{4-31}$$

三、总传热系数

1. 总传热系数

在间壁换热过程中涉及热流体侧对流、间壁的导热和冷流体侧对流三个串联过程，在任一传热微元段中，各步的传热速率如下。

热流体侧对流传热速率：

$$\mathrm{d}Q=\alpha_1(T-T_w)\mathrm{d}A_1=\frac{T-T_w}{\dfrac{1}{\alpha_1\mathrm{d}A_1}} \tag{4-32}$$

间壁的导热速率：

$$\mathrm{d}Q=\frac{\lambda}{b}(T_w-t_w)\mathrm{d}A_m=\frac{T_w-t_w}{\dfrac{b}{\lambda\mathrm{d}A_m}} \tag{4-33}$$

冷流体侧对流传热速率：

$$\mathrm{d}Q=\alpha_2(t_w-t)\mathrm{d}A_2=\frac{t_w-t}{\dfrac{1}{\alpha_2\mathrm{d}A_2}} \tag{4-34}$$

上面各式中，α_1、α_2 分别是热流体、冷流体的对流传热系数，W/(m^2·℃)；$\mathrm{d}A_1$、$\mathrm{d}A_2$ 分别是热流体侧的微元段传热面积、冷流体侧的微元段传热面积，m^2；$\mathrm{d}A_m$ 是以管内外对数平均面积表示的微元段传热面积，m^2。

在连续化的工业生产中，换热器内进行的大都是稳态传热过程，因此有

$$dQ=\frac{T-t}{\frac{1}{\alpha_1 dA_1}+\frac{b}{\lambda dA_m}+\frac{1}{\alpha_2 dA_2}}=\frac{总推动力}{总热阻} \tag{4-35}$$

与传热速率方程微分式 $dQ=K(T-t)\ dA$ 相比，则

$$\frac{1}{K dA}=\frac{1}{\alpha_1 dA_1}+\frac{b}{\lambda dA_m}+\frac{1}{\alpha_2 dA_2} \tag{4-36}$$

在一定条件下，式中 $K dA$ 是一定的。当传热壁是圆筒时，虽然 $dA_1 \neq dA_2 \neq dA_m$，但是传热面积取 dA_1 或 dA_2 都可以，只要 K 值随所取的传热面积不同而改变，保证 $K dA=K_1 dA_1=K_2 dA_2=K_m dA_m$ 即可。

若取 $dA=dA_1$，则有

$$\frac{1}{K_1}=\frac{1}{\alpha_1}+\frac{bA_1}{\lambda A_m}+\frac{A_1}{\alpha_2 A_2} \tag{4-36a}$$

式中，K_1 为以传热面积 A_1 为基准的总传热系数。

若取 $dA=dA_m$，则有

$$\frac{1}{K_m}=\frac{A_m}{\alpha_1 A_1}+\frac{b}{\lambda}+\frac{A_m}{\alpha_2 A_2} \tag{4-36b}$$

式中，K_m 为以传热面积 A_m 为基准的总传热系数。

若取 $dA=dA_2$，有

$$\frac{1}{K_2}=\frac{1}{\alpha_2}+\frac{bA_2}{\lambda A_m}+\frac{A_2}{\alpha_1 A_1} \tag{4-36c}$$

式中，K_2 为以传热面积 A_2 为基准的总传热系数。

上式中各面积比也可写成管径比。上述各式计算的总传热系数 K 是整个传热管长的平均值。

2. 污垢热阻

在实际操作中，换热器传热表面上常有污垢积存，对传热产生附加热阻，使总传热系数降低。在计算总传热系数 K 值时，一般不能忽略污垢热阻 R_d。污垢热阻 R_d 的倒数称为污垢系数 α_d。污垢系数的单位是 $W/(m^2 \cdot ℃)$。由于污垢层的厚度及其热导率难以准确地估计，因此通常选用污垢热阻的经验值作为计算 K 值的依据。常用流体污垢热阻的经验值见表 4-3。

表 4-3　常用流体污垢热阻值

流体	污垢热阻/($m^2 \cdot K/kW$)	流体	污垢热阻/($m^2 \cdot K/kW$)
水(速度<1m/s,t<47℃)		不含油劣质水蒸气	0.09
蒸馏水	0.09	往复机排出的水蒸气	0.176
海水	0.09	液体	
清净的河水	0.21	未处理过的盐水	0.264
未处理的凉水塔用水	0.58	有机物	0.176
已处理的凉水塔用水	0.26	燃料油	1.056
已处理的锅炉用水	0.26	焦油	1.76
硬水、井水	0.58	空气	0.26～0.53
不含油优质水蒸气	0.052	溶剂蒸气	0.14

若传热管壁两侧流体的污垢热阻分别用 R_{d1}、R_{d2} 表示，则按串联热阻的概念，以传热面积 A_1 为基准的总传热系数计算式为

$$\frac{1}{K_1}=\frac{1}{\alpha_1}+R_{d1}+\frac{bA_1}{\lambda A_m}+R_{d2}\frac{A_1}{A_2}+\frac{A_1}{\alpha_2 A_2} \tag{4-37}$$

应当指出，污垢热阻将随换热器的操作时间加长而变大。因此，换热器要根据实际的操作情况定期清洗。这是设计和操作换热器时应考虑的问题。

3. 平壁与薄壁管的总传热系数

对于平壁和薄壁管有 $A_1 \approx A_2 \approx A_m$，于是

$$\frac{1}{K}=\frac{1}{\alpha_1}+R_{d1}+\frac{b}{\lambda}+R_{d2}+\frac{1}{\alpha_2} \tag{4-38}$$

若传热壁热阻很小可以忽略，且流体清洁，污垢热阻也可以忽略，则式（4-38）可简化为

$$\frac{1}{K}=\frac{1}{\alpha_1}+\frac{1}{\alpha_2} \tag{4-39}$$

由上式可知，K 趋近且小于 α_1 与 α_2 中较小的值。

4. 换热器总传热系数的经验值

换热器的总传热系数 K 值主要取决于流体的物性、传热过程的操作条件及换热器的类型等，因而其变化范围很大。某些情况下，列管式换热器总传热系数 K 的经验值见表 4-4。有关手册也列有不同情况下 K 的经验值，可供设计计算时参考。

表 4-4　列管式换热器总传热系数 K 的经验值

冷流体	热流体	总传热系数 K/[W/(m²·K)]
水	水	850～1700
水	气体	17～280
水	有机溶剂	280～850
水	轻油	340～910
水	重油	60～280
有机溶剂	有机溶剂	115～340
水	水蒸气冷凝	1420～4250
气体	水蒸气冷凝	30～300
水	低沸点烃类冷凝	455～1140
水沸腾	水蒸气冷凝	2000～4250
轻油沸腾	水蒸气冷凝	455～1020

四、传热温差

根据间壁两侧流体温度沿传热面是否有变化，可将传热分为恒温传热和变温传热两类。

1. 恒温传热

例如蒸发器中，用饱和蒸汽加热沸腾液体的传热就是恒温传热。在恒温传热中，冷、热流体的温度均不沿管长变化，两者的温度差处处相等，即 $\Delta t=T-t$。流体的流动方向对 Δt 无影响。

2. 变温传热

流体从入口到出口，温度有变化，或是升高或是降低，这就是变温传热。变温传热时，两流体的流向不同，对温度差的影响也不相同，故应分别讨论。

（1）变温传热的流程

在换热器中，两流体以相反的方向流动称为逆流，如图 4-12（a）所示；两流体以相同的方向流动称为并流，如图 4-12（b）所示。在大多数的列管式换热器中，两流体并非进行简单的并流和逆流，而是比较复杂的多程流动，或是互相垂直的交叉流动。两流体的流向互相垂直，称为错流，如图 4-13（a）所示；一流体只沿一个方向流动，而另一流体反复折流，称为简单折流，如图 4-13（b）所示。若两股流体均进行折流，或既有折流又有错流，则称为复杂折流。很显然，流程不同，温度差沿传热面是变化的，所以在传热计算时需求出平均温度差。

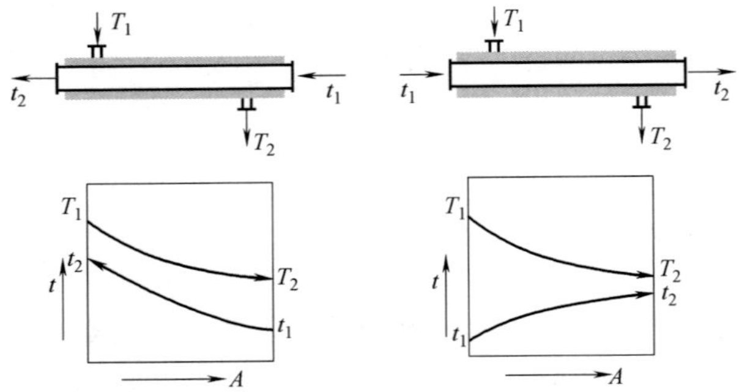

(a) 逆流　　(b) 并流

图 4-12　逆流和并流

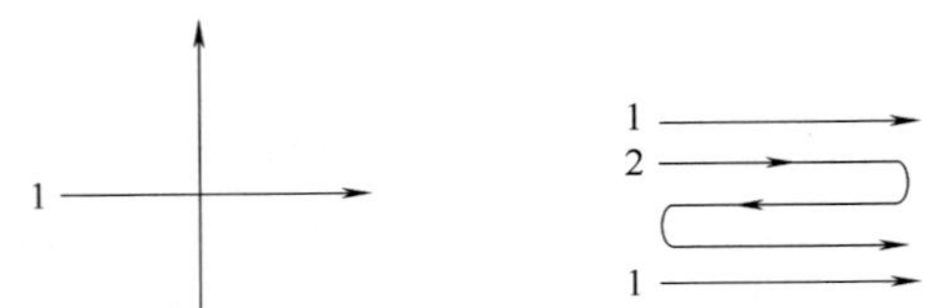

(a) 错流　　(b) 折流

图 4-13　错流和折流

（2）平均温度差 Δt_m

假设：①热、冷流体的质量流量 q_{m1} 与 q_{m2} 均为常数；②热、冷流体的比定压热容 c_{p1} 与 c_{p2} 及总传热系数 K 沿传热面均不变；③忽略换热器的热损失。今在换热器中取一微元段作为研究对象，其传热面积为 $\mathrm{d}A$，在 $\mathrm{d}A$ 内热流体因放热而温度下降 $\mathrm{d}T$，冷流体因受热而温度上升 $\mathrm{d}t$，传热量为 $\mathrm{d}Q$。根据 $\mathrm{d}A$ 段内热量衡算的微分式可知 Q 与 T、Q 与 t 都是直线关系，所以温差 Δt 和 Q 也呈直线关系，并且不难得出

$$\frac{\mathrm{d}\Delta t}{\mathrm{d}Q}=\frac{\Delta t_1-\Delta t_2}{Q} \tag{4-40}$$

式中，Δt_1 和 Δt_2 分别表示换热器两端冷、热流体的温差。通常把温差较大的作为 Δt_1，温差较小的作为 Δt_2。

将传热速率方程微分式 $\mathrm{d}Q=K(T-t)\mathrm{d}A$ 代入式（4-40）可得

$$\frac{\mathrm{d}\Delta t}{K\,\Delta t\,\mathrm{d}A}=\frac{\Delta t_1-\Delta t_2}{Q}$$

分离变量积分得

$$Q=KA\,\frac{\Delta t_1-\Delta t_2}{\ln\dfrac{\Delta t_1}{\Delta t_2}} \tag{4-41}$$

该式是适用于整个换热器的总传热速率方程。将之与总传热速率方程式（4-27）比较，可得

$$\Delta t_m=\frac{\Delta t_1-\Delta t_2}{\ln\dfrac{\Delta t_1}{\Delta t_2}} \tag{4-42}$$

上式中的 Δt_m 是换热器两端冷、热流体的温差 Δt_1 和 Δt_2 的对数平均温度差。这个推导结果对简单的逆流和并流操作均适用。在工程计算中，当 $\Delta t_1/\Delta t_2 \leqslant 2$ 时，可以用算术平均温度差 $\frac{\Delta t_2+\Delta t_1}{2}$ 代替对数平均温度差，其误差不超过 4%。

【例 4-3】 设有一换热器，热流体由 90℃冷却到 70℃，冷流体由 20℃加热到 60℃，试计算并流与逆流的平均温度差。

解 如表 4-5 所示，分别列出了并流与逆流时的温度变化和平均温度差。

表 4-5　并流和逆流的平均温度差

温度	逆流	并流
热流体 T/℃	90→70	90→70
冷流体 t/℃	60←20	20→60
温度差 Δt/℃	30—50	70—10
平均温度差 Δt_m/℃	$\frac{50-30}{\ln\frac{50}{30}}=39.2$	$\frac{70-10}{\ln\frac{70}{10}}=30.8$

由上例可知，在两流体的进、出口温度相同的情况下，逆流时的 Δt_m 比并流时大。因此在换热器的传热量 Q 及总传热系数 K 值相同的条件下，采用逆流操作可以节省传热面积。

逆流的另一优点是节省加热介质或冷却介质的用量。例如，将一定流量的冷流体从 20℃加热到 60℃，而热流体的进口温度为 90℃，出口温度不作规定。此时采用逆流，热流体的出口温度可以降至接近 20℃，而采用并流则只能降至接近 60℃。这样，逆流时加热介质的用量比并流时少。

由以上分析可知，相同条件下逆流优于并流，因而工业生产中换热器多采用逆流操作。但是，对于某些热敏性物料的加热过程，并流操作可避免出口温度过高而影响产品质量。另外，在某些高温换热器中，逆流操作时因流体的最高温度 t_2 和 T_1 集中在一端，会使该处的壁温特别高。为降低该处的壁温，以延长换热器的使用寿命，可采用并流。

（3）错流和折流时的平均温度差

对于错流和折流时的对数平均温度差，通常先按逆流计算 $\Delta t_{m逆}$，然后再根据流动方向乘以温度校正系数 ψ，即

$$\Delta t_m = \psi \Delta t_{m逆}$$

式中，校正系数 ψ 与冷、热流体的温度变化有关，是辅助量 P 和 R 的函数，其中

$$P=\frac{t_2-t_1}{T_1-t_1}=\frac{冷流体的温升}{两流体的最初温差}$$

$$R=\frac{T_1-T_2}{t_2-t_1}=\frac{热流体的温降}{冷流体的温升}$$

根据辅助量 P 和 R 的值，可从相应的图或者手册中查出 ψ 值。ψ 值恒小于 1，这是由于各种复杂流动中同时存在逆流、并流。因此，它们的 Δt_m 比纯逆流时小。

五、壁温的计算

在计算自然对流、强制对流的层流、冷凝和沸腾的对流传热系数以及选用换热器类型和管材时，都需要知道壁温。在稳态间壁传热过程中，两侧流体与壁面的对流传热速率及间壁的传热速率必相等，即

$$Q=\frac{T-T_w}{\dfrac{1}{\alpha_1 A_1}}=\frac{T_w-t_w}{\dfrac{b}{\lambda A_m}}=\frac{t_w-t}{\dfrac{1}{\alpha_2 A_2}} \tag{4-43}$$

式中，T、t、T_w、t_w 分别为热流体、冷流体、热流体侧壁面、冷流体侧壁面的平均温度。利用上式就可以求出壁温，壁温总是接近 α 值较大一侧的流体温度。

六、传热计算示例

传热计算一般可分为设计型计算和操作型计算。两种计算都是以换热器的传热速率方程为基础，并把热量衡算、平均温度差、总传热系数以及热传导方程、对流传热方程和对流传热系数等内容联系起来。下面举例说明如何运用这些方程分析、解决传热过程的问题。

【例 4-4】 在内管为 ϕ105mm×2.5mm 的套管换热器中，采用 373K 常压蒸汽在管外将流量为 0.14kg/s 的盐水从 293K 加热到 333K。已知盐水的对流传热系数为 417W/(m^2·K)，内管的热导率为 47W/(m·K)，蒸汽在管外的传热系数为 1111W/(m^2·K)，盐水的比定压热容 c_{p2} 取 2.1kJ/(kg·K)，求加热套管的长度。

解 先求热负荷：

$$Q=q_{m2}c_{p2}(t_2-t_1)=0.14\times2100\times(333-293)=1.176\times10^4\ \text{(W)}$$

再求平均温差：

$$\Delta t_m=\frac{\Delta t_1-\Delta t_2}{\ln\dfrac{\Delta t_1}{\Delta t_2}}=\frac{(373-293)-(373-333)}{\ln\dfrac{373-293}{373-333}}=57.7\ \text{(K)}$$

已知，$\alpha_1=417$W/(m^2·K)，$\alpha_2=1111$W/(m^2·K)，内管的热导率 $\lambda=47$W/(m·K)，则以管内表面积 A_1 为基准的总传热系数

$$K_1=\frac{1}{\dfrac{1}{\alpha_1}+\dfrac{b}{\lambda}\times\dfrac{d_1}{d_m}+\dfrac{1}{\alpha_2}\times\dfrac{d_1}{d_2}}=\frac{1}{\dfrac{1}{417}+\dfrac{0.0025}{47}\times\dfrac{0.1}{0.1025}+\dfrac{1}{1111}\times\dfrac{0.1}{0.105}}=302\ [\text{W/(m}^2\cdot\text{K)}]$$

传热面积

$$A_1=\frac{Q}{K_1\Delta t_m}=\frac{1.176\times10^4}{302\times57.7}=0.675\ (\text{m}^2)$$

管长

$$l=\frac{A_1}{\pi d_1}=\frac{0.675}{3.14\times0.1}=2.15\ \text{(m)}$$

这是典型的设计型计算，一般先由传热任务计算换热器的热负荷，然后根据流向计算平均温差 Δt_m，接着计算冷、热流体与管壁的对流传热系数及总传热系数，最后由传热速率方程 $Q=KA\Delta t_m$ 计算传热面积。

【例 4-5】 有一总传热面积为 25m^2 的冷却器，使用初温为 23℃的冷却水将流量为 1.8kg/s 的某种气体从 60℃冷却到 38℃。冷却水与气体逆流流动。换热器的总传热系数约为 200W/(m^2·℃)，气体的平均比热容为 1.0kJ/(kg·℃)，水的平均比热容为 4.18kJ/(kg·℃)。试求冷却水用量及出口水温。

解 先求热负荷：

$$Q=q_{m1}c_{p1}(T_2-T_1)=1.8\times1.0\times(60-38)=39.6\ \text{(kW)}$$

再求平均温差：

$$\Delta t_m=\frac{Q}{KA}=\frac{39.6}{200\times 25}=7.92\ (℃)$$

由此得　$$\Delta t_m=\frac{\Delta t_1-\Delta t_2}{\ln\frac{\Delta t_1}{\Delta t_2}}=\frac{(60-t_2)-(38-23)}{\ln\frac{60-t_2}{38-23}}=\frac{45-t_2}{\ln\frac{60-t_2}{15}}=7.92$$

解得 $t_2=56.48℃$。

根据

$$Q=q_{m2}c_{p2}(t_2-t_1)=q_{m2}\times 4.18\times(56.48-23)=39.6$$

解得 $q_{m2}=0.28kg/s$。

本例为操作型计算问题，一般先联立热量衡算方程和传热速率方程解出冷流体或热流体的出口温度，然后再计算流体的流量。

第五节　热辐射

绝对温度大于零度的任何物体都会以电磁波的形式向外辐射能量，同时，物体又会吸收其他物体的辐射能，并转化为热能。当物体向外界辐射的能量与其吸收的辐射能不等时，该物体与外界就产生热量的传递，这种传热方式称为热辐射。太阳对大地的照射就是最为常见的热辐射现象。辐射干燥，工业上用的各种加热炉、烤箱及太阳能热水器等都是热辐射的应用。

与热传导和热对流不同，辐射能可以在真空中传播，不需要任何物质作媒介。

固体和液体的热辐射与气体不同。对于固体和液体，热辐射只能发生在物体的表面层，故物体的表面状态对热辐射影响很大，而且只有互相能够照见的物体之间才能进行辐射传热。而气体的热辐射是在整个容积内进行的。因为热辐射线可以进入气体容积内，沿途被气体分子逐渐吸收。气体发射的热辐射能也是整个容积内气体分子发射的热辐射能总和。因此，气体发射的和吸收的热辐射都是在整个气体容积内沿射线行程进行的。

一、基本概念

1. 吸收能力

在工业上常见的温度范围内，热辐射波长位于 0.38～1000μm 之间，而且大部分能量集中于 0.76～20μm 的红外线区段内。

和可见光一样，当来自外界的辐射能投射到物体表面上，也会发生吸收、反射和穿透现象，服从光的反射和折射定律。

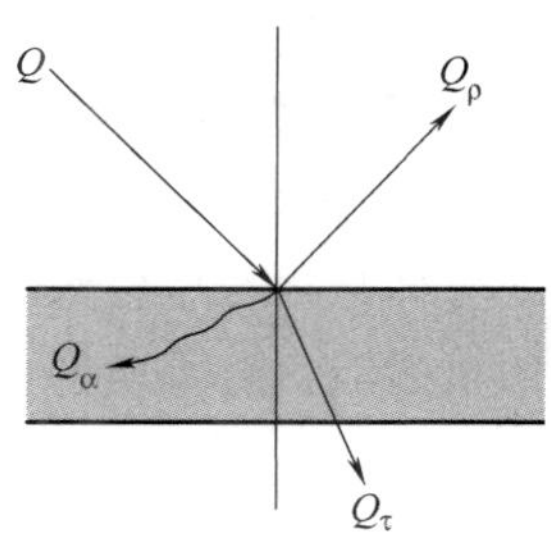

图 4-14　辐射能的吸收、反射和透过

如图 4-14 所示，假设外界投射到物体表面上的总能量为 Q，其中一部分（Q_α）进入表面后被物体吸收，一部分（Q_ρ）被物体

反射，其余部分（Q_τ）穿透物体。按能量守恒定律，有

$$Q=Q_\alpha+Q_\rho+Q_\tau \tag{4-44}$$

$\alpha=\dfrac{Q_\alpha}{Q}$称为吸收率；$\rho=\dfrac{Q_\rho}{Q}$称为反射率；$\tau=\dfrac{Q_\tau}{Q}$称为透过率。显然有

$$\alpha+\rho+\tau=1 \tag{4-45}$$

吸收率、反射率和透过率取决于物体的性质、温度、表面状况和辐射线的波长等。一般来说，表面粗糙的物体吸收率大。

对于大多数固体和液体，不允许热辐射透过，即 $\tau=0$，$\alpha+\rho=1$。气体对热辐射几乎无反射能力，即 $\rho=0$，$\alpha+\tau=1$。

2. 黑体、白体、透热体

黑体是指能全部吸收辐射能的物体，即 $\alpha=1$。它是一种理想化物体，实际物体只能接近黑体，没有绝对的黑体。如没有光泽的黑漆表面，其吸收率 $\alpha=0.96\sim0.98$。引入黑体的概念是理论研究的需要。

白体也称镜体，是指能全部反射辐射能的物体，即 $\rho=1$。绝对白体也是不存在的，实际物体只能接近白体。如表面抛光的铜，其反射率 $\rho=0.97$。

透热体是指能透过全部辐射能的物体，即 $\tau=1$。一般来说，单原子和由对称双原子构成的气体，如 He、O_2、N_2 和 H_2 等，可视为透热体。而多原子气体和不对称的双原子气体则只能有选择地吸收与发射某些波段范围的辐射能。

二、物体的辐射能力和斯蒂芬-玻尔兹曼定律

1. 黑体的辐射能力和斯蒂芬-玻尔兹曼定律

在一定温度下，黑体在单位时间内由单位表面向外界辐射的全部波长的总能量称为黑体的辐射能力，用 E_b 表示。理论研究证明，黑体的辐射能力 E_b 服从斯蒂芬-玻尔兹曼定律，即

$$E_b=\sigma_0 T^4=C_0\left(\frac{T}{100}\right)^4 \tag{4-46}$$

式中，E_b 是黑体的辐射能力，W/m^2；σ_0 是黑体辐射常数，其值为 $5.669\times10^{-8}W/(m^2\cdot K^4)$；$T$ 是黑体表面的绝对温度，K；C_0 是黑体辐射系数，其值为 $5.669W/(m^2\cdot K^4)$。

斯蒂芬-玻尔兹曼定律表明，黑体的辐射能力与其表面绝对温度的四次方成正比，也称为四次方定律。另外，辐射传热对温度异常敏感，低温时热辐射往往可以忽略，而高温时则成为主要的传热方式。

2. 实际物体的辐射能力和吸收能力

（1）辐射能力

黑体是一种理想化的物体，它比同一温度下任何物体的辐射能力都大。为了说明实际物体的辐射能力，可以将之与同温度下黑体的辐射能力进行对比。为此引入物体的黑度 ε，令

$$\varepsilon=\frac{E}{E_b} \tag{4-47}$$

式中，E 是实际物体的辐射能力，W/m^2；E_b 是黑体的辐射能力，W/m^2；ε 为物体的黑度。

由式（4-46）和式（4-47）可求得实际物体辐射能力 E 的计算式为

$$E=\varepsilon C_0\left(\frac{T}{100}\right)^4 \tag{4-48}$$

物体的黑度 ε 表示实际物体的辐射能力与黑体的辐射能力之比。由于实际物体的辐射能力小于同温度下黑体的辐射能力，所以黑度 $\varepsilon<1$。

要注意，物体的黑度不单纯是颜色的概念。物体黑度 ε 的影响因素有：物体的种类、表面温度、表面状况（如粗糙度、表面氧化程度等）。物体的黑度可用实验测定。表 4-6 中列出了几种材料表面的黑度值。

表 4-6 几种材料表面的黑度值

材料类别与表面状况	温度/℃	黑度	材料类别与表面状况	温度/℃	黑度
钢板(磨光)	940～1100	0.55～0.61	铝(磨光)	225～575	0.039～0.057
钢板(氧化)	200～600	0.8	铝(氧化)	200～600	0.11～0.19
铸铁(磨光)	200	0.21	红砖	20	0.93
铸铁(氧化)	200～600	0.64～0.78	耐火砖	500～1000	0.8～0.9
紫铜(磨光)	20	0.03	玻璃(磨光)	38	0.9
紫铜(氧化)	20	0.78	玻璃(平滑)	38	0.94

表 4-6 中黑体与温度均列出数值范围时，中间温度下的黑度可按线性内插法求取。

(2) 吸收能力

黑体可将投射其上的辐射能全部吸收，即 $\alpha=1$。但实际物体只能部分地吸收投射其上的辐射能，而且对不同波长的辐射能吸收的程度不同。实际物体的吸收率不仅与物体种类、表面状况、温度有关，还与投射来的辐射能波长有关，因而实际物体的吸收率 α 相比黑度 ε 更复杂，为此引入了灰体的概念。

三、灰体的辐射能力和吸收能力——克希霍夫定律

灰体是可以相等的吸收率吸收所有波长辐射能的理想物体。和实际物体一样，灰体的辐射能力也可用黑度 ε 来表征，其吸收能力用吸收率 α 来表征。克希霍夫从理论上证明，任何灰体的辐射能力 E 与其对黑体辐射能的吸收率 α 之比都等于同温度下黑体的辐射能力 E_b，即

$$\frac{E}{\alpha}=E_b \tag{4-49}$$

因为黑体的辐射能力仅是温度的函数，所以任何灰体的辐射能力与吸收率之比也仅是温度的函数，而与物质的性质、表面状态无关。这是克希霍夫定律的内容之一。

由式（4-47）和式（4-49）可知，灰体的吸收率与同温度下的黑度在数值上相等，即 $\alpha=\varepsilon$。因此，灰体的辐射能力越大，其吸收能力也越大，即善于辐射者必善于吸收。

由于灰体的黑度只取决于本身的材料、表面状况及温度，且数值可由实验测定，所以可以把实际物体当作灰体处理，然后再根据克希霍夫定律（灰体 $\alpha=\varepsilon$）就可确定其吸收率，这就大大简化了实际物体辐射传热的计算。

实验证明，对于工业上常用的波长在 0.76～20μm 范围内的辐射能，大多数物体的吸收率随波长变化不大，因此可以把实际物体当作灰体处理。

四、两固体间的相互辐射

化学工业中常遇到的两固体间辐射传热，通常可视为灰体之间的辐射传热。在两灰体间的相互辐射中，辐射能被多次吸收和反射，结果是热量从高温物体传给低温物体。两固体之

间的辐射传热不仅与两固体的材料、表面状态及温度有关，而且与表面大小、形状、距离及相对位置有关。这里仅讨论两固体之间只有透过率 $\tau=1$ 的透热性气体（如空气）的情况，不考虑在固体间有 CO_2、水蒸气等能吸收热辐射能的气体。

设有任意放置的灰体 1 和 2，其面积分别为 A_1 和 A_2，表面温度分别维持 T_1 和 T_2 不变，一般以下式表示由高温物体 1 传给低温物体 2 的热量。

$$Q_{1\text{-}2}=C_{1\text{-}2}\varphi A\left[\left(\frac{T_1}{100}\right)^4-\left(\frac{T_2}{100}\right)^4\right] \tag{4-50}$$

式中，$C_{1\text{-}2}$ 是总辐射系数，其数值与物体的黑度有关，两物体表面的黑度 ε_1 和 ε_2 越大，则总辐射系数 $C_{1\text{-}2}$ 越大，因此辐射传热速率 $Q_{1\text{-}2}$ 就越大；φ 是角系数，与两物体表面形状、大小、距离及相互位置有关；A 是辐射传热面积，m^2，若两个物体的表面积不相等，则辐射传热面积 A 取其中较小的一个。

五、辐射传热的强化与削弱

工程中有时需要强化或削弱物体之间的辐射传热，这里简要介绍两种常用的方法。

1. 改变物体表面的黑度

由辐射传热速率计算式（4-50）可知，当物体的相对位置、表面温度、辐射面积一定时，要想改变辐射传热速率，可以利用改变物体表面黑度的方法。例如，为了增大室内各种电器设备表面的散热量，可在其表面涂上黑度较大的油漆，油漆的黑度为 0.92～0.96；在需要减少辐射传热时，可在物体表面上镀以黑度较小的银、铅等薄层，保温瓶的瓶胆就是采用这种方法来减少热损失的。玻璃的黑度为 0.94，银的黑度为 0.02。经计算可知，瓶胆夹层的玻璃表面上不镀银时的热损失是镀银时的 88 倍。同时，瓶胆夹层中抽成真空也能减少导热与对流传热。

2. 采用遮热板

为了削弱辐射传热速率，常在两个辐射传热表面之间插入薄板进行阻挡，这种薄板称为遮热板。设置遮热板是减少辐射散热量行之有效的方法，热天撑遮阳伞就是采用这种方法来减少辐射传热的。

第六节　换热器

换热器种类虽多，但以间壁式换热器应用最为广泛，下面的讨论仅限于此类换热器。

一、间壁式换热器的类型

1. 夹套式换热器

夹套式换热器是在容器外壁安装夹套制成的，如图 4-15 所示。这种换热器结构简单，但其加热面积受容器壁面限制，传热系数也不高。为提高传热系数且使釜内液体受热均匀，可在釜内安装搅拌器。当夹套中通入冷却水或无相变的加热剂时，亦可在夹套中设置螺旋隔板或采用其他增加湍动的措施，以提高夹套一侧的传热系数。为补充传热面的不足，也可在釜内部安装蛇管。夹套式换热器广泛用于反应过程的加热和冷却。

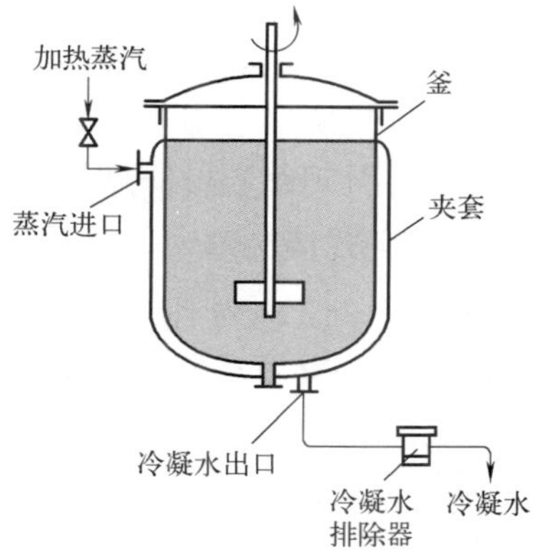

图 4-15 夹套式换热器

2. 沉浸式蛇管换热器

沉浸式蛇管换热器是将金属管弯绕成各种与容器相适应的形状（图 4-16），并沉浸在容器内的液体中。沉浸式蛇管换热器的优点是结构简单，适用于管内为高压或腐蚀性流体的情况。其缺点是容器内液体湍动程度低，管外传热系数小。为提高传热系数，容器内可安装搅拌器。

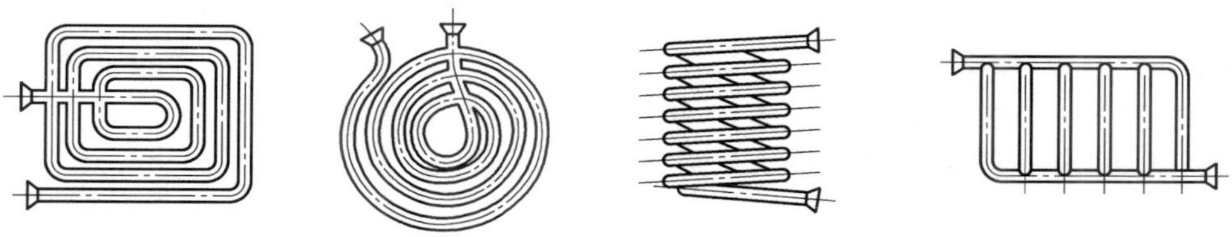
图 4-16 蛇管的形状

3. 喷淋式换热器

喷淋式换热器是将换热管成排地固定在钢架上（图 4-17），热流体在管内流动，冷却水从上方喷淋装置均匀淋下，故也称喷淋式冷却器。喷淋式换热器的管外是一层湍动程度较高的液膜，管外传热系数较沉浸式蛇管换热器增大很多。另外，这种换热器大多放置在空气流通之处，冷却水的蒸发也能带走一部分热量，可起到降低冷却水温度、增大传热推动力的作用。因此，和沉浸式蛇管换热器相比，喷淋式换热器的传热效果较好。

4. 套管式换热器

套管式换热器由直径不同的直管制成的同心套管及 U 形弯头连接而成（图 4-18）。在这种换热器中，一种流体走管内，另一种流体走环隙，两者皆可得到较高的流速，故传热系数较大。另外，在套管式换热器中，两种流体可为纯逆流，传热推动力较大。

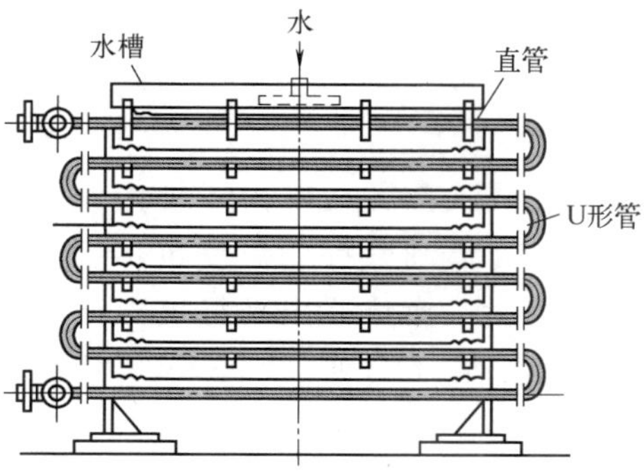

图 4-17 喷淋式换热器

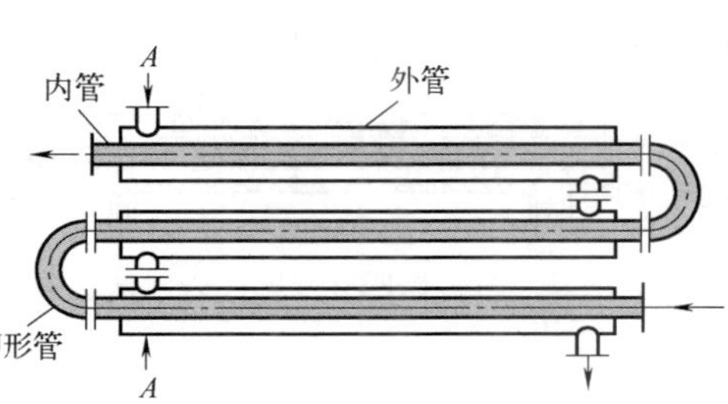

图 4-18 套管式换热器

套管式换热器结构简单，能承受高压，应用亦方便（可根据需要增减管段数目）。特别是由于套管式换热器同时具备传热系数大、传热推动力大及能够承受高压的优点，在超高压生产过程（例如操作压力为3000atm的高压聚乙烯生产过程）中所用的换热器几乎全部是套管式。这种换热器的缺点是单位传热面积的金属消耗量较大。

5. 管壳式换热器

管壳式（又称列管式）换热器是最典型的间壁式换热器，它在工业上的应用有着悠久的历史，而且至今仍在所有换热器中占据主导地位。管壳式换热器主要由壳体、管束、管板和封头等部分组成（图4-19），壳体多呈圆形，内部装有平行管束，管束两端固定在管板上。在管壳式换热器内进行换热的两种流体，一种在管内流动，其行程称为管程；一种在管外流动，其行程称为壳程。管束的壁面即为传热面。

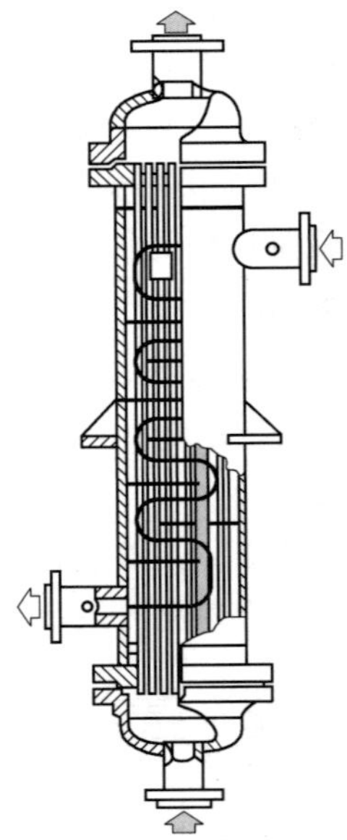
图4-19 固定管板式换热器

为提高管外流体的传热系数，通常在壳体内安装一定数量的横向折流挡板。折流挡板不仅能防止流体短路、增大流体速度，还可迫使流体按规定路径多次错流通过管束，使湍动程度大为增加。常用的挡板有圆缺形和圆盘形两种（图4-20），前者应用更为广泛。

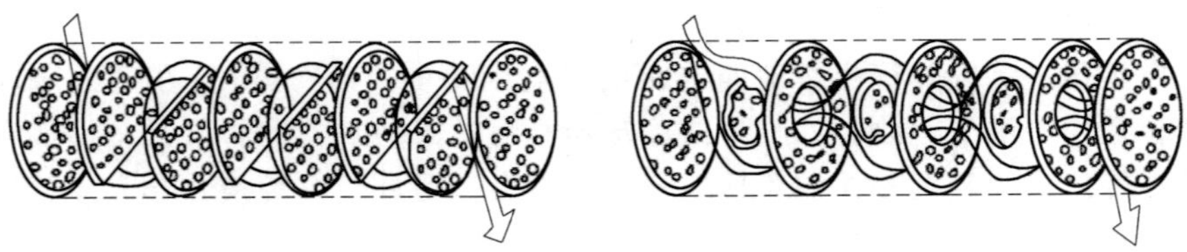
(a) 圆缺形　(b) 圆盘形

图4-20 流体在壳内的折流

流体在管内每通过管束一次称为一个管程，管外流体每通过壳体一次称为一个壳程，即单壳程单管程换热器，通常称为1-1型换热器。为提高管内流体的速度，可在两端封头内设置隔板，将全部管子平均分隔成若干组。这样，流体可每次只通过部分管子而往返管束多次，称为多管程。同样，为提高管外流体的流速，可在壳体内安装纵向挡板使流体多次通过壳体空间，称多壳程。图4-21为两壳程四管程即2-4型换热器。

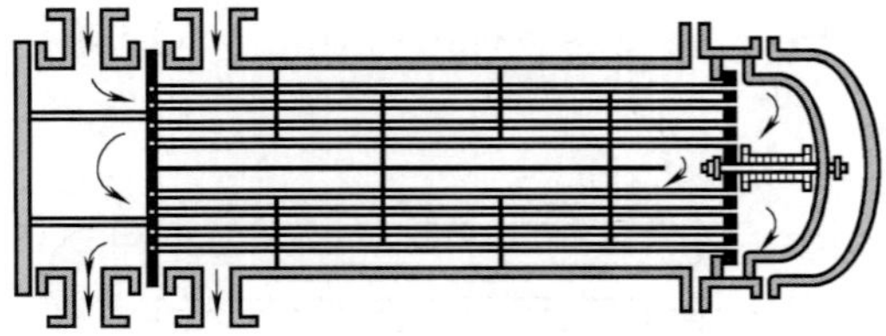
图4-21 两壳程四管程的浮头式换热器

在管壳式换热器内，由于管内、外流体温度不同，壳体和管束的温度也不同。如果两者温差很大，换热器内部将出现很大的热应力，可能使管子弯曲、断裂或从管板上松脱。因此，当管束和壳体的温度差超过50℃时，应采取适当的温差补偿措施，消除或减小热应力。根据所采取的温差补偿措施，换热器可分为以下几种主要形式。

① 固定管板式　当冷、热流体的温度差不大时，可采用固定管板，即两端管板与壳体

制成一体的结构形式（图 4-19）。这种换热器结构简单、成本低，但壳程清洗困难，要求管外流体必须洁净而不易结垢。当温度差稍大而壳体内压力又不太高时，可在壳体壁上安装膨胀节来减小热应力。

② 浮头式　这种换热器中两端的管板有一端可以沿轴向自由浮动（图 4-21）。这种结构不但完全消除了热应力，而且整个管束可从壳体中抽出，便于清洗和检修。因此，浮头式换热器是应用较多的一种结构形式。但其结构比较复杂，造价较高。

③ U 形管式　U 形管式换热器的每根换热管都弯成 U 形，进、出口分别安装在同一管板的两侧，封头以隔板分成两室（图 4-22）。这样，每根管子皆可自由伸缩，而与外壳无关。在结构上，U 形管式换热器比浮头式换热器简单，但其管程不易清洗，只适用于洁净而不易结垢的流体，如高压气体的换热。

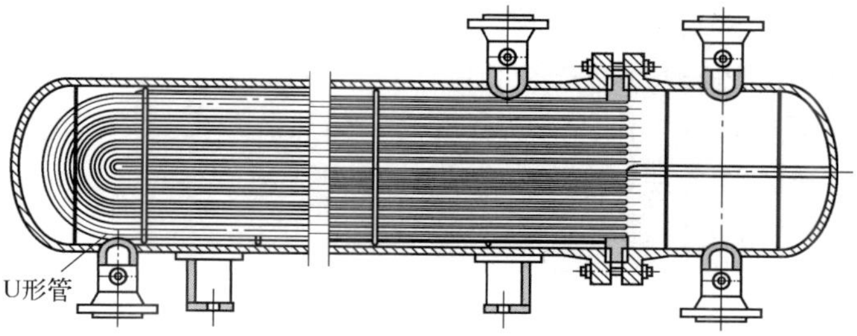

图 4-22　U 形管式换热器

以上所述为目前工业常用的换热设备。随着工业的发展，各种高效省材的换热器不断出现，关于这方面的内容将在后面进一步介绍。

二、管壳式换热器的选用

1. 冷、热流体流动通道的选择

在管壳式换热器内，冷、热流体流动通道可根据下列原则进行选择。

① 不洁净和易结垢的液体宜走管程，因为管内清洗较管外清洗要方便。

② 腐蚀性流体宜走管程，以免管束和壳体同时受到腐蚀。

③ 压强高的流体宜走管内，以免壳体承受压力。

④ 饱和蒸汽宜走壳程，因为饱和蒸汽比较洁净，冷凝液容易排出；而且蒸汽冷凝的传热系数较大，与流速无关。

⑤ 被冷却的流体宜走壳程，以便于散热。

⑥ 若两流体温差较大，对于固定管板式换热器，宜将传热系数大的流体通入壳程，以减小管壁与壳体的温差，减少热应力。

⑦ 流量小而黏度大的流体一般宜走壳程，因为有折流挡板的作用，在壳程 $Re>100$ 即可达到湍流。但如果流动阻力损失允许，将这种流体通入管内并采用多管程结构反而能得到更高的传热系数。

上述各点往往不能兼顾，应视具体情况考虑主要因素，然后再从压降或其他要求予以校核选定。

2. 流动方式的选择

除逆流和并流之外，在管壳式换热器中冷、热流体还可进行各种多管程多壳程的复杂流动。当流量一定时，管程或壳程越多，传热系数越大，对传热过程越有利。但是，采用多管程或多壳程必导致流体阻力损失增大，即输送流体的动力费用增加。因此，在决定换热器的程数时，需权衡传热和流体输送两方面的得失。

3. 换热管规格和排列的选择

换热管直径越小，换热器单位容积的传热面积越大。因此，对于洁净的流体管径可取得小些。但对于不洁净或易结垢的流体，管径应取得大些，以免堵塞。目前我国的系列标准规定经常采用 ϕ25mm×2.5mm 和 ϕ19mm×2mm 两种规格的管径，对一般流体是适用的。

管长的选择是以清洗方便和合理使用管材为准。我国生产的钢管系列标准中管长有 1.5m、2m、3m、4.5m、6m 和 9m 六种，其中以 3m 和 6m 较为常用。

管子的排列方式有等边三角形和正方形两种［图 4-23（a）、（b）］。与正方形排列相比，等边三角形排列比较紧凑，管外流体湍动程度高，传热系数大。正方形排列虽比较松散，传热效果也较差，但管外清洗方便，对易结垢流体更为适用。如将正方形排列的管束斜转 45°安装［图 4-23（c）］，可在一定程度上提高传热系数。

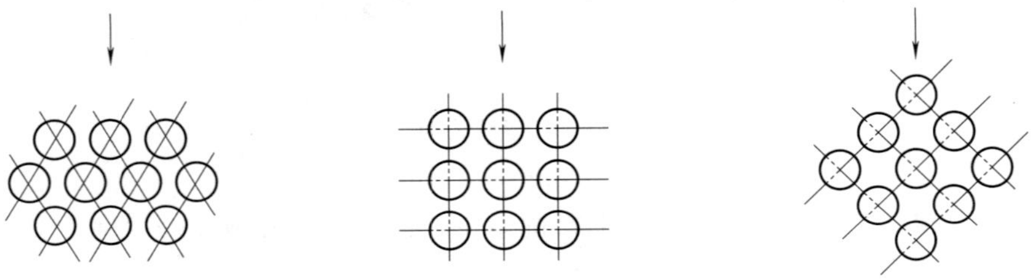

(a) 等边三角形排列　(b) 正方形排列　(c) 正方形错列

图 4-23　管子在管板上的排列

4. 折流挡板安装

换热器内安装折流挡板的目的是提高管外传热系数。为取得良好的效果，挡板的形状和间距必须适当。

对圆缺形挡板而言，弓形缺口的大小对壳程流体的流动情况有重要影响。由图 4-24 可以看出，弓形缺口太大或太小都会产生“死区”，既不利于传热又增加了流体的阻力。一般来说，弓形缺口的高度可取为壳体内径的 10%～40%，最常见的是 20%和 25%。

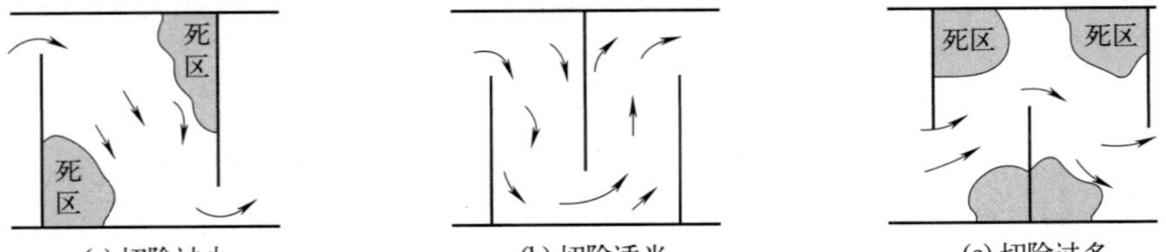

(a) 切除过少　(b) 切除适当　(c) 切除过多

图 4-24　挡板切除对流动的影响

挡板的间距对壳程的流动亦有重要的影响。间距太大，不能保证流体垂直流过管束，导致管外传热系数减小；间距太小，不便于制造和检修，阻力损失亦大。一般挡板间距取为壳体内径的 20%～100%。

5. 流体流速的选择

流体在壳程或管程中的流速增大，不仅可增大传热系数，也可减少杂质沉淀和结垢，但流体阻力也相应增大。故应选择适宜的流速，通常根据经验选取。工业上常用的流速范围见表 4-7 和表 4-8。

表 4-7 管壳式换热器内常用的流速范围

液体种类	流速/(m/s)	
	管程	壳程
低黏度液体	0.5～3	0.2～1.5
易结垢液体	>1	>0.5
气体	5～30	2～15

表 4-8 不同黏度液体在管壳式换热器中的流速（在钢管中）

液体黏度/mPa·s	>1500	1000～500	500～100	100～35	35～1	<1
最大流速/(m/s)	0.6	0.75	1.1	1.5	1.8	2.4

为使流体流经换热器的压降 Δp 不超过 10～100kPa（液体）、1～10kPa（气体），应使 Re 不超过 $5\times10^3\sim2\times10^4$（液体）、$10^4\sim10^5$（气体）。

6. 管壳式换热器的选用步骤

首先要了解传热任务，如冷、热流体的流量，进、出口温度，操作压力等；了解冷、热流体的工艺特点，如腐蚀性、悬浮物含量等；查相关资料，掌握冷、热流体的物性数据。

设流量为q_{m1}的热流体需从温度 T_1 冷却至 T_2，可用的冷却介质温度为 t_1，出口温度选定为 t_2。由此已知条件可算出换热器的热负荷 Q 和逆流操作平均温度差。根据传热基本方程，当 Q 和 Δt_m 已知时，要求传热面积 A，必须知道总传热系数 K，而 K 是由传热面积 A 和换热器结构决定的。可见，在冷、热流体的流量及进、出口温度皆已知的条件下选用换热器必须通过试差计算。此试差计算可按下列步骤进行。

① 初步选定换热器的流动方式，由冷、热流体的进、出口温度计算温差修正系数 ψ。ψ 的数值应大于 0.8，否则应改变流动方式，重新计算。

② 根据经验或查资料数据（表 4-9）估计传热系数 $K_{估}$，计算传热面积 $A_{估}$。

表 4-9 管壳式换热器中总传热系数 K 值的大致范围

两液体	$K/[W/(m^2\cdot K)]$	两液体	$K/[W/(m^2\cdot K)]$
水-水	700～1800	液体沸腾-液体	100～800
有机物-水		液体沸腾-气体	10～60
有机物的黏度$\mu<0.5$mPa·s	300～800	水蒸气冷凝-水	1500～4700
$\mu=0.5\sim1.0$mPa·s	200～500	水蒸气冷凝-有机物 }	
$\mu>1.0$mPa·s	50～300	有机物冷凝-水 }	
有机物-有机物		有机物的黏度$\mu<0.5$mPa·s	500～1200
冷流体的黏度$\mu<1.0$mPa·s	100～350	$\mu=0.5\sim1.0$mPa·s	200～700
$\mu>1.0$mPa·s	50～250	$\mu>1.0$mPa·s	50～350
液体-气体	10～60	有机物冷凝-有机物	40～350
气体-气体	10～40	水蒸气冷凝-水沸腾	1500～4700
蒸气冷凝-气体	20～250	水蒸气冷凝-有机物沸腾	500～1200

③ 根据 $A_{估}$ 的数值，参照系列标准选定换热管直径、长度及排列，再由系列标准选择适当型号的换热器。

④ 选定流速，确定管程数目，计算管程压降 Δp。若管程允许压降 $\Delta p_{允}$ 已有规定，可

以直接选定管程数目，计算 Δp。若 $\Delta p > \Delta p_{允}$，必须调整管程数目重新计算。

⑤ 计算管内传热系数 α_i。若 $\alpha_i < K_{估}$，则应改变管程数重新计算。若改变管程数不能同时满足 $\Delta p < \Delta p_{允}$、$\alpha_i > K_{估}$ 的要求，则应重新估计 $K_{估}$，另选一换热器型号进行试算。

⑥ 根据壳程流体流速选定挡板间距，计算壳程压降 Δp_s。若 $\Delta p_s > \Delta p_{允}$，可增大挡板间距。

⑦ 计算壳程传热系数 α_o，如 α_o 太小可减小挡板间距。

⑧ 计算总传热系数，校核传热面积。

根据流体的性质选择适当的垢层热阻 R，由 R、α_o、α_i 计算总传热系数 $K_{计}$，再由传热基本方程计算所需的传热面积 $A_{计}$。当此传热面积 $A_{计}$ 小于初选换热器实际具有的传热面积 A 时，原则上以上计算可行。考虑到所用传热计算式的准确程度及其他未可预料的因素，应使选用的换热器传热面积留有15%～25%的裕度，即 $\dfrac{A}{A_{计}}=1.15\sim1.25$。否则需重新估计一个 $K_{估}$，重复以上计算。

由上述可知，换热器的选型计算是一个反复试算的过程，有时要反复试算多次。

三、换热器的强化及新型换热器

在传统的间壁式换热器中，除夹套式以外，几乎都是管式（包括蛇管、套管、管壳等）。但是在流动面积相等的条件下，圆形通道表面积最小，而且管子之间不能紧密排列，故管式换热器的共同缺点是结构不紧凑，单位换热器容积所提供的传热面积小，金属消耗量大。随着工业的发展，陆续出现了不少高效紧凑的换热器并逐渐趋于完善。这些换热器基本上可分为两类，一类是在管式换热器的基础上加以改进，而另一类则从根本上摆脱了圆管，采用各种板状换热表面。

板式换热器表面可以紧密排列，因此各种板式换热器都具有结构紧凑、材料消耗量低、传热系数大的特点。这类换热器一般不能承受高压和高温，但对于压力较低、温度不高或腐蚀性强而须用贵重材料的场合，各种板式换热器都显示出更大的优越性。

1. 螺旋板式换热器

螺旋板式换热器由两张平行薄钢板卷制而成，在其内部形成一对同心的螺旋形通道（图4-25）。该换热器中央设有隔板，将两螺旋形通道隔开。两板之间焊有定距柱以维持通道间距，在螺旋板两端焊有盖板。冷、热流体分别由两螺旋形通道流过，通过薄板进行换热。

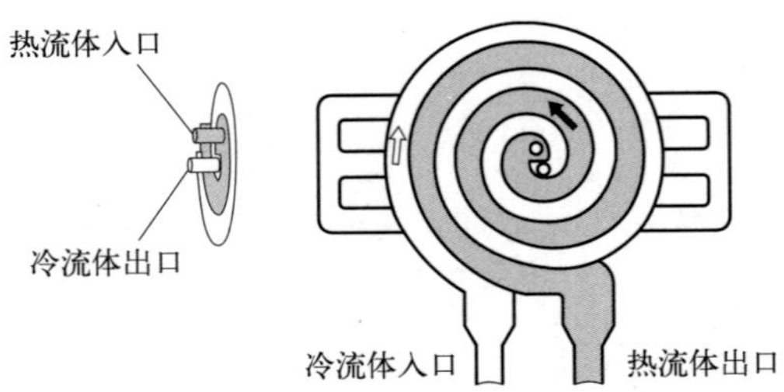

图 4-25　螺旋板换热器示意

螺旋板式换热器的优点如下：

① 由于离心力的作用和定距柱的干扰，流体湍动程度高，故传热系数大。例如，水对水的传热系数可达到2000～3000W/(m^2·℃)，而管壳式换热器一般为1000～2000W/(m^2·℃)。

② 由于离心力的作用，流体中悬浮的固体颗粒被抛向螺旋形通道的外缘而被流体本身冲走，故螺旋板式换热器不易堵塞，适于处理悬浮液及高黏度介质。

③ 冷、热流体可进行纯逆流流动，传热平均推动力大。

④ 结构紧凑，单位容积的传热面积为管壳式的 3 倍，可节约金属材料。

螺旋板式换热器的主要缺点是：

① 操作压力和温度不能太高，一般压力不超过 2MPa，温度不超过 300～400℃。

② 因整个换热器被焊成一体，一旦损坏不易修复。

2. 板式换热器

板式换热器最初用于食品工业，20 世纪 50 年代逐渐推广到化工等其他工业部门，现已发展为高效紧凑的换热设备。板式换热器由一组金属薄板组装而成，相邻薄板之间衬以垫片并用框架夹紧（图 4-26）。板片四角开有圆孔，形成流体通道。冷、热流体交替地在板片两侧流过，通过板片进行换热。板片厚度为 0.5～3mm，通常压制成各种波纹形状，既增加刚度，又使流体分布均匀，加强湍动，提高传热系数。

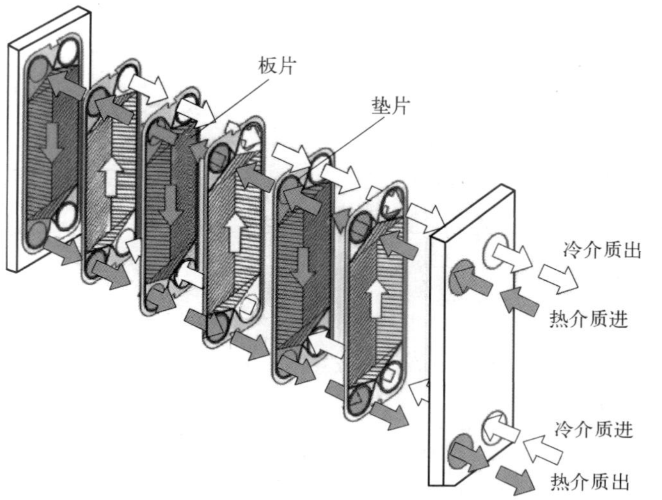

图 4-26　板式换热器

板式换热器的主要优点如下：

① 由于流体在板片间湍动程度高，而且板片厚度薄，故传热系数较大。例如，水对水的传热系数可达 1500～4700W/(m^2·℃)。

② 由于板片间隙小（一般为 4～6mm），结构紧凑，故板式换热器单位容积所提供的传热面积较大，一般在 250～1000m^2/m^3，而管壳式换热器只有 40～150m^2/m^3。

③ 具有可拆结构，可根据需要调整板片数目来增减传热面积，故操作灵活性大，检修清洗也方便。

板式换热器的主要缺点是允许的操作压力和温度比较低。通常操作压力不超过 2MPa，压力过高容易渗漏。操作温度受垫片材料的耐热性限制，一般不超过 250℃。

3. 板翅式换热器

板翅式换热器是一种更为高效紧凑的换热器，过去由于制造成本较高，仅用于宇航、原子能等少数部门。现在已逐渐应用于化工和其他工业，并取得了良好效果。如图 4-27 所示，在两块平行金属薄板间夹入波纹状或其他形状的翅片，将两侧封死，即成为一个换热基本元件。将各基本件适当排列（两元件之间的隔板是公用的），并用钎焊固定，即制成逆流式或错流式板束。将板束放入适当的集流箱（外壳）即成为板翅式换热器。板翅式换热器的结构高度紧凑，单位容积可提供的传热面积高达 2500～4000m^2/m^3。所用翅片的形状可促进流体的湍动，故其传热系数也很高。因翅片对隔板有支撑作

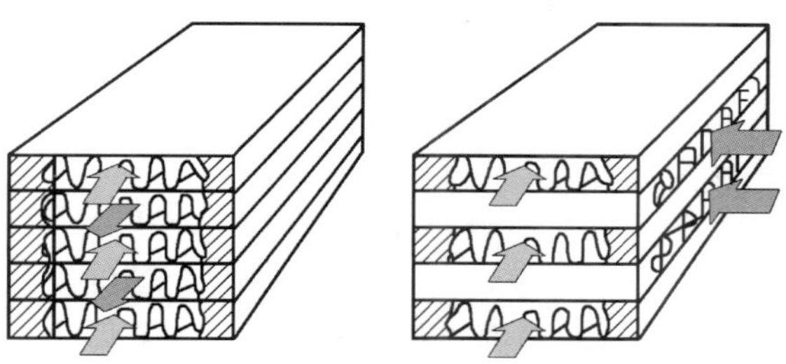

(a) 逆流　(b) 错流

图 4-27　板翅式换热器的板束

用，板翅式换热器允许的操作压力也较高，可达 5MPa。

4. 强化管式换热器

这一类换热器是在管式换热器的基础上采取某些强化措施，提高传热效果。强化措施无非是管外加翅片，管内安装各种形式的内插物。这些措施不仅增大了传热面积，而且提高了流体的湍动程度，使传热过程得到强化。

小结

本章是以两流体间壁传热速率方程为主线，将整章内容串联起来，如下所示。

热量衡算

两流体无相变：$Q=q_{m1}c_{p1}(T_1-T_2)=q_{m2}c_{p2}(t_2-t_1)$。

一侧有相变：$Q=q_{m1}r=q_{m2}c_{p2}(t_2-t_1)$。

热传导

傅里叶定律：$Q=-\lambda A\dfrac{\partial t}{\partial n}$。

单层平壁：$Q=\dfrac{t_1-t_2}{\dfrac{b}{\lambda A}}$；多层平壁：$Q=\dfrac{t_1-t_{n+1}}{\sum\dfrac{b_i}{\lambda_i A}}$。

单层圆筒壁：$Q=\dfrac{t_1-t_2}{\dfrac{b}{\lambda A_m}}$；多层圆筒壁：$Q=\dfrac{t_1-t_{n+1}}{\sum\dfrac{b_i}{\lambda_i A_{mi}}}$。

总传热系数（以传热面积 A_1 为基准）

$$\frac{1}{K_1}=\frac{1}{\alpha_1}+R_{d1}+\frac{bd_1}{\lambda d_m}+R_{d2}\frac{d_1}{d_2}+\frac{d_1}{\alpha_2 d_2}$$

两流体间壁传热过程计算

热负荷计算、热剂冷剂用量计算、换热器选用校核、计算两侧流体出口温度。

传热速率方程

$Q=KA\Delta t_m$

换热器

间壁式换热器的类型。

管壳式换热器的设计和选用。

传热温差

两侧恒温传热：$\Delta t=T-t$。

变温传热：$\Delta t_m=\dfrac{\Delta t_1-\Delta t_2}{\ln\dfrac{\Delta t_1}{\Delta t_2}}$

壁温计算

$$Q=\frac{T-T_w}{\dfrac{1}{\alpha_1 A_1}}=\frac{T_w-t_w}{\dfrac{b}{\lambda A_m}}=\frac{t_w-t}{\dfrac{1}{\alpha_2 A_2}}$$

对流传热

牛顿冷却定律：$Q=\alpha A(t_1-t_2)$。

特征数：$Nu=\dfrac{\alpha l}{\lambda}$；$Re=\dfrac{lu\rho}{\mu}$；$Pr=\dfrac{c_p\mu}{\lambda}$；$Gr=\dfrac{\beta g\Delta t l^3\rho^2}{\mu^2}$。

特征数关联式

无相变：直管内强制湍流 $\alpha=0.023\dfrac{\lambda}{d}\left(\dfrac{du\rho}{\mu}\right)^{0.8}\left(\dfrac{c_p\mu}{\lambda}\right)^n$。

有相变：蒸汽冷凝——膜状冷凝、滴状冷凝。

大容器沸腾——自然对流、核状沸腾、膜状沸腾。

热辐射

基本概念：白体、黑体、透热体、灰体。

斯蒂芬-玻尔兹曼定律：$E_b=\sigma_0 T^4=C_0\left(\dfrac{T}{100}\right)^4$。

克希霍夫定律：$\alpha=\varepsilon=\dfrac{E}{E_b}$。

两固体间的相互辐射：$Q_{1\text{-}2}=C_{1\text{-}2}\varphi A\left[\left(\dfrac{T_1}{100}\right)^4-\left(\dfrac{T_2}{100}\right)^4\right]$。

思考题

4-1 传热按机理分为哪几种？

4-2 物体的热导率主要与哪些因素有关？

4-3 流体流动对传热有何影响？

4-4 水的对流传热系数一般比空气大，为什么？

4-5 为什么有相变时的对流传热系数大于无相变时的对流传热系数？

4-6 如何强化沸腾传热？

4-7 为什么一般情况下，逆流总是优于并流？并流适用于哪些情况？

4-8 在换热器中，用饱和蒸汽在换热管外冷凝放热，加热管内流动的是空气。总传热系数接近哪种流体的对流传热系数？壁温接近哪种流体的温度？忽略污垢和管壁热阻，要想增大总传热系数，应增大哪侧流体的对流传热系数？

4-9 何谓透热体、白体、黑体、灰体？

4-10　保温瓶的夹层玻璃表面为什么镀一层反射率很高的材料？夹层抽真空的目的是什么？

4-11　如何强化或削弱辐射传热？

4-12　为什么有些列管式换热器做成多管程的？

4-13　下列流体在列管式换热器中宜走管程还是壳程？（1）腐蚀性流体；（2）高压流体；（3）饱和水蒸气冷凝放热；（4）温度不太高，需要冷却的流体；（5）为增大对流传热系数，需要提高流速的无相变流体。

4-14　换热器的强化传热中，如何增大 K 值？

习题

［4-1］　为了减少热损失，在一加热器壁外面包一层厚度为 300mm 的绝热材料，材料的热导率为 0.16W/(m·℃)。已测得绝热层外侧温度为 30℃，在距离加热器壁外 250mm 处温度为 75℃。试求加热器外壁面温度。

［答案：300℃］

［4-2］　某燃烧炉的平壁由下列三种砖依次砌成：厚度 b_1 为 230mm 的耐火砖，热导率 λ_1 为 1.05W/(m·℃)；厚度 b_2 为 230mm 的绝热砖，热导率 λ_2 为 0.151W/(m·℃)；厚度 b_3 为 240mm 的普通砖，热导率 λ_3 为 0.93W/(m·℃)。若已知耐火砖内侧的温度为 1000℃，耐火砖与绝热砖接触处的温度为 940℃，而绝热砖与普通砖接触处的温度不得超过 130℃，试问：（1）绝热层需几块绝热砖？（2）普通砖外侧的温度为多少？

［答案：（1）2 块；（2）34.6℃］

［4-3］　在 ϕ60mm×3mm 的钢管外包一层 30mm 厚的软木后，又包一层 30mm 厚的保温灰。软木和保温灰的热导率分别为 0.043W/(m·℃) 和 0.07W/(m·℃)，钢管的热导率为 45W/(m·℃)。已知钢管内壁的温度为－100℃，保温材料最外侧的温度为 10℃。试求：（1）每米管道损失的冷量；（2）在其他条件不变的情况下，将两种保温材料交换位置后，每米管道损失的冷量；（3）说明何种材料放在内层保温效果更好？

［答案：（1）－31.52W/m；（2）－35.73W/m；（3）略］

［4-4］　在一套管式换热器中，用初温为 30℃的水将 0.45kg/s 的硝基苯从 80℃冷却到 40℃，冷却水出口温度不超过 35℃。忽略热损失，硝基苯和水的比定压热容分别为 1.6kJ/(kg·℃)、4.174kJ/(kg·℃)。试求：（1）冷却水用量；（2）保持其他条件不变，若将冷却水的流量增大一倍，此时冷却水的终温将是多少？

［答案：（1）1.38kg/s；（2）32.5℃］

［4-5］　热空气在 ϕ16mm×1.5mm 的冷却管外流过，其对流传热系数为 100W/(m^2·K)。冷却水在管内流过，其对流传热系数为 1200W/(m^2·K)，冷却管的热导率为 45W/(m·K)。试求：（1）总传热系数 K；（2）若管外对流传热系数增大一倍，总传热系数有何变化？（3）若管内对流传热系数增大一倍，总传热系数有何变化？

［答案：（1）K＝90.4［W/(m^2·K)；（2）K＝164.7W/(m^2·K)；（3）K＝94.8W/(m^2·K)］

［4-6］　有一蒸发器，管内通 100℃的热流体加热，其对流传热系数为 1200W/(m^2·℃)，管外有液体沸腾，沸点为 60℃，其对流传热系数为 8000W/(m^2·℃)。试求下列两种情况下的壁温：（1）管壁清洁无垢；（2）外侧有污垢产生，污垢热阻 R_{d2} 等于 0.005m^2·℃/W。忽略管壁热阻。

［答案：（1）65.2℃；（2）94.4℃］

［4-7］　在内管为 ϕ180mm×10mm 的套管式换热器中，用 40℃的水将流量为 3500kg/h 的某液体

从 100℃冷却到 60℃，液体的平均定压比热容为 2.38kJ/(kg·℃)；环隙中冷却水出口温度为 50℃，平均定压比热容为 4.174kJ/(kg·℃)。基于内管外表面积的总传热系数为 2000W/(m^2·℃)，且保持不变。设热损失可以忽略。试求：(1) 冷却水用量；(2) 分别计算两流体为逆流和并流情况下的平均温差及管长。

[答案：(1) 7982kg/h；(2) $\Delta t_{m并}=27.93$℃，$\Delta t_{m逆}=32.74$℃，$l_{并}=2.93$m，$l_{逆}=2.50$m]

[4-8] 在套管式换热器内，用饱和水蒸气对在内管中做湍流流动的空气加热，设此时的总传热系数近似等于空气的对流传热系数。今要求空气量增大一倍，而加热蒸汽的温度，空气的进、出口温度以及套管直径保持不变，该换热器的长度应增加多少？

[答案：15%]

[4-9] 有一列管式换热器装有 ϕ25mm×2.5mm 的钢管 300 根，管长为 2m。要求将质量流量为 8000kg/h 的常压空气于管程由 20℃加热到 85℃，选用 108℃的饱和蒸汽于壳程冷凝加热。若水蒸气的冷凝传热系数为 1×10^4W/(m^2·℃)，管壁及两侧污垢的热阻均忽略不计，而且不计热损失。已知空气在平均温度下的物性常数为 $c_p=1$kJ/(kg·℃)，$\lambda=2.85\times10^{-2}$W/(m·℃)，$\mu=1.98\times10^{-5}$Pa·s，$Pr=0.7$。试求：(1) 空气在管内的对流传热系数；(2) 换热器的总传热系数（以管子外表面为基准）；(3) 通过计算说明该换热器能否满足需要；(4) 计算说明管壁温度接近于哪一侧的流体温度。

[答案：(1) 90.21W/(m^2·℃)；(2) 71.64W/(m^2·℃)；(3) 换热器的热负荷 163448.4W>144444.44W 的要求热负荷，故此换热器可用；(4) 壁温 $T_w=107.65$℃，接近外侧蒸汽温度（或 α 大的一侧流体的温度）]

本章符号说明

英文

A 传热面积，m^2

b 厚度，m

C_0 黑体辐射系数，W/(m^2·K^4)

c_p 定压比热容，J/(kg·K) 或 kJ/(kg·℃)

E 辐射能力，W/m^2

E_b 黑体的辐射能力，W/m^2

g 重力加速度，m/s^2

K 总传热系数，W/(m^2·K) 或 W/(m^2·℃)

l 长度，m

p 压力，Pa

Q 传热速率，热负荷，W

q 热流密度，W/m^2

R 热阻，m^2·K/W 或 m^2·℃/W

R_d 污垢热阻，m^2·K/W 或 m^2·℃/W

r 半径，m；比汽化热，kJ/kg

T 温度，K 或℃

t 温度，K 或℃

Δt_m 平均温度差，K 或℃

u 流速，m/s

x 空间坐标

希文

α 对流传热系数，W/(m^2·K) 或 W/(m^2·℃)；辐射吸收率

β 体积膨胀系数，/℃或/K

ε 黑度

λ 热导率，W/(m·K) 或 W/(m·℃)

μ 黏度，Pa·s

ρ 密度，kg/m^3

ρ 辐射反射率

σ_0 黑体辐射常数，W/(m^2·K^4)

τ 辐射透过率

φ 角系数

ψ 温度校正系数

Gr 格拉斯霍夫数

Nu 努塞特数

Pr 普朗特数

Re 雷诺数

第五章

吸 收

目标导学

［目的］ 通过本章的学习，要求熟练掌握气液平衡关系、传质理论及传质速率方程，并运用这些原理和规律去进行吸收塔的有关分析与计算。

［重点］ 吸收过程及气液平衡关系、传质速率方程、吸收塔相关计算。

［难点］ 传质速率方程与传质理论。

［内容导图］

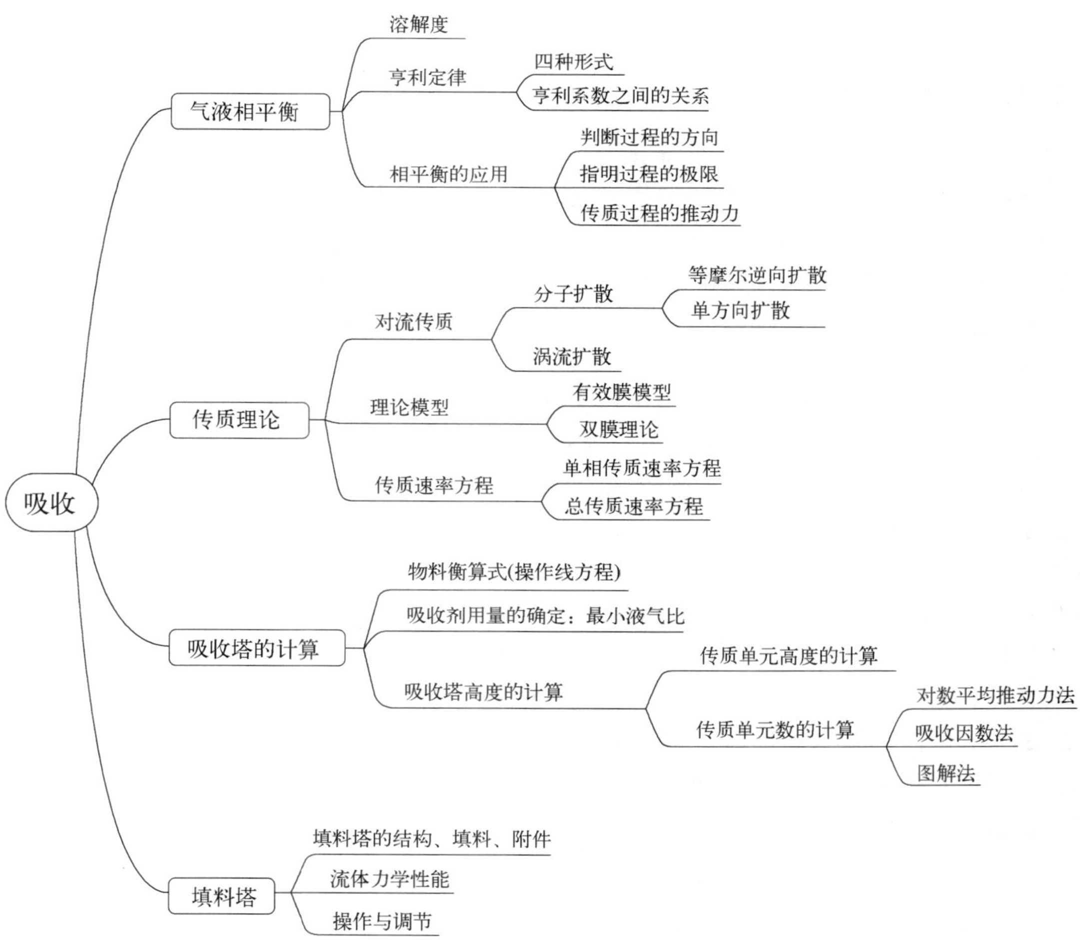

合成氨是一种重要的化学品，广泛应用于农业、制药和化学等传统行业。合成氨的原料气中含有大量的CO_2，而CO_2是制造尿素、碳酸氢铵和纯碱的重要原料，因此在原料气进合成工序前，须将CO_2清除干净。这样不仅可以降低能耗，减少设备的酸蚀，同时还能实现CO_2的综合利用。在工业中，醇胺溶液常被用于吸收CO_2。其中，*N*-二甲基二乙醇胺（MDEA）因吸收能力强、对设备腐蚀性小、可再生等优点而被广泛应用。在化工生产中，经常会遇到从气体混合物中分离出一种或者几种以上组分的问题，吸收作为典型的传质单元操作，是常用的分离方法之一。

吸收操作的效果受到多种因素的影响。首先是吸收剂的选择，需要根据目标组分的性质选择合适的吸收剂。其次是操作条件的控制，包括温度、压力等参数的调节。此外，吸收设备的设计和操作方式也会影响吸收效果。因此，在化工生产中需要根据具体情况选择合适的吸收操作方案，并进行优化调整，以达到预期的目标。

第一节　概　述

一、吸收的基本概念

吸收是化工过程中十分常用的重要的单元操作。物质在相间的传递，也称物质传递过程。利用气体各组分在液体中溶解度的差异使气体中的不同组分分离的操作，称为吸收，对应的单元操作称为吸收操作。吸收操作过程中吸收气体所用的液体，称为吸收剂（溶剂）。混合气体中能溶解的组分，称为吸收质（溶质），所得到的溶液称为吸收液。混合气体中不能溶解的组分，称为惰性气体（载体）。与吸收相反的过程，即使溶质从溶液中脱除的操作，称为解吸（脱吸）。

在吸收过程中，溶质与溶剂不发生显著的化学反应，称为物理吸收。例如，利用水吸收CO_2、SO_2等。在吸收过程中，溶质与溶剂发生显著的化学反应，称为化学吸收。由于CO_2在水中的溶解度较低，直接用水吸收CO_2效果有限。但若用K_2CO_3水溶液，则CO_2在液相中会与K_2CO_3和水发生反应，生成$KHCO_3$，即$K_2CO_3 + CO_2 + H_2O \Longrightarrow 2KHCO_3$。该反应显著提高了$K_2CO_3$水溶液对$CO_2$的吸收能力。一般而言，能够用于化学吸收的反应需满足两个基本条件：具有可逆性，若该反应不可逆，溶剂将难以再生和循环使用；具有较高的反应速率，若反应速率较慢，应研究加入适当的催化剂以加快反应速率。

如果混合气体中只有一种组分进入液相，称为单组分吸收。混合气体中有两种或更多种组分进入液相，称为多组分吸收。体系温度发生明显变化的吸收过程，称为非等温吸收。体系温度变化不显著的吸收过程，称为等温吸收。

1. 吸收的目的

在化学工业中，将气体混合物中的各组分加以分离，其目的是：

① 回收或捕获气体混合物中的有用物质，以制取产品。

② 除去工艺气体中的有害成分，使气体净化，以便进一步加工处理，如有害气体会使

催化剂中毒，必须除去；或除去工业放空尾气中的有害物，以免污染大气。

2. 吸收的依据

为达到吸收分离气体混合物的目的，要用什么物质（溶剂、吸收剂）？其分离的依据是什么（气体混合物中各组分在溶剂中的溶解度不同，各组分在吸收剂中的溶解度差异越大，吸收的选择性越好）？例如，欲分离氨气和空气的混合物，可选择水作为溶剂，因为氨气在水中的溶解度最大，而空气几乎不溶于水。

二、工业吸收设备及气、液两相接触方式

目前工业上常用的吸收设备是塔设备，按气、液两相在塔中的接触方式分为级式接触和微分接触两大类。

在工业上，上述两种不同接触方式的传质设备不仅能用于气体吸收，同样也可用于液体精馏等其他传质单元操作。这类设备主要分为板式塔和填料塔两种。两种形式的塔设备在大多数情况下均为连续操作，即设备内的参数都不随时间变化，称为定态连续过程。当然也可以是间歇操作的非定态过程，但很少见，故后面除特殊说明外，均指定态连续操作。

1. 工业吸收流程举例

下面以合成氨过程中 CO_2 的脱除为例进行说明。CO_2 是制造尿素、碳酸氢铵和纯碱的重要原料，因此，合成氨生产中，CO_2 的脱除及其回收利用具有双重目的。习惯上，将 CO_2 的脱除过程称为脱碳。脱碳的流程包括吸收和解吸两个部分，如图 5-1 所示。含有 CO_2 的气体进入吸收塔底部，乙醇胺溶液从塔顶淋下，塔内装有填料，以扩大气液接触面积。在气体与液体接触的过程中，CO_2 溶解于乙醇胺溶液，使离开吸收塔顶的气体中 CO_2 含量降低至允许值，而溶有较多 CO_2 的乙醇胺液体由吸收塔底排出。为了使乙醇胺溶液能够再次使用，需利用解吸塔将 CO_2 与乙醇胺溶液分离，这一过程称为溶剂的再生。乙醇胺溶液经过加热后送入解吸塔，与上升的过热水蒸气接触，CO_2 从液相解吸至气相，乙醇胺溶液得到再生，经过冷却后再重新作为吸收剂送入吸收塔循环使用。

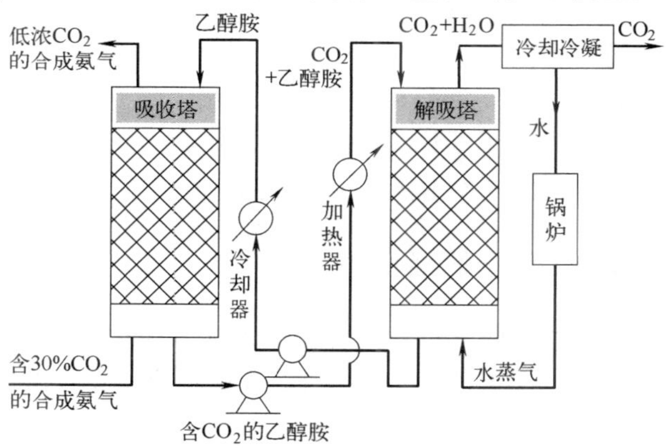

图 5-1　吸收 CO_2 的流程

2. 吸收实现气体混合物分离需要解决的主要问题

由图 5-1 可见，采用吸收操作实现气体混合物的分离必须解决下列问题。

① 选择合适的吸收剂，使其能够对预分离组分进行溶解。

② 提供适当的传质设备（多位填料塔，也有板式塔），以实现气液两相的接触，使被分离组分得以从气相转移到液相（吸收）或相反（解吸）。

③ 溶剂的再生，即将已吸收溶质的溶剂进行处理，恢复其原始组成和分离性能，以便溶剂能够循环使用的过程。除了制取溶液产品只需单独吸收外，一般都要进行解吸操作，使

溶剂再生循环使用。

总之，一个完整的吸收分离过程一般包括吸收和解吸两个组成部分。

三、吸收操作中溶剂的选择

吸收操作能否成功在很大程度上取决于溶剂的性质，特别是溶剂与气体混合物之间的相平衡关系。由物理化学中有关相平衡的知识可知，评价溶剂优劣的主要依据包括下列几点。

① 溶剂应对被分离组分（溶质）有较大的溶解度，或者说在一定的温度与浓度下，溶质的平衡分压要低。这样，从平衡的角度来说，处理一定量混合气体所需的溶剂量较少，气体中溶质的极限残余浓度亦可降低；就过程效率而言，溶质平衡分压小，过程推动力大，传质速率快，所需设备尺寸小。

② 溶剂对混合气体中其他组分的溶解度要小，即溶剂应具备较高的选择性。若溶剂的选择性不高，它将同时吸收混合物中的其他组分，只能实现组分间某种程度的增浓而不能实现较为完全的分离。

③ 溶质在溶剂中的溶解度应对温度的变化比较敏感，即不仅在低温下溶解度要大，平衡分压要小，而且随着温度升高，溶解度应迅速下降，平衡分压应迅速上升。这样，被吸收的气体容易解吸，溶剂再生方便。

④ 溶剂的蒸气压要低，不易挥发。一方面是为了减少溶剂在吸收和再生过程的损失，另一方面是为了避免在气体中引入新的杂质。

⑤ 溶剂应有较好的化学稳定性，以免使用过程中发生变质。

⑥ 溶剂应有较低的黏度，不易产生泡沫，以实现吸收塔内良好的气液接触和塔顶的气液分离。

⑦ 溶剂应尽可能满足价廉、易得、无毒、不易燃烧等经济和安全条件。

实际上很难找到一个理想的溶剂能够满足上述所有要求，因此，应对可供选择的溶剂做全面评价，以便作出经济、合理的选择。

四、吸收操作的经济性

吸收总费用应综合考虑设备（塔、换热器等）折旧费和操作费（占比大）两个方面的因素，其中，操作费主要包括气、液两相流经吸收设备的能量消耗，溶剂的挥发损失和变质损失，溶剂的再生费用，即解吸操作费用（在三者中占比最大）。

常用的解吸方法有升温、吹气、减压。其中，升温与吹气特别是升温与吹气同时使用最为常见。减压有利于解吸，加压有利于吸收，溶剂在吸收与解吸设备之间循环，其间的加热和冷却、泄压与加压必消耗较多的能量，故采用减压解吸不常见。若溶剂的溶解能力差，离开吸收塔的吸收液中溶质浓度低，则所需的溶剂循环量大，再生能耗也大。若溶剂的溶解能力对温度变化不敏感，所需解吸温度较高，溶剂再生的能耗也将增大。若吸收了溶质以后的溶液是产品，则不再需要溶剂的再生，这种吸收过程自然是最经济的。提高吸收操作经济性的另一种措施是对吸收系统进行优化设计，使系统的总费用最低。

五、本章所做的基本假定

如无特别说明，本章主要介绍单组分等温的物理吸收过程，其余组分可视为一个惰性组分；主要在溶剂的蒸气压很低的情况下进行，因此气相中不含溶剂蒸气。

第二节 气液相平衡

一、气体在液体中的溶解度

在一定的温度与总压下，使一定量的溶剂与溶质接触，溶质便由气相向液相转移。随着溶液浓度逐渐升高，传质速率将逐渐减慢，最后降为零。此时液相中溶质达到饱和，浓度达到最大限度 x_e（x 为液相中溶质 A 的摩尔分数，下标 e 表示平衡），称为气液两相达到相平衡。x_e 称为平衡溶解度，简称溶解度。

溶解度可以用不同的方式表示，相平衡关系亦可用不同的方式表示，如 p_e-x、p_e-x_e、y_e-x、y_e-x_e 等（y 为气相中溶质 A 的摩尔分数）。

此时并非没有溶质分子继续进入液相，只是任何瞬间进入液相的溶质分子数与从液相逸出的溶质分子数都恰好相等，在宏观上过程就像是停止了。这种状态称为相际动平衡，简称相平衡。

对于单组分物理吸收的物系，根据相律，自由度数为 $F=C-\Phi+2=3-2+2=3$。其中，C 表示组分数，即系统中独立化学物质的数量；Φ 表示相数，即系统中共存的物系状态的种类。自由度为 3，则一定的温度与总压、气相组成 y、液相组成 x 四个变量中，只要任意三个变量确定，第四个变量就随之确定，不能独立变化。

由实验知，当总压不太高（一般 $p<0.5\text{MPa}$）时，p 对平衡的影响很小，可以忽略，而温度对平衡的影响很大。于是在一定温度下，一定溶质的液相平衡浓度为气相组成的函数，可表示为

$$c_A^*=f(p_A) \tag{5-1}$$

同理有

$$p_A^*=f(c_A) \tag{5-2}$$

在同一溶剂中，不同气体的溶解度有很大差别。图 5-2 为一定温度下几种气体在水中的溶解度曲线，由其斜率可判断溶解度的大小。在相同温度及压强条件下，NH_3 的溶解度最大，为易溶气体；其次是 SO_2，为中等溶解气体；而 O_2、CO_2 最小，为难溶气体。

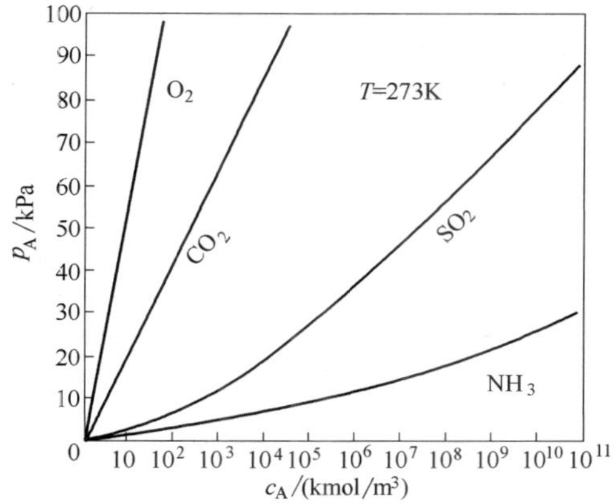

图 5-2　273K 下几种气体在水中的溶解度曲线

温度和压力是影响溶解度的重要参数。图 5-3 为不同温度下 NH_3、SO_2 和 O_2 在水中的溶解度曲线。由图可见，在一定的温度与总压下，吸收剂一定时，不同物质的溶解度不同。对于同一种气体，分压一定时，温度越高，溶解度越小；温度一定时，分压越大，溶解度越大。因此，加压和降温对吸收操作有利。

后面在讨论吸收塔的计算问题时，所涉及

的许多关系式（如物料衡算关系式、填料层高度计算式等）中的气液组成均用摩尔分数 y（气相）、x（液相）表示。

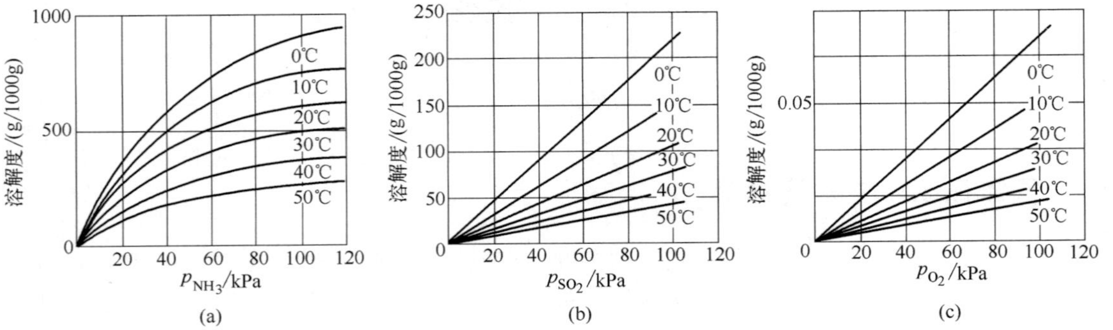

图 5-3　不同温度下 NH_3、SO_2 和 O_2 在水中的溶解度曲线

二、亨利定律

1. 亨利定律的不同形式

吸收操作最常用于分离低浓度的气体混合物，此时液相的浓度 x 通常比较低，即常在稀溶液范围内。稀溶液的溶解度曲线通常近似为一过原点的直线，即气液两相的浓度成正比，这一关系称为亨利（Henry）定律，其表达式为

$$p_A^* = Ex_A \tag{5-3}$$

式中，p_A^* 为溶质在气相中的平衡分压，kPa；x_A 为溶质在液相中的摩尔分数；E 为亨利系数，kPa。

亨利系数的单位与溶质分压的压强单位一致。E 值随物系的特性及温度而变化。当溶质分压不超过 1atm 时，E 为常数。由式（5-3）可知，在一定的气相平衡分压下，E 值越大，气体的溶解度越小；而 E 值越小，气体的溶解度越大。

亨利定律适用于下列情况：

① 对于理想溶液，在所有浓度范围内适用。

② 对于非理想溶液，仅适用于稀溶液（图 5-2）。

③ 溶质在气、液相中的分子状态必须一致。

在亨利定律适用的范围内，E 值只是温度的函数，而与 p、c_A、p_A 无关。亨利系数 E 可由实验测定，亦可从有关手册中查得。表 5-1 列出了某些气体水溶液的亨利系数，可供参考。

表 5-1　某些气体水溶液的亨利系数 *E*

气体种类	温度/℃															
	0	5	10	15	20	25	30	35	40	45	50	60	70	80	90	100
	$E\times10^{-6}$/kPa															
H_2	5.87	6.16	6.44	6.70	6.92	7.16	7.39	7.52	7.61	7.70	7.75	7.75	7.71	7.65	7.61	7.55
N_2	5.35	6.05	6.77	7.48	8.15	8.76	9.36	9.98	10.5	11.0	11.4	12.2	12.7	12.8	12.8	12.8
空气	4.38	4.94	5.56	6.15	6.73	7.30	7.81	8.34	8.82	9.23	9.59	10.2	10.6	10.8	10.9	10.8
CO	3.57	4.01	4.48	4.95	5.43	5.88	6.28	6.68	7.05	7.39	7.71	8.32	8.57	8.57	8.57	8.57

续表

气体种类	温度/℃															
	0	5	10	15	20	25	30	35	40	45	50	60	70	80	90	100
	$E\times10^{-6}$/kPa															
O_2	2.58	2.95	3.31	3.69	4.06	4.44	4.81	5.14	5.42	5.70	5.96	6.37	6.72	6.96	7.08	7.10
CH_4	2.27	2.62	3.01	3.41	3.81	4.18	4.55	4.92	5.27	5.58	5.85	6.34	6.75	6.91	7.01	7.10
NO	1.71	1.96	2.21	2.45	2.67	2.91	3.14	3.35	3.57	3.77	3.95	4.24	4.44	4.45	4.58	4.60
C_2H_6	1.28	1.57	1.92	2.90	2.66	3.06	3.47	3.88	4.29	4.69	5.07	5.72	6.31	6.70	6.96	7.01
	$E\times10^{-5}$/kPa															
C_2H_4	5.59	6.62	7.78	9.07	10.3	11.6	12.9	—	—	—	—	—	—	—	—	—
N_2O	—	1.19	1.43	1.68	2.01	2.28	2.62	3.06	—	—	—	—	—	—	—	—
CO_2	0.378	0.8	1.05	1.24	1.44	1.66	1.88	2.12	2.36	2.60	2.87	3.46	—	—	—	—
C_2H_2	0.73	0.85	0.97	1.09	1.23	1.35	1.48	—	—	—	—	—	—	—	—	—
Cl_2	0.272	0.334	0.399	0.461	0.537	0.604	0.669	0.74	0.80	0.86	0.90	0.97	0.99			

当气、液相溶质的浓度用其他组成表示法表示时，通过浓度换算可得到其他形式的亨利定律。常用的形式有：

① 气相组成用溶质 A 的分压 p_A^*，液相组成用物质的浓度 c_A 表示，此时亨利定律可表示为

$$p_A^* = \frac{c_A}{H} \tag{5-4}$$

式中，c_A 为溶质在液相中的摩尔浓度，$kmol/m^3$；H 为溶解度系数，$kmol/(m^3 \cdot kPa)$。

溶解度系数 H 可视为在一定温度下溶质气体分压为 1kPa 时液相的平衡浓度。H 值随温度升高而减小。易溶气体的 H 值很大，而难溶气体的 H 值很小。

② 气、液相组成分别用溶质 A 的摩尔分数 y、x 表示，此时亨利定律可表示为

$$y^* = mx \tag{5-5}$$

式中，y^* 为与组成为 x 的液相呈平衡关系的气相中溶质的摩尔分数；m 为相平衡常数，或称分配系数，量纲为 1。

在一定的气相平衡摩尔分数下，相平衡常数 m 值越大，表明该气体的溶解度越小。故易溶气体的 m 值小，难溶气体的 m 值大。m 值随温度、总压而变，温度升高，m 值增大；压强增大，m 值减小。

③ 在低浓度气体吸收计算中，通常采用基准不变的摩尔比 Y（或 X）表示组成。

$$Y = \frac{\text{气相中的溶质 A 的摩尔数}}{\text{气相中的惰性气体 B 的摩尔数}} = \frac{y}{1-y}$$

$$X = \frac{\text{液相中的溶质 A 的摩尔数}}{\text{液相中的溶剂 S 的摩尔数}} = \frac{x}{1-x} \tag{5-6}$$

由上述两式换算得 $x = \frac{X}{1+X}$，$y = \frac{Y}{1+Y}$。

这样，结合式（5-5），在以摩尔比表示组成的相平衡关系时可表示为

$$Y^* = \frac{mX}{1+(1-m)X} \tag{5-7}$$

式中，X 为溶质在液相中的摩尔比；Y^* 为与 X 平衡对应的气相摩尔比。

当溶液的浓度很低，m 趋近 1 或 X 很小时，式（5-7）中的分母部分趋近于 1，则可得气液平衡关系表达式为

$$Y^{*}=mX \tag{5-8}$$

2. 亨利定律各系数之间的关系

（1） H 和 E 之间的关系

由式（5-3）和式（5-4）可得

$$H=\frac{c_{A}}{Ex_{A}}$$

溶液中溶质的浓度 c_{A} 与摩尔分数 x_{A} 的关系为

$$c_{A}=cx_{A}$$

式中，c 为溶液的总浓度，即溶液中溶剂的浓度与溶质的浓度之和。而 $c_{A}=cx_{A}=\frac{\rho_{L}}{M}x_{A}\approx\frac{\rho_{s}}{M_{s}}x_{A}$，那么

$$H\approx\frac{\rho_{s}}{EM_{s}} \tag{5-9}$$

式中，ρ_{s} 为溶液的密度，kg/m^{3}；M_{s} 为溶液的平均摩尔质量，kg/kmol。

（2） m 和 E 之间的关系

根据理想气体分压定律，有 $p_{A}^{*}=py^{*}$，则式（5-3）变为 $y^{*}=\frac{E}{p_{总}}x$。此式与式（5-5）比较得

$$m=\frac{E}{p_{总}} \tag{5-10}$$

【例 5-1】 在 20℃及标准大气压下，测得氯气（Cl_2）在水中的平衡数据为：0.8g Cl_2 溶于 200g H_2O 形成的稀氯水溶液，溶液上方的平衡分压为 310Pa。在该浓度范围下相平衡关系可用亨利定律表示，试求亨利系数 E、溶解度系数 H 及相平衡常数 m。氯水密度可取为 $1000kg/m^{3}$。

解 由亨利定律表达式可知

$$由 p^{*}=Ex 可得 E=\frac{p^{*}}{x}$$

$$x=\frac{0.8/71}{0.8/71+200/18}=0.00101$$

所以亨利系数为

$$E=\frac{p^{*}}{x}=\frac{310}{0.00101}=3.07\times10^{5}\ (Pa)$$

又因为 $y^{*}=mx$，而 $y^{*}=\frac{p^{*}}{p^{\ominus}}=\frac{310}{1.01\times10^{5}}=0.00307$，所以相平衡常数

$$m=\frac{0.00307}{0.00101}=3.04$$

$$p^*=\frac{c_A}{H}$$

可得
$$c_A=\frac{0.8/71}{\frac{0.8+200}{1000}}=0.0561\ (\text{kmol/m}^3)$$

所以溶解度系数为
$$H=\frac{c_A}{p^*}=\frac{0.0561}{310}=1.81\times10^{-4}\ [\text{kmol/(m}^3\cdot\text{Pa)}]$$

或由各系数间的关系求出其他系数
$$H=\frac{\rho_s}{EM_s}=\frac{1000}{3.07\times10^5\times18}=1.81\times10^{-4}\ [\text{kmol/(m}^3\cdot\text{Pa)}]$$

$$m=\frac{E}{p}=\frac{3.07\times10^5}{101.3\times10^3}=3.03$$

三、吸收过程相平衡关系应用

通过对气液两相的实际组成与相应条件下的平衡组成进行对比，吸收过程中的相平衡关系能够有效分析并解决以下问题。

1. 判别过程的方向

① 如图 5-4（a）所示，气、液相浓度（y，x）在平衡线上方（P 点）。相对于气相饱和浓度 y^* 而言，实际气相浓度为过饱和（$y>y^*$），溶质 A 由气相向液相转移。相对于液相饱和浓度 x^* 而言，实际液相浓度欠饱和（$x<x^*$），故液相有吸收溶质 A 的能力。

结论：若系统气、液相浓度（y，x）在平衡线上方，则体系将发生从气相到液相的传质，即吸收过程。

② 如图 5-4（b）所示，气、液相浓度（y，x）在平衡线下方（Q 点）。相对于气相饱和浓度 y^* 而言，实际气相浓度为欠饱和（$y<y^*$），溶质 A 由液相向气相转移。相对于液相饱和浓度 x^* 而言，实际液相浓度为过饱和（$x>x^*$），故液相有释放溶质 A 的能力。

结论：若系统气、液相浓度（y，x）在平衡线下方，则体系将发生从液相到气相的传质，即解吸过程。

③ 如图 5-4（c）所示，气、液相浓度（y，x）处于平衡线上（R 点）。相对于气相浓度而言，液相浓度为平衡浓度（$x=x^*$），故液相不释放或吸收溶质 A。

结论：若系统气、液相浓度（y，x）处于平衡线上，则从宏观上来看体系不会发生相际间的传质，即系统处于平衡状态。

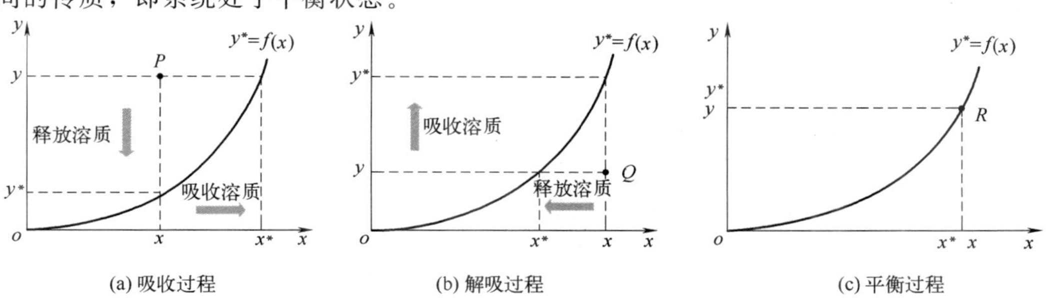

图 5-4　由相平衡曲线判断传质过程与方向

【例 5-2】 在 101.3kPa，30℃下，CO_2-H_2O 的气液相平衡关系为 $y^* = 0.78x$。若含 CO_2 0.078（摩尔分数）的混合气和含 CO_2 $x_A = 0.03$ 的 CO_2-H_2O 溶液接触，试判断过程的方向。

解 用相平衡关系确定出与实际气相组成 $y = 0.078$ 呈平衡关系的液相组成为

$$x^* = y/0.78 = 0.1$$

将其与实际组成比较：

$$x = 0.03 < x^* = 0.1$$

因此，气、液相接触时，二氧化碳将从气相转入液相，发生吸收过程。

或者利用相平衡关系确定出与实际液相组成呈平衡关系的气相组成为

$$y^* = 0.78x = 0.78 \times 0.03 = 0.023$$

将其与实际组成比较：

$$y = 0.078 > y^* = 0.023$$

因此，气、液相接触时，二氧化碳将从气相转入液相，发生吸收过程。

2. 指明过程的极限

所谓过程的极限是指两相充分接触后，各相组成变化的最大可能性。对吸收（解吸）而言，其极限为气液相平衡。

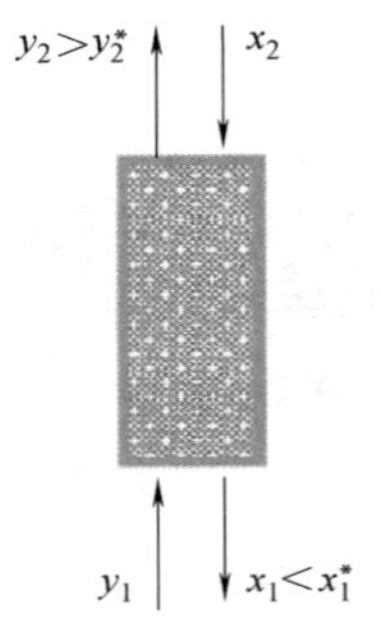

图 5-5 吸收塔内气、液两相含量变化

对吸收而言，若保持液相浓度 x 不变，气相浓度 y 最低只能降到与之相平衡的浓度 y^*，即 $y_{min} = y^*$；若保持气相浓度 y 不变，则液相浓度 x 最高也只能升高到与之相平衡的浓度 x^*，即 $x_{max} = x^*$。

对解吸而言，若保持液相浓度 x 不变，气相浓度 y 最高只能升到与之相平衡的浓度 y^*，即 $y_{max} = y^*$；若保持气相浓度 y 不变，则液相浓度 x 最低也只能降到与之相平衡的浓度 x^*，即 $x_{min} = x^*$。

如图 5-5 所示，当一定量的组成为 y_1 的混合气体从塔底进入吸收塔时，增加塔高，减少吸收剂用量，从塔底出去的吸收液的组成 x_1 将增大。但即使吸收塔再高，亦或吸收剂用量再少，x_1 也不会无限增大，吸收液的最大组成为

$$x_{1max} = x_1^* = \frac{y_1}{m} \tag{5-11a}$$

如果吸收塔是无限高的，当吸收剂用量很大时，塔顶尾气中溶质的组成 y_2 也不会无限降低，吸收尾气的最小组成为

$$y_{2min} = y_2^* = mx_2 \tag{5-11b}$$

3. 传质过程的推动力

未达到平衡的两相接触会发生相际传质（吸收或解吸），离平衡浓度越远，过程传质推动力越大，传质过程进行得越快。这样，就可以用气相或液相浓度远离平衡的程度来表征气液相际传质过程的推动力。

对于吸收过程，$y - y^*$ 是以气相摩尔分数差表示的传质推动力，$x^* - x$ 是以液相摩尔分数差表示的传质推动力（图 5-6）。传质推动力的表示方法可以不同，但效果一致。

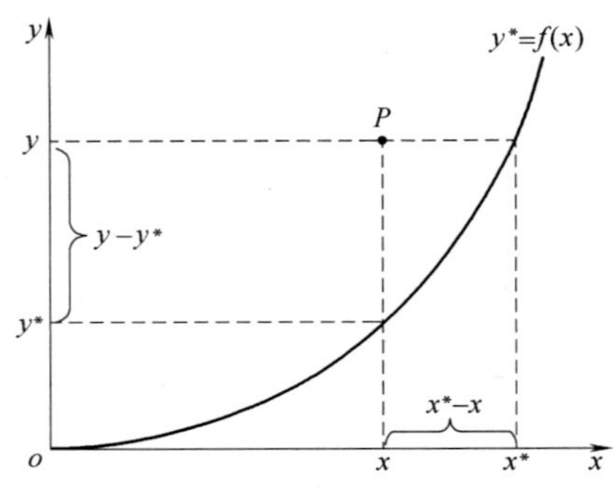

图 5-6 相平衡曲线上传质过程的推动力

第三节　吸收过程的传质速率

吸收过程是以液体作为吸收剂，吸收气体的某一组分，该组分由气相向液相转移的相际传质过程（图 5-7），包括三个步骤：

① 溶质由气相主体传递到两相界面，即气相内的物质传递。

② 溶质在相界面上的溶解，由气相转入液相，即界面上发生的溶解过程。

③ 溶质自界面传递到液相主体，即液相内的物质传递。

通常，第②步即界面上发生的溶解过程很容易进行，其阻力很小。故认为相界面上的溶解推动力亦很小，趋近于零，因此认为相界面上气液两相组成满足相平衡关系，这样总过程的速率将由两个单相即①步气相和③步液相内的传质速率决定。气液两相界面与气相或液相之间的传质称为对流传质。对流传质中同时存在分子扩散和涡流扩散。

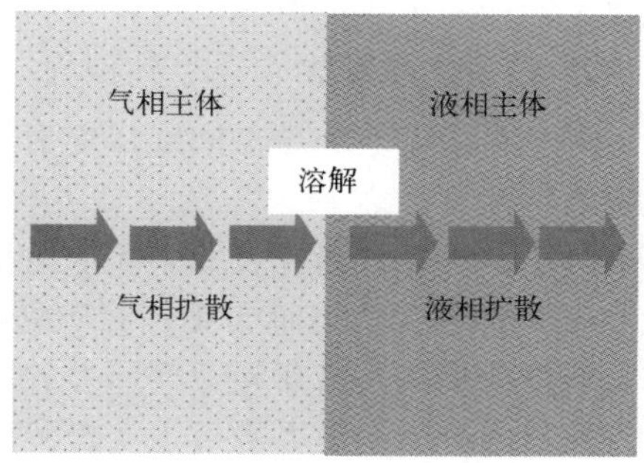

图 5-7　吸收过程的传质过程示意

一、分子扩散

在静止或滞流流体内部，若某一组分存在浓度差，则因分子无规则的热运动，该组分由浓度较高处传递至浓度较低处，这种现象称为分子扩散。本章仅讨论因浓度梯度而造成的分子扩散、通常发生在静止或层流流体里的分子扩散。工业生产过程中，一般为稳态过程，我们主要讨论稳态条件下双组分物系的分子扩散。

1. 菲克定律

分子扩散与流体在层流条件下流动时的动量传递以及热量传递过程均是分子微观热运动的宏观结果。实验表明，在恒定的温度和压力条件下，均相混合物中的分子扩散通量可用菲克定律（Fick law）描述。

单位时间内通过垂直于扩散方向的单位截面积扩散的物质量，称为扩散通量（扩散速率），以符号 J 表示，单位为 kmol/(m^2 · s)。

在一定的温度和总压下，组分 A 在扩散方向上任一点处的扩散通量 J_A 与该处组分 A 的浓度梯度 $\frac{dc_A}{dz}$ 成正比，称为菲克定律。其数学表达式为

$$J_A = -D_{AB}\frac{dc_A}{dz} \tag{5-12a}$$

式中，J_A 为组分 A 的扩散速率，kmol/(m^2 · s)；$\frac{dc_A}{dz}$ 为组分 A 沿扩散方向 z 的浓度梯度，kmol/m^4；D_{AB} 为比例系数，称为分子扩散系数，简称扩散系数，m^2/s（下标 AB 表示组

分A在组分B中的扩散，在双组分混合物中，组分A在组分B中的扩散系数等于组分B在组分A中的扩散系数，即$D_{AB}=D_{BA}=D$)；“－”表示扩散沿着组分A浓度降低的方向进行，与浓度梯度相反。

对于理想气体混合物，由于$c_A=\frac{p_A}{RT}$，而$\frac{dc_A}{dz}=\frac{1}{RT}\times\frac{dp_A}{dz}$，所以

$$J_A=-\frac{D_{AB}}{RT}\times\frac{dp_A}{dz} \tag{5-12b}$$

式中，p_A为混合气体中组分A的分压，kPa；T为热力学温度，K；R为摩尔气体常数，8.314kJ/(kmol·K)。

菲克定律表明，只要混合物中存在浓度梯度，必产生物质的扩散，扩散速率与浓度梯度成正比。菲克定律是在实践中发现的经验定律，只适合用于双组分混合物。菲克定律在形式上与牛顿黏性定律、傅里叶定律相似。

2. 分子扩散系数

分子扩散系数为单位浓度梯度下的扩散通量，可反映某组分在一定介质中的扩散能力，是物质特性常数之一。

分子扩散系数是计算分子扩散通量的关键。同一物质的分子扩散系数随介质的种类、温度、压力及浓度不同而变化。对于气体中的扩散，浓度的影响可以忽略；对于液体中的扩散，浓度的影响不能忽略，而压力的影响可以忽略。

物质的分子扩散系数可由实验测得，或从有关资料中查得，有时也可由经验或半经验公式进行估算。表5-2列举了一些物质在空气中的分子扩散系数，供计算时参考。

表5-2 一些物质在空气中的分子扩散系数（0℃，101.3kPa）

扩散物质	分子扩散系数/(cm^2/s)	扩散物质	分子扩散系数/(cm^2/s)
H_2	0.611	H_2O	0.220
N_2	0.202	C_6H_6	0.0751
O_2	0.178	CH_3OH	0.1325
CO_2	0.138	C_2H_5OH	0.1016
HCl	0.156	CS_2	0.0892
SO_2	0.103	$C_2H_5OC_2H_5$	0.0775
SO_3	0.102		
NH_3	0.198		

注：此表数据来源于《化工原理》（第三版）下册，大连理工大学编著。

由表中的数据可以看出，气体在空气中的分子扩散系数一般在$1\times10^{-5}\sim1\times10^{-4}m^2/s$之间，而组分在气体中的分子扩散系数要比在液体中的分子扩散系数大得多。

组分在气相中的分子扩散系数与温度T(K)的1.5次方成正比，与总压力p成反比；而组分在液相中的分子扩散系数与温度T(K)成正比，与黏度μ成反比。

3. 等摩尔逆向扩散与单方向扩散

分子扩散是微观分子热运动的宏观结果，由此产生的传质过程可一直进行到组分的浓度差消失。这时宏观的传质通量为零，但是扩散过程仍在进行，只是组分的正向扩散和反向扩散的速率相当，系统处于动态平衡状态。下面分两种情况讨论分子扩散。

（1）等摩尔逆向扩散（或称为等摩尔相互扩散）

如图5-8所示，左、右容器内总压、温度相同，分别装有不同浓度的A、B混合气体，

中间用直径均匀的细管连接。两容器分别内置搅拌器，以保持各自的气体浓度均匀。当 $p_{A1}>p_{A2}$，$p_{B1}<p_{B2}$ 时，在连通管内将发生分子扩散现象，组分 A 向右扩散，组分 B 向左扩散，在 1、2 两截面上，A 和 B 各自的分压保持不变，因此容器连通管内发生了稳态分子扩散这一过程，即单位时间内单位面积向右扩散的组分 A 的分子数与向左扩散的组分 B 的分子数相等。

因两容器内总压相同，所以连通管内任一截面上，组分 A 的传质通量与组分 B 的传质通量相等，但传质方向相反，故称为等摩尔逆向扩散。若以组分 A 的扩散方向为正，则有 $J_A=-J_B$。当组分 A 产生了分压力梯度 $\frac{dp_A}{dz}$ 时，组分 B 也会产生相反方向的分压力梯度 $\frac{dp_B}{dz}$。组分 A 的传质速率表达式为

$$J_A=-\frac{D_{AB}}{RT}\times\frac{dp_A}{dz} \tag{5-13a}$$

组分 B 的传质速率表达式为

$$J_B=-\frac{D_{BA}}{RT}\times\frac{dp_B}{dz} \tag{5-13b}$$

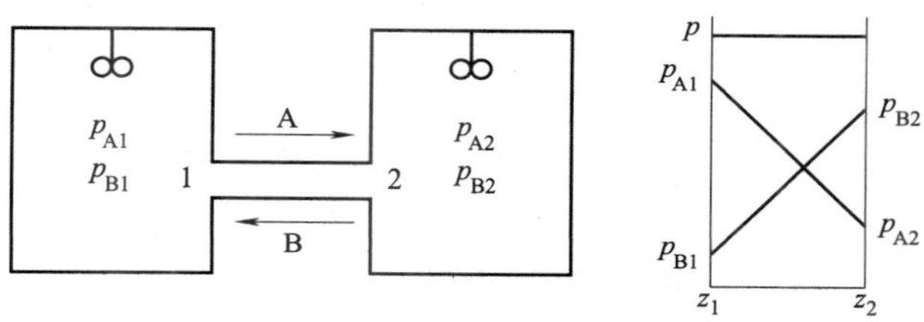

图 5-8 等摩尔逆向扩散示意

在稳态等摩尔逆向扩散过程中，物系内任一点的总压力保持不变，即 $p=p_A+p_B=$ 常数，则

$$\frac{dp_A}{dz}=-\frac{dp_B}{dz}$$

$$J_A=-J_B \tag{5-13c}$$

可得

$$D_{AB}=D_{BA}=D \tag{5-13d}$$

吸收过程需要计算传质速率。在恒温恒压下，在任一固定的位置上，单位时间内通过单位面积的组分 A 的物质的量，称为传质速率（传质通量，扩散速率），以 N_A 表示，单位为 $kmol/(m^2 \cdot s)$。其表达式为

$$N_A=J_A=-D\frac{dc_A}{dz}=-\frac{D}{RT}\times\frac{dp_A}{dz}\text{（气相）} \tag{5-13e}$$

分离变量并进行积分，积分限为

$$z_1=0,\quad p_A=p_{A1}$$
$$z_2=z,\quad p_A=p_{A2}$$

则

$$N_A=\frac{D}{RTz}(p_{A1}-p_{A2}) \tag{5-13f}$$

同理，组分 B 的传质速率为

$$N_B=\frac{D}{RTz}(p_{B2}-p_{B1})=-N_A \tag{5-13g}$$

对于液相，有

$$N_A=J_A=-D_{AB}\frac{dc_A}{dz} \tag{5-13h}$$

则

$$N_A=\frac{D}{z}(c_{A1}-c_{A2}),N_B=\frac{D}{z}(c_{B2}-c_{B1}) \tag{5-13i}$$

此式为等摩尔逆向扩散时的传质速率方程。

（2）单方向扩散（一组分通过另一“停滞”组分的扩散）

如图 5-9 所示，截面 2 处有一层膜，只允许组分 A 通过，不允许组分 B 通过。由于组分 A 能通过截面 2，因此截面 2 处组分 A 的浓度下降，导致出现了 A 组分的浓度差。又由于组分 A 通过了截面 2，因此相界面附近组分 B 的浓度相对升高，P 相主体与相界面间的 B 组分出现浓度差。根据菲克定律，P 相中的组分 A 将发生沿 z 轴方向的分子扩散，而组分 B 将发生沿 z 轴反方向的分子扩散。由于 P 相中的组分 A 进入 Q 相，而 Q 相中无其他组分扩散到 P 相中，因此相界面处的压强下降，P 相主体与相界面之间出现微小的压强差。在该压强差作用下，P 相混合物整体向相界面移动，这种混合物沿组分传递方向的整体移动称为总体流动。

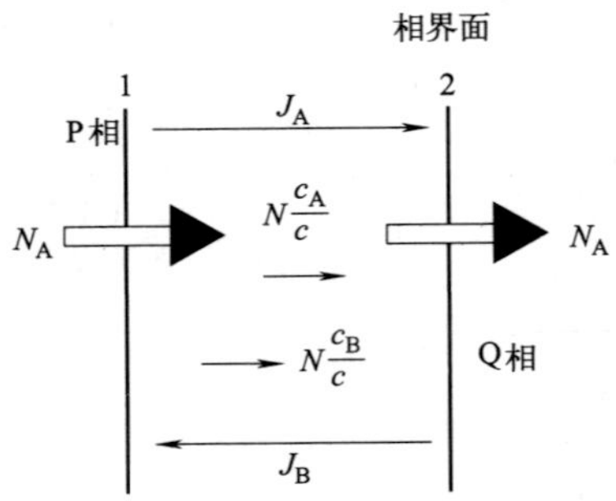

图 5-9　单向扩散示意

设总体流动通量为 N，则其中物质 A 的通量为 $Ny_A=N\frac{c_A}{c}$，物质 B 向右传递的通量为 $Ny_B=N\frac{c_B}{c}$，所以

$$N_A=J_A+N\frac{c_A}{c},N_B=J_B+N\frac{c_B}{c}$$

而 $N_B=0$，则 $-J_B=N\frac{c_B}{c}$，且 $J_A=-J_B$，即

$$J_A=N\frac{c_B}{c}$$

$$N_A=N\frac{c_B}{c}+N\frac{c_A}{c}$$

$$N=N_A$$

将 $J_A=-D_{AB}\frac{dc_A}{dz}$ 和 $N=N_A$ 代入 $N_A=J_A+N\frac{c_A}{c}$ 得到微分式

$$N_A=-\frac{Dc}{c-c_A}\times\frac{dc_A}{dz}$$

若扩散在气相中进行，则 $c_A=\dfrac{p_A}{RT}$，即 $c=\dfrac{p}{RT}$，所以

$$N_A=-\frac{D}{RT}\times\frac{p}{p-p_A}\times\frac{dp_A}{dz}$$

即

$$N_A=\frac{Dp}{RT}\times\frac{dp_B}{p_B dz}$$

分离变量后积分，则

$$N_A\int_0^z dz=\frac{Dp}{RT}\int_{p_{B1}}^{p_{B2}}\frac{dp_B}{p_B}$$

得到积分式

$$N_A=\frac{Dp}{zRT}\ln\frac{p_{B2}}{p_{B1}} \tag{5-14a}$$

由于 $p_{A1}+p_{B1}=p_{A2}+p_{B2}$，所以 $p_{A1}-p_{A2}=p_{B2}-p_{B1}$，代入上式可得

$$N_A=\frac{Dp}{zRT}\times\frac{p_{A1}-p_{A2}}{p_{B2}-p_{B1}}\ln\frac{p_{B2}}{p_{B1}}=\frac{D}{RTz}\times\frac{p}{p_{Bm}}(p_{A1}-p_{A2}) \tag{5-14b}$$

式中，$p_{Bm}=\dfrac{p_{B2}-p_{B1}}{\ln\dfrac{p_{B2}}{p_{B1}}}$，为组分 B 分压力的对数平均值。

式（5-14a）和式（5-14b）即气相中组分 A 单方向扩散时的传质速率方程。式中的 $\dfrac{p}{p_{Bm}}$ 称为漂流因数或移动因子，无量纲，反映总体流动对传质速率的影响，其值为总体流动使传质速率较单纯分子扩散速率增大的倍数，$\dfrac{p}{p_{Bm}}>1$。所以，由于有总体流动，物质 A 的传质速率较单纯分子扩散速率要大些。

根据气体混合物的浓度 c 与压力 p 的关系 $c=p/RT$，可将总浓度 $c=p/RT$、分浓度 $c_A=p_A/RT$ 与 $c_{Sm}=p_{Sm}/RT$ 代入式（5-14b），求得另一气相中组分 A 单方向扩散时的传质速率方程，即

$$N_{AL}=\frac{D}{z}\times\frac{c}{c_{Sm}}(c_{A1}-c_{A2}) \tag{5-14c}$$

式中，c_{Sm} 为 1、2 截面上溶剂 S 浓度的对数平均值；D 为溶质 A 在溶剂中的扩散系数。

总结：等摩尔逆向扩散的速率方程适合描述理想精馏过程的传质速率问题，此时传质速率等于扩散通量。单方向扩散的传质速率方程适合描述吸收及解吸等过程的传质速率关系，此时传质速率等于总体扩散通量和分子扩散通量之和。某种物质汽化时，发生在液体表面附近静止的气相中的扩散过程也属于单方向扩散的情况。

二、涡流扩散

当流体流动或者搅拌时，由于流体质点的宏观随机运动（湍流），组分从浓度高处向浓度低处移动，这种现象称为湍流扩散。分子扩散只有在固体、静止或层流流动的流体内才会

单独发生。在湍流流体中，由于存在大大小小的旋涡运动而引起各部位流体间的剧烈混合，在有浓度差存在的条件下，物质便朝着浓度降低的方向传递。这种凭借流体质点的湍动和旋涡来传递物质的现象，称为涡流扩散。传质过程中，涡流扩散远大于分子扩散。

由于涡流扩散现象比较复杂，影响因素较多，目前仍难以对其进行严格的理论分析，一般将其传递规律表达为菲克定律的形式，然后通过实验方法进行研究。其扩散通量表达式为

$$J_{AE}=-D_E\frac{\mathrm{d}c_A}{\mathrm{d}z} \tag{5-15}$$

式中，J_{AE} 为涡流扩散速率，kmol/(m^2·s)；D_E 为涡流扩散系数，m^2/s。

需要指出的是，涡流扩散系数表达的是流体质点脉动和涡流的混合造成的质量传递，因而涡流扩散系数与分子扩散系数不同，不是物性常数，其值与流体流动状态及所处的位置有关。

第四节　吸收过程的传质理论模型和传质速率方程

前已述及，吸收操作是气液两相间的对流传质过程。在吸收设备内，吸收剂自上而下，混合气自下而上流过液体表面，两股逆流的流体在液体表面进行接触传质，如图 5-10 所示。在稳定操作状况下，吸收设备内任一横截面 m—n 处相界面的气相一侧溶质 A 的浓度分布情况下：

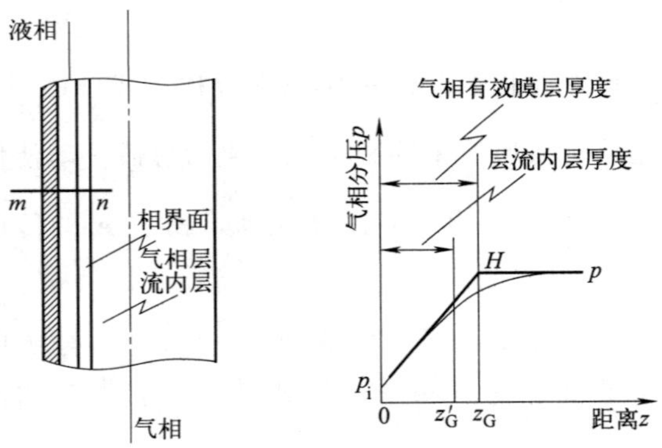

图 5-10　相界面的气相一侧溶质 A 的浓度分布情况

在层流内层，溶质 A 的传递靠分子扩散，故分压梯度较大，p-z 曲线陡峭；

在过渡区，受到涡流扩散的作用，分压梯度变小，p-z 曲线逐渐平缓；

在湍流主体区，受到强烈的涡流扩散作用，分压梯度几乎为零，p-z 为一水平线。

对于相际间的对流传质问题，其传质机理往往是非常复杂的。为使问题简化，通常对对流传质过程作一定的假定，即所谓的吸收机理，亦称为传质模型。

多年来，一些学者对吸收机理进行了大量的研究工作，提出了多种传质模型，其中最具代表性的是有效膜模型和双膜模型。

一、单相内对流传质的有效膜模型

由对流传质过程分析可知，对于多数湍流条件下的对流传质过程，传质阻力主要集中在相界面附近的层流内层，我们可利用有效膜模型作为简化模型来解决对流传质速率的问题。对流传质的有效膜模型与对流传热的有效膜模型类似（图 5-11）。

对流传质过程的有效膜模型：

① 气液相界面两侧各存在一层静止的或进行层流流动的气膜和液膜，其厚度分别为 z_G 和 z_L。在气相或液相主体中，因流体呈高度湍动状态而充分混合均匀，不存在浓度差异，所有浓度差均被局限在有效气膜和液膜之内。相应地，气相和液相的传质阻力也完全集中在这两层有效膜内。

② 静止或层流有效膜中的传质是定态的分子扩散。

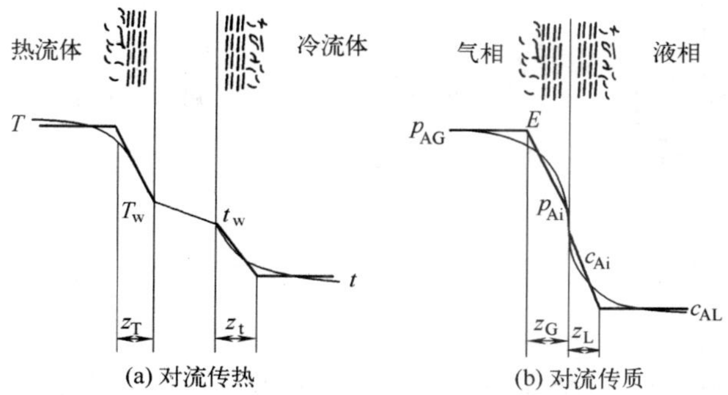

图 5-11　对流传热的有效膜模型与对流传质的有效膜模型

单相对流传质的传质阻力全部集中在一层虚拟的膜层内，膜层内的传质形式仅为分子扩散。有效膜厚 z_G 的确定方式如下：将层流内层的浓度梯度线延长，使其与流体主体的浓度线相交于点 E，此时 z_G 即为点 E 至相界面的垂直距离。

基于前述构建的有效膜物理模型，鉴于气体或溶质在膜中的扩散机制属于分子扩散范畴，且吸收过程呈现单向扩散特性，因此，气膜和液膜的传质现象可通过下列数学表达式予以精确描述。

对于气膜

$$N_A=\frac{Dp}{RTz_G p_{Bm}}(p_{AG}-p_{Ai}) \tag{5-16a}$$

式中，N_A 为气相对流传质速率，kmol/(m^2·s)。

当操作条件一定时，p、T、p_{Bm} 为定值；对于一定的物系，D 为定值；在一定的流动状态下，参数 z_G 会保持为定值，其物理意义为有效层流膜厚度，然而在实际应用中，该参数既无法直接测量，也面临着较大的测量难度。若令

$$k_G=\frac{Dp}{RTz_G p_{Bm}}$$

则

$$N_A=k_G(p_{AG}-p_{Ai}) \tag{5-16b}$$

$$N_A=传质系数\times传质推动力$$

式中，k_G 为气膜传质系数，kmol/(m^2·s·kPa)；$p_{AG}-p_{Ai}$ 为溶质 A 在气相主体与界面间的分压差，kPa。

若省略下标中的 G 和 A，气相对流传质速率方程有下列两种形式：

$$N_A=k_y(y-y_i) \tag{5-16c}$$

$$N_A=k_Y(Y-Y_i) \tag{5-16d}$$

式中，k_y 为以气相摩尔分数差表示推动力的气膜传质分系数，kmol/(m^2·s)，k_Y 为以气相摩尔比差表示推动力的气膜传质系数，kmol/(m^2·s)。

将 $p_{AG}=py$，$p_{Ai}=py_i$ 代入式（5-16b）中，与（5-16c）比较可得各气相传质分系数之间的关系为

$$k_y=pk_G$$

同理，对于液膜

$$N_A=\frac{D'c}{z_L c_{Sm}}(c_{Ai}-c_{AL}) \tag{5-17a}$$

式中，N_A 为液相对流传质速率，kmol/(m^2·s)。

若令

$$k_L=\frac{D'c}{z_L c_{Sm}}$$

则

$$N_A=k_L(c_{Ai}-c_{AL}) \tag{5-17b}$$

式中，k_L 为液膜传质系数，kmol/(m^2·s·kmol/m^3)；$c_{Ai}-c_{AL}$ 为溶质 A 在界面与液相主体间的浓度差，kmol/m^3。

同样，若省略下标中的 L 和 A，则液相对流传质速率方程也有下列两种形式：

$$N_A=k_x(x_i-x) \tag{5-17c}$$

$$N_A=k_X(X_i-X) \tag{5-17d}$$

式中 k_x——以液相摩尔分数差表示推动力的液相传质系数，kmol/(m^2·s)；

k_X——以液相摩尔比差表示推动力的液相传质系数，kmol/(m^2·s)。

与气相传质类似，各液相传质分系数之间的关系为

$$k_x=ck_L \tag{5-17e}$$

对流传质系数受操作条件、流动状态以及物性等多重因素的综合影响。在上述所提及的模型中，均融入了待定参数 z_G 与 z_L，它们分别代表气相和液相的有效膜厚度，被统称为数学模型参数，这些参数需通过实验手段来准确测定。若该模型能够精准地揭示过程的本质特征，那么参数 z_G（气相有效膜厚度）与 z_L（液相有效膜厚度）应主要受流体流动状况的影响（即流体湍动程度越剧烈，膜厚度越薄；湍动程度越弱，则膜厚度越厚）。并且，这两个参数理论上应与溶质组分 A 的扩散系数 D 无关。然而，上述相关公式却表明，传质系数与扩散系数 D 成正比关系，但实际实验结果显示传质系数 k 与 D 的 0.67 次方成正比（$k\propto D^{0.67}$），二者存在明显偏差。若为了与实验结果相吻合，有效膜厚度不仅与流动状况有关，而且与扩散系数 D 有关。这样，z_G、z_L 就不是实际存在的有效膜厚度，而是一种虚拟的或当量的膜厚，从而失去了该模型应具有的理论含义。

鉴于有效膜理论与实际状况之间存在一定偏差，众多研究者对传质领域中更为核心的对流传质理论展开了深度探究，他们从多元视角出发，相继提出了各具特色的理论观点。

1. 溶质渗透理论

希格比认为液体在流动过程中每隔一定时间 τ_0 发生一次完全的混合，使液体的浓度均匀化，在时间 τ_0 内，液相中发生的不再是定态的扩散过程，而是非定态的扩散过程。根据上述假设，经数学描述得到

$$k_L=2\sqrt{\frac{D}{\pi\tau_0}}\propto D^{0.5}$$

与实验结果较吻合，但 τ_0 难以测定。

2. 表面更新理论

丹克沃茨认为在液体流动过程中，其表面不断更新，即不断地有液体从主体转为界面而暴露在气相中。这种界面不断更新使传质过程大大强化，其原因在于原来需要通过缓慢的扩

散过程才能将溶质传至液体深处，现通过表面更新，深处的液体就有机会直接与气体接触，从而接受传质。定义 S 为表面更新频率，经过数学描述并求解得到

$$k_L=\sqrt{DS}\propto D^{0.5}$$

与实验结果较吻合，但 S 难求。

综上所述，溶质渗透理论和表面更新理论相比有效膜理论更加接近实际情况，但 τ_0 或 S 难以测定，将它们用于传质过程的设计仍有一段距离，故目前用于传质设备设计的主要还是有效膜理论。

二、两相间传质的双膜理论

溶质从一个相转移到另一个相称为相际传质或两相间的传质。吸收过程的相际传质由气相与界面间的对流传质、界面上溶质组分的溶解、液相与界面间的对流传质三个过程串联而成。解决吸收过程的相际传质速率问题目前是用双膜模型（图 5-12）。

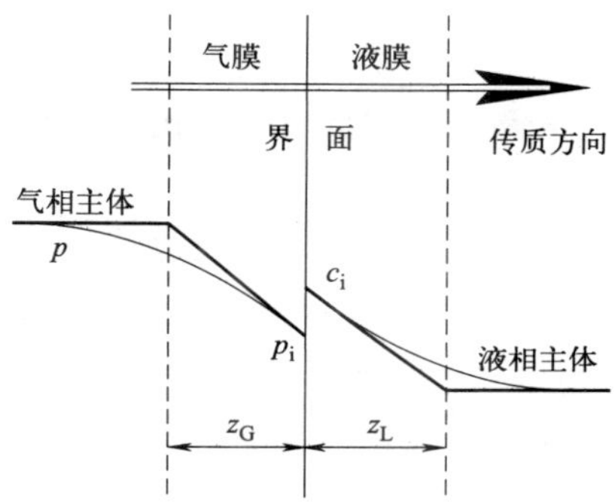

图 5-12　两相间传质的双膜理论示意

两相间传质的双膜理论模型如下所述：

① 相互接触的气液两相间有一个稳定的界面，界面上没有传质阻力，气液两相处于平衡状态。

② 界面两侧分别存在着两层膜，即气膜和液膜。气相一侧叫气膜，液相一侧叫液膜 ，这两层膜均很薄，膜内的流体是层流流动，溶质以分子扩散的方式进行传质。

③ 膜外的气液相主体中，流体流动得非常剧烈，溶质的浓度很均匀，传质的阻力可以忽略不计，传质阻力集中在两层膜内。简而言之，即浓度梯度全部集中在两膜层内，膜层内包括了吸收的全部阻力，膜外不存在阻力。

双膜模型把复杂的相际传质过程归结为了两种流体停滞膜层的分子扩散过程，依此模型，在相界面处及两相主体中均无传质阻力存在。这样，整个相际传质过程的阻力便全部集中在两个停滞膜层内。因此，双膜模型又称为双阻力模型。

1. 气相传质速率方程

根据双膜模型的要点，在停滞膜层内进行分子传质，如果气相的组成以分压表示，则组分 A 的传质速率方程为

$$N_A=\frac{D_{AB}}{z_G RT}\times\frac{p}{p_{Bm}}(p-p_i)$$

令 $\frac{D_{AB}p}{z_G RT p_{Bm}}=k_G$，则

$$N_A=k_G(p-p_i) \tag{5-18a}$$

若气相的组成以摩尔分数表示，则

$$N_A=k_y(y-y_i) \tag{5-18b}$$

若气相的组成以摩尔比表示，则

$$N_A=k_Y(Y-Y_i) \tag{5-18c}$$

上述式子称为气膜吸收速率方程。式中，N_A 为传质速率，kmol/(m^2·s)；k_G 为以分

压差表示推动力的气膜传质系数，kmol/(m^2·s·kPa)；p 和 p_i 分别为溶质在气相主体中与界面处的分压；k_y 为以气相摩尔分数差表示推动力的气膜传质系数，kmol/(m^2·s)；y 和 y_i 分别为溶质在气相主体中与界面处的摩尔分数；k_Y 为以气相摩尔比差表示推动力的气膜传质系数，kmol/(m^2·s)；Y 和 Y_i 分别为溶质在气相主体中与界面处的摩尔比。

2. 液相传质速率方程

$$N_A=\frac{D'c}{z_L c_{Sm}}(c_i-c)$$

令 $\frac{D'c}{z_L c_{Sm}}=k_L$，则

$$N_A=k_L(c_i-c) \tag{5-19a}$$

若液相的组成以摩尔分数表示，则

$$N_A=k_x(x_i-x) \tag{5-19b}$$

若液相的组成以摩尔比表示，则

$$N_A=k_X(X_i-X) \tag{5-19c}$$

上述式子称为液膜吸收速率方程。式中，k_L 为以浓度差表示推动力的气膜传质系数，kmol/(m^2·s·kmol/m^3)；c_i 和 c 分别为溶质在界面处与液相主体中的浓度，kmol/m^3；k_x 为以摩尔分数差表示推动力的液膜传质系数，kmol/(m^2·s)；x 和 x_i 分别为溶质在液相主体中和界面处的摩尔分数；k_X 为以摩尔比差表示推动力的液膜传质系数，kmol/(m^2·s)；X 和 X_i 分别为溶质在液相主体中和界面处的摩尔比。

3. 气液两相界面浓度的确定

在气、液两相内传质速率的计算中，推动力项中含有溶质在相界面的浓度 y_i 和 x_i，可用计算法或作图法得出。

(1) 计算法

对于稳定的吸收过程，气、液两相内的传质速率应相等。若两相浓度均以摩尔分数表示，有

$$N_A=k_y(y_A-y_{Ai})=k_x(x_{Ai}-x_A)$$

整理得

$$\frac{y_A-y_{Ai}}{x_A-x_{Ai}}=-\frac{k_x}{k_y}$$

当 k_x 和 k_y 为定值时，在直角坐标系中 y_i-x_i 是一条过定点（x，y）而斜率为 $-k_x/k_y$ 的直线。根据双膜理论，界面处 y_i-x_i 应满足相平衡关系，即

$$y_i=f_e(x_i)$$

若已知相平衡关系式，气、液相传质系数 k_y、k_x，将上述两式联立就可求得气、液相主体摩尔分数为 y、x 时所对应的界面处气、液相摩尔分数 y_i、x_i。

(2) 图解法

已知 k_L、k_G 时，过操作点（p_G，c_L）作斜率为 $-k_L/k_G$ 的直线，与平衡线交点的坐标（p_i，c_i）即为所求气液相界面的浓度（图 5-13）。

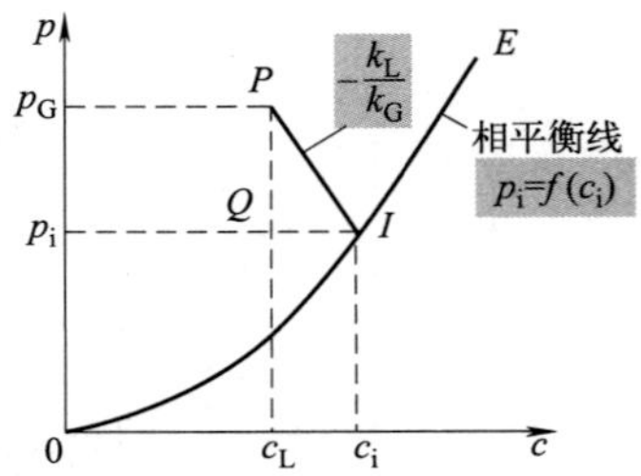

图 5-13　相界面浓度的确定图示

三、总吸收系数及相应的吸收速率方程

对于稳定吸收过程，可根据双膜理论建立相际传质速率方程（总传质速率方程），类似于间壁式对流传热速率方程。

1. 以 $y_A-y_A^*$ 表示总推动力的吸收速率方程

对稀溶液，物系的相平衡关系服从亨利定律 $y^*=mx$，则

$$N_A=\frac{y_A-y_{Ai}}{\frac{1}{k_y}}\text{（气相）}$$

$$N_A=\frac{y_{Ai}-y_A^*}{\frac{m}{k_x}}\text{（液相）}$$

两式联立得到

$$N_A=\frac{(y_A-y_{Ai})+(y_{Ai}-y_A^*)}{\frac{1}{k_y}+\frac{m}{k_x}}=\frac{y_A-y_A^*}{\frac{1}{k_y}+\frac{m}{k_x}}$$

而相际间的传质速率方程为

$$N_A=\frac{y_A-y_A^*}{\frac{1}{K_y}}=K_y(y_A-y_A^*) \tag{5-20}$$

其中

$$\frac{1}{K_y}=\frac{1}{k_y}+\frac{m}{k_x} \tag{5-21}$$

式（5-20）表示以气相为基准的总传质速率方程，K_y是以 $y_A-y_A^*$ 为推动力的总传质系数，单位为 $kmol/(m^2 \cdot s)$，其倒数为气、液两相传质总阻力。

式（5-21）为总传质系数 K_y（相际传质系数）与相内传质系数 k_x、k_y 的关系式，实质表达了总传质阻力 $1/K_y$ 等于气相传质阻力 $1/k_y$ 与液相传质阻力 m/k_x 之和。因为总传质阻力 $1/K_y$ 以气相为基准，所以液相传质阻力 $1/k_x$ 需乘以换算系数 m。

如将 $y_{Ai}=mx_{Ai}$ 和 $y_A=mx_A^*$ 代入 $N_A=k_y(y_A-y_{Ai})$，可得

$$\frac{N_A}{k_y m}=x_A^*-x_{Ai}\text{（气相）}$$

$$\frac{N_A}{k_x}=x_{Ai}-x_A\text{（液相）}$$

两式联立得到

$$N_A=\frac{x_A^*-x_A}{\frac{1}{k_x}+\frac{1}{mk_y}}$$

以液相为基准的相际间总传质速率方程为

$$N_A=\frac{x_A^*-x_A}{\frac{1}{K_x}}=K_x(x_A^*-x_A) \tag{5-22a}$$

比较可得

$$\frac{1}{K_x}=\frac{1}{k_x}+\frac{1}{mk_y} \tag{5-22b}$$

式中，K_x 是以 $x_A^*-x_A$ 为推动力的总传质系数，单位为 $kmol/(m^2 \cdot s)$。$1/K_x$ 代表了以液相为基准的吸收传质过程的总传质阻力，是以液相为基准的气、液两相相内传质阻力之和。

采用总传质速率方程进行计算时，能够巧妙避开难以确定的相界面组成参数 x_{Ai} 和 y_{Ai}，这一思路与处理间壁对流传热问题时，运用总传热速率方程以规避固体壁面两侧温度这一难以直接确定的参数的做法具有相似性。总传质阻力取决于气相与液相各自的传质阻力情况。然而在部分吸收过程中，气相与液相的传质阻力在总传质阻力中所占的比例差异显著，基于此情况，可对相关问题进行简化处理。

对于易溶气体，平衡常数 m 值较小，平衡线很平，此时

$$\frac{1}{k_y} \gg \frac{m}{k_x} \Rightarrow \frac{1}{K_y} \approx \frac{1}{k_y} \Rightarrow K_y \approx k_y \tag{5-23}$$

传质阻力主要集中在气相。此类传质过程称为气相阻力控制过程，或称气膜控制过程。例如，氯化氢溶于水或稀盐酸中、氨溶解于水或稀氨水中、浓硫酸吸收水蒸气等。对应的提高传质速率的措施可以采取提高气体流速或加强气相湍流程度的方法。

对于难溶气体，平衡常数 m 值较大，平衡线很陡，此时

$$\frac{1}{k_x} \gg \frac{1}{mk_y} \Rightarrow \frac{1}{K_x} \approx \frac{1}{k_x} \Rightarrow K_x \approx k_x \tag{5-24}$$

传质阻力主要集中在液相。此类过程称为液相阻力控制过程，或称液膜控制过程。例如，水吸收 CO_2、O_2、H_2、Cl_2 等。对应的提高传质速率的措施可以采取提高液体流速或加强液相湍流程度的方法。

对于溶解度适中的气体吸收过程，气膜阻力和液膜阻力均不可忽略，要提高过程速率，必须兼顾气液两端阻力的降低。

分析气、液两相中传质阻力所占的比例，对于强化传质过程，提高传质速率具有重要的指导意义。例如，以气相阻力为主的吸收操作，增大气体流速可减薄界面处气膜层的厚度，从而降低气相传质阻力，有效地提高吸收速率；而增大液体流速，吸收速率则不会有明显改变。

2. 以 $p_A-p_A^*$ 表示总推动力的吸收速率方程

由于 $p_{Ai}=\frac{c_{Ai}}{H}$，$p_A^*=\frac{c_A}{H}$，因此

$$N_A=k_L(c_{Ai}-c_A)=k_L H(p_{Ai}-p_A^*)$$

即 $\frac{N_A}{k_L H}=p_{Ai}-p_A^*$，结合 $\frac{N_A}{k_G}=p_A-p_{Ai}$ 可得

$$N_A\left(\frac{1}{Hk_L}+\frac{1}{k_G}\right)=p_A-p_A^*$$

所以

$$N_A=\frac{p_A-p_A^*}{\frac{1}{Hk_L}+\frac{1}{k_G}}=K_G(p_A-p_A^*) \tag{5-25a}$$

其中

$$\frac{1}{K_G}=\frac{1}{Hk_L}+\frac{1}{k_G} \tag{5-25b}$$

3. 以 $c_A^*-c_A$ 表示总推动力的吸收速率方程

由于 $p_A=\frac{c_A^*}{H}$，$p_A^*=\frac{c_A}{H}$，而 $N_A\left(\frac{1}{Hk_L}+\frac{1}{k_G}\right)=p_A-p_A^*$，因此

$$N_A\left(\frac{1}{k_L}+\frac{H}{k_G}\right)=H(p_A-p_A^*)=c_A^*-c_A$$

所以

$$N_A=\frac{c_A^*-c_A}{\frac{1}{k_L}+\frac{H}{k_G}}=K_L(c_A^*-c_A) \tag{5-26a}$$

其中

$$\frac{1}{K_L}=\frac{1}{k_L}+\frac{H}{k_G} \tag{5-26b}$$

4. 以 $Y_A-Y_A^*$ 表示总推动力的吸收速率方程

由于 $p_A=py_A=p\frac{Y_A}{1+Y_A}$，$p_A^*=py_A^*=p\frac{Y_A^*}{1+Y_A^*}$，因此

$$N_A=K_G(p_A-p_A^*)=K_G\left(p\frac{Y_A}{1+Y_A}-p\frac{Y_A^*}{1+Y_A^*}\right)=\frac{K_Gp}{(1+Y_A)(1+Y_A^*)}(Y_A-Y_A^*)$$

$$=K_Y(Y_A-Y_A^*) \tag{5-27a}$$

其中

$$K_Y=\frac{K_Gp}{(1+Y_A)(1+Y_A^*)} \tag{5-27b}$$

5. 以 $X_A^*-X_A$ 表示总推动力的吸收速率方程

由于 $c_A=cx_A=c\frac{X_A}{1+X_A}$，$c_A^*=cx_A^*=c\frac{X_A^*}{1+X_A^*}$，因此

$$N_A=K_L(c_A^*-c_A)=K_L\left(c\frac{X_A^*}{1+X_A^*}-c\frac{X_A}{1+X_A}\right)=\frac{K_Lc}{(1+X_A^*)(1+X_A)}(X_A^*-X_A)$$

$$=K_X(X_A^*-X_A) \tag{5-28a}$$

其中

$$K_X=\frac{K_Lc}{(1+X_A^*)(1+X_A)} \tag{5-28b}$$

6. 传质速率方程小结

传质速率方程具有多样化的表达形式，这主要源于流体中组分浓度的表示方式丰富多样。当采用不同的浓度参数来描述流体组成时，相平衡关系以及传质速率方程的呈现形式也会随之改变。传质速率方程及其相互关系见表 5-3，传质速率与传质系数单位见表 5-4。

表 5-3　传质速率方程及其相互关系

项目		分压形式	摩尔分数形式	摩尔比形式	传质系数关系
传质速率方程	气膜	$N_A=k_G(p_{AG}-p_{Ai})$	$N_A=k_y(y-y_i)$	$N_A=k_Y(Y-Y_i)$	$k_y=k_Y=k_G p$
	液膜	$N_A=k_L(c_{Ai}-c_{AL})$	$N_A=k_x(x_i-x)$	$N_A=k_X(X_i-X)$	$k_x=k_X=k_L c$
	总	$N_A=K_G(p_G-p_L^*)$ $N_A=K_G(c_G^*-c_L)$	$N_A=K_y(y-y^*)$ $N_A=K_x(x^*-x)$	$N_A=K_Y(Y-Y^*)$ $N_A=K_X(X^*-X)$	$K_y=K_G p$ $K_x=K_L c$
总传质系数		$\frac{1}{K_G}=\frac{1}{k_G}+\frac{1}{Hk_L}$ $\frac{1}{K_L}=\frac{H}{k_G}+\frac{1}{k_L}$ $K_G=HK_L$	$\frac{1}{K_y}=\frac{1}{k_y}+\frac{m}{k_x}$ $\frac{1}{K_x}=\frac{1}{mk_y}+\frac{1}{k_x}$ $K_x=mK_y$	$\frac{1}{K_Y}=\frac{1}{k_Y}+\frac{m}{k_X}$ $\frac{1}{K_X}=\frac{1}{mk_Y}+\frac{1}{k_X}$ $K_X=mK_Y$	$K_Y\approx K_G p$ $K_X\approx K_L c$ （低浓度时）
特殊情况		对于易溶气体⟶$K_Y\approx k_y$⟶气膜控制 对于难溶气体⟶$K_X\approx k_x$⟶液膜控制			

表 5-4　传质速率与传质系数单位一览表

项目	符号	单位
气膜传质系数	k_G k_y k_Y	kmol/(m²·s·kPa) kmol/(m²·s) kmol/(m²·s)
液膜传质系数	k_L k_x k_X	kmol/(m²·s·kmol/m³) kmol/(m²·s) kmol/(m²·s)
气相总传质系数	K_G K_y K_Y	kmol/(m²·s·kPa) kmol/(m²·s) kmol/(m²·s)
液相总传质系数	K_L K_x K_X	kmol/(m²·s·kmol/m³) kmol/(m²·s) kmol/(m²·s)
溶解度系数 气相平衡常数 气相总压力 液相总浓度	H m p c	kmol/(m³·kPa) 1 kPa kmol/m³

应用时需注意传质阻力与推动力的对应关系以及以下要点。

① 传质系数与传质推动力表示方式之间必须对应；

② 各传质系数的单位和对应的基准；

③ 传质阻力的表达形式必须与传质推动力对应。

从以上各式中我们可以看到，由于气、液两相组成有多种表示方法，同时传质推动力可用一相（流体主体与界面）的参数表示，也可用两相（气相与液相）的参数表示，因此传质速率方程相比传热速率方程要复杂很多，需要我们对其有清晰的概念，并了解其规律性，这样才能灵活掌握。

上述各传质速率方程只适用于表示稳态操作的吸收塔任一截面上的传质速率，不能直接用来计算全塔的吸收速率，因为全塔上下不同截面处的传质推动力不同。以上介绍的物质传质的基本概念和基础理论不仅对吸收过程有用，而且是传质过程中各单元操作的理论基础。

【例 5-3】 含二氧化碳极少的空气在 101.33kPa，30℃下被水吸收。已知气膜传质系数 $k_G=4.20\times10^{-6}$kmol/(m²·s·kPa)，液膜传质系数 $k_L=2.52\times10^{-4}$kmol/(m²·s·kmol/m³)，溶解度系数 $H=0.8$kmol/(m³·kPa)，气液平衡关系服从亨利定律。试求气相

总传质系数 K_G、K_Y，液相总传质系数 K_L、K_X。

解　根据双膜理论，总传质阻力等于气膜阻力与液膜阻力之和。

气相总传质系数 K_G：以气相分压差为推动力，则

$$\frac{1}{K_G}=\frac{1}{k_G}+\frac{1}{Hk_L}=\frac{1}{4.20\times10^{-6}}+\frac{1}{0.8\times2.52\times10^{-4}}=2.431\times10^{5}[(m^2\cdot s\cdot kPa)/kmol]$$

计算得 $K_G=4.115\times10^{-6}kmol/(m^2\cdot s\cdot kPa)$。

故 $K_G\approx k_G$，此物系中二氧化碳易溶于水，溶解度大，属气膜控制。

气相总传质系数 K_Y：此系统属于低浓度气体吸收，以摩尔比差为推动力，满足 $K_Y=pK_G$，其中总压 $p=101.33$ kPa，则

$$K_Y=4.11\times10^{-6}\times101.33=4.17\times10^{-4}[kmol/(m^2\cdot s)]$$

液相总传质系数 K_L：以液相浓度差为推动力，则

$$\frac{1}{K_L}=\frac{H}{k_G}+\frac{1}{k_L}=\frac{0.8}{4.20\times10^{-6}}+\frac{1}{2.52\times10^{-4}}=1.945\times10^{5}[(m^2\cdot s\cdot kmol/m^3)/kmol]$$

计算得 $K_L=5.14\times10^{-6}kmol/(m^2\cdot s\cdot kmol/m^3)$。

液相总传质系数 K_X：以摩尔比差为推动力，对应低浓度气体吸收，则

$$K_X=K_Lc$$

其中 c 为液相总摩尔浓度，即

$$c=\frac{\rho_L}{M_L}=\frac{1000}{18}=55.56\ (kmol/m^3)$$

计算得 $K_X=5.14\times10^{-6}\times55.56=2.86\times10^{-4}[kmol/(m^2\cdot s)]$。

【例 5-4】　已知稳定操作下，在填料塔中用清水吸收混于空气中的低浓度甲醇蒸气，操作温度为 27℃，压力为 101.3kPa，甲醇在气液两相中的浓度都很低，平衡关系服从亨利定律。填料吸收塔某截面上的气、液相组成为 $y=0.05$，$x=0.01$，传质系数为 $k_y=1.57\times10^{-5}kmol/(m^2\cdot s)$，$k_x=1.156\times10^{-3}kmol/(m^2\cdot s)$。若相平衡关系为 $y=0.28x$，试求两相间传质总推动力、总阻力、总传质系数、传质速率以及各相阻力的分配。

解　传质总推动力

$$\Delta x=x^*-x=y/m-x=0.05/0.28-0.01=0.169$$

$$\Delta y=y-y^*=y-mx=0.05-0.28\times0.01=0.047$$

对于稀溶液，传质总阻力分别为

$$\frac{1}{K_y}=\frac{1}{k_y}+\frac{m}{k_x}=\frac{1}{1.57\times10^{-5}}+\frac{0.28}{1.156\times10^{-3}}=6.39\times10^{4}[(m^2\cdot s)/kmol]$$

$$\frac{1}{K_x}=\frac{1}{k_x}+\frac{1}{mk_y}=\frac{1}{1.156\times10^{-3}}+\frac{1}{0.28\times1.57\times10^{-5}}=2.28\times10^{5}[(m^2\cdot s)/kmol]$$

得到总传质系数分别为

$$K_y=1.565\times10^{-5}kmol/(m^2\cdot s)$$

$$K_x=4.385\times10^{-6}kmol/(m^2\cdot s)$$

则由总传质系数得到的传质速率分别为

$$N_A=K_y\Delta y=1.565\times10^{-5}\times0.0472=7.38\times10^{-7}[kmol/(m^2\cdot s)]$$

$$N_A=K_x\Delta x=4.385\times10^{-6}\times0.169\approx7.38\times10^{-7}[kmol/(m^2\cdot s)]$$

各相阻力分配占比计算如下

气相：
$$\frac{1/k_y}{1/K_y}=\frac{1/(1.57\times10^{-5})}{6.39\times10^4}\approx99.6\%$$

或
$$\frac{1/mk_y}{1/K_x}=\frac{\dfrac{1}{0.28\times1.57\times10^{-5}}}{2.28\times10^5}\approx99.6\%$$

液相：
$$\frac{1/k_x}{1/K_x}=\frac{1/1.156\times10^{-3}}{2.28\times10^5}\approx0.4\%$$

或
$$\frac{m/k_x}{1/K_y}=\frac{0.28/1.156\times10^{-3}}{6.39\times10^4}\approx0.4\%$$

第五节　吸收塔的计算

工业上通常在塔设备中实现气液传质。塔设备一般分为逐级接触式和连续接触式，本章以连续接触操作的填料塔为例，介绍吸收塔的设计型和操作型计算。吸收塔的设计型计算包括物料衡算关系、吸收剂用量、吸收液浓度及吸收塔高和塔径等的设计计算。

吸收塔的操作型计算包括：

① 在物系、塔设备一定的情况下，对指定的生产任务，核算塔设备是否合用；

② 操作条件发生变化，吸收结果将怎样变化等问题。

设计型和操作型计算的依据：
- 气液平衡关系
- 物料衡算
- 吸收速率方程

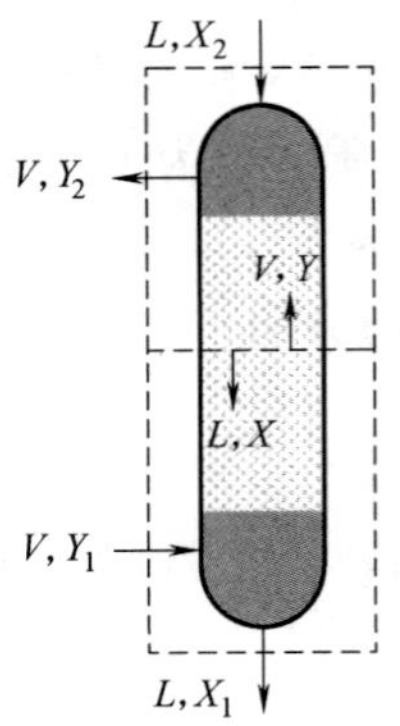

图 5-14　逆流吸收塔物料衡算示意

V—单位时间内通过任一塔截面的惰性气体量，kmol/s；
L—单位时间内通过任一塔截面的纯吸收剂量，kmol/s；
Y—任一截面上混合气体中溶质的摩尔比；
X—任一截面上吸收剂中溶质的摩尔比；
下标“1”—塔内填料层下底截面；
下标“2”—塔内填料层上顶截面

一、物料衡算与操作线方程

1. 物料衡算

在吸收塔计算中，气液相组成采用 Y 和 X 比较方便，因为惰性气体流量 V 及吸收剂流量 L 分别为一定值。进行物料衡算的目的是计算给定吸收任务下所需的吸收剂用量 L 或吸收剂出口浓度 X_1。

吸收塔内气液流率和组成如图 5-14 所示。在定态逆流吸收塔中，吸收剂从塔顶加入，在重力作用下向下流动，并在填料表面形成液膜；气相从塔底进入，在压力差的作用下向上流动，并与液膜充分接触，在传质推动力的作用下进行质量传递。塔顶气、液相组成低于塔底，可把塔顶称为稀端，而塔底称为浓端。

对于稳定吸收过程，单位时间内气相在塔内被吸收的溶质 A 的量必须等于液相吸收的量。全塔物料衡算式为

$$VY_1+LX_2=VY_2+LX_1 \tag{5-29}$$

若 G_A 为吸收塔的传质负荷（kmol/s），即气体通过填料塔时，单位时间内溶质被吸收剂吸收的量，则

$$G_A=V(Y_1-Y_2)=L(X_1-X_2) \tag{5-30}$$

进塔气量 V 和组成 Y_1 是吸收任务规定的，进塔吸收剂的温度和组成 X_2 一般由工艺条件确定，出塔气体组成 Y_2 则由任务给定的吸收率 η 求出，即

$$Y_2=Y_1(1-\eta) \tag{5-31}$$

在填料塔内，对于气体流量与液体流量一定的稳定吸收操作，气、液组成沿塔高连续变化；在塔内任一截面接触的气、液两相组成是相互制约的；全塔物料衡算式 L、V 一定时，塔内具有最高气、液浓度的截面“1”（浓端），或具有最低气、液浓度的截面“2”（稀端）的气、液浓度关系。

2. 操作线方程

若取填料层任一截面与塔底端面之间的填料层为物料衡算的控制体，则所得溶质 A 的物料衡算式为

$$VY+LX_1=VY_1+LX$$

可变形为

$$Y=\frac{L}{V}X+\left(Y_1-\frac{L}{V}X_1\right) \tag{5-32a}$$

同理，若在任一截面与塔顶端面间进行溶质 A 的物料衡算，则有

$$Y=\frac{L}{V}X+\left(Y_2-\frac{L}{V}X_2\right) \tag{5-32b}$$

上述两式均称为吸收操作线方程，代表逆流操作时塔内任一截面上的气、液两相组成 Y 和 X 之间的关系，$\frac{L}{V}$称为吸收塔操作的液气比。

对于气、液两相逆流操作的吸收塔，当$\frac{L}{V}$一定时，操作线方程在 X-Y 图上为以液气比$\frac{L}{V}$为斜率，过塔进、出口的气、液两相组成点（X_1，Y_1）和（X_2，Y_2）的直线，称为逆流吸收操作线，如图 5-15（a）所示。该操作线上任一点的坐标（X，Y）表示塔内该截面上气、液两相的组成。

操作线上任一点 P 与平衡线间的垂直距离 $Y-Y^*$ 为塔内该截面上以气相为基准的吸收

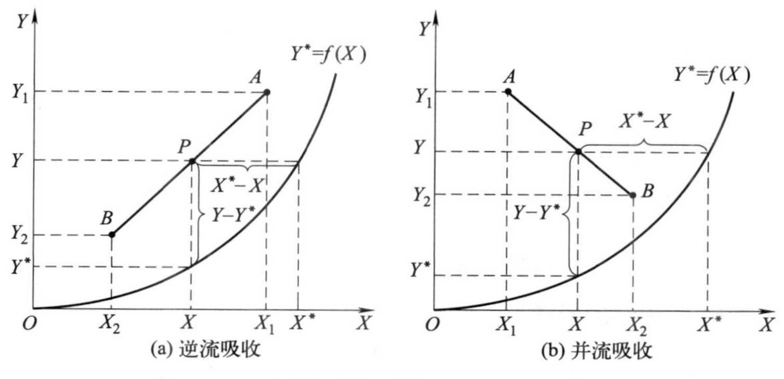

图 5-15 逆流吸收与并流吸收过程的操作线

传质推动力，与平衡线的水平距离 X^*-X 为该截面上以液相为基准的吸收传质推动力。两线间垂直距离（$Y-Y^*$）或水平距离（X^*-X）的变化显示了吸收过程推动力沿塔高的变化规律。操作线与水平线越远，传质推动力越大。

如图 5-15（b）所示，对于气、液两相并流操作的吸收塔，取塔内填料层任一截面与塔顶（浓端）构成的控制体进行物料衡算，可得并流操作线方程，其斜率为$-\frac{L}{V}$，如下式所示。

$$Y=-\frac{L}{V}X+\left(Y_1+\frac{L}{V}X_1\right) \tag{5-32c}$$

从以上分析可以看出，在 $Y_1 \sim Y_2$ 的范围内，两相逆流时沿塔高均能保持较大的传质推动力，而两相并流时从塔顶到塔底沿塔高传质推动力逐渐减小，进、出塔两截面推动力相差较大。在气、液两相进、出塔浓度相同的情况下，逆流操作的平均推动力大于并流操作，从提高吸收传质速率的角度出发，逆流优于并流。这与间壁式对流传热的并流与逆流流向选择分析结果是一致的。

工业吸收一般多采用逆流，本章后面的讨论中如无特殊说明，均为逆流吸收。与并流相比，逆流操作时上升的气体将对借重力向下流动的液体产生一曳力，阻碍液体向下流动，因而限制了吸收塔所允许的液体流率和气体流率，这是逆流操作不利的一面。

二、吸收剂的选择与用量的确定

1. 吸收剂的选择

选择良好的吸收剂对吸收过程至关重要。但受多种因素制约，工业吸收过程吸收剂的选择范围也是很有限的，一般视具体情况按下列原则选择。

① 对溶质有较大的溶解度。溶解度越大，溶剂用量越少，溶剂再生费用越低；溶解度越大，对于一定的液气比，吸收推动力越大，吸收传质速率越快，完成一定的传质任务所需的设备尺寸越小。

② 良好的选择性，即对待吸收组分的溶解度大，对其余组分的溶解度小。

③ 稳定不易挥发，以减少溶剂损失。

④ 黏度低，有利于气液接触与分散，提高吸收速率。

⑤ 无毒、腐蚀性小、不易燃、价廉等。

2. 吸收剂用量的确定

吸收剂用量 L 或液气比$\frac{L}{V}$在吸收塔的设计计算和塔的操作调节中是一个很重要的参数。吸收塔的设计计算中，气体处理量 V 以及进、出塔组成 Y_1、Y_2 由设计任务给定，吸收剂进塔组成 X_2 则由工艺条件决定或设计人员选定。

根据全塔物料衡算式可得

$$X_1=\frac{V}{L}(Y_1-Y_2)+X_2$$

（1）不同液气比对操作的影响

不同液气比$\frac{L}{V}$下的操作线如图 5-16 所示。当选取的$\frac{L}{V}$越大，操作线的斜率越大，操作线与平衡线的距离越大，塔内传质推动力越大，完成一定分离任务所需的塔高越小。若$\frac{L}{V}$越大，吸收剂用量越多，吸收剂出塔浓度X_1越低，循环和再生费用越高；若$\frac{L}{V}$越小，吸收剂出塔浓度X_1越高，塔内传质推动力越小，完成相同任务所需的塔高越大，设备费用越高。

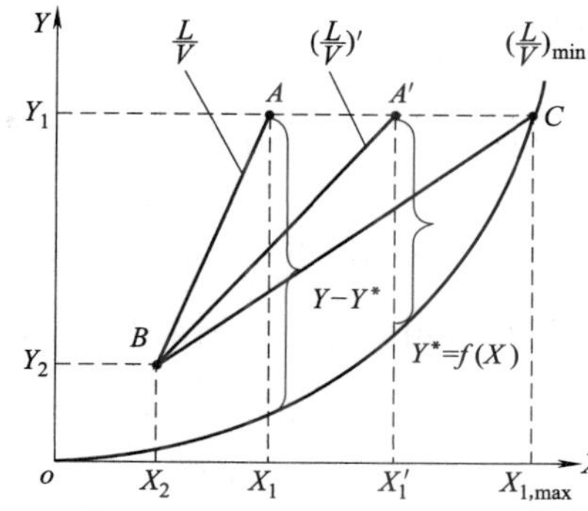

图 5-16 不同液气比$\frac{L}{V}$下的操作线方程

（2）最小液气比

在吸收操作中，V、Y_1、Y_2及X_2都是根据生产工艺和任务规定的，操作线的斜率$\frac{L}{V}$反映处理单位气体量所耗用的溶剂量。

当V一定时，L越小，$\frac{L}{V}$越小，一方面，X_2越大，操作费用（吸收剂费用或吸收剂再生费用）越低；另一方面，操作线向平衡线靠近，传质推动力ΔY、ΔX越小，塔高越大，设备折旧费越高。反之，L越大，操作费用越高，设备折旧费越低。故必须进行优化设计，以确定最佳液气比$\left(\frac{L}{V}\right)$，使得总费用（操作费用+设备折旧费）最小。

另外，吸收剂的最小用量也存在着技术上的限制。当$\frac{L}{V}$减小到图中5-17的$\left(\frac{L}{V}\right)_{min}$时，操作线与平衡线相交于$C$点，塔底的气、液两相组成达到平衡。此时塔底推动力$\Delta Y_1$（$=Y_1-Y_1^*$）为零，所需的塔高将为无穷大。显然这是液气比的下限，通常称为吸收设计的最小液气比，用$\left(\frac{L}{V}\right)_{min}$表示，而对应的$X_1$则用$X_{1,max}$表示。随着$\frac{L}{V}$减小，操作线与平衡线是相交还是相切取决于平衡线的形状。两线在Y_1处相交时，$X_{1,max}=X_1^*$［图5-17（a）］；两线在中间某个浓度处相切时，$X_{1,max}<X_1^*$［图5-17（b）］。

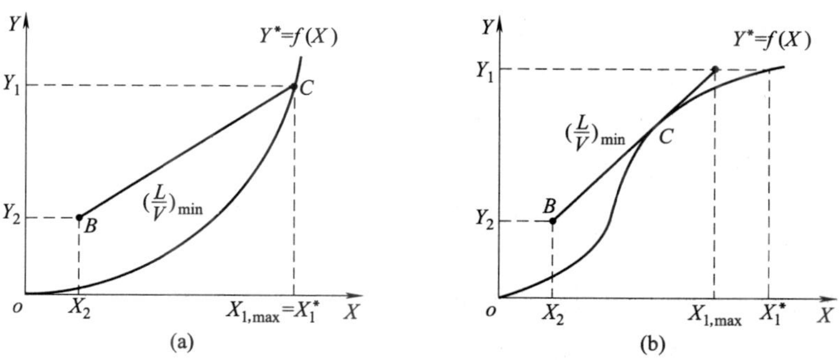

图 5-17 吸收塔最小液气比示意

这样，最小液气比的计算式为

$$\left(\frac{L}{V}\right)_{min}=\frac{Y_1-Y_2}{X_{1,max}-X_2} \tag{5-33}$$

$$L_{min}=V\frac{Y_1-Y_2}{X_{1,max}-X_2}$$

在$\left(\frac{L}{V}\right)_{\min}$下操作时，塔内某截面上（塔底或塔内）气、液两相达平衡，传质推动力为零，完成规定传质任务所需的塔高为无穷大。对一定高度的塔而言，在$\left(\frac{L}{V}\right)_{\min}$下操作不能达到分离要求。实际液气比应在大于$\left(\frac{L}{V}\right)_{\min}$的基础上，兼顾设备费用和操作费用两方面的因素，按总费用最低的原则来选取。根据生产实践经验，一般取

$$\frac{L}{V}=(1.1\sim2.0)\left(\frac{L}{V}\right)_{\min} \tag{5-34}$$

需要指出的是，上述的由$\left(\frac{L}{V}\right)_{\min}$确定吸收剂用量是以热力学平衡为出发点。从两相流体力学的角度出发，还必须使填料表面能被液体充分润湿，以保证两相均匀分散并有足够的传质面积。因此所取吸收剂用量 L 值还应不小于所选填料的最低润湿率，即单位塔截面上单位时间内的液体流量不得小于某一最低允许值。

三、填料层高度的计算

就基本关系而论，填料层高度等于所需的填料层体积除以塔截面积。塔截面积已由塔径确定，填料层体积则取决于完成规定任务所需的总传质面积和每立方米填料层所能提供的气、液有效接触面积。上述总传质面积应等于塔的吸收负荷（单位时间内的传质量，kmol/s）与塔内传质速率［单位时间内单位气、液接触面积的传质量，kmol/(m^2·s)］的比值。计算塔的吸收负荷要依据物料衡算关系，计算传质速率要依据吸收速率方程，而吸收速率方程中的推动力总是实际浓度与某种平衡浓度的差额，因此又要知道相平衡关系。所以，填料层高度的计算涉及物料衡算、传质速率与相平衡这三种关系式的应用。

前面介绍的所有吸收速率方程都只适用于吸收塔的任一横截面，而不能直接用于全塔。就整个填料层而言，气、液浓度沿塔高不断变化，塔内各横截面的吸收速率并不相同。

传质面积：在填料塔内，气、液两相传质面积由填充的填料表面提供。传质面积是填料的一个重要特性数据，若塔的截面积为 Ω（m^2），填料层的高度为 Z（m），单位体积的填料所提供的表面积为 a（m^2/m^3），当填料及其填充方式一定（即为定值）时，该塔所能提供的传质面积 F(m^2)为 $F=\Omega Za$。

塔截面积或塔径：主要由与填料的流体力学特性相关的空塔气速决定。塔截面积确定后，求传质面积就转化为求所需的填料层高度。

完成一定吸收任务所需的传质面积不仅与传质量和分离程度等由任务规定的指标有关，还与塔内气液两相的流动状况、相平衡关系、填料类型以及填充方式等影响相际传质速率的诸多因素紧密相关。物料衡算方程和传质速率方程是计算填料层高度的基本方程。

填料塔内气、液组成 Y、X 和传质推动力 ΔY（或 ΔX）均随塔高变化，故塔内各截面的吸收速率也不相同。为解决填料层高度的计算问题，先在填料吸收塔中任意截取一段高度为 dZ 的微元填料层进行研究，如图 5-18 所示。

对填料层中高度为 dZ 的微分段进行物料衡算可得溶质 A 在单位时间内由气相转入液相的量为

$$dG_A=VdY=LdX \tag{5-35}$$

若 dZ 微元段内传质速率为 N_A，填料提供的传质面积为 $dF=a\Omega dZ$，则通过传质面积 dF 的溶质 A 的传递量为

$$N_A dF=N_A a\Omega dZ$$

此传质量也就是在 dZ 段内溶质 A 由气相转入液相的量。因此

$$dG_A=VdY=N_A a\Omega dZ$$

$$dG_A=LdX=N_A a\Omega dZ$$

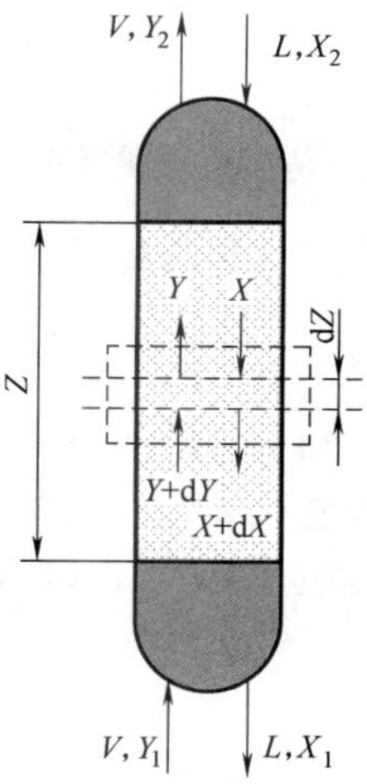

图 5-18　微元填料层的物料衡算

将以摩尔比表示的总传质速率方程代入上式，则有

$$VdY=K_Y(Y-Y^*)a\Omega dZ \tag{5-36}$$

$$LdX=K_X(X^*-X)a\Omega dZ \tag{5-37}$$

对上述两式沿塔高积分得

$$Z=\int_{Y_2}^{Y_1}\frac{V}{K_Y a\Omega}\times\frac{dY}{Y-Y^*} \tag{5-38}$$

$$Z=\int_{X_2}^{X_1}\frac{L}{K_X a\Omega}\times\frac{dX}{X^*-X} \tag{5-39}$$

在上述推导中，用相内传质速率方程替代总传质速率方程可得形式完全相同的填料层高度 Z 的计算式。

若采用 $N_A=k_Y(Y-Y_i)$ 和 $N_A=k_X(X_i-X)$，可得

$$Z=\int_{Y_2}^{Y_1}\frac{V}{k_Y a\Omega}\times\frac{dY}{Y-Y_i} \tag{5-40}$$

$$Z=\int_{X_2}^{X_1}\frac{L}{k_X a\Omega}\times\frac{dX}{X_i-X} \tag{5-41}$$

用其他组成表示的传质速率方程，可推得以相应相组成表示的填料层高度 Z 的计算式。

（1）低浓度气体吸收填料层高度的计算

特点：低浓度气体吸收（$y_1<10\%$），因吸收量小，由此引起的塔内温度和流动状况改变也小，吸收过程可视为等温过程，传质系数 k_Y、k_X、K_Y、K_X 沿塔高变化小，可取塔顶和塔底条件下的平均值。填料层高度 Z 的计算式为

$$Z=\frac{V}{K_Y a\Omega}\int_{Y_2}^{Y_1}\frac{dY}{Y-Y^*}$$

（2）高浓度气体吸收填料层高度的计算

若在塔内吸收的量并不大（如高浓度难溶气体吸收），吸收过程具有低浓度气体吸收的特点，也可按低浓度吸收处理。

实际应用中，常将传质系数与比表面积 a 的乘积（$K_Y a$ 及 $K_X a$）作为一个完整的物理量看待，称为体积传质系数，单位为 $kmol/(s\cdot m^3)$。体积传质系数的物理意义为传质推动力为一个单位时，单位时间内单位体积填料层吸收的溶质摩尔量。

（3）传质单元高度与传质单元数

上述是根据总吸收系数 K_Y、K_X 与相应的吸收推动力计算填料层高度的关系式，反映了所有此类填料层高度计算式的共同点。

此式等号右端 $\frac{V}{K_Y a\Omega}$ 的单位为

$$\frac{\text{kmol/s}}{[\text{kmol/(m}^2\cdot\text{s)}](\text{m}^2/\text{m}^3)\text{m}^2}=\text{m}$$

而 m 是高度的单位，因此可将$\dfrac{V}{K_Y a\Omega}$理解为由过程条件决定的某种单元高度。此单元高度称为“气相总传质单元高度”，以 H_{OG} 表示，即

$$H_{OG}=\frac{V}{K_Y a\Omega} \tag{5-42}$$

积分号内的分子与分母具有相同的单位，因而整个积分必然得到一个无量纲的数值，可认为它代表所需填料层高度 Z 相当于气相总传质单元高度 H_{OG} 的倍数。此倍数称为“气相总传质单元数”，以 N_{OG} 表示，即

$$N_{OG}=\int_{Y_2}^{Y_1}\frac{dY}{Y-Y^*} \tag{5-43}$$

于是，式（5-40）可写成

$$Z=H_{OG}N_{OG} \tag{5-44}$$

同理，式（5-41）可写成

$$Z=H_{OL}N_{OL} \tag{5-45}$$

式中　H_{OL}——液相总传质单元高度，m；

　　N_{OL}——液相总传质单元数，无量纲。

H_{OL} 及 N_{OL} 的计算式分别为

$$H_{OL}=\frac{L}{K_X a\Omega} \tag{5-46}$$

$$N_{OL}=\int_{X_2}^{X_1}\frac{dX}{X^*-X} \tag{5-47}$$

依此类推，可以写出如下通式：

填料层高度＝传质单元高度×传质单元数

定义传质单元高度和传质单元数来表达填料层高度 Z，从计算角度而言，并无简便之利，但却有利于对 Z 的计算式进行分析和理解。下面以 N_{OG} 和 H_{OG} 为例给予说明。

① N_{OG} 中的 dY 表示气体通过一微分填料段的气相浓度变化，$Y-Y^*$ 为该微分段的相际传质推动力。如果用 $(Y-Y^*)_m$ 表示某一高度填料层内的平均传质推动力，且气体通过该段填料层的浓度变化 (Y_a-Y_b) 恰好等于 $(Y-Y^*)_m$，则有

$$N_{OG}=\int_{Y_b}^{Y_a}\frac{dY}{Y-Y^*}=\frac{Y_a-Y_b}{(Y-Y^*)_m}=1$$

由 $Z=H_{OG}N_{OG}$ 可知，这段填料层的高度就等于一个气相总传质单元高度 H_{OG}。因此，可将 N_{OG} 看作所需填料层高度 Z 相当于多少个传质单元高度 H_{OG}。

传质单元数 N_{OG} 或 N_{OL} 反映吸收过程的难易程度，其大小取决于分离任务和整个填料层的平均推动力两个方面。N_{OG} 与气相或液相进、出塔的浓度，液气比以及物系的平衡关系有关，而与设备形式和设备中气、液两相的流动状况等因素无关。

$$N_{OG}=\int_{Y_2}^{Y_1}\frac{dY}{Y-Y^*}$$

$$N_{OL}=\int_{X_2}^{X_1}\frac{dX}{X^*-X}$$

在设备选型前可先计算出过程所需的 N_{OG} 或 N_{OL}。N_{OG} 或 N_{OL} 值大，分离任务艰巨，为避免塔过高，应选用传质性能优良的填料。若 N_{OG} 或 N_{OL} 值过大，就应重新考虑所选溶剂或液气比$\frac{L}{V}$是否合理。

② 总传质单元高度 H_{OG} 或 H_{OL} 表示完成一个传质单元分离任务所需的填料层高度，代表了吸收塔传质性能的高低，主要与填料的性能和塔中气、液两相的流动状况有关。

H_{OG} 或 H_{OL}值小，表示设备的性能高，完成相同传质单元数的吸收任务所需塔的高度小。

用传质单元高度 H_{OG}、H_{OL}或传质系数 K_Ya、K_Xa 表征设备的传质性能其实质是相同的。但随气、液流率改变，K_Ya 或K_Xa 的值变化较大，一般流率增大，K_Ya（或 K_Xa）增大。

H_{OG} 或 H_{OL}因分子分母同向变化，其变化幅度较小。一般吸收设备的传质单元高度在 0.15～1.5m 的范围内。

类似的

$$\left.\begin{array}{l}\text{气相传质单元高度 } H_G=\dfrac{V}{k_Ya\Omega}\\[2ex] \text{气相传质单元数 } N_G=\displaystyle\int_{Y_2}^{Y_1}\dfrac{dY}{Y-Y_i}\end{array}\right\}Z=H_GN_G$$

$$\left.\begin{array}{l}\text{液相传质单元高度 } H_L=\dfrac{L}{k_Xa\Omega}\\[2ex] \text{液相传质单元数 } N_L=\displaystyle\int_{X_2}^{X_1}\dfrac{dX}{X_i-X}\end{array}\right\}Z=H_LN_L$$

当相平衡关系可用 $Y^*=mX$ 或 $Y=mX+b$ 表示时，利用不同基准的总传质系数之间的换算关系以及总传质系数与相内传质系数之间的关系，可导出下列关系式：

$$H_{OG}=\frac{mV}{L}H_{OL}$$

$$H_{OG}=H_G+\frac{mV}{L}H_L$$

$$H_{OL}=H_L+\frac{L}{mV}H_G$$

四、传质单元数的计算

计算传质单元数，理论上是利用其定义式进行积分计算，这是计算传质单元数的一般方法。在工程上，由于一般情况下，气、液相平衡关系较为复杂，难以用简单的数学关系表示，因此对传质单元数进行积分运算较为困难，常常采用图解法和数值积分法。对于低浓度气体吸收过程，由于操作线方程和相平衡关系一般相对简单，故可根据实际计算时的具体情况采用一些简单方法，常用的是对数平均推动力法、吸收因数法和图解法。

1. 对数平均推动力法

当气液平衡线为直线时，

$$N_{OG}=\int_{Y_2}^{Y_1}\frac{dY}{Y-Y^*}=\frac{Y_1-Y_2}{\Delta Y_m} \tag{5-48a}$$

$$\Delta Y_m=\frac{\Delta Y_1-\Delta Y_2}{\ln\dfrac{\Delta Y_1}{\Delta Y_2}}$$

式中

$$\Delta Y_1=Y_1-Y_1^*$$
$$\Delta Y_2=Y_2-Y_2^*$$

ΔY_m 为塔顶与塔底两截面上吸收推动力的对数平均值，称为对数平均推动力。

$$N_{OL}=\int_{X_2}^{X_1}\frac{dX}{X^*-X}=\frac{X_1-X_2}{\Delta X_m} \tag{5-48b}$$

$$\Delta X_m=\frac{\Delta X_1-\Delta X_2}{\ln\dfrac{\Delta X_1}{\Delta X_2}}$$

式中

$$\Delta X_1=X_1^*-X_1$$
$$\Delta X_2=X_2^*-X_2$$

应用对数平均推动力法时应注意下列几点。

① 对数平均推动力法适用于平衡线为直线的情况，逆流、并流吸收皆可。

② 平衡线与操作线平行时，

$$Y-Y^*=Y_1-Y_1^*=Y_2-Y_2^* \tag{5-49}$$

③ 当$\dfrac{\Delta Y_1}{\Delta Y_2}<2$、$\dfrac{\Delta X_1}{\Delta X_2}<2$时，对数平均推动力可用算术平均推动力替代，产生的误差小于4%；当平衡线与操作线平行，即$\dfrac{mV}{L}=1$时，

$$N_{OG}=\frac{Y_1-Y_2}{Y_1-Y_1^*}=\frac{Y_1-Y_2}{Y_2-Y_2^*} \tag{5-50}$$

2. 吸收因数法

若在吸收过程所涉及的浓度区间内平衡关系可用直线方程 $Y^*=mX+b$ 表示，即在此浓度区间内平衡线为直线，便可根据传质单元数的定义导出式来计算 N_{OG}。下面仍以气相总传质单元数 N_{OG} 为例进行说明。

$$N_{OG}=\int_{Y_2}^{Y_1}\frac{dY}{Y-Y^*}=\int_{Y_2}^{Y_1}\frac{dY}{Y-(m\overline{X}+b)}$$

由逆流吸收塔的操作线方程式可知

$$\overline{X}=\overline{X}_2+\frac{V}{L}(Y-Y_2)$$

代入上式得

$$N_{OG}=\int_{Y_2}^{Y_1}\frac{dY}{Y-m\left[\dfrac{V}{L}(Y-Y_2)+\overline{X}_2\right]-b}$$

$$=\int_{Y_2}^{Y_1}\frac{dY}{\left(1-\dfrac{mV}{L}\right)Y+\left[\dfrac{mV}{L}Y_2-(m\overline{X}_2+b)\right]} \tag{5-51}$$

令 $S=\dfrac{mV}{L}$，则

$$N_{OG}=\int_{Y_2}^{Y_1}\frac{dY}{(1-S)Y+(SY_2-Y_2^*)}$$

积分上式并化简，得到

$$N_{OG}=\frac{1}{1-S}\ln\left[(1-S)\frac{Y_1-Y_2^*}{Y_2-Y_2^*}+S\right] \tag{5-52}$$

式中，S 称为“解吸因数”，是平衡线斜率与操作线斜率的比值，无量纲。

由式（5-52）可以看出，N_{OG} 的数值取决于 S 与 $\dfrac{Y_1-Y_2^*}{Y_2-Y_2^*}$ 这两个因素。当 S 值一定时，N_{OG} 与比值 $\dfrac{Y_1-Y_2^*}{Y_2-Y_2^*}$ 之间有一一对应的关系。为了便于计算，可在半对数坐标纸上以 S 为参数按式（5-52）标绘出 N_{OG} 与 $\dfrac{Y_1-Y_2^*}{Y_2-Y_2^*}$ 的函数关系，如图 5-19 所示。

若已知 V、L、Y_1、Y_2、Y_2 及平衡线的斜率 m，利用图 5-19 可方便地读出 N_{OG} 的数值。在图 5-19 中，横坐标 $\dfrac{Y_1-Y_2^*}{Y_2-Y_2^*}$ 值的大小反映了溶质吸收率的高低。在气、液进口浓度一定的情况下，要求的吸收率越高，Y_2 越小，横坐标的数值越大，对应同一 S 值的 N_{OG} 值也就越大。

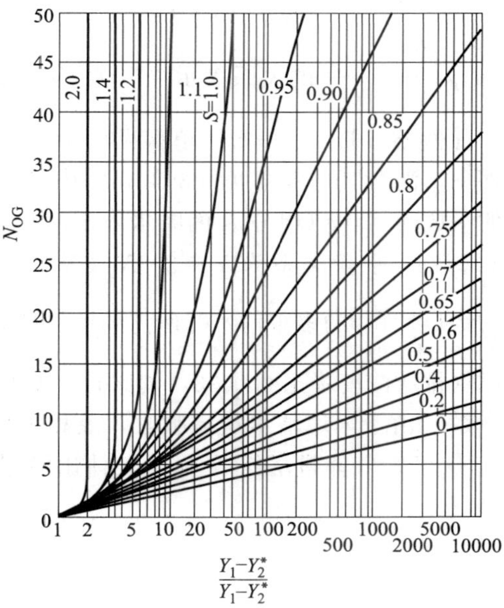

图 5-19　N_{OG} 与 $\dfrac{Y_1-Y_2^*}{Y_2-Y_2^*}$ 的关系

解吸因数 S 反映了吸收推动力的大小。在气、液进口浓度及吸收率已知的条件下，横坐标 $\dfrac{Y_1-Y_2^*}{Y_2-Y_2^*}$ 的值便已确定。此时若增大 S 值就意味着减小液气比，其结果是溶液出口浓度提高而塔内吸收推动力变小，N_{OG} 值必然增大。反之，若参数 S 值减小，则 N_{OG} 值变小。通常认为取 $S=0.7\sim0.8$ 是经济适宜的。

为了从混合气体中分离出溶质组分 A 而进行的吸收过程，要想获得最高的吸收率，必然力求出塔气体与进塔液体趋近平衡，这就必须采用较大的液体量，使操作线的斜率大于平衡线的斜率（即 $S<1$）才有可能。反之，若要获得最浓的吸收液，必然力求出塔液体与进塔气体趋近平衡，这就必须采用较小的液体量，使操作线的斜率小于平衡线的斜率（即 $S>1$）才有可能。一般吸收操作多着眼于溶质的吸收率，故 S 值常小于 1。有时为了加大液气比，或达到其他目的，还采用液体循环的操作方式，这样能够有效地降低 S 值，但与此同时却又在一定程度上丧失了逆流操作的优越之处。

图 5-19 用于 N_{OG} 的求算及其他有关吸收过程的分析估算十分方便。但须指出，只有在 $\frac{Y_1-Y_2^*}{Y_2-Y_2^*}>20$ 及 $S<0.75$ 的范围内使用该图时，读数才方便准确，否则误差较大。必要时仍可直接根据式（5-52）计算。

同理，当 $Y^*=mX+b$ 时，从式（5-52）出发可导出关于液相总传质单元数 N_{OL} 的关系，即

$$N_{OL}=\frac{1}{1-\frac{L}{mV}}\ln\left[\left(1-\frac{L}{mV}\right)\frac{Y_1-Y_2^*}{Y_1-Y_1^*}+\frac{L}{mV}\right]$$

$$=\frac{1}{1-A}\ln\left[(1-A)\frac{Y_1-Y_2^*}{Y_1-Y_1^*}+A\right] \tag{5-53}$$

此式多用于解吸操作的计算，式中 $A=\frac{L}{mV}$，即解吸因数 S 的倒数，称为“吸收因数”。吸收因数是操作线斜率与平衡线斜率的比值，无量纲。

将式（5-53）与前面的式（5-52）作一比较便可看出，二者具有同样的函数形式，只是式（5-52）中的 N_{OG}、$\frac{Y_1-Y_2^*}{Y_2-Y_2^*}$ 与 S 换成了 N_{OL}、$\frac{Y_1-Y_2^*}{Y_1-Y_1^*}$ 与 A。由此可知，若在图 5-19 用 N_{OL}-$\frac{Y_1-Y_2^*}{Y_1-Y_1^*}$ 的关系表示（以 A 为参数），将完全适用。

【例 5-5】 在一常压填料吸收塔中，用清水逆流吸收混合气中的有害组分 A。已知操作条件下，混合气进塔温度为 30℃，空塔气速为 1.1m/s，混合气的流量为 5000m^3/h，进料混合气的组成为 0.04（组分 A 的摩尔分数，下同），出塔尾气的组成为 0.0053，出塔水溶液的浓度为 0.0128，平衡关系为 $Y=2.5X$（X、Y 均为摩尔比），$K_Ya=102$kmol/(m^3·h)。试求：①$\frac{L}{V}$为$\left(\frac{L}{V}\right)_{min}$的多少倍？②所需的填料层高度。③若气液流量和初始组成均不变，要求最终的尾气排放浓度降至 0.0033，则此时所需的填料层高度为多少？

解 由于采用清水逆流吸收，液相入口浓度 $X_2=0$，计算均以 $X_2=0$ 为基准。

① 已知气体进塔组成 y_1，气体出塔组成 y_2，液体出塔组成 x_1，将其转换成摩尔比为

$$Y_1=\frac{0.04}{1-0.04}=0.0417$$

$$Y_2=\frac{0.0053}{1-0.0053}=0.00533$$

$$X_1=\frac{0.0128}{1-0.0128}=0.01297$$

标准状态下气体摩尔体积为 22.4L/mol，在 30℃操作条件下，将气体体积流量 q_V 转化为摩尔流量为

$$V=\frac{5000}{22.4}\times\frac{T^{\ominus}}{T}\times(1-0.04)=1.9308\times10^2\,(\text{kmol/h})$$

而在 30℃操作条件下的气体体积流量为

$$q_V=5000/3600=1.389\ (\text{m}^3/\text{s})$$

进而可求得填料塔的横截面积为

$$\Omega=\frac{q_V}{u}=\frac{1.389}{1.1}=1.2627\ (\mathrm{m}^2)$$

传质单元高度 H_{OG} 为

$$H_{OG}=\frac{V}{K_Y a\Omega}=\frac{1.9308\times10^2}{102\times1.2627}=1.5\ (\mathrm{m})$$

填料塔中液气比为

$$\frac{L}{V}=\frac{Y_1-Y_2}{X_1-X_2}=\frac{0.0417-0.00533}{0.01297-0}=2.804$$

而在最小液气时，塔底液相与入塔气相达到平衡，可得

$$\left(\frac{L}{V}\right)_{\min}=\frac{Y_1-Y_2}{\dfrac{Y_1}{m}-X_2}=m\left(1-\frac{Y_2}{Y_1}\right)=2.5\times\left(1-\frac{0.00533}{0.0417}\right)=2.18$$

所以

$$\left(\frac{L}{V}\right)/\left(\frac{L}{V}\right)_{\min}=1.286$$

② 所需要的填料层高度 Z 可采用如下两种方法计算。

采用吸收因数法计算过程如下

$$N_{OG}=\frac{1}{1-S}\ln\left[(1-S)\frac{Y_1-Y_2^*}{Y_2-Y_2^*}+S\right]$$

$$S=\frac{mV}{L}=\frac{2.5}{2.804}=0.892$$

代入已知数据得

$$N_{OG}=\frac{1}{1-0.892}\ln\left[(1-0.892)\frac{0.0417-0}{0.00533-0}+0.892\right]=5.11$$

采用对数平均推动力法计算过程如下

$$N_{OG}=\frac{Y_1-Y_2}{\Delta Y_m}=\frac{0.0417-0.00533}{\Delta Y_m}$$

$$\Delta Y_m=\frac{\Delta Y_1-\Delta Y_2}{\ln\dfrac{\Delta Y_1}{\Delta Y_2}}=\frac{(Y_1-Y_1^*)-(Y_2-Y_2^*)}{\ln\dfrac{Y_1-Y_1^*}{Y_2-Y_2^*}}$$

代入已知数据得

$$\Delta Y_m=\frac{(0.0417-0.032)-(0.00533-0)}{\ln\dfrac{0.0417-0.032}{0.00533-0}}=0.007121$$

$$N_{OG}=\frac{Y_1-Y_2}{\Delta Y_m}=\frac{0.0417-0.00533}{0.007121}=5.11$$

所以

$$Z=H_{OG}N_{OG}=1.5\times5.11=7.67\ (\mathrm{m})$$

③ 尾气浓度下降后所需的填料层高度 Z' 计算如下。

$$Y_2'=\frac{0.0033}{1-0.0033}=0.00331$$

$$N'_{OG}=\frac{1}{1-S}\ln\left[(1-S)\frac{Y_1-Y_2^*}{Y'_2-Y_2^*}+S\right]$$

$$\frac{Y_1-Y_2^*}{Y'_2-Y_2^*}=\frac{0.0417}{0.00331}=12.6$$

代入已知数据得

$$N'_{OG}=\frac{1}{1-0.892}\ln[(1-0.892)\times 12.6+0.892]=7.52$$

所以

$$Z'=H_{OG}N'_{OG}=1.5\times 7.52=11.28\ (\mathrm{m})$$

3. 图解法

(1) 图解积分法

图解积分法是直接根据定积分法的几何意义引出的一种计算传质单元数的方法。它普遍适用于平衡关系的各种情况，特别适合平衡线为曲线的情况。

下面仍以气相总传质单元数 N_{OG} 的计算为例进行说明。从 $N_{OG}=\int_{Y_2}^{Y_1}\frac{dY}{Y-Y^*}$ 可以看到，等号右侧的被积分函数$\frac{1}{Y-Y^*}$中有 Y 与 Y^* 两个变量，但 Y^* 与 X 之间存在着相平衡关系，而任一横截面上的 X 与 Y 之间又存在着操作关系（即物料平衡关系），所以只要有了相平衡方程及操作线方程，就有了 X-Y 图上的平衡线及操作线，M 可由任一 Y 值求出相应截面上的推动力 $Y-Y^*$ 值，继而求出$\frac{1}{Y-Y^*}$的数值。接着在直角坐标系里将$\frac{1}{Y-Y^*}$与 Y 的对应数值进行标绘，所得函数曲线与 $Y=Y_1$、$Y=Y_2$ 包围的面积便是定积分 $\int_{Y_2}^{Y_1}\frac{dY}{Y-Y^*}$ 的值，也就是气相总传质单元数 N_{OG}，如图 5-20（a）所示。

如图 5-20（b）所示，在 Y_2 与 Y_1 之间的操作线上选取若干点，每一点代表塔内某一截面上的气液两相组成。可从每一点作垂线，与平衡线相交，求出各点的传质推动力（$Y-Y^*$）和$\frac{1}{Y-Y^*}$，作出$\frac{1}{Y-Y^*}$-Y 的曲线，如图 5-20（a）所示，曲线下的面积即为 N_{OG} 的值。

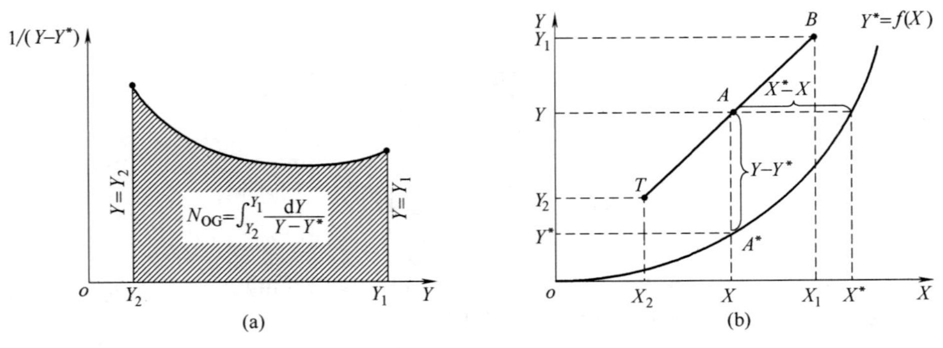

图 5-20 图解积分法求 N_{OG}

上述方法是一种理论上严格的方法，在实际计算中，定积分值 N_{OG} 既可通过计量被积函数曲线 f 的面积求得，亦可通过适宜的近似公式算出。例如，可利用辛普森公式：

$$\int_{Y_0}^{Y_n} f(Y)\mathrm{d}Y \approx \frac{\Delta Y}{3}[f_0 + f_n + 4(f_1 + f_3 + \cdots + f_{n-1}) + 2(f_2 + f_4 + \cdots + f_{n-2})]$$

$$\Delta Y = \frac{Y_n - Y_0}{n}$$

式中　n——可取为任意偶数，n 值越大，则计算结果越准确；

Y_0——出塔气相组成，$Y_0 = Y_2$；

Y_n——进塔气相组成，$Y_n = Y_1$。

对于相平衡关系，如果没有形式简单的相平衡方程来表达，也可根据过程涉及的浓度范围内所有已知数据点拟合得到相应的曲线方程。按此处理，则平衡关系为曲线时传质单元数的求取便不必经过繁琐的画图来计量积分面积，可借助计算机进行运算。

（2）梯级图解法

若在过程所涉及的浓度范围内，平衡关系为直线或者弯曲程度不大的曲线，则采用下述的梯级图解法估算总传质单元数显得十分简便清晰。这种梯级图解法是直接根据传质单元数的物理意义引出的一种近似方法，也叫作贝克（Baker）法。

前曾提及，如果气体流经一段填料层前后的溶质浓度变化（$Y_1 - Y_2$）恰好等于此段填料层内气相总推动力的平均值（$Y-Y^*$）$_{\mathrm{m}}$，那么这段填料层就可视为一个气相总传质单元。

在图 5-21 中，OE 为平衡线，BT 为操作线。在 BT 线所涉及浓度区内选取若干点，并过各点作出表示过程总推动力的垂直线段（$Y-Y^*$），然后取各垂直线段的中点，并将这些中点用平滑曲线连接即得到辅助线 MN。

首先从代表塔顶的端点 T 出发，作水平线交 MN 于点 F，延长 TF 至点 F'，使 $FF' = TF$，过点 F' 作铅垂线交 BT 于点 A；然后从点 A 出发，作水平线交 MN 于点 S，延长 AS 至点 S'，使 $SS' = AS$，过点 S' 作铅垂线交 BT 于点 D；接着从点 D 出发……。如此进行，直至达到或超过操作线上代表塔底的端点 B，所画出的梯级数即为气相总传质单元数 N_{OG}。不难证明，按照上述方法作出的每一梯级都代表一个气相总传质单元。

令操作线与平衡线之间通过 F 及 F' 两点的铅垂线分别为 HH^* 及 AA^*，因为 $FF' = FT$，所以

$$AF' = 2FH = HH^*$$

只要平衡线的 A^*T^* 段可近似地视为直线，便可写出下列关系：

$$HH^* = \frac{1}{2}(TT^* + AA^*)$$

所以 HH^* 代表此段内气相总推动力的算术平均值。AF' 表示此段气相组成变化，由于 $AF' = HH^*$，因此 5-21 中的三角形 $TF'A$ 可表示一个气相总传质单元。同理，三角形 $AS'D$ 可表示另一个气相总传质单元……

利用操作线 BT 与平衡线 OE 之间的水平线段中点轨迹线可求得液相总传质单元数，其步骤与上述求 N_{OG} 基本相同。

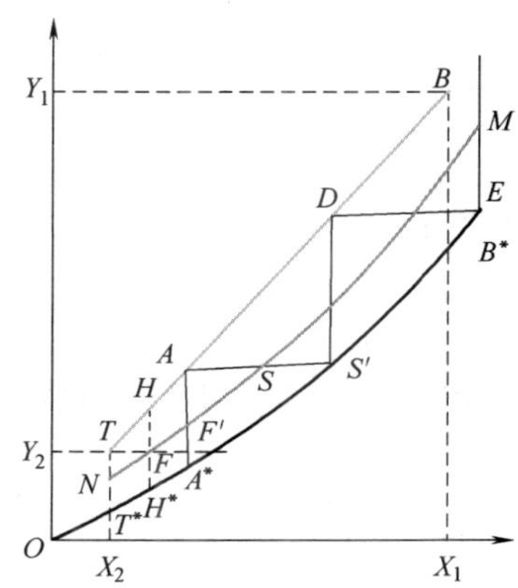

图 5-21　梯级图解法求 N_{OG}

综上所述，传质单元数的不同求法各有特点及适用场合。对于低浓度气体吸收操作，只要在过程所涉及的浓度范围内平衡线为直线，便可用吸收因数法或对数平均推动力法。当平衡线弯曲不甚显著时，可用梯级图解法简捷估算总传质单元数的近似值。此法之所以是“近似”的，是因为它把每一梯级内的平衡线视为一段直线，并以吸收推动力的算术均值代替对数平均值。当平衡线为曲线时，则宜采用图解积分法。图解积分法是求传质单元数最基本最普遍的方法，它不仅适用于低浓度气体吸收的计算，而且适用于高浓度气体吸收及非等温吸收等复杂情况下传质单元数的求算。

五、吸收塔操作计算

生产上的问题有两类，一类是设计型问题，这类问题的特点是已知生产任务和条件，要求制定合理的流程，并设计相应的设备；另一类是操作型问题，其特点是在流程和设备已给定的情况下，考察某些操作参数的变化将引起其他哪些参数发生变化及如何变化？或者是对现有流程及设备进行核算。两类问题所依据的基本原理是相同的，但相较而言，操作型问题的分析和求解更加复杂，是化工原理教学与实际应用的难点所在。

对于填料吸收塔，无论是设计计算（求填料层高度）还是操作计算，都要用到物料衡算（操作线方程）、气液相平衡关系（对稀溶液用亨利定律）和传质速率方程，以及由它们联立求得的填料层高度计算式。

【例 5-6】 在某一逆流操作的常压填料吸收塔中用清水吸收混合气中的溶质 CO_2，入塔气体中 CO_2 的含量为 1%（摩尔比），要求有害组分 CO_2 的回收率不低于 99%。此时水的用量为最小用量的 1.5 倍，平衡线为 $Y=1.2X$，气相总传质单元高度为 1m，试求所需的填料层高度。

解 清水吸收，液相入口浓度 $X_2=0$，计算均以 $X_2=0$ 为基准。

低浓度气体吸收，有 $y\approx Y$，$x\approx X$，则

$$Y_1=0.01$$

由回收率 η 不低于 99%求得出塔尾气 Y_2 为

$$Y_2=Y_1(1-\eta)=0.01\times(1-0.99)=0.0001$$

最小液气时，塔底液相与入塔气相达到平衡，由相平衡关系 $Y=1.2X$ 得

$$m=1.2$$

最小液气时，塔底液相与入塔气相达到平衡，可得

$$\left(\frac{L}{V}\right)_{\min}=\frac{Y_1-Y_2}{\frac{Y_1}{m}-X_2}=m\eta=1.2\times0.99=1.188$$

则液气比为

$$\frac{L}{V}=1.5\left(\frac{L}{V}\right)_{\min}=1.5\times1.188=1.782$$

由上述液气比可求得解吸因数 S，进而求得传质单元数 N_{OG}。

$$S=\frac{mV}{L}=\frac{1.2}{1.782}=0.673$$

$$N_{OG}=\frac{1}{1-S}\ln\left[(1-S)\frac{Y_1-mX_2}{Y_2-mX_2}+S\right]$$

代入已知数据可得

$$N_{OG}=\frac{1}{1-0.673}\ln\left[(1-0.673)\times\frac{0.01-0}{0.0001-0}+0.673\right]=10.73$$

填料层高度为

$$Z=H_{OG}N_{OG}=1\times10.73=10.73\ (\mathrm{m})$$

【例 5-7】 在一塔径为 0.8m 的常压填料吸收塔中，用清水吸收焦炉气中的氨。焦炉气的流量为 $5000\mathrm{m^3/h}$，其中氨的浓度为 $0.01\mathrm{kg/m^3}$，焦炉气入塔的温度为 30 °C，空塔气速为 1.1 m/s，要求氨的回收率不低于 99%。已知水的用量为最小用量的 1.5 倍，操作条件下的平衡关系为 $Y^*=1.2X$，气相总体积传质系数 $K_Ya=200\mathrm{kmol/(m^3\cdot h)}$，试求：①耗水量；②所需的填料层高度。

解 将 NH_3 的质量浓度转化为摩尔分数为

$$y_1=\frac{0.01\times10^3/17}{1000/22.4}=1.318\times10^{-2}$$

换算为摩尔比为

$$Y_1=\frac{y_1}{1-y_1}=\frac{0.01318}{1-0.01318}=0.01335$$

根据 NH_3 的回收率 η 和入口端 NH_3 的摩尔比 Y_1，可求得出口端 NH_3 的摩尔比为

$$Y_2=Y_1(1-\eta)=(1-0.99)\times0.01335=1.335\times10^{-4}$$

标准状态下气体摩尔体积为 22.4 L/mol，在 30℃操作条件下，将 NH_3 的体积流量 q_V 转化为 NH_3 的摩尔流量为

$$V=\frac{5000}{22.4}\times\frac{T^{\ominus}}{T}\times(1-1.318\times10^{-2})=1.9847\times10^2(\mathrm{kmol/h})$$

① 耗水量：已知水的用量是最小用量的 1.5 倍，可由适宜液气比公式求得耗水量 L；而最小液气时，塔底液相与入塔气相达到平衡，则有

$$\left(\frac{L}{V}\right)_{\min}=\frac{Y_1-Y_2}{\frac{Y_1}{m}-X_2}=\frac{0.99\times1.335\times10^{-2}}{\frac{1.335\times10^{-2}}{1.2}-0}=1.188$$

$$\frac{L}{V}=1.5\left(\frac{L}{V}\right)_{\min}=1.782$$

$$L=353.67\mathrm{kmol/h}$$

② 所需要的填料层高度：由上述液气比可求得解吸因数 S，进而求得传质单元数 N_{OG}。

$$S=\frac{mV}{L}=\frac{1.2}{1.782}=0.6734$$

$$N_{OG}=\frac{1}{1-S}\ln\left[(1-S)\frac{Y_1-mX_2}{Y_2-mX_2}+S\right]$$

代入已知数据可得

$$N_{OG}=\frac{1}{1-0.6734}\ln\left[(1-0.6734)\frac{0.01335-0}{0.0001335-0}+0.6734\right]=10.74$$

$$H_{OG}=\frac{V}{K_Ya\Omega}=\frac{1.9847\times10^2}{200\times\frac{\pi}{4}\times(0.8)^2}=1.98\ (\mathrm{m})$$

填料层高度为

$$Z=H_{OG}N_{OG}=1.98\times10.74=21.26\text{ (m)}$$

【例 5-8】 在一内径为 0.8m、填料层高度为 4m 的吸收塔中，用清水吸收混合气中的溶质组分 B。塔内操作压强为 101.33kPa，温度为 25℃，混合气的体积流量为 1200m^3/h，进塔气相中组分 B 的组成为 0.04，出塔气相中组分 B 的组成为 0.008（均为摩尔分数），吸收剂用量为 100kmol/h。操作条件下平衡关系为 $Y^*=2X$，试求：①吸收剂用量为最少用量的多少倍？②气相总体积吸收系数 K_Ya。

解 清水吸收，液相入口浓度 $X_2=0$，计算均以 $X_2=0$ 为基准。

对于低浓度气体吸收，$y\approx Y$，$x\approx X$。

① 吸收剂用量为最少用量的倍数

$$Y_1=\frac{y_1}{1-y_1}=\frac{0.04}{1-0.04}=0.0417$$

$$Y_2=\frac{y_2}{1-y_2}=\frac{0.008}{1-0.008}=0.00806$$

由题意知 $X_2=0$，$m=2$。

标准状态下气体摩尔体积为 22.4 L/mol，在 25℃操作条件下，将低浓度气体的体积流量 q_V 转化为摩尔流量为

$$V=\frac{1200}{22.4}\times\frac{T^{\ominus}}{T}\times(1-0.0417)=47.03\text{ (kmol/h)}$$

最小液气时，塔底液相与入塔气相达到平衡，可得

$$L_{\min}=V\frac{Y_1-Y_2}{\dfrac{Y_1}{m}-X_2}=47.03\times\frac{0.0417-0.00806}{\dfrac{0.0417}{2}-0}=75.88\text{ (kmol/h)}$$

$$\frac{L}{L_{\min}}=\frac{100}{75.88}=1.3$$

② 气相总体积传质系数 K_Ya

$$\Omega=\frac{\pi}{4}D^2=\frac{\pi}{4}\times(0.8)^2=0.5024\text{m}^2$$

$$X_1=\frac{V}{L}(Y_1-Y_2)+X_2=\frac{47.03}{100}\times(0.0417-0.00806)+0=0.0158$$

$$\Delta Y_1=Y_1-mX_1=0.0417-2\times0.0158=0.0101$$

清水吸收，$X_2=0$，因此有

$$\Delta Y_2=Y_2-mX_2=Y_2=0.00806$$

$$\Delta Y_m=\frac{\Delta Y_1-\Delta Y_2}{\ln\dfrac{\Delta Y_1}{\Delta Y_2}}=\frac{0.0101-0.00806}{\ln\dfrac{0.0101}{0.00806}}=0.00904$$

$$K_Ya=\frac{V}{\Omega Z}\times\frac{Y_1-Y_2}{\Delta Y_m}$$

代入已知数据得

$$K_Ya=\frac{47.03}{0.5024\times4}\times\frac{0.0417-0.00806}{0.00904}=87.09\ [\text{kmol/(m}^3\cdot\text{h)}]$$

【例 5-9】 某厂吸收塔填料层高 4m，用水吸收尾气中的公害组分 A。在此情况下，测得的浓度如图 5-22 所示。已知平衡关系为 $y=1.5x$，试求：①气相总传质单元高度；②操作液气比为最小液气比的多少倍？③若填料层减小 1/4，回收量会是多少？

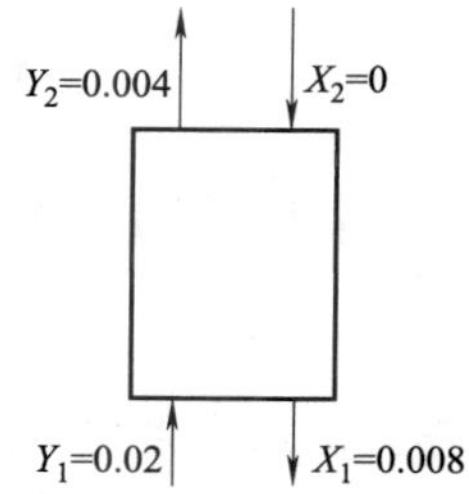

图 5-22　例 5-9 附图

解　清水吸收，液相入口浓度 $X_2=0$，计算均以 $X_2=0$ 为基准。

对于低浓度气体吸收，$y \approx Y$，$x \approx X$。

液气比为

$$\frac{L}{V}=\frac{y_1-y_2}{x_1-x_2}=\frac{0.02-0.004}{0.008-0}=2$$

① 气相总传质单元高度 H_{OG} 求算（采用吸收因数法）。

由液气比求得解吸因数 S 为

$$S=\frac{mV}{L}=\frac{1.5}{2}=0.75$$

进而求得气相总传质单元数为

$$N_{OG}=\frac{1}{1-S}\ln\left[(1-S)\frac{y_1-mx_2}{y_2-mx_2}+S\right]$$

代入已知数据得

$$N_{OG}=\frac{1}{1-0.75}\ln\left[(1-0.75)\frac{0.02-0}{0.004-0}+0.75\right]=2.77$$

气相总传质单元高度为

$$H_{OG}=\frac{Z}{N_{OG}}=\frac{4}{2.77}=1.44\ (\text{m})$$

② 求操作液气比为最小液气比的倍数。

操作液气比为

$$\frac{L}{V}=\frac{y_1-y_2}{x_1-x_2}=\frac{0.02-0.004}{0.008-0}=2$$

最小液气时，塔底液相与入塔气相达到平衡，可得

$$\left(\frac{L}{V}\right)_{\min}=\frac{y_1-y_2}{\dfrac{y_1}{m}-x_2}=\frac{0.02-0.004}{0.02/1.5-0}=1.2$$

所以

$$\left(\frac{L}{V}\right)/\left(\frac{L}{V}\right)_{\min}=2/1.2=1.67$$

③ 若填料层减小 1/4，其他操作条件不变，故 H_{OG} 不变，因此 N_{OG} 减小为原来的 1/4。

$$N'_{OG}=\frac{1}{1-S}\ln\left[(1-S)\frac{y_1-mx_2}{y'_2-mx_2}+S\right]=\left(1-\frac{1}{4}\right)N_{OG}=\frac{3}{4}\times 2.77=2.08$$

代入已知数据得

$$N'_{OG}=\frac{1}{1-0.75}\ln\left[(1-0.75)\frac{0.02-0}{y'_2-0}+0.75\right]=2.08$$

解得 $y'_2=5.36\times 10^{-3}$。

新工况参数下，求得气体回收量为

$$V'=V(y_1-y_2')=V\times(0.02-0.00537)=0.0146\ V$$

六、解吸塔的计算

使溶解于液相中的气体释放出来的操作称为解吸（或脱吸）。解吸是吸收的逆过程。其操作方法通常是将溶液与惰性气体或蒸气逆流接触。溶液自塔顶引入，在其下流过程中与来自塔底的惰性气体或蒸气相遇，气体溶质逐渐从液相释出，于塔底收取较纯净的溶剂，而塔顶则得到释出的溶质组分与惰性气体或蒸气的混合物。一般说来，应用惰性气体的解吸过程运用于溶剂的回收，不能直接得到纯净的溶质组分；应用蒸气的解吸过程，若原溶质组分不溶于水，则可用将塔顶所得混合气体冷凝并由凝液中分离出水层的办法得到纯净的原溶质组分。用洗油吸收焦炉气中的芳烃后，即可用此法获取芳烃，并使溶剂洗油得到再生。

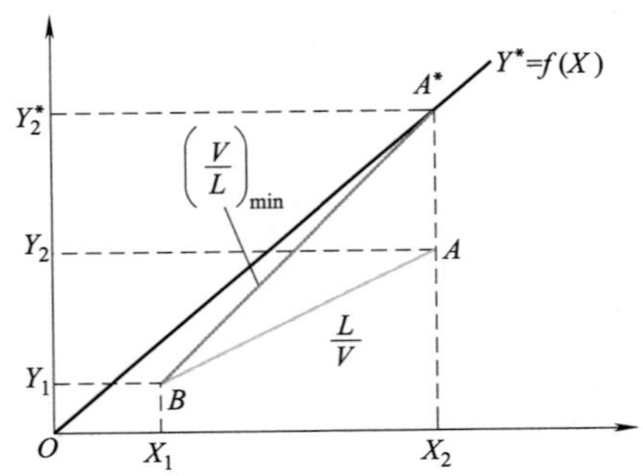

图 5-23　解吸的操作线和最小液气比

适用于吸收操作的设备同样适用于解吸操作，前面所述关于吸收的理论与计算方法也适用于解吸。但解吸过程中，溶质组分在液相中的实际浓度总是大于与气相成平衡的浓度，因而解吸过程的操作线总是位于平衡线的下方（图 5-23）。换言之，解吸过程的推动力应是吸收推动力的相反值。所以，只需将吸收速率式中推动力（浓度差）的前后项调换，所得计算公式便可用于解吸。

1. 解吸用气量和最小气液比

解吸时 L 一定，V 越小，$\frac{L}{V}$越大，当达到平衡点时，解吸操作线的斜率$\frac{L}{V}$最大，即气液比最小。

$$\left(\frac{V}{L}\right)_{\min}=\frac{X_2-X_1}{Y_2^*-Y_1}$$

适宜气液比为

$$\frac{V}{L}=(1.1\sim2.0)\left(\frac{V}{L}\right)_{\min}$$

2. 传质单元数法计算解吸填料层高度

解吸填料层高度计算式为

$$Z=N_{OL}H_{OL}$$

$$H_{OL}=\frac{L}{K_X a\Omega}$$

$$N_{OL}=\int_{X_1}^{X_2}\frac{dX}{X-X^*}$$

传质单元数可用吸收因数法计算

$$N_{OL}=\frac{1}{1-A}\ln\left[(1-A)\frac{X_2-X_1^*}{X_1-X_1^*}+A\right]$$

式中，$A=\frac{L}{mV}$，为吸收因数。

传质单元数也可以采用平均推动力法计算

$$N_{OL}=\frac{X_2-X_1}{\frac{\Delta X_2-\Delta X_1}{\ln\frac{\Delta X_2}{\Delta X_1}}}=\frac{X_2-X_1}{\Delta X_m}$$

式中

$$\Delta X_m=\frac{\Delta X_2-\Delta X_1}{\ln\frac{\Delta X_2}{\Delta X_1}}$$

$$\Delta X_1=X_1-X_1^*，\Delta X_2=X_2-X_2^*$$

第六节 填料塔

一、填料塔与填料

1. 填料塔的结构

填料塔是一种塔设备，主要用于增加气液两相的接触面积，从而提高传质效率。填料塔广泛应用于化工、石油、环保等领域，常见的应用包括气体吸收、蒸馏、萃取等过程。填料塔内部填充有特定高度的填料，液体从塔顶的液体分布器喷淋到填料上，并沿填料表面流下；气体从塔底送入，通过气体分布装置后与液体呈逆流连续通过填料层的空隙，在填料表面上气液两相密切接触进行传质。这种设计使得气液两相的组成沿塔高连续变化，在正常操作状态下，气相为连续相，液相为分散相。

填料塔的结构简单，包括填料、填料支承板、液体分布器、液体再分布器、气体和液体进出口接管等部件。

2. 填料

（1）填料的特性参数

1）比表面积

比表面积是指单位体积填料的表面积，用 a 表示，单位为 1/m。

2）空隙率

空隙率的定义为单位体积填料所提供的空隙体积，记为 ε，无量纲。

3）干填料因子与湿填料因子

干填料因子（Φ）是填料的比表面积与空隙率组成的复合量，定义为填料的比表面积与空隙率的三次方之比，即 $\Phi=\frac{a}{\varepsilon^3}$，单位为 1/m。

湿填料因子是指填料层内有液体流过时，润湿的填料实际比表面积与实际空隙率的三次方之比。

（2）工业上常用的填料

按装填方式分为乱堆填料和整砌填料，按使用效率分为普通填料和高效填料，按结构分为实体填料和网体填料。工业上常见的填料如图 5-24～图 5-28 所示。

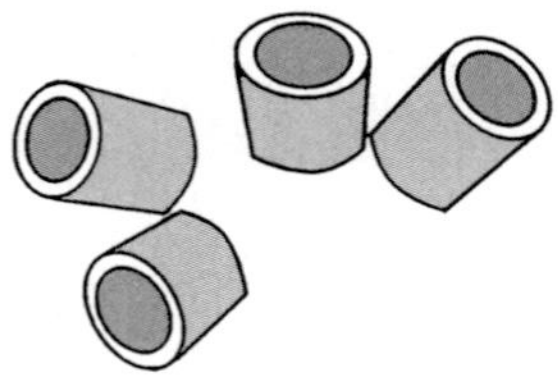

图 5-24　拉西环填料

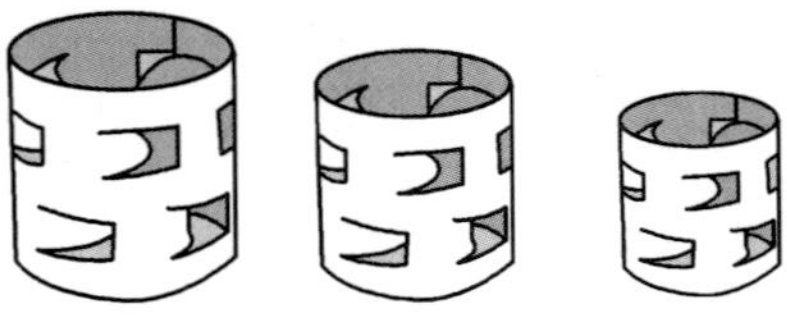

图 5-25　鲍尔环填料

图 5-26　阶梯环填料

图 5-27　金属鞍环填料

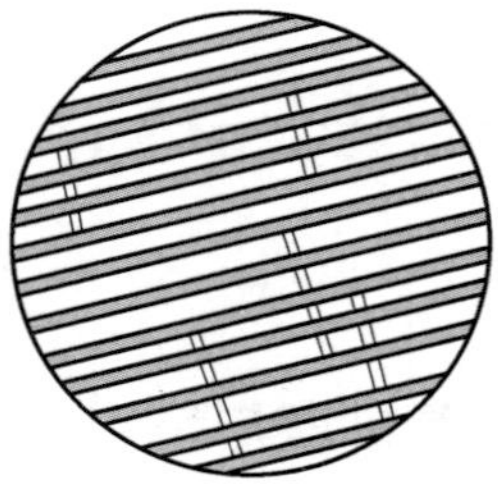

图 5-28　格栅填料

（3）新型填料

随着化工技术水平的高速发展，相继出现了一些新型填料，如多面球形填料、共轭环填料、海尔环填料、脉冲填料、泰勒花环填料、纳特环填料等。这些新型填料的主要特征如下：

① 比表面积大；

② 空隙率大；

③ 填料形状的优化通过点/线接触替代平面接触，降低流动阻力并改善流体分布，从而提升传质效率与操作稳定性。

二、填料塔的流体力学性能

1. 填料层的持液量

填料层的持液量是指单位体积填料所持有的液体体积，单位为 m^3/m^3。它是填料塔流体力学性能的重要参数之一。

填料的总持液量包括静持液量和动持液量。

静持液量是指在充分润湿的填料层中，气液两相不进料，且填料层中不再有液体流下时，填料层中的液体量。

动持液量是指填料塔停止气液两相进料后，经足够长时间排出的液体量。

2. 气体通过填料的压降

空塔气速：气体体积流量与塔截面积之比，用 u 表示，单位为 m/s。

① 当液体喷淋量一定时，气速不大，压降与气速的关系线与干填料层时的压降与气速关系线几乎平行，斜率仍为 1.8～2.0。

② 当气速增加到一定程度时，压降随气速变化关系线的斜率大于 2，此时压降急剧升高的第一个转折点（载点）对应的气速为载点气速。

③ 当气速再进一步增加时，超过某一极限值，液体不能顺利向下流动，此现象为液泛。此时压降与气速近似呈垂直线关系，出现第二个转折点，该点称为泛点。泛点是填料塔操作的上限，泛点对应的气速为泛点气速。

3. 泛点气速

泛点气速可通过埃克特（Eckert）通用关联图求取。气体流速正常的操作范围是载点气速与泛点气速之间。通常操作气速为泛点气速的 0.6～0.8。

三、填料塔的附件

填料塔的附件见图 5-29～图 5-31。

(a) 栅板型　(b) 孔管型　(c) 驼峰型

图 5-29　支承板

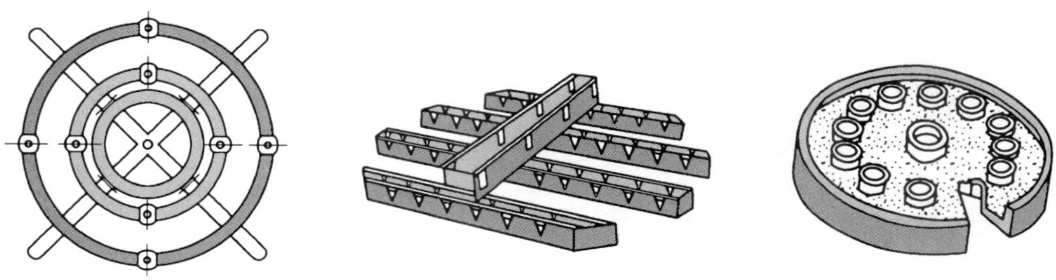

(a) 多孔管式分布器　(b) 槽式分布器　(c) 孔板式分布器

图 5-30　液体分布器

四、填料塔的操作与调节

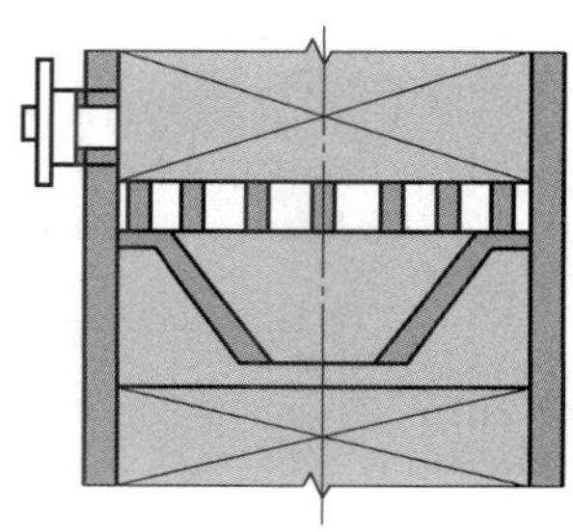

图 5-31　液体再分布器

填料塔的操作与调节主要包括下列几个步骤和注意事项。

1. 开塔前准备

机械清洗及检查：在塔内装入填料前，应彻底清洗塔体，检查塔内是否有脏物和碎屑；检查保温及伴热是否安装完毕；确认滴孔是否打开；检查管路系统各阀门的启闭情况；检查仪表的使用情况。

2. 开塔运行

① 加热和加压：对塔进行加热，使其接近操作温度；对塔进行加压，使其达到正常操作压力。

② 加入原料：向塔中加入原料，开启再沸器和各加热器的热源，并开启塔顶冷凝器和各冷却器的电源。

③ 逐步调整操作条件：对塔的操作条件和参数进行逐步调整，确保液体分布均匀，防止填料局部过流影响传质效果；控制好压力变化，避免气相变化过大。

3. 停车操作

① 逐步减少加料：逐渐减少加料，相应地减少加热剂和冷却剂用量。

② 排放存液：排放塔中存液，进行塔的降压和降温，最后用水清洗塔。

小结

吸收是化工原理中典型的传质单元操作，在工业生产中有着广泛的应用，可用于制取液体、回收混合气中的有用成分、净化气体等。本章主要知识点间的联系如下所示。

气液吸收相平衡关系

1. 亨利定律的四种形式：$p_A^* = Ex_A$；$p_A^* = \dfrac{c_A}{H}$；$y^* = mx$；$Y^* = mX$。

2. 亨利系数 E、H、m 的关系：$H \approx \dfrac{\rho_s}{EM_s}$；$m = \dfrac{E}{p}$。

3. 相平衡关系的应用：

(1) 判断传质方向：

①$x < x^*$ 或 $y > y^*$，由气相到液相——吸收。

②$x > x^*$ 或 $y < y^*$，由液相到气相——解吸。

(2) 指明传质极限：

①气相出口最低组成：$y_{2,\min} \geqslant y_2^* = mx_2$。

②液相出口最高组成：$x_{1,\max} \leqslant x_1^* = \dfrac{y_1}{m}$。

(3) 确定传质推动力：实际组成与平衡组成的偏离程度越大，过程推动力越大，传质速率越大。

传质速率方程

1. 单相传质速率方程：

(1) 气相 $N_A = k_G(p - p_i) = \dfrac{p - p_i}{\dfrac{1}{k_G}} = \dfrac{\text{气膜传质推动力}}{\text{气膜传质阻力}}$。

(2) 液相 $N_A = k_L(c_i - c) = \dfrac{c_i - c}{\dfrac{1}{k_L}} = \dfrac{\text{液膜传质推动力}}{\text{液膜传质阻力}}$。

2. 总传质速率方程：

(1) 与膜系数相对应的吸收速率式：

$N_A = k_G(p - p_i)$，$N_A = k_y(y - y_i)$，$N_A = k_Y(Y - Y_i)$。

$N_A = k_L(c_i - c)$，$N_A = k_x(x_i - x)$，$N_A = k_X(X_i - X)$。

(2) 与总系数相对应的吸收速率式：

$N_A = K_G(p - p^*)$，$N_A = K_Y(Y - Y^*)$，$N_A = K_y(y - y^*)$。

$N_A = K_L(c^* - c)$，$N_A = K_X(X^* - X)$，$N_A = K_x(x^* - x)$。

吸收

传质理论

1. 对流传质：

(1) 分子扩散：

①菲克定律：$J_A = -D_{AB}\dfrac{dc_A}{dz}$。

②等摩尔逆向扩散：任一截面处两组分的扩散速率相等，方向相反。

(2) 涡流扩散：$J_{AE} = -D_E\dfrac{dc_A}{dz}$。

2. 传质的理论模型：

(1)单相内对流传质的有效膜模型。

(2)两相间传质的双膜理论：

① 对于易溶气体，传质阻力主要集中在气相，为气膜控制过程：

$$\frac{1}{k_y} \gg \frac{m}{k_x} \Rightarrow \frac{1}{K_y} \approx \frac{1}{k_y} \Rightarrow K_y \approx k_y$$

② 对于难溶气体，传质阻力主要集中在液相，为液膜控制过程：

$$\frac{1}{k_x} \gg \frac{1}{mk_y} \Rightarrow \frac{1}{K_x} \approx \frac{1}{k_x} \Rightarrow K_x \approx k_x$$

吸收塔有关计算

1. 吸收液用量：

(1) 全塔物料衡算：$\dfrac{L}{V} = \dfrac{Y_1 - Y_2}{X_1 - X_2}$。

(2) 操作线方程：$Y = \dfrac{L}{V}X + \left(Y_2 - \dfrac{L}{V}X_2\right)$。

(3) 最小液气比：$\left(\dfrac{L}{V}\right)_{\min} = \dfrac{Y_1 - Y_2}{X_{1,\max} - X_2}$。

2. 填料层高度

(1) 基本计算式：$Z = N_{OG}H_{OG}$。

(2) 求 N_{OG} 的三种方法：对数平均推动力法、吸收因数法、图解法。

思考题

5-1　在选择吸收剂用于去除工业排放气体中的有害污染物时，应该考虑哪些关键因素？请简述这些因素如何影响吸收剂的选择和操作效率。

5-2　在物理吸附过程中，如何根据气体和溶剂的性质来判断气体在溶剂中的溶解性？

5-3　在亨利定律中，常数 E、H 和 m 是如何随温度和压力变化的？

5-4　气液相平衡关系中，(1) 若温度下降，亨利常数将如何变化？(2) 在一定温度下，气相总压升高，相平衡常数 m 如何变化？是否有利于吸收？若气相组成 y 为一定值，总压降低，液相 x 将如何变化？

5-5　当气体中的某种溶质与液体接触时，如何根据溶质的分压和液体中的浓度来判断溶质传递的方向？

5-6　气体分子扩散系数与温度、压力有何关系？液体分子扩散系数与温度、黏度有何关系？

5-7　请解释有效膜理论如何描述对流传质过程，并说明如何基于该理论推导传质速率方程。

5-8　双膜理论是如何解释气液两相间的传质过程的？请简述该理论的主要假设。

5-9　在气液传质过程中，总传质系数与气液两相的膜传质系数之间存在怎样的关系？请阐述它们之间的相互联系。

5-10　用浓硫酸吸收气相中的水蒸气，属于气膜控制还是液膜控制？判断依据是什么？

5-11　在逆流操作的吸收塔中，当进塔气体组成 Y_1 及进塔液体组成 X_2 已定时，最小液气比 $\left(\frac{L}{V}\right)_{\min}$ 与溶质的吸收率 η 有何关系？

5-12　在传质过程中，传质单元数与传质推动力之间有何联系？同时，传质单元高度如何与传质阻力相关联？

5-13　在气液传质过程中，气相传质单元高度如何随气相总压力变化？液相传质单元高度又如何随液相总浓度变化？请描述这些操作变量与传质单元高度之间的相互影响。

5-14　在气液吸收过程中，液气比 $\left(\frac{L}{V}\right)$ 的变化如何影响气相传质单元数 (N_{OG})？请解释液气比与传质单元数之间的关系。

5-15　在吸收塔中，吸收效率的变化是如何影响气相传质单元数量的？请解释吸收效率与传质单元数之间的联系。

5-16　在常压下用水逆流吸收空气中的 CO_2，若将用水量增加，则出口气体中的 CO_2 量、气相总传质系数 K_y、出塔液体中的 CO_2 浓度将如何变化？

习题

[5-1]　一种气液混合物中，Cl_2 的体积分数为 20%，与水充分接触，在 25℃下，总压为 101.33kPa。试求液相中 Cl_2 的平衡组成，分别以摩尔分数和物质的量浓度表示（在操作范围内亨利定律可使用。25℃时，Cl_2-水溶液的亨利系数 $E=0.604\times10^5$kPa）

[答案：$x^*=3.356\times10^{-4}$，$c^*=1.86\times10^{-2}$kmol/m^3]

[5-2]　将一定量的氮气通入装有水的鼓泡吸收器中，经过充分接触后，测得水中氮气的平衡浓度为 1.25×10^{-2}kmol/m^3，鼓泡器内总压为 105.5kPa，温度为 25℃，溶液密度为 980kg/

m^3。请计算：(1) 氮气在水中的亨利系数 E；(2) 溶解度系数 H；(3) 相平衡常数 m。

[答案：(1) 4.54×10^5kPa；(2) 1.233×10^{-4}kmol/(m^3·kPa)；(3) 4303.32]

[5-3] 已知在101.3kPa（绝对压力）下，100g水中含氯化氢1g的溶液上方的平衡氯化氢气分压为987Pa。假设在上述范围内气液平衡关系服从亨利定律，氯化氢水密度均为1000kg/m^3。试求：(1) 溶解度系数 H；(2) 亨利系数 E；(3) 相平衡常数 m；(4) 总压提高到200kPa（表压）时的 H、E、m 值。

[答案：(1) 2.746×10^{-4}kmol/(m^3·Pa)；(2) 2.0×10^5Pa；(3) 1.98；(4) 由于 H 和 E 仅是温度的函数，当总压提高到200kPa时，按照亨利定律，溶解度系数 H 不受总压变化的影响。因此，$H=2.746\times10^{-4}$kmol/(m^3·Pa)，亨利系数 E 不受总压变化的影响，仍为之前计算的值。而 $m=E/p$，所以相平衡常数与总压有关，$m=0.666$]

[5-4] 在压力为101.3kPa的吸收器内用水吸收混合气中的二氧化碳，设混合气中二氧化碳的浓度为0.03（摩尔分数），试求所得二氧化碳水溶液的最大物质的量浓度。已知操作温度25℃下的相平衡关系为 $p_A^*=3000x$。

[答案：0.056kmol/m^3]

[5-5] 在压力101.3kPa，温度30℃下，含 CO_2 为10%（体积分数）的空气-CO_2 混合气与水充分接触，试求液相中 CO_2 的物质的量浓度。

[答案：3.00×10^{-3}kmol/m^3]

[5-6] 含氧气为20%（体积分数）的空气和氧气混合气体在压力为600kPa、温度30℃下通入盛有1.5m^3 水的2.5m^3 密闭贮槽，当混合气通入量为1.2m^3 时停止进气。经长时间后，将全部水溶液移至膨胀床中，并减压至25kPa，设氧气大部分放出，求减压后能多获得多少氧气？设操作温度为30℃，氧气在水中的平衡关系服从亨利定律，亨利系数 E 为 2.0×10^5kPa。

[答案：0.35kg]

[5-7] 进入吸收器的混合气体中，NH_3 的体积分数为10%，吸收率为90%，求离开吸收器时 NH_3 的组成，以摩尔比 Y 和摩尔分数 y 表示。

[答案：0.011；0.01088]

[5-8] 用清水吸收混合气中的 NH_3，进入吸收塔的混合气中含 NH_3（体积分数）6%，吸收后混合气中含 NH_3（体积分数）0.4%，出口溶液的摩尔比为0.012。此物系的平衡关系为 $Y^*=0.76X$，气液逆流流动，试求塔顶、塔底的气相传质推动力。

[答案：塔顶气相传质推动力为 4.02×10^{-3}，塔底气相传质推动力为0.0549]

[5-9] 在填料吸收塔内用水吸收空气中的残留有害物质苯，已知某截面上的气、液两相组成为 $p_A=12$kPa，$c_A=3$kmol/m^3，设在一定的操作温度、压力下，苯在水中的溶解度系数 H 为0.3kmol/(m^3·kPa)，液相传质分系数为 $k_L=1.5\times10^{-5}$kmol/(m^2·s·kmol/m^3)，气相传质分系数为 $k_G=1.2\times10^{-5}$kmol/(m^2·s·kPa)。请以分压表示吸收总推动力、总阻力、总传质速率及液相阻力的分配。

[答案：总推动力2kPa，气相传质总阻力 3.055×10^5(m^2·s·kPa)/kmol，液相传质总阻力 0.917×10^5(m^2·s·kPa)/kmol，总传质速率 6.55×10^{-6}kmol/(m^2·s)，液相阻力的分配72.7%，此吸收过程为液相传质阻力控制过程]

[5-10] 某填料吸收塔用于吸收混合气中的可溶组分，原操作条件下，吸收剂入口摩尔分数为 $x_2=0.0004$，气体入口体积分数为 $y_1=0.02$，液气比 $\frac{L}{V}=2.5$，回收率可达0.95。已知该物

系的平衡关系为 $y=1.5x$。现因操作条件变化，吸收剂入口摩尔分数升至 $x_2'=0.00055$，试求：(1) 可溶组分的回收率下降至多少？(2) 液相出塔摩尔分数 x_1' 升高至多少？

[答案：(1) 0.94；(2) 0.00821]

[5-11]　在一吸收塔中，用清水在总压 0.1MPa、温度 20℃ 的条件下吸收混合气体中的 CO_2，将其组成从 2%降至 0.1%（摩尔分数）。20℃ 时 CO_2 水溶液的亨利系数 $E=144\text{MPa}$，吸收剂用量为最小用量的 1.2 倍。试求：(1) 液气比 $\dfrac{L}{V}$ 及溶液出口组成 X_1；(2) 总压改为 1MPa 时的 $\left(\dfrac{L}{V}\right)'$ 及 X_1'。

[答案：(1) 1642.9，1.18×10^{-5}；(2) 164.29，1.18×10^{-4}]

[5-12]　一填料塔用稀硫酸逆流吸收混合气中的二氧化硫。已知操作条件下气相总传质单元高度为 1.8m，进塔混合气中 SO_2 的体积分数为 0.03，出塔尾气中 SO_2 的体积分数为 0.004，出塔硫酸溶液中 SO_2 的体积分数为 1.5%，操作条件下的气液平衡关系为 $Y=1.2X$（Y 为气相中 SO_2 的体积分数，X 为液相中 SO_2 的体积分数，单位已统一）。试求：(1) 液气比为最小液气比的多少倍？(2) 所需的填料层高度？(3) 若气液流量和初始组成不变，要求尾气中 SO_2 的体积分数降至 0.0025，则此时的填料层高度为多少？

[答案：(1) 1.69；(2) 6.44m；(3) 8.64m]

[5-13]　某逆流操作的吸收塔用碱液吸收气体中的酸性组分。已知该塔填料层总高度为 10m，平衡关系为 $Y=2X$，测得气体进、出口浓度分别为 $Y_1=0.05$，$Y_2=0.005$（均为摩尔比）。试求：(1) 平衡时液体出口端浓度；(2) 若 $\dfrac{L}{V}=1.2\left(\dfrac{L}{V}\right)_{\min}$ 时的实际液气比；(3) 气相总传质单元高度 H_{OG}；(4) 如果要求气体出口浓度降低到 $Y_2'=0.003$，在保持液气比不变的条件下，需要填料层高度提高多少？

[答案：(1) $X_1^*=0.025$；(2) 2.16；(3) 1.43m；(4) $\Delta Z=5.12\text{m}$]

[5-14]　当通过一个高度为 0.8m 的传质单元时，混合气体中的 CO_2 含量为 0.06（摩尔分数），标准状态下流量为 300m³/h。要求 CO_2 的吸收率为 95%，操作液气比为最小液气比的 1.6 倍。操作条件下，液相组成为 $Y^*=1200X$。试求：(1) 吸收液组成和吸收剂流量；(2) 操作线方程；(3) 填料层高度。

[答案：(1) $x_1=3.33\times10^{-5}$，$L=22963\text{kmol/h}$；(2) $Y=1824X+3.26\times10^{-3}$；(3) 4.71m]

[5-15]　在逆流吸收的填料吸收塔中，采用清水作为溶剂，用于吸收空气和氨混合气中的氨。氨气在气相中以流率 0.65kg/(m²·s) 存在。操作液气比为最小液气比的 1.6 倍，满足平衡关系 $Y^*=0.92X$。气相总传质系数 K_Ya 为 0.043kmol/(m³·s)。试求：吸收率由 95%提高到 99%时，填料层高度的变化？

[答案：$\dfrac{Z'}{Z}=1.65$]

[5-16]　某化工厂的塔内使用填料层进行吸收操作，填料层的高度为 4m，用水吸收尾气中的有害组分苯蒸气。已知平衡关系为 $Y=1.5X$，塔顶 $X_2=0$，$Y_2=0.004$，塔底 $X_1=0.008$，$Y_1=0.02$。试求：(1) 气相总传质单元高度；(2) 操作液气比为最小液气比的多少倍？(3) 由于法定排放浓度 Y_2 必须小于 0.002，所以拟将填料层加高，若液气流量不变，传质单元高度的变化亦可忽略不计，则填料层应加高多少？

[答案：(1) 1.44m；(2) 1.67 倍；(3) 增加 2.78m]

[5-17]　在工业生产中，一种常见的废气处理方法是利用填料塔进行气液吸收处理。假设某

焦化厂焦炉气中含有 8g/m^3 的氨，氨气处理量为 4500m^3/h，需要用水吸收氨，回收率为 95%，吸收剂用量为最小用量的 1.5 倍，操作压力为 101.33kPa，温度为 30℃，气液平衡关系为 $Y^*=1.2X$（Y、X 为摩尔比）。填料塔内气相总体积吸收系数为 0.06kmol/(m^3·h)，空塔气速为 1.2 m/s。试求：(1) 所需的水量 L；(2) 塔径 D；(3) 塔高 Z。

[答案：(1) $L=6124$kg/h；(2) $D=1.21$m；(3) $Z=5.07$ m]

[5-18] 某工厂现有一直径为 0.6 m，填料层高度为 6 m 的吸收塔，用纯溶剂吸收某混合气体中的有害组分。现场测得的数据如下：气体流量 $V=500m^3/h$，初始有害组分浓度为 $Y_1=0.02$，末端有害组分浓度为 $Y_2=0.004$，进口有害组分浓度为 $X_1=0.004$。已知操作条件下的气液平衡关系为 $Y=1.5X$。现在要求出塔气体组成低于 0.002（摩尔比），该工厂计划通过增加填料层高度来实现，请计算填料层增加的高度。

[答案：3.054m]

[5-19] 在一废气处理系统中，使用纯溶剂在填料吸收塔内逆流吸收某混合气体中的可溶组分。该混合气体的处理量为 1.25m^3/s，要求溶质的回收率为 99.2%。操作液气比为 1.71，吸收过程为气膜控制。已知在 10℃下，相平衡关系为 $Y^*=0.5X$，气相总传质单元高度为 0.8m。试求：(1) 在吸收温度升至 30℃时，溶质的吸收率会降低至多少（30℃时相平衡关系下，$Y=1.2X$）；(2) 为了维持原吸收率，应采取什么措施，并说明（定量计算其中的 2 个措施）。

[答案：(1) $\eta'=0.95$；(2) 增大操作液气比：通过增大操作液气比，可以提高溶质在溶剂中的质量传递效率，从而维持原吸收率，计算在 30℃下需要 $L'=2.4L$；增大填料层高度：增大填料层高度可以增加气液接触面积，提高传质效率，从而维持原吸收率，计算在 30℃下需要填料层高度的增加量 $\Delta Z=4.664$m]

[5-20] 在一吸收-解吸联合流程中，吸收塔内用溶剂逆流吸收混合气体中的组分 A。入塔气体中组分 A 的浓度为 0.03（摩尔分数，下同），吸收操作条件下，平衡关系为 $Y^*=0.125X$，吸收操作液气比为 0.2444，进塔溶剂中组分 A 的浓度为 0.007，出塔气体中组分 A 的浓度降至 0.0015，气相总传质单元高度为 0.6m。吸收塔排出的液体升温后在解吸塔内用过热蒸汽逆流解吸，解吸塔内操作气液比为 0.4，解吸条件下的相平衡关系为 $Y^*=3.16X$，气相总传质单元高度为 1.3m。试求：(1) 吸收塔填料层的高度；(2) 解吸塔填料层的高度。

[答案：(1) 3.9m；(2) 11.99m]

本章符号说明

英文

- a 单位体积填料的有效表面积，m^2/m^3；单位体积填料的比表面积，m^2/m^3
- A 气液接触面积，m^2；吸收因数
- c_A 溶液中溶质 A 的浓度，kmol/m^3
- c 溶液的总浓度（溶液中溶剂浓度与溶质浓度之和），kmol/m^3
- c_{Sm} 截面上溶剂浓度的对数平均值，kmol/ m^3
- D 分子扩散系数，m^2/s；塔直径，m
- D_E 涡流扩散系数，m^2/s
- E 亨利系数，kPa
- F 传质面积，m^2
- g 重力加速度，m/s^2
- V 惰性气体流量，kmol/s
- H 溶解度系数，kmol/(m^3·kPa)
- H_{OG} 气相总传质单元高度，m
- H_{OL} 液相总传质单元高度，m
- J 扩散速率，kmol/(m^3·s)
- J_{AE} 涡流扩散速率，kmol/(m^2·s)
- k_G 气膜传质系数，kmol/(m^2·s·kPa)
- k_L 液膜传质系数，kmol/(m^2·s·kmol/m^3)，m/s
- K_G 气相总传质系数，kmol/(m^2·s·

kPa)

K_L 液相总传质系数，kmol/(m^2·s·kmol/m^3)，m/s

L 溶剂流量，kmol/s；喷淋密度，kmol/(m^2·s)

$\overline{M}$ 平均摩尔质量，kg/kmol

m 相平衡常数

N 传质速率，kmol/(m^2·s)

N_{OG} 气相总传质单元数

N_{OL} 液相总传质单元数

p 总压力，kPa

p_A 溶质A的分压力，kPa

p_i 气液界面处溶质A的分压力，kPa

p_{Bm} 惰性气体在扩散距离两端分压力的对数平均值，kPa

R 摩尔气体常数，kJ/(kmol·K)

S 解吸因数

T 温度，K

X 溶液中溶质与溶剂的摩尔比

x 溶液中溶质的摩尔分数

Y 混合气体中溶质与惰性气体的摩尔比

y 混合气体中溶质的摩尔分数

z 扩散距离，m

Z 填料层的高度，m

希文

ε 空隙率，m^3/m^3

η 吸收率

μ 黏度，Pa·s

ρ 密度，kg/m^3

Φ 填料因子，1/m

Ω 塔的横截面积，m^2

下标

1 浓端（逆流操作的吸收塔底或解吸塔塔顶）

2 稀端（逆流操作的吸收塔顶或解吸塔塔底）

A 溶质

B 惰性气体

G 气相

L 液相

i 界面

S 溶剂

第六章

蒸　馏

目标导学

［目的］ 通过本章的学习，要求了解理想溶液与拉乌尔定律、非理想溶液的气液平衡、简单蒸馏、平衡蒸馏、精馏原理、精馏装置的热量衡算，掌握泡点方程和露点方程、t-x-y 图和 x-y 图、挥发度和相对挥发度、相平衡方程、理论塔板和恒摩尔流概念、精馏塔的采出率及回收率、物料衡算与操作线方程、进料位置与进料热状态、逐板计算法与图解法、单板效率、全塔效率与实际塔板数、回流比的影响及其选择、最小回流比、全回流与适宜回流比、理论塔板数的简捷算法。

［重点］ 泡点方程和露点方程、t-x-y 图和 x-y 图、挥发度和相对挥发度、相平衡方程。

［难点］ 物料衡算与操作线方程、精馏装置的热量衡算。

［内容导图］

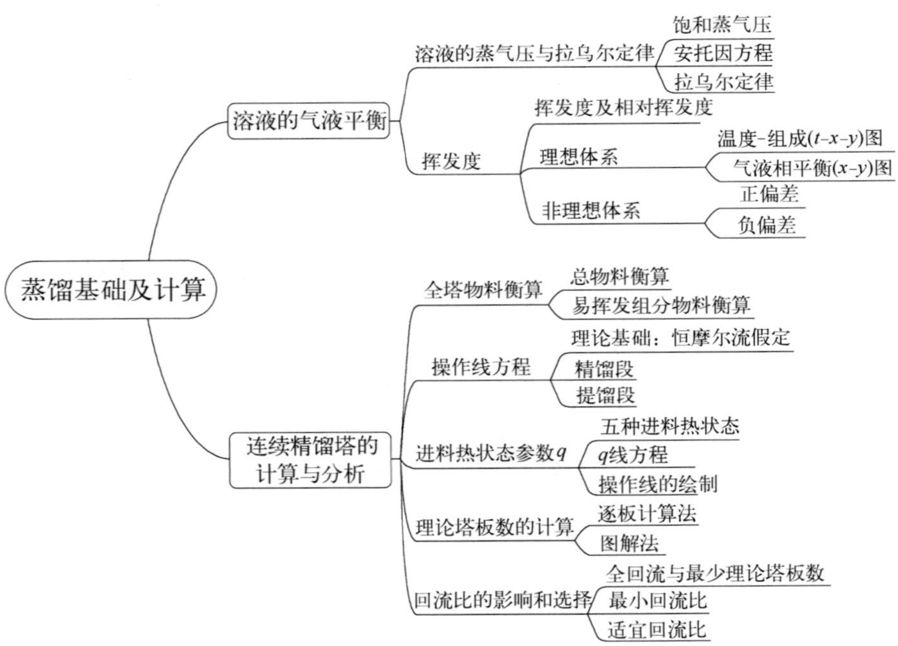

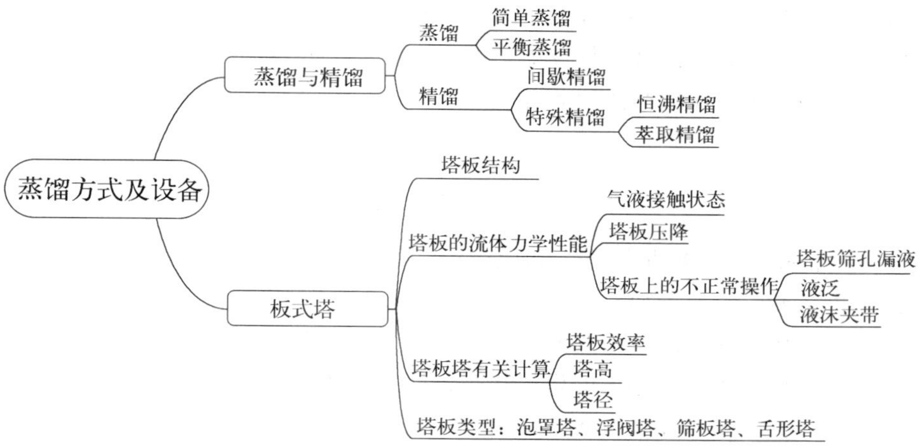

乙烯是重要的有机化工基本原料，主要用于生产聚乙烯、乙丙橡胶、聚氯乙烯等。目前工业上生产乙烯有传统的石油化工路线，还有近年发展的现代煤化工路线。传统的石油化工路线的生产过程主要是对石油炼制得到的石脑油、裂解油等原料进行蒸馏、裂解等工艺处理，得到含有乙烯等成分的裂解气，然后再通过化学反应生成乙烯。现代煤化工中，甲醇制烯烃技术（MTO）的应用前景广阔。它不仅能够促进非石油资源生产低碳烯烃的煤化工新路线发展，还有助于解决甲醇市场出路问题，对化工行业和相关产业具有深远的影响。其中高效甲醇制烯烃全流程技术获得了2017年国家科技进步一等奖。无论以上哪种生产路线都少不了蒸馏操作，它是分离液相混合物系最常用的方法和典型的单元操作，广泛地用于化工、石油、医药、食品、冶金、环保等多个领域。

对于均相物系，必须将其转化为两相物系才能实现分离。这一过程的原理是基于物系中不同组分间某种物性的差异，促使某个组分或某些组分从一相向另一相转移。

蒸馏在化学工业中的应用十分广泛，其历史也最为悠久，因此它是分离（传质）过程中最重要的单元操作之一。这种操作是将液体混合物部分汽化，利用其中各组分挥发度不同的特性来实现分离的目的，而这一过程是通过液相和气相间的质量传递来实现的。有回流的蒸馏是把蒸馏出来的馏出液一部分送回蒸馏设备，可使产品纯度更高。这种有回流的蒸馏方式称为精馏。

蒸馏过程可以按不同方法分类，按照操作方式可分为间歇蒸馏和连续蒸馏，按蒸馏方法可分为简单蒸馏、平衡蒸馏（或闪蒸）、精馏和特殊精馏等。

一般较易分离的物系或对分离要求不高时，可采用简单蒸馏或闪蒸，较难分离的可采用精馏，很难分离的或用普通精馏不能分离的可采用特殊精馏。工业中以精馏的应用最为广泛，按操作压力可分为常压精馏、加压精馏和减压精馏，根据待分离混合物中组分的数目可以分为两（双）组分和多组分精馏。因两组分精馏计算较为简单，故常以两组分溶液的精馏原理为计算基础，然后引申用于多组分精馏的计算。在本章中将着重讨论常压下的两组分连续精馏，且只限于两组分理想溶液。

第一节　双组分溶液的气液相平衡

一、溶液的蒸气压及拉乌尔定律

一定温度下，在密闭容器内若纯组分液体达到气液两相相互平衡状态，则称为饱和状态。其蒸气为饱和蒸气，压力为饱和蒸气压，简称蒸气压。

液体的饱和蒸气压是表示液体挥发能力的一种属性。液体的挥发能力越大，其蒸气压就越大。纯组分的饱和蒸气压仅与温度 t 有关，可采用实测数据或安托因方程进行推算，具体如下：

$$\ln p^0 = A - \frac{B}{t+C} \tag{6-1}$$

式中，p^0 为纯组分液体的饱和蒸气压，kPa；t 为温度，℃；A、B、C 为常用液体的安托因常数值，可由有关手册查得。

在一定温度和压强下，溶液与其上方蒸气达到气液平衡时，组分在两相间传质速率达到动态平衡，系统实现组成不再变化的稳定状态，称为气液相平衡。

根据溶液中同分子间与异分子间的作用力差异，可将溶液分为理想溶液和非理想溶液两种。大量的实验结果表明，对于理想溶液，当达到气液平衡状态时，遵循拉乌尔定律，即

$$p_A = p_A^0 x_A,\ p_B = p_B^0 x_B = p_B^0 (1-x_A) \tag{6-2}$$

式中，p 为溶液上方组分的平衡分压，Pa；p^0 为同温度下纯组分的饱和蒸气压，Pa；x 为溶液中组分的摩尔分数；下标 A 表示易挥发组分；下标 B 表示难挥发组分。

通常略去上式中的下标，习惯上以 x 表示液相中易挥发组分的摩尔分数，以 $1-x$ 表示难挥发组分的摩尔分数；以 y 表示气相中易挥发组分的摩尔分数，以 $1-y$ 表示难挥发组分的摩尔分数。在本章以后的学习中一直沿用这种规定，将不再说明。

严格地说，理想溶液是不存在的。但是，对于那些由性质非常相近、分子结构非常相似的组分组成的溶液，例如苯-甲苯、甲醇-乙醇、烃类同系物等，均可视为理想溶液。对于非理想溶液的气液平衡关系，可用修正的拉乌尔定律或实验数据来表示。

二、挥发度及相对挥发度

挥发度用于表示物质的气液平衡关系，是反映物质挥发能力的物理量。通常，纯液体的挥发度是指该液体在一定温度下的饱和蒸气压。而溶液中各组分的蒸气压因组分间的相互影响要比纯态时低，故溶液中各组分的挥发度 v_A 可用它在蒸气中的分压和与之平衡的液相中的摩尔分数之比来表示，即

$$v_A = \frac{p_A}{x_A} \tag{6-3}$$

对于理想溶液，因符合拉乌尔定律，则

$$v_A = \frac{p_A}{x_A} = \frac{p_A^0 x_A}{x_A} = p_A^0 \tag{6-4}$$

同理

$$v_B = \frac{p_B}{x_B} = \frac{p_B^0 x_B}{x_B} = p_B^0 \tag{6-5}$$

由此可知，溶液中组分的挥发度是随温度而变的，因此在使用上不甚方便，故引出相对挥发度的概念。

习惯上将溶液中易挥发组分的挥发度与难挥发组分的挥发度之比称为相对挥发度，以 $\alpha_{A\text{-}B}$ 或 α 表示，其表达式为

$$\alpha=\frac{v_A}{v_B}=\frac{p_A^0}{p_B^0} \tag{6-6}$$

式（6-6）表明，理想溶液中组分的相对挥发度等于同温度下两纯组分的饱和蒸气压之比。由于 p_A^0 及 p_B^0 均随温度沿相同方向而变化，因而两者的比值变化不大，故一般将 α 视为常数，计算时可取平均值。

对于两组分溶液，当总压不高时可得

$$\frac{y_A}{y_B}=\alpha\frac{x_A}{x_B},\quad \frac{y_A}{1-y_A}=\alpha\frac{x_A}{1-x_A}$$

上式解出 y_A，并略去下标可得

$$y=\frac{\alpha x}{1+(\alpha-1)x} \tag{6-7}$$

若 α 为已知，可利用式（6-7）由 x（或 y）求得平衡时的 y（或 x）。该式表示互成平衡的气液两相组成 y 与 x 的关系，称为理想溶液的气液平衡方程。

由式（6-7）可知，相对挥发度 α 值的大小可以用来判断某混合液是否能用蒸馏方法加以分离以及分离的难易程度。若 $\alpha>1$，表示组分 A 比组分 B 容易挥发，α 越大，分离越易。若 $\alpha=1$，由式（6-7）可知 $y=x$，即气相组成等于液相组成，此时不能用普通蒸馏的方法分离该混合液。

三、理想溶液的气液相平衡

1. 温度-组成图

蒸馏操作通常在一定的外压下进行，溶液的沸点随组成而变。溶液的温度-组成图（t-x-y 图）是分析蒸馏原理的理论基础。

在总压 $p=101.3$kPa 下，苯-甲苯混合液的温度-组成图（t-x-y 图）如图 6-1 所示。图中以 t 为纵坐标，以液相组成 x 或气相组成 y 为横坐标。上方的曲线为 t-y 线，表示混合液的沸点和平衡气相组成 y 之间的关系。此曲线称为饱和蒸气线。下方的曲线为 t-x 线，表示混合液的沸点和平衡液相组成 x 之间的关系。此曲线称为饱和液体线。上述的两条曲线将 t-x-y 图分成了三个区域。饱和液体线以下的区域表示未沸腾的液体，称为液相区；饱和蒸气线上方的区域表示过热蒸气，称为过热蒸气区；两曲线包围的区域表示气液同时存在，称为气液共存区。

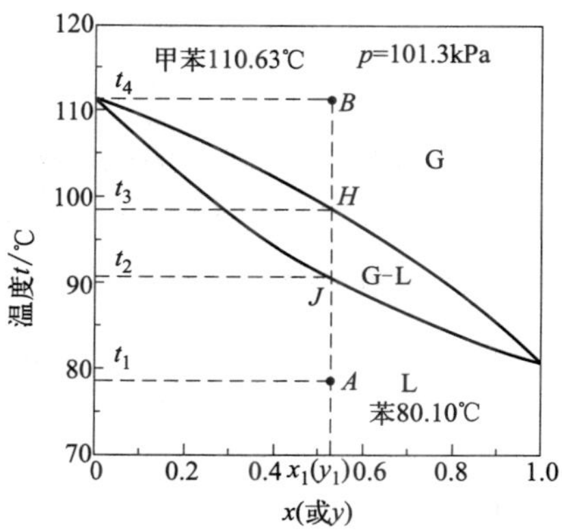

图 6-1 苯-甲苯混合液的 t-x-y 图（G 表示气相，L 表示液相）

若将温度为 t_1、组成为 x_1（图 6-1 中的点 A）的混合液加热，当温度升高到 t_2（点 J）时，溶液开始沸腾产生第一个气泡，相应的温度称为泡点温度。因此，饱和液体线又称泡点线。同样，若将温度为 t_4、组成为 y_1（点 B）的过热混合蒸气冷却，当温度降到 t_3（点 H）时，混合气开始冷凝产生第一滴液体，相应的温度称为露点温度。因此，饱和蒸气线又称露点线。通常，t-x-y 关系的数据由实验测得。对于理想溶液，也可用纯组分的饱和蒸气压数据按拉乌尔定律及理想气体分压定律进行计算。

（1） x-t（泡点）关系式

液相为理想溶液，在一定温度下气液两相达到平衡时，服从拉乌尔定律式（6-2）；而气相为理想气体，符合道尔顿分压定律，即

$$y_A=\frac{p_A}{p}=\frac{p_A^0 x_A}{p} \tag{6-8}$$

混合液沸腾的条件是各组分的蒸气压之和等于外压，即

$$p=p_A+p_B=p_A^0 x_A+p_B^0(1-x_A)$$

于是

$$x_A=\frac{p-p_B^0}{p_A^0-p_B^0}$$

若略去 x_A 中的下标 A，上式可写成

$$x=\frac{p-p_B^0}{p_A^0-p_B^0} \tag{6-9}$$

式中，x 为液相中易挥发组分的摩尔分数；p 为总压，kPa；p_A^0 和 p_B^0 为温度 t 时溶液中纯组分 A 和 B 的饱和蒸气压，kPa。

当总压 p 一定，气液两相在温度 t 时达到平衡的液相组成可以用式（6-9）计算。

此式是液相组成 x 与温度（泡点）的关系式。若已知气液相平衡温度 t，用式（6-9）求 x 很方便，但是已知 x 求泡点 t 要用试差法（迭代法）。

应用以上相平衡所确定的互呈平衡的气、液相组成 y_i 和 x_i 必须符合归一定律，即

$$\sum_{i=1}^{C}x_i=1.0,\quad \sum_{i=1}^{C}y_i=1.0\quad (i=1,2,3,\cdots) \tag{6-10}$$

（2） y-t（露点）关系式

将式（6-9）代入式（6-8）可得 y-t（露点）关系式，即

$$y_A=\frac{p_A}{p}=\frac{p_A^0 x}{p}=\frac{p^0}{p}\times\frac{p-p_B^0}{p_A^0-p_B^0} \tag{6-11}$$

对于非理想溶液，若偏离拉乌尔定律的程度不严重，其 t-x-y 图与理想溶液相仿；若偏离拉乌尔定律的程度严重，可能出现恒沸组成。

2. 气液相平衡图

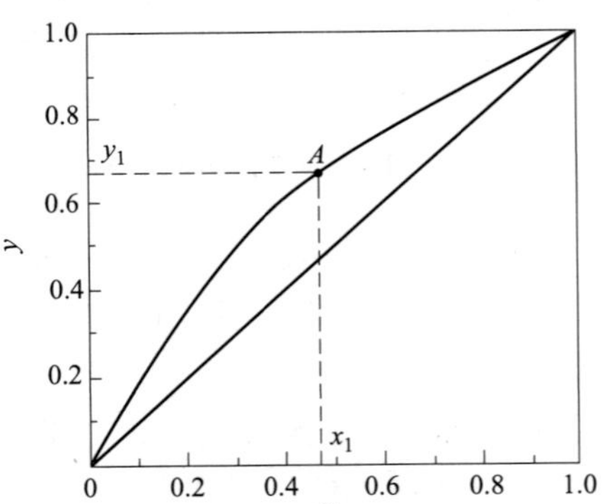

图 6-2　苯-甲苯混合液的 x-y 图

蒸馏计算中，经常应用一定外压下的气液相平衡图（x-y 图）。图 6-2 为苯-甲苯混合液在 $p=101.3\text{kPa}$ 下的 x-y 图。图中以 x 为横坐标，y 为纵坐标，曲线表示液相组成和与之平衡的气相组成间的关系。例如，该曲线上任意点 A 表示组成为 x_1 的液相与组成为 y_1 的气相互成平衡，且点 A 有一确定的状态。对角线为 $x=y$ 的直线，在查图时供参考用。对于大多数溶液，两相达到平衡时，y 总是大于 x，故平衡线位于对角线上方。平衡线偏离对角线越远，表示该溶液越易分离。

x-y 图可以通过 t-x-y 图作出。图 6-2 是依据相对应的 x 和 y 的数据标绘而成的。许多常见的两组分溶液在常压下实测出的 x-y 平衡数据可从物理化学或化工手册中查取。应予指出，x-y 平衡关系虽然是在恒定压力下测得的，但实验也表明，总压对平衡曲线的影响不大。若总压的变化范围为 20%～30%，x-y 平衡线的变动不超过 2%。因此在总压变化不大时，外压的影响可忽略。但 t-x-y 图随压力变化较大，可见蒸馏中使用 x-y 图较 t-x-y 图更为方便。

四、非理想物系的气液相平衡

实际生产中所遇到的大多数物系为非理想物系。非理想物系的气液相平衡关系计算涉及逸度、活度系数等参数，非常复杂。根据具体情况，非理想物系又分为液相属非理想溶液、气相属非理想气体两大类。后面的讨论仅限于非理想溶液的相平衡曲线图。

溶液的非理想性来源于异种分子之间的作用力不同于同种分子间的作用力，其表现是溶液中各组分的平衡蒸气压偏离拉乌尔定律。此偏差可以是正偏差，也可以是负偏差，实际溶液尤以正偏差居多。

1. 正偏差

如果异种分子间的排斥倾向起主导作用，则溶液中两个组分的平衡分压都比拉乌尔定律预计的高，如图 6-3 所示。正偏差严重时形成具有最低恒沸点的溶液，苯-乙醇溶液就是这种溶液，其最低恒沸点为 $t_M=68.3℃$，最低恒沸点的恒沸物组成为 $x_M=0.552$。图 6-4 为乙醇-水溶液的相平衡曲线，其 $t_M=78.15℃$，$x_M=0.894$。从图中可知，用普通精馏的方法分离乙醇-水溶液最多只能接近于恒沸物的组成。这就是工业酒精浓度为 95% 的原因，要得到无水酒精，要用特殊精馏的方法。

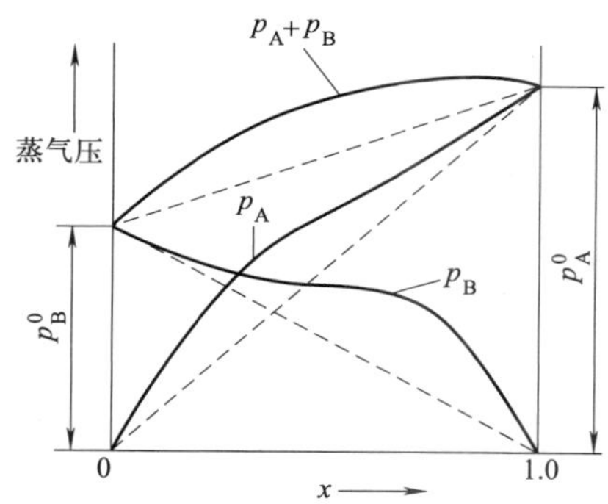

图 6-3　产生正偏差的蒸气压与组成关系

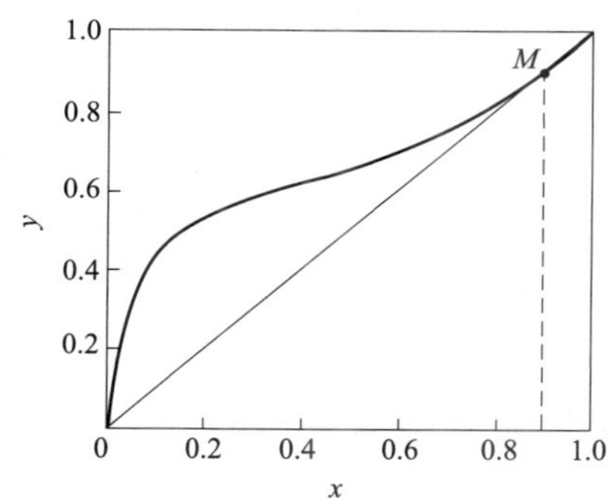

图 6-4　常压下乙醇-水溶液的 x-y 图

2. 负偏差

如果异种分子间的吸引倾向起主导作用，则溶液中两个组分的平衡分压都比拉乌尔定律预计的低，如图 6-5 所示。负偏差严重时形成具有最高恒沸点的溶液，氯仿-丙酮溶液就是这种溶液，其 $t_M=64.5℃$，$x_M=0.65$（氯仿的摩尔分数）。同理，也不能用普通精馏方法对具有最高恒沸点的恒沸物中的两个组分加以分离。硝酸-水溶液的相平衡曲线也是这种情况，如图 6-6 所示。常压下交点 M 所指的温度为恒沸点，具有该组成的混合物称为恒沸物。图中 M 点溶液的相对挥发度 $\alpha=1$，对应的恒沸物组成为 0.383，其最高恒沸点为 121.9℃，比水的沸点（100℃）、硝酸的沸点（86℃）都高。

非理想溶液的相对挥发度 α 随组成 x 的变化很大，不能视为常数，故相平衡方程不能用。

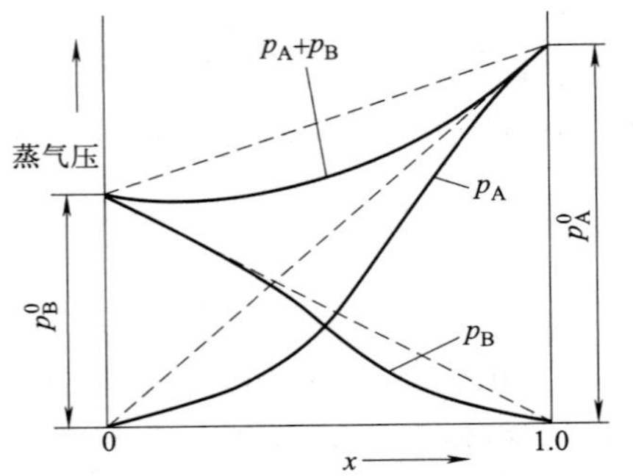

图 6-5　产生负偏差的蒸气压与组成关系

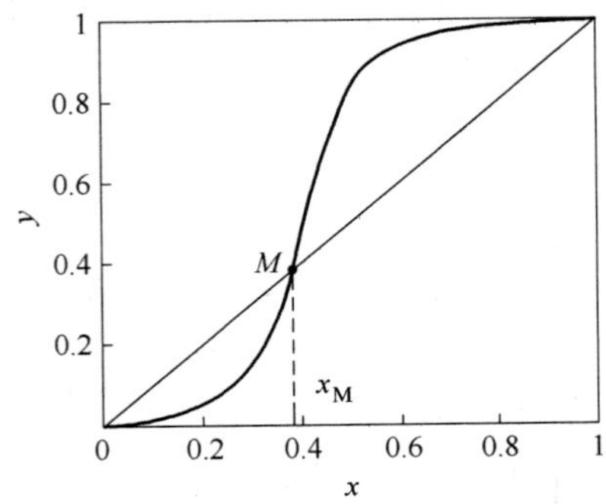

图 6-6　常压下硝酸-水溶液的 x-y 图

第二节　蒸馏与精馏

一、简单蒸馏与平衡蒸馏

1. 简单蒸馏

简单蒸馏又称微分蒸馏。简单蒸馏装置如图 6-7 所示。简单蒸馏过程的特点是混合液受热部分汽化，蒸气一旦产生就被随机分出、冷凝。釜中液相和与之平衡的气相组成不断变化，因此简单蒸馏过程为不稳定过程。在蒸馏过程中，釜内液体的易挥发组分含量不断下降，相应地蒸气中易挥发组分的含量也随之降低。因此，通常是分罐收集不同浓度范围的馏出液，最后从釜中一次性排出残液。

简单蒸馏只适用于混合液中各组分的挥发度相差较大，而分离要求不高的情况。

2. 平衡蒸馏

混合液经加热部分汽化，气液两相处于平衡状态，然后气液两相一次分开的操作过程称为平衡蒸馏（或闪蒸），如图 6-8 所示。

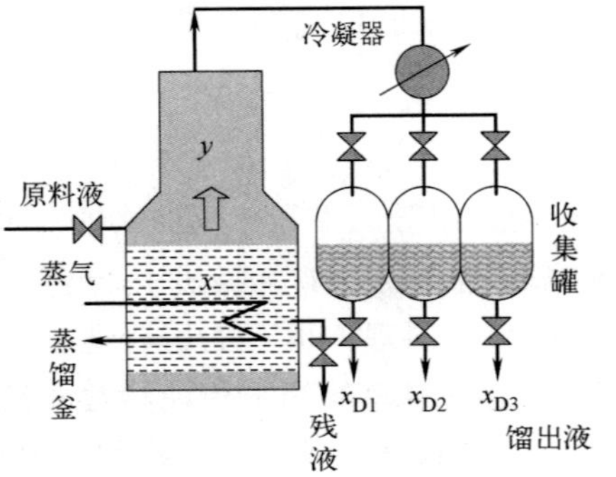

图 6-7　简单蒸馏装置

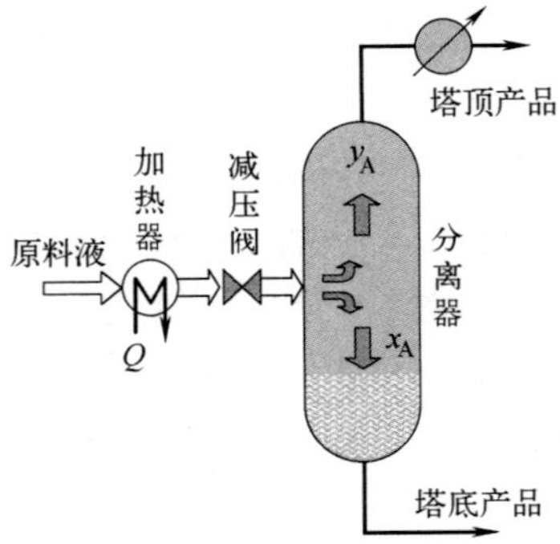

图 6-8　平衡蒸馏

平衡蒸馏是连续稳态过程。原料液经泵加压后连续地进入加热器，在加热器内被加热升温至高于分离器压力下的沸点，然后经减压阀减压至预定压力。由于压力突然降低，原料液成为过热液体，其高于沸点的显热随即转变为潜热发生自蒸发，部分汽化。气、液两相在分离器中分开，气相为顶部产物，其中易挥发组分获得增浓。

平衡蒸馏生产能力大，适用于原料液的初始分离，如原油的初分离等。

在很多情况下，生产要求将混合物分离为几乎纯净的组分。然而，简单蒸馏及平衡蒸馏只能使液体混合物得到有限的分离，远远不能满足工业的要求。因此，需要采用精馏装置。

二、精馏

精馏操作是利用两组分挥发度的差异实现连续的高纯度分离。这一过程在直立圆形的精馏塔内进行，其主要设备包括精馏塔、冷凝器和蒸馏釜等。精馏塔有板式塔和填料塔，填料塔部分已在吸收章节介绍，本章以板式塔为例介绍精馏过程及设备。连续精馏装置如图 6-9 所示。塔内装有多层塔板，其作用是使上升的气相与下降的液相进行充分的接触，实现传质过程。料液自塔中部某个适当的位置（该处塔板上的组成与进料的组成最接近）连续地加入塔内。塔顶设有冷凝器将塔顶蒸气冷凝为液体，冷凝液的一部分回流入塔顶，称为回流液，其余作为塔顶产品（馏出液）连续排出。在塔内上半部（加料板以上）进行上升蒸气和回流液体之间的逆流接触和物质传递。塔底设有再沸器（蒸馏釜），以加热到达塔底的液体，使之部分汽化，所产生的蒸气回流入塔，沿塔上升，与下降的液体逆流接触并进行物质传递。塔底连续排出部分液体作为塔底产品（釜残液）。塔顶回流及再沸器上升的蒸气是精馏过程连续稳定操作必不可少的条件。

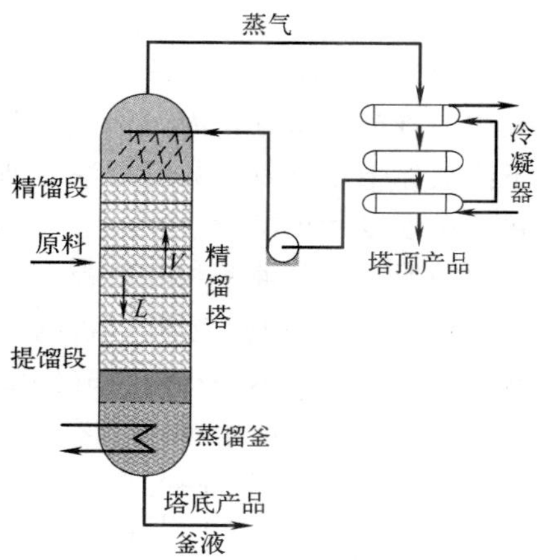

图 6-9　连续精馏装置

1. 精馏原理

精馏塔板的形式有多种，最简单的一种是板上有许多小孔（称筛板塔）。每层板上都装有溢流管，下一层（$n+1$ 层）的蒸气通过板上的小孔上升，而上一层（$n-1$ 层）的液体通过溢流管流下，在第 n 层板上气液两相密切接触，进行热和质的交换。现以第 n 层板为例来分析精馏过程和原理（图 6-10）。

进、出第 n 层板的物流有四种：

① 由第 $n-1$ 层板溢流下来的液体量为 L_{n-1}，其组成为 x_{n-1}，温度为 t_{n-1}；

② 由第 n 层板上升的蒸气量为 V_n，其组成为 y_n，温度为 t_n；

③ 由第 n 层板溢流下去的液体量为 L_n，其组成为 x_n，温度为 t_n；

④ 由第 $n+1$ 层板上升的蒸气量为 V_{n+1}，其组成为 y_{n+1}，温度为 t_{n+1}。

开始时进入第 n 层板的气液两相是不平衡的，存在着：

① 热不平衡，$t_{n+1}>t_{n-1}$；

② 质不平衡，$x_{n-1}>x_{n+1}^{*}=\frac{y_{n+1}}{\alpha-(\alpha-1)y_{n+1}}$或$y_{n+1}<y_{n-1}^{*}=\frac{\alpha x_{n-1}}{1+(\alpha-1)x_{n-1}}$。

因此，当组成为 x_{n-1} 的液体及组成为 y_{n+1} 的蒸气同时进入第 n 层塔板，由于存在温度差和浓度差，气液两相在第 n 层塔板上会密切接触并进行传质和传热。经过这一过程，离开第 n 层塔板的气液两相将达到平衡状态（如果该塔板为理论板，则离开第 n 层塔板的气液两相必然处于平衡状态），即组成为 y_{n+1} 的蒸气中有一部分难挥发组分被冷凝（因为 $t_{n+1}>t_n$）并进入液相中，组成为 x_{n-1} 的液体中有一部分易挥发组分得到气相部分难挥发组分冷凝放出的潜热而汽化到气相中，因而离开第 n 层板的气相组成 $y_n>y_{n+1}$，液相组成 $x_n<x_{n-1}$，即在精馏塔内，越往上气液两相中易挥发组分越多，温度就越低。

在理想情况下，若气液两相在板上的接触时间长，接触比较充分，那么离开该板的气液两相相互平衡。通常称这种板为理论板（x_n、y_n 平衡）。精馏塔中每层板上都进行着与上述相似的过程，其结果是上升蒸气中易挥发组分的浓度逐渐增高，而下降的液体中难挥发组分越来越浓。只要塔内有足够多的塔板数，就可使混合物达到所要求的分离纯度。

加料板把精馏塔分为了两段，加料板以上的塔，即塔的上半部完成上升蒸气的精制，即除去其中的难挥发组分，因而称为精馏段；加料板以下（包括加料板）的塔，即塔的下半部完成下降液体中难挥发组分的提浓，即除去易挥发组分，因而称为提馏段。一个完整的精馏塔应包括精馏段和提馏段。

实际情况是，气液两相在塔板上的接触时间有限，接触不充分，在未达到平衡状态时就离开了塔板。也就是说，实际塔板的分离程度要比理论塔板小。精馏塔设计时通常先求出理论塔板数，然后再根据塔板效率确定实际塔板数，实际塔板数大于理论塔板数。

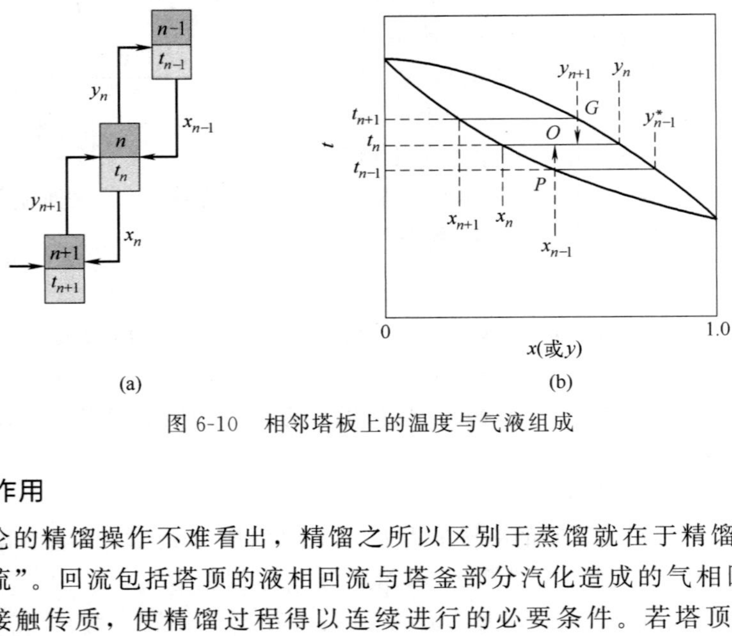

图 6-10　相邻塔板上的温度与气液组成

2. 回流的作用

从上面讨论的精馏操作不难看出，精馏之所以区别于蒸馏就在于精馏有“回流”，而蒸馏没有“回流”。回流包括塔顶的液相回流与塔釜部分汽化造成的气相回流。回流是构成气、液两相接触传质，使精馏过程得以连续进行的必要条件。若塔顶没有液相回流，或是塔底没有再沸器产生蒸气回流，则塔板上的气液传质就缺少了相互作用的一方，也就失去了塔板的分离作用。因此，回流液的逐板下降和蒸气的逐板上升是实现精馏的必要条件。

第三节　双组分连续精馏塔的计算与分析

工业生产中的蒸馏操作以精馏为主，多数情况下为连续精馏。精馏过程的计算主要有两种形式：一种是设计型问题，即给定精馏系统的输入和输出条件，求满足该条件的精馏过程系统参数；另一种是操作型问题，即给定输入条件及精馏系统条件，求该精馏过程所能达到的分离结果。不管是设计型问题，还是操作型问题，对精馏过程进行数学描述的数学模型都是一致的，只有输入和输出条件的不同和求解方法的区别。

对精馏过程进行严格的模拟计算，需对全塔及各塔板进行物料衡算和热量衡算，并确定体系的相平衡关系。本节主要以简单连续精馏塔为例，介绍过程的物料衡算和热量衡算。

一、全塔物料衡算

连续操作的精馏塔，其馏出液和釜残液的流量、组成与进料流量、组成具有相互制约的关系。通过全塔物料衡算，可以求出精馏产品的流量、组成与进料流量、组成之间的关系。

如图 6-11 所示，对连续精馏塔进行全塔物料衡算，以单位时间为基准，具体如下。

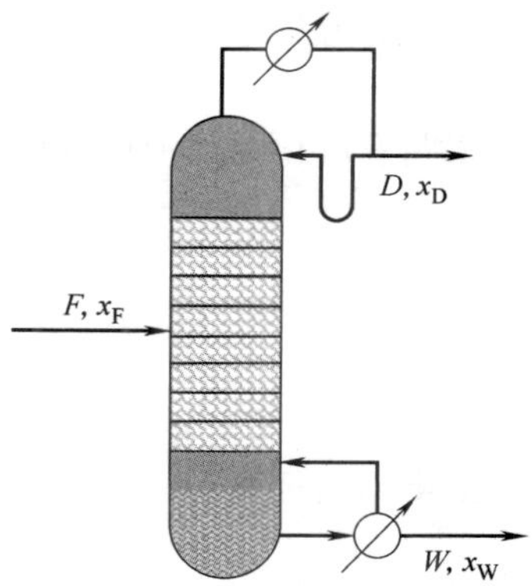

图 6-11　精馏塔全塔物料衡算

总物料衡算

$$F=D+W \tag{6-12}$$

易挥发组分物料衡算

$$Fx_F=Dx_D+Wx_W \tag{6-13}$$

式中，F 为原料液流量，kmol/h；D 为塔顶产品（馏出液）流量，kmol/h；W 为塔底产品（釜残液）流量，kmol/h；x_F 为原料液中易挥发组分的摩尔分数；x_D 为馏出液中易挥发组分的摩尔分数；x_W 为釜残液中易挥发组分的摩尔分数。

对精馏过程所要求的分离程度除了用产品的组成表示外，有时还用回收率或采出率表示。回收率是指回收了原料中易挥发（或难挥发）组分的百分数。

馏出液的采出率

$$\frac{D}{F}=\frac{x_F-x_W}{x_D-x_W} \tag{6-14}$$

釜残液的采出率

$$\frac{W}{F}=1-\frac{D}{F}=\frac{x_D-x_F}{x_D-x_W} \tag{6-15}$$

塔顶易挥发组分的回收率

$$\eta_D=\frac{Dx_D}{Fx_F}\times 100\% \tag{6-16}$$

塔底难挥发组分的回收率

$$\eta_W = \frac{W(1-x_W)}{F(1-x_F)} \times 100\% \tag{6-17}$$

【例 6-1】 在连续精馏塔内，将含有苯-甲苯的溶液进行分离，计划每小时分离15000kg 混合液，其中含苯 40%（质量分数，下同），甲苯 60%，要求釜残液中含苯不高于2%，塔顶馏出液中苯的回收率为 97.1%。试求馏出液和釜残液的流量及组成，以摩尔流量和摩尔分率表示。

解 苯的摩尔质量为 78kg/kmol，甲苯的摩尔质量为 92kg/kmol，可求

进料组成
$$x_F = \frac{\frac{40}{78}}{\frac{40}{78}+\frac{60}{92}} = 0.44$$

釜残液组成
$$x_W = \frac{\frac{2}{78}}{\frac{2}{78}+\frac{98}{92}} = 0.0235$$

原料液的平均摩尔质量
$$\overline{M} = 0.44 \times 78 + 0.56 \times 92 = 85.8\ (\text{kg/kmol})$$

原料液流量
$$F = \frac{15000}{85.8} = 175.0\ (\text{kmol/h})$$

依题意塔顶馏出液中苯的回收率为 97.1%，由公式 $\eta_D = \frac{Dx_D}{Fx_F} \times 100\%$ 可得

$$\frac{Dx_D}{Fx_F} = 0.971$$

所以

$$Dx_D = 0.971 \times 175 \times 0.44 \tag{a}$$

全塔物料衡算

$$D + W = F = 175 \tag{b}$$

$$Dx_D + Wx_W = Fx_F$$

$$Dx_D + 0.0235W = 175 \times 0.44 \tag{c}$$

联立式（a）～式（c）解得 $D=80.0\text{kmol/h}$，$W=95.0\text{kmol/h}$，$x_D=0.935$。

二、理论板与恒摩尔流的假定

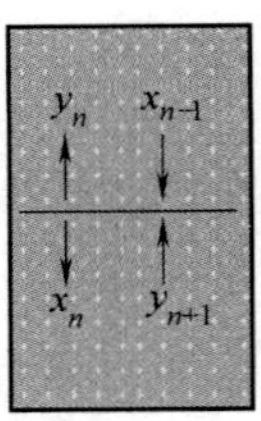

图 6-12 理论塔板上的气、液组成

1. 理论板

理论板的概念在本章第二节已提及。如图 6-12 所示，对于理想塔板，离开第 n 块塔板的气相 y_n 和液相 x_n 之间满足相平衡关系。同时，进入第 n 块塔板的气相 y_{n+1} 和液相 x_{n-1} 也会在塔板上进行传质和传热，最终达到平衡状态。理论塔板上传递过程的特征方程如下。

物料衡算式

$$Vy_{n+1} + Lx_{n-1} = Vy_n + Lx_n$$

相平衡方程

$$y_n = f(x_n)$$

2. 单块塔板的热量衡算及其简化

精馏的操作过程影响因素多，计算复杂，为了简化计算和方便讨论，引入了恒摩尔流假定。恒摩尔流假定的前提条件是混合物中各组分的摩尔汽化潜热相等，各板上的液体显热差异可忽略，塔设备保温性能良好，不计热损失。这种假定在很多情况下与实际情况接近。

对单块塔板进行热量衡算，在上述前提下，结合塔板物料衡算关系，可得：

（1）恒摩尔气流

精馏过程中，精馏段内各塔板上升蒸气的摩尔流量均相等，提馏段也是如此，但两段上升蒸气的摩尔流量不一定相等，即

精馏段：$V_1 = V_2 = \cdots = V_n = V =$定值（kmol/h）；

提馏段：$V_1' = V_2' = \cdots = V_n' = V' =$定值（kmol/h）。

（2）恒摩尔液流

精馏过程中，精馏段内各塔板下降液体的摩尔流量均相等，提馏段也是如此，但两段下降液体的摩尔流量不一定相等，即

精馏段：$L_1 = L_2 = \cdots = L_n = L =$定值（kmol/h）；

提馏段：$L_1' = L_2' = \cdots = L_n' = L' =$定值（kmol/h）。

精馏段上升蒸气的摩尔流量 V 与提馏段上升蒸气的摩尔流量 V'，精馏段下降液体的摩尔流量 L 与提馏段下降液体的摩尔流量 L'是否相等，需由进料状况而定。上述假定称为恒摩尔流假定，它是以理论塔板为基础的。它表明在塔板上气液两相接触时，若有 1mol 的蒸气冷凝，则应有 1mol 的液体汽化，这一假定才成立。因此，必须满足下列条件。

① 各组分的摩尔汽化焓相等；

② 气液两相接触时因温度不同而交换的热可以忽略；

③ 设备保温良好，热损失可以忽略。

【例 6-2】 在一连续精馏塔中分离氯仿和四氯化碳的混合液，已知在精馏塔内某一理论板 n 处，进入该塔板的气相组成为 0.91（摩尔分数，下同），从该塔板流出的液相组成为 0.89，该物系的相对挥发度为 1.6，精馏段内的液气比为 $\frac{2}{3}$（摩尔比）。试求：（1）从第 n 层板上升的蒸气组成；（2）流入第 n 层板的液相组成。

解 （1）根据理论塔板的概念，精馏操作达到平衡时，各塔板上的气液相组成满足气液相平衡方程

$$y_n = \frac{\alpha x}{1+(\alpha-1)x} = \frac{1.6\times 0.89}{1+0.6\times 0.89} = 0.93$$

（2）根据恒摩尔流假定，精馏段各层塔板流出液体的摩尔流量相等，以 L 表示，各层塔板上升蒸气的摩尔流量相等，以 V 表示，由物料衡算方程得

$$V(y_n - y_{n+1}) = L(x_{n-1} - x_n)$$

已知

$$\frac{L}{V} = \frac{2}{3},\ y_{n+1} = 0.91,\ x_n = 0.89,\ y_n = 0.93$$

解得 $x_{n-1} = 0.92$。

三、操作线方程

精馏塔内任意板下降液相组成 x_n 及由其下一层板上升的蒸气组成 y_{n+1} 之间的关系称为操作关系。描述精馏塔内操作关系的方程称为操作线方程。由于精馏过程既涉及传热又涉及传质，影响因素很多，为了简化精馏过程，得到操作关系，需要进行恒摩尔流假定。

在连续精馏塔中，因原料液不断从塔的中部加入，精馏段和提馏段具有不同的操作关系。

1. 精馏段操作线方程

在二元精馏计算中，假设塔顶蒸气全部被冷凝，馏出液相产品为 D，回流量为 L，$\frac{L}{D}$为回流比 R。如图 6-13 所示，在虚线范围（包括精馏段第$n+1$ 层板以上的塔段及冷凝器）进行物料衡算，以单位时间为基准，具体如下。

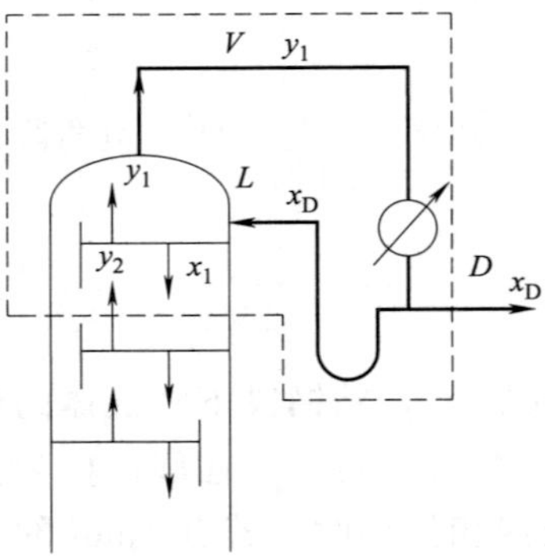

图 6-13 精馏段操作线方程推导

总物料衡算

$$V=L+D \tag{6-18}$$

易挥发组分衡算

$$Vy_{n+1}=Lx_n+Dx_D \tag{6-19}$$

式中，V 为精馏段上升蒸气的摩尔流量，kmol/h；L 为精馏段下降液体的摩尔流量，kmol/h；y_{n+1} 为精馏段第 $n+1$ 层板上升蒸气中易挥发组分的摩尔分数；x_n 为精馏段第 n 层板下降液体中易挥发组分的摩尔分数。

整理得

$$y_{n+1}=\frac{L}{L+D}x_n+\frac{D}{L+D}x_D \tag{6-20}$$

将回流比 $R=\frac{L}{D}$代入上式，则精馏段操作线方程为

$$y_{n+1}=\frac{R}{R+1}x_n+\frac{x_D}{R+1} \tag{6-21}$$

式（6-20）和式（6-21）都为精馏段操作线方程的常用表达式，反映了一定操作条件下精馏段内的操作关系，即精馏段内自第 n 层板下降的液相组成 x_n 与其相邻的下一层板（第 $n+1$ 层板）上升气相组成 y_{n+1} 之间的关系。在稳定操作条件下，精馏段操作线方程为一直线，斜率为$\frac{R}{R+1}$，截距为$\frac{x_D}{R+1}$。

由式（6-21）可知，当 $x_n=x_D$ 时，$y_{n+1}=x_D$，即该点位于 x-y 图的对角线上，如图 6-14 中的点 D。当 $x_n=0$ 时，$y_{n+1}=\frac{x_D}{R+1}$，即该点位于 y 轴上，如图 6-14 中的点 B。直线 DB 即为精馏段操作线。

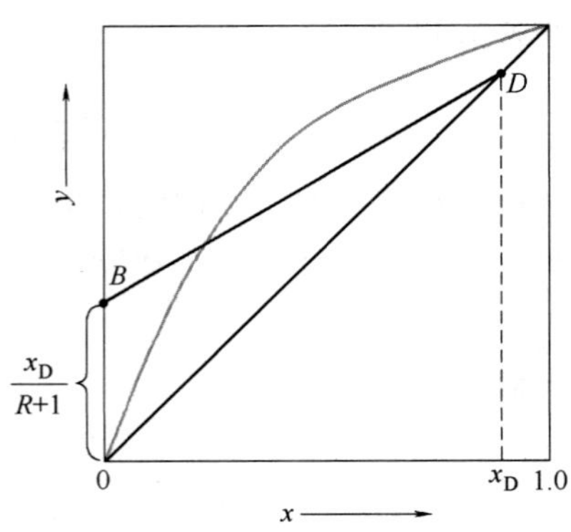

图 6-14 精馏段的操作线

2. 提馏段操作线方程

在恒摩尔流假定成立的情况下，按图 6-15 的虚线范围（包括提馏段第 m 层板以下的塔板及再沸器）进行物料衡算，以单位时间为基准，具体如下。

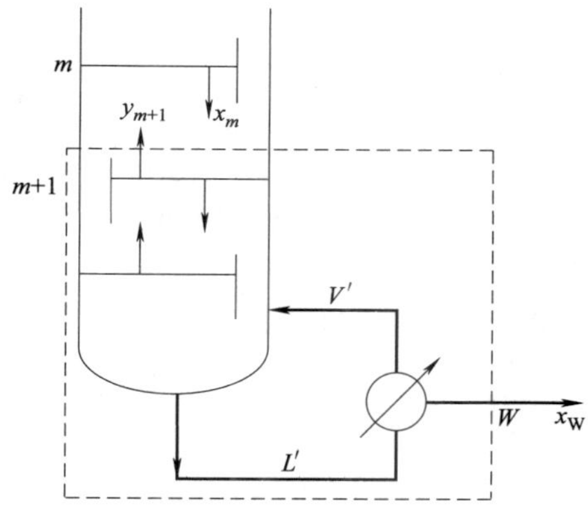

图 6-15　提馏段操作线方程推导

总物料衡算

$$L'=V'+W \tag{6-22}$$

易挥发组分衡算

$$L'x_m=V'y_{m+1}+Wx_W \tag{6-23}$$

提馏段操作线方程

$$y_{m+1}=\frac{L'}{V'}x_m-\frac{Wx_W}{V'} \tag{6-24}$$

式中，L'为提馏段下降液体的摩尔流量，kmol/h；V'为提馏段上升蒸气的摩尔流量，kmol/h；x_m 为提馏段第 m 层板下降液相中易挥发组分的摩尔分数；y_{m+1} 为提馏段第 $m+1$ 层板上升蒸气中易挥发组分的摩尔分数。

将塔釜的气相回流比（蒸出比）$R'=\dfrac{V'}{W}$代入上式，则提馏段操作线方程变为

$$y_{m+1}=\frac{R'+1}{R'}x_m-\frac{x_W}{R'} \tag{6-25}$$

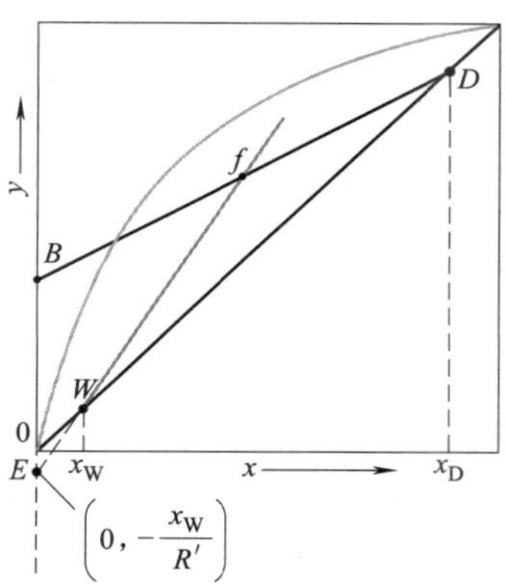

图 6-16　提馏段的操作线

式（6-24）和式（6-25）都为提馏段操作线方程的常用表达式，反映了一定操作条件下提馏段内的操作关系，即提馏段内自第 m 层板下降的液相组成 x_m 与其相邻的下一层板（第 $m+1$ 层板）上升气相组成 y_{m+1} 之间的关系。在稳定操作条件下，提馏段操作线方程为一直线。

由式（6-25）可知，当 $x_m=x_W$ 时，$y_{m+1}=x_W$，即该点位于 x-y 图的对角线上，如图 6-16 中的点 W。当 $x_m=0$ 时，$y_{m+1}=\dfrac{-x_W}{R'}$，即该点位于 y 轴上，为图 6-16 中的点 E。直线 WE 即为提馏段操作线。

四、进料热状态的影响和 q 线方程

1. 进料热状态参数 q

当进料流量和组成一定时，其温度状况会直接影响提馏段内气液相流量与精馏段内气液相流量之间的关系，从而影响塔的分离能力。进料状况通常用进料热状态参数 q 来描述。

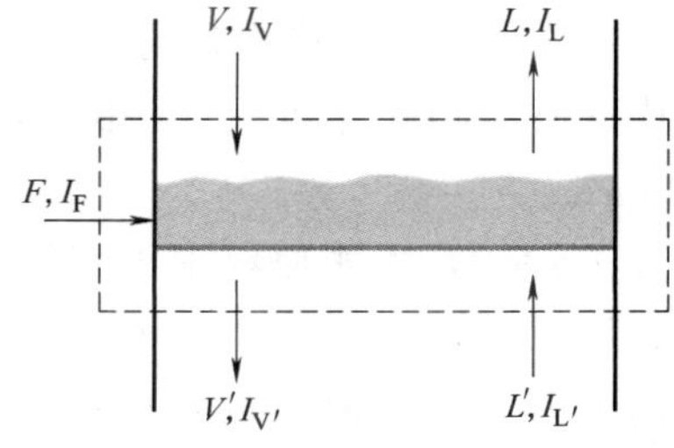

图 6-17　加料板上的物料衡算关系

设第 m 层板为加料板，在图 6-17 中的虚线范围内，进、出该板各股的摩尔流量 F 和热焓 I 可由物料衡算与热量衡算得到。

总物料衡算

$$F+L+V'=L'+V \tag{a}$$

热量衡算

$$FI_F+VI_V+L'I_{L'}=LI_L+V'I_{V'} \tag{b}$$

由于塔中液相、气相饱和，加料板上、下处的温度、气液相组成接近，因此

$$I_V \approx I_{V'} \quad I_L \approx I_{L'}$$

联立式（a）和式（b）有

$$\frac{L'-L}{F}=\frac{I_V-I_F}{I_V-I_L}$$

可令

$$q=\frac{L'-L}{F}=\frac{I_V-I_F}{I_V-I_L}=\frac{\text{1kmol 进料变成饱和蒸气所需的热}}{\text{进料液的摩尔汽化热}} \tag{6-26}$$

q 值标志着进料的热状态，因此 q 被称为进料热状态参数。q 的意义在于定量描述进料实际焓值与饱和液体焓值的相对偏离程度，从而判断进料在塔板上的相态及对精馏段和提馏段气、液相流量的影响。表 6-1 给出了五种进料热状态的 q 值。

表 6-1　五种进料热状态的 q 值

进料热状态	过冷液体进料	饱和液体进料	气液混合物进料	饱和蒸气进料	过热蒸气进料
q 值	>1	1	0～1	0	<0

精馏塔内，由于原料的热状态不同，因此精馏段和提馏段的液体流量 L 与 L'间的关系以及上升蒸气流量 V 与 V'间的关系均发生变化。进料热状态对这两段气液流量变化的影响如图 6-18 所示。

①$q>1$，为过冷液体进料，又称为冷液进料。此时原料液的温度低于泡点时的热状态。进料板物料的进、出情况如图 6-18（a）所示。进料全部进入进料板的下降液相中，而从下一层塔板上升的气相提供了部分热量给冷液，自身发生部分冷凝而进入下降的液相。这样进料板下降的液相流量 $L'>F+L$，同时进料板上升的气相流量 $V<V'$。

②$q=1$，表明原料为饱和液体，即进料中 100％为饱和液体。此时进料板物料的进、出情况如图 6-18（b）所示。由于进料温度与进入进料板的下降液相温度接近，因而进料全部进入下降的液相中，而从进料板上升的气相流量 V 与进入的上升气相流量 V'相等。这样进料板下降的液相流量 $L'=F+L$，进料板上升的气相流量 $V=V'$。

③ $0<q<1$，表明原料液含有部分饱和液体、部分饱和蒸气，为气液混合进料状态。此时进料板物料的进、出情况如图 6-18（c）所示。由于进料呈气液混合物状态，在进入进料板后，液体部分与进入进料板的下降液相合并，形成新的下降液相，气相部分与进入进料板的上升气相合并，形成新的上升气相，因而 $L<L'<F+L$，$V'<V<V'+F$。若进料流量 F 中含有液相流量 L_F、气相流量 V_F，则有 $F=L_F+V_F$。由图可知 $L'=L+L_F$，$V=V'+V_F$。

④$q=0$，表明原料中没有饱和液体，即进料中 100％为饱和蒸气。此时进料板物料的进、出情况如图 6-18（d）所示。进料进入进料板后，与进入进料板的上升气相合并，形成新的上升气相，而从进料板出去的下降流量 L'与进入的下降流量 L 相等。因而 $L'=L$，$V=V'+F$。

⑤$q<0$，为过热蒸气进料。此时进料板物料的进、出情况如图 6-18（e）所示。进料全部进入进料板的上升气相中，并且上一层板下降液相的一部分也进入上升气相中。这样进料板上升的气相流量 $V>V'+F$，同时进料板下降的液相流量 $L'<L$。

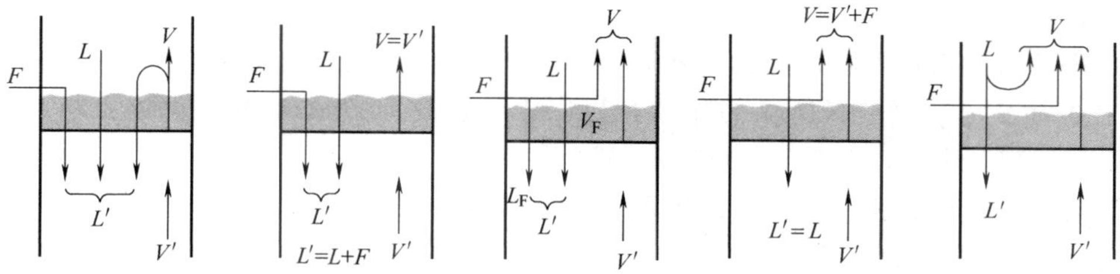

(a) 过冷液体进料 ($q>1$)　(b) 饱和液体进料 ($q=1$)　(c) 气液混合进料 ($0<q<1$)　(d) 饱和蒸气进料 ($q=0$)　(e) 过热蒸气进料 ($q<0$)

图 6-18　五种进料热状态下精馏段与提馏段的气液流量关系

2. q 线方程

精馏塔中，精馏段和提馏段操作线方程在交点处变量相同。将精馏段操作线方程式中 y、x 的下标 $n+1$ 和 n 略去并改写成 $Vy=Lx+Dx_D$，将提馏段操作线方程式中 y、x 的下标 $m+1$ 和 m 略去并改写成 $V'y=L'x-Wx_W$，以上两式相减得

$$(V'-V)y=(L'-L)x-(Dx_D+Wx_W)$$

将 $Dx_D+Wx_W=Fx_F$，$L'-L=qF$，$V'-V=(q-1)F$ 代入上式，整理可得 q 线方程，即

$$y=\frac{q}{q-1}x-\frac{x_F}{q-1} \tag{6-27}$$

q 线方程是联立精馏段操作线方程和提馏段操作线方程导出的，实际上它是表示两操作线交点 d 的轨迹方程（图 6-19）。在 x-y 图上 q 线是通过对角线（$x=y$）上点 F（x_F，x_F）的一条直线，斜率为 $\frac{q}{q-1}$。因此，从对角线上的 F 点出发，以 $\frac{q}{q-1}$ 为斜率作出 q 线，找出该线与精馏段操作线的交点，连接即为提馏段操作线。

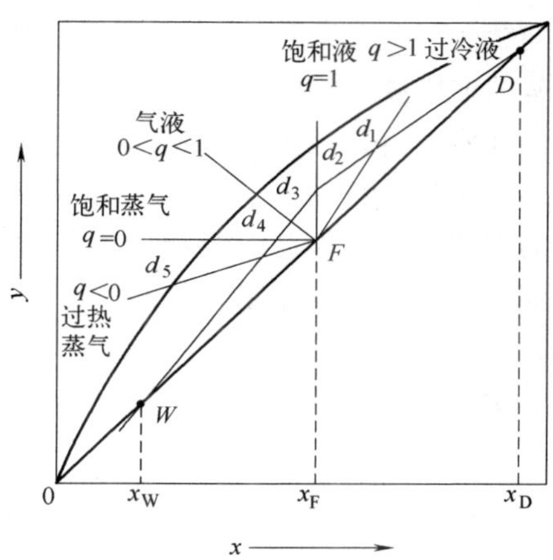

图 6-19　五种进料热状态下的 q 线方位

q 线方程也称为进料方程，由进料组成 x_F 和热状况参数 q 决定。对于气液混合物进料，如果已知相对挥发度 α、进料组成 x_F 和 q 值（此时 q 值等于进料中液相所占的比例），则可以求出进料中的气相组成 y 和液相组成 x。此时，应将进料组成 x_F 理解为进料中气液两相总的组成，其中的气相组成 y、液相组成 x 当然应满足进料方程（即 q 线方程）。另外，气液混合物进料在 t-x-y 图上落在气液共存区内，气液两相是平衡的，也应满足相平衡方程。因此，可以联立相平衡方程和 q 线方程解出进料中的气、液组成 y 和 x。

3. 进料热状态的影响

在 R、x_F、x_D、x_W 一定的情况下，q 值减小，即进料前原料经过预热和部分汽化，精馏段操作线不变，提馏段操作线的斜率变大越靠近平衡线，在这种情况下，为了达到相同的分离效果，所需的理论塔板数也就越多。为理解此点，应明确比较的标准。精馏的核心在于回流，精馏操作的实质是：塔底供热使液体部分汽化，产生蒸汽向上流动；塔顶冷凝使蒸汽部分液化，产生液体回流。这种气液回流的循环过程使得组分在塔内不断分离，从而实现混合物的精馏分离。

由全塔的热量衡算可知，塔底加热量、进料带入热量与塔顶冷凝量三者之间有一定的关系。而上述对不同 q 值进料所做的比较是以固定回流比 R 为基准的，即固定塔顶冷凝量 $[V=(R+1)D]$。这样，进料带入热量越多（即 q 值越小），塔底供热量必须越少才能保证塔顶冷凝量不变。这意味着塔釜上升的蒸气量 $\overline{V}$ 相应地减小，从而导致提馏段操作线的斜率 $\frac{\overline{L}}{\overline{V}}$ 增大 $\left(\frac{\overline{L}}{\overline{V}}=\frac{\overline{V}+W}{\overline{V}}=1+\frac{W}{\overline{V}}，W \text{ 不变}，\overline{V} \text{ 减小}，\frac{\overline{L}}{\overline{V}} \text{ 增大}\right)$，提馏段操作线向平衡线靠近，所需的理论塔板数增多。

当然，如果塔釜的供热量不变（$\overline{V}$ 不变），进料带入热量增多（q 值减小），则 $V\ [=\overline{V}+(1-q)F]$ 变大，塔顶冷凝量必定增大，回流比 R 相应变大 $[V=(R+1)D$，V 变大，D 不变，R 变大$]$，精馏段操作线的斜率 $\frac{L}{V}=\frac{R}{R+1}$ 随之增大，该线往对角线靠，远离平衡线，所需的理论塔板数减少。但须注意，这是以增加热耗为代价的。

所以一般而言，在热耗不变的情况下，热量应尽可能在塔底输入，使所产生的气相回流能在全塔中发挥作用；而冷量应尽可能施加在塔顶，使所产生的液体回流能经过全塔发挥最大的效能。

根据上述观点，原料不应经过预热或部分汽化，而应以前道工序的给料状态作为进料状态，这样才能确保整个精馏过程的效率和稳定性，避免预热和部分汽化带来的额外复杂性和潜在问题。那么为什么工业上有时采用热态甚至气态进料呢？其目的不是减少塔板数，而是减少塔釜的加热量。尤其是塔釜温度过高，物料易产生聚合或结焦时，这样做更为有利。

【例 6-3】 已知常压下苯-甲苯混合物可视为理想物系，其相对挥发度为 2.47。现在常压下用连续精馏方式将苯-甲苯混合液进行分离，塔顶为全凝器，采用泡点加料和泡点回流的方式进行操作。混合物中的苯含量（摩尔分数）为 25%，要求经精馏后提高至 98%。釜液中的苯含量（摩尔分数）为 8.5%，操作时所用回流比为 5，求精馏段和提馏段操作线方程。

解 （1）求精馏段操作线方程。已知回流比

$$R=L/D=5$$

而塔顶产品组成 $x_D=0.98$（苯的摩尔分数），代入精馏段操作线方程得

$$y=\frac{R}{R+1}x+\frac{x_D}{R+1}=\frac{5}{5+1}x+\frac{0.98}{5+1}$$

整理得精馏段操作线方程为

$$y=0.833x+0.163$$

（2）求提馏段操作线方程（泡点进料 $q=1$）。进料热状态衡算方程 $L'=L+qF$；对于泡点进料，$q=1$，因此 $L'=L+F$。已知 $L=RD=5D$，所以

$$L'=5D+F \tag{a}$$

在进料板处，由总物料衡算关系和热状态参数定义 $q=\frac{L'-L}{F}$ 可得

$$L'=L+qF=V'+W$$
$$V'=V+(q-1)F$$

泡点进料，$V'=V$，已知 $V=D(R+1)=D(5+1)=6D$，所以

$$V'=6D \tag{b}$$

塔顶馏出液的采出率

$$\frac{D}{F}=\frac{x_F-x_W}{x_D-x_W}=\frac{0.25-0.085}{0.98-0.085}=0.184 \tag{c}$$

塔釜残液的采出率

$$\frac{W}{F}=1-\frac{D}{F}=1-0.184=0.816$$

将上述得到的式（a）、式（b）代入提馏段操作线方程 $y=\frac{L'}{V'}x-\frac{W}{V'}x_W$，可得

$$y=\frac{5D+F}{6D}x-\frac{W}{6D}x_W$$

将式右侧分子分母同时除以 F 得

$$y=\frac{5\frac{D}{F}+1}{6\frac{D}{F}}x-\frac{\frac{W}{F}}{6\frac{D}{F}}x_W=\frac{5\times0.184+1}{6\times0.184}x-\frac{0.816}{6\times0.184}\times0.085$$

故提馏段操作线方程为

$$y=1.739x-0.0628$$

【例 6-4】 已知常压下苯-甲苯混合物可视为理想物系。在连续精馏塔中分离苯-甲苯两组分混合液，进料量为 100kmol/h，进料为 $q=1.25$ 的冷液体，操作线方程为：精馏段 $y=0.76x+0.23$；提馏段 $y=1.2x-0.02$。试求塔顶易挥发组分的回收率。

解 联立精馏段操作线和对角线方程

$$\begin{cases}y=x\\y=0.76x+0.23\end{cases}$$

解得 $x_D=0.9583$

联立提馏段操作线和对角线方程

$$\begin{cases}y=x\\y=1.2x-0.02\end{cases}$$

解得 $x_W=0.10$

联立两操作线方程

$$\begin{cases}y=0.76x+0.23\\y=1.2x-0.02\end{cases}$$

解得 $x_q=0.5682$，$y_q=0.6618$

q 线方程为

$$y=\frac{q}{q-1}x-\frac{x_F}{q-1}=\frac{1.25}{0.25}x-\frac{x_F}{0.25}=5x-4x_F$$

将 x_q、y_q 值代入上式解得 $x_F=0.5448$

由馏出液的采出率公式$\frac{D}{F}=\frac{x_F-x_W}{x_D-x_W}$可得

$$D=F\frac{x_F-x_W}{x_D-x_W}=100\times\frac{0.5448-0.10}{0.9583-0.10}=51.82(\text{kmol/h})$$

由塔顶易挥发组分的回收率公式 $\eta_D=\frac{Dx_D}{Fx_F}\times100\%$可得

$$\eta_D=\frac{51.82\times0.9583}{100\times0.5448}\times100\%=91.15\%$$

五、理论塔板数的确定

二元连续精馏塔理论塔板数的求取通常采用逐板计算法和图解法。二者均为从塔的一端至另一端反复、交替地使用相平衡关系和操作关系逐板计算，只是前者用方程式，后者采用图解。

1. 逐板计算法

逐板计算法是由塔顶开始交替使用相平衡关系和操作关系进行逐板下行计算，直至塔釜组成符合要求。计算过程中每使用一次相平衡关系，就代表需要一层理论塔板。间接加热的蒸馏釜离开它的气液相达到平衡，相当于一块理论塔板。利用逐板计算法计算理论塔板数相对准确，但计算过程繁琐。

用到的主要关系式有：

相平衡方程 $x_n=\frac{y_n}{\alpha-(\alpha-1)y_n}$；

精馏段操作线方程 $y_{n+1}=\frac{R}{R+1}x_n+\frac{x_D}{R+1}$；

提馏段操作线方程 $y_{n+1}=\frac{L'}{L'-W}x_m-\frac{Wx_W}{L'-W}$。

逐板计算步骤如下：

若塔顶为全凝器，$y_1=x_D$（x_D 为已知值）$\xrightarrow{\text{相平衡方程}}x_1\xrightarrow{\text{精馏段方程}}y_2\xrightarrow{\text{相平衡方程}}x_2$ $\xrightarrow{\text{精馏段方程}}y_3\xrightarrow{\text{相平衡方程}}$直至 $x_n\leqslant x_q$（说明第 n 层板为理论加料板）$\xrightarrow{\text{提馏段操作方程由 }x_n}$ $y_{n+1}\xrightarrow{\text{相平衡方程}}x_{n+1}\xrightarrow{\text{提馏段操作线方程}}y_{n+2}\xrightarrow{\text{相平衡方程}}$直至 $x_{n+m}\leqslant x_W$。

计算过程总共用了 $n+m$ 次相平衡关系，因而全塔所需的理论板数 $N=n+m$（包括再沸器）。若塔釜采用再沸器间接加热，则再沸器内进行的过程是部分汽化过程。离开再沸器的气相和液相组成 y_W 和 x_W 处于平衡状态。对于理想溶液，气、液相平衡关系为 $y_W=\alpha x_W$。其中，α 是相对挥发度。因此，再沸器相当于一层理论塔板，应当从总理论塔板数中扣除。所以，全塔所需的理论板数 $N=n+m-1$（块）（不包括再沸器）。

若塔顶采用分凝器，分凝器内进行的是部分冷凝过程，离开分凝器的气、液两相组成 y_0、x_0 是平衡的，则 $y_0=\frac{\alpha x_0}{1+(\alpha-1)x_0}$。

对分凝器做总物料及易挥发组分物料衡算可得

$$V=L+V_0$$

$$Vy_1=Lx_0+V_0y_0$$

对于全凝器，有 $V_0=D$，$y_0=x_D$。令 $R=\frac{L}{D}$，则 $V=L+V_0=L+D=(R+1)D$，可得

$$y_1=\frac{L}{V}x_0+\frac{V_0}{V}y_0=\frac{R}{R+1}x_0+\frac{x_D}{R+1}$$

可以看出，塔顶有分凝器的精馏塔的精馏段操作线方程与塔顶没有分凝器的精馏塔是一样的，且离开分凝器的气液组成是平衡的，所以分凝器也相当于一层理论板。若逐板计算从 $y_0=x_D$ 开始，则所得的理论板数必须再减去一块，即 $N=n+m-2$（不含分凝器与再沸器）。

【例 6-5】 利用逐板法计算本章例 6-3 条件下所需的理论塔板数目。

解 逐板计算法计算过程如下

相平衡方程

$$y_n=\frac{\alpha x_n}{1+(\alpha-1)x_n}$$

或
$$x_n=\frac{y_n}{\alpha-(\alpha-1)y_n}=\frac{y_n}{2.47-1.47y_n} \tag{a}$$

精馏段操作线方程

$$y_{n+1}=0.833x_n+0.163 \tag{b}$$

提馏段操作线方程

$$y_{n+1}=1.739x_n-0.063 \tag{c}$$

泡点进料

$$q=1, x_q=x_F=0.25$$

第 1 层塔板上升的蒸汽组成

$$y_1=x_D=0.98$$

从第 1 层塔板下降的液体组成由式（a）求取

$$x_1=\frac{y_1}{2.47-1.47y_1}=\frac{0.98}{2.47-1.47\times0.98}=0.952$$

从第 2 层塔板上升的气相组成由式（b）求取

$$y_2=0.833x_1+0.163=0.833\times0.952+0.163=0.956$$

第 2 层塔板下降的液体组成

$$x_2=\frac{0.956}{2.47-1.47\times0.956}=0.8979$$

第 3 层塔板上升的气相组成

$$y_3=0.833\times0.8979+0.163=0.911$$

第 3 层塔板下降的液体组成

$$x_3=\frac{0.911}{2.47-1.47\times0.911}=0.8056$$

如此反复计算得

$$y_4=0.8341, x_4=0.6706$$

$$y_5=0.7216, x_5=0.5120$$

$$y_6=0.5895, x_6=0.3676$$

$$y_7=0.4692, x_7=0.2636$$

$$y_8=0.3826, x_8=0.2006<0.25$$

因 $x_8<x_q$，从第 9 层塔板上升的气相组成由式（c）计算得

$$y_9=1.739x_8-0.063=1.739\times0.2006-0.063=0.2858$$

从第 9 层塔板下降的液体组成

$$x_9=\frac{0.2858}{2.47-1.47\times0.2858}=0.1396$$

同理得

$$y_{10}=1.739\times0.1396-0.063=0.1798$$

$$x_{10}=\frac{0.1798}{2.47-1.47\times0.1798}=0.0815<x_W$$

因此，所需的理论塔板数为 10 块，第 8 块为加料板，精馏段需 7 块塔板。

2. 图解法

图解法以直角梯级法最常用，此法由 McCabe 与 Thiele 提出，故称为麦凯布-蒂勒（McCabc-Thiele）法，简称 M-T 法。虽然图解的准确性较差，但因其简便，目前在两组分精馏中仍被广泛采用。

图解法的前提是能够在 x-y 图上绘制相平衡线、精馏段操作线和提馏段操作线。

（1）精馏段操作线的作法

由于精馏段操作线为直线，只要在 x-y 图上找出该线的两点，即可标绘出来。若略去精馏段操作线方程中变量的下标，则可得 $y=\frac{R}{R+1}x+\frac{x_D}{R+1}$；然后结合对角线方程 $y=x$，可得到精馏段操作线与对角线的交点，其坐标为 $x=x_D$、$y=x_D$；最后根据已知的 R 及 x_D，算出精馏段操作线的截距为 $\frac{x_D}{R+1}$，依此定出该线在 y 轴的截距。如图 6-20 所示，直线 DB 即为精馏段操作线。当然也可以从点 D 作斜率为 $\frac{R}{R+1}$ 的直线 DB，得到精馏段操作线。

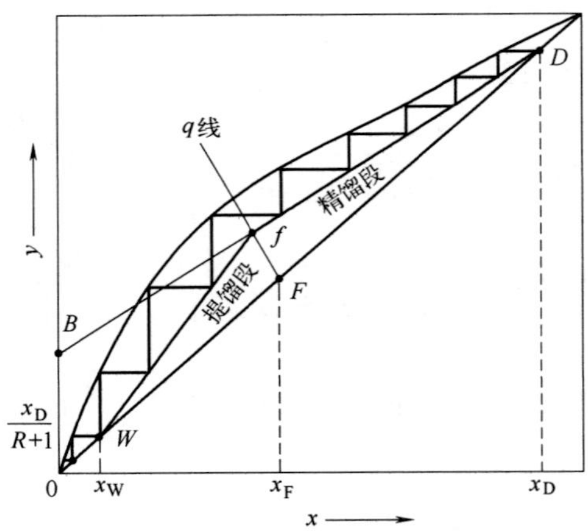

图 6-20 理论塔板图解法

（2）提馏段操作线的作法

若略去提馏段操作线中变量的上、下标，则可得 $y=\frac{L+F}{L+F-W}x-\frac{W}{L+F-W}x_W$；然后结合对角线方程 $y=x$，可得到提馏段操作线与对角线的交点，其坐标为 $x=x_W$、$y=x_W$。由于提馏段操作线截距的数值往往很小，交点 W（x_W，x_W）与表示截距的点离得很近，作图不易准确。若利用斜率 $\frac{L+F}{L+F-W}$ 作图不仅较麻烦，且不能在图上直接反映出进料热状态的影响。故通常找出提馏段操作线与精馏段操作线的交点 f，将点 W 与此交点相连即可得到提馏段操作线。两操作线的交点可由联解两

操作线方程得到。

（3）图解法求理论塔板数的步骤

① 建立平面直角坐标系 x-y。

② 在 x-y 中画出相平衡线 y-x，并作对角线。

③ 在 x-y 中画出精馏段操作线、q 线和提馏段操作线。

④ 从 D 点开始，在精馏段操作线与相平衡线之间作直角梯级，当梯级跨过点 f 时，则改在提馏段操作线与相平衡线之间作直角梯级，直至梯级的水平线达到或超过 W 点。

⑤ 每个梯级在相平衡线上的顶点代表一层理论板，跨过 f 点的顶点代表加料板，加料板顶点以上的顶点数即为精馏段的理论塔板数，加料板顶点及其以下的顶点数减一即为提馏段的理论塔板数。精馏段的理论塔板数与提馏段的理论塔板数之和为总理论塔板数。

六、回流比的影响与选择

1. 全回流与最少理论塔板数

回流是保证精馏塔连续稳定操作的基本条件，是精馏工程的重要变量，不仅影响投资费用和操作费用，也影响精馏塔的分离程度。对于一定的分离任务，回流比有两个极限，上限是全回流时的回流比，下限是最小回流比。实际操作的回流比应该介于二者之间。

塔顶上升蒸气经冷凝后全部流回塔内，这种回流方式称为全回流，如图 6-21 所示。

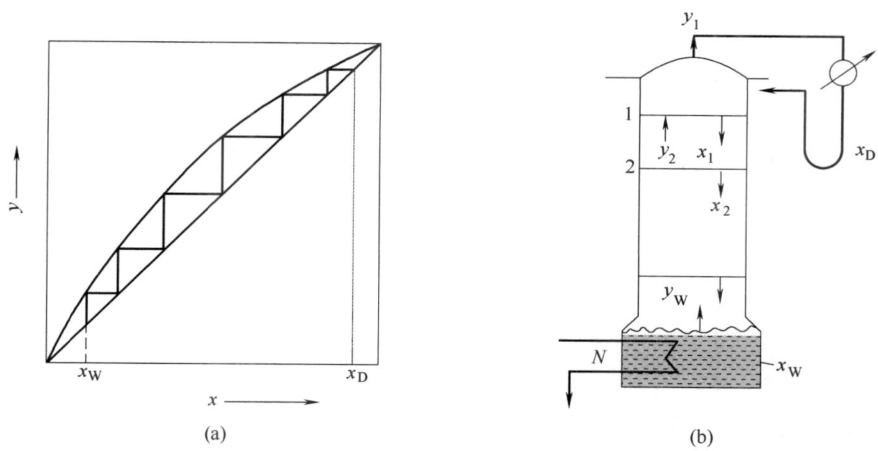

图 6-21 全回流时的理论塔板数及全回流示意

（1）全回流的特点

全回流时，既不向塔内进料，也不从塔内取出产品，即 $F=0$，$D=0$，$W=0$。由于回流比 $R=\dfrac{L}{D}$，因此此时生产能力为零。

（2）全回流时的操作线方程

全回流时全塔无精馏段、提馏段之分，操作线方程 $y=x$，操作线与对角线重合。

（3）最少理论塔板数 N_{min}

全回流操作时，操作线离相平衡线的距离最远，塔内气液两相的传质推动力最大，每块理论塔板的分离能力达到最大，完成一定的分离任务所需的理论塔板数最少，称为最少理论塔板数，记作 N_{min}。

最少理论板数 N_{min} 的求法有下列两种。

① 图解法。在 x-y 图上的相平衡线和对角线之间画梯级求得。该法繁琐，但对理想溶液和非理想溶液均适用。

② 用芬斯克（Fenske）方程［式（6-28）］计算。该法简便，但仅适用于理想溶液。

$$N_{min}=\frac{\lg\left(\frac{x_D}{1-x_D}\times\frac{1-x_W}{x_W}\right)}{\lg\overline{\alpha}} \tag{6-28}$$

式中，N_{min} 为全回流时所需最少理论塔板数（包括蒸馏釜）；$\overline{\alpha}$ 为全塔平均相对挥发度。

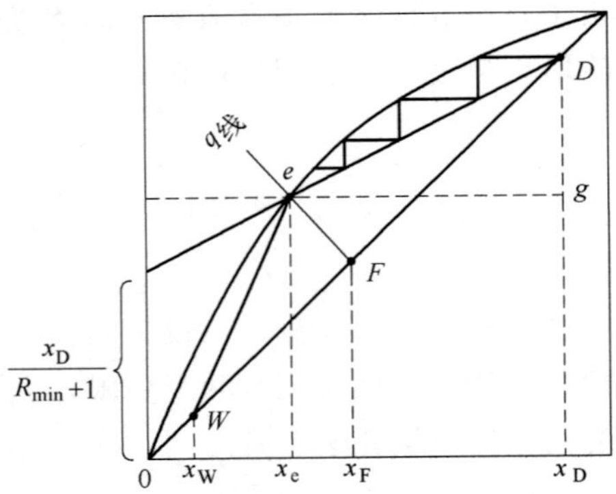

图 6-22　最小回流比的确定

2. 最小回流比

如图 6-22 所示，在精馏过程中，当回流比逐渐减小时，精馏过程的能耗下降，精、提馏段操作线皆向相平衡线靠近，操作线与相平衡线之间的距离减小，气液两相间的传质推动力减小，所需的理论塔板数增多，使得塔增高。

当回流比减小至两操作线的交点落在相平衡线上时，交点处的气液两相已达平衡，传质推动力为零，图解时无论绘多少阶梯都不能跨过点 e，达到一定分离要求所需的理论塔板数为无穷多。此时的回流比称为最小回流比，记作 R_{min}。

即当 $R=R_{min}$ 时，$N=\infty$。e 称为挟点，也称为夹（紧）点（$\Delta x=0$，$\Delta y=0$）。在该点附近，即进料板附近，各板的气液组成基本保持恒定，无增浓作用，这个区域称为恒浓区。整理后

$$\frac{R_{min}}{R_{min}+1}=\frac{x_D-y_e}{x_D-x_e}$$

$$R_{min}=\frac{x_D-y_e}{y_e-x_e} \tag{6-29}$$

求 R_{min} 的关键是挟点坐标 x_e、y_e 值。x_e、y_e 既满足相平衡关系，又满足 q 线方程，可由图读出，也可由相平衡方程与 q 线方程联立求得。

3. 适宜回流比

实际操作回流比应根据经济核算确定，以达到完成给定任务所需的设备费用和操作费用总和最小。设备费用是指精馏塔、再沸器、冷凝器等设备的投资费用，此项费用主要取决于设备的尺寸；操作费用主要取决于塔底再沸器的加热剂用量及塔顶冷凝器的冷却水用量。

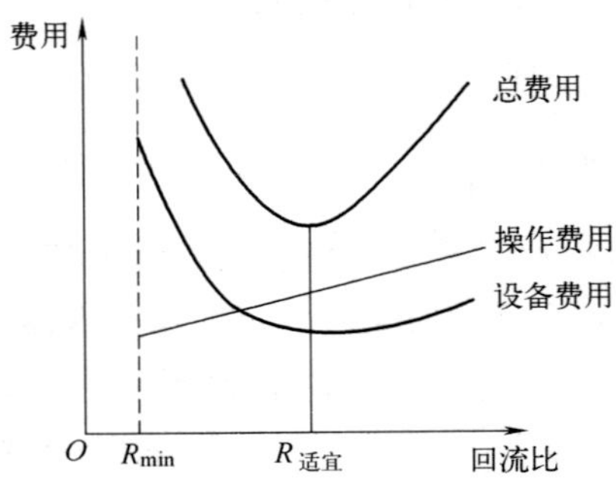

图 6-23　适宜回流比的确定

如图 6-23 所示，对于一定的料液和分离要求，当回流比增大时，精馏操作线向对角线靠近，相平衡线与操作线之间的距离增大，每一块塔板的分离程度增大，所需塔板数减少，设备费用减少；当回流比增大至某一值时，由于塔径增大，再沸器和冷凝器的传热

面积也要增加，设备费用又上升。在加料量及产量一定时，回流比增大，塔内气、液相量增加，则操作费用提高。

总费用为设备费用及操作费用之和，总费用中的最低值所对应的回流比为适宜回流比，即实际生产中的操作回流比。通常情况下，适宜回流比为最小回流比的 1.1～2.0 倍，即

$$R=(1.1\sim2.0)R_{\min} \tag{6-30}$$

七、理论塔板数的简捷计算

吉利兰（Gilliland）关联图如图 6-24 所示，是在对 $R_{\min}$、R、$N_{\min}$ 及 N 四个变量之间的关系进行广泛研究的基础上，以 $\dfrac{R-R_{\min}}{R+1}$ 为横坐标，以 $\dfrac{N-N_{\min}}{N+1}$ 为纵坐标标绘得到的曲线。

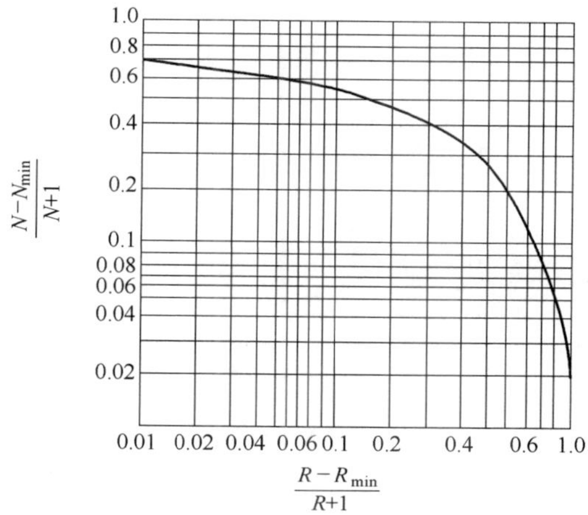

图 6-24　吉利兰关联图

利用关联 $R_{\min}$、R、$N_{\min}$ 及 N 四个变量的经验关联图（如吉利兰关联图）求取理论塔板数的方法称为简捷法。简捷法计算 N 虽然误差较大，但因简便，特别适合用于初步设计计算。吉利兰关联图可近似表示为下面的形式

$$\frac{N-N_{\min}}{N+1}=0.75\left[1-\left(\frac{R-R_{\min}}{R+1}\right)^{0.5667}\right] \tag{6-31}$$

简捷法求理论塔板数的步骤是：

先按设计条件求出最小回流比 $R_{\min}$，并选择适宜回流比 R；

然后求出全回流时的最少理论塔板数 $N_{\min}$（包括蒸馏釜）；

最后用已知的 $R_{\min}$、R 计算 $\dfrac{R-R_{\min}}{R+1}$，并利用吉利兰关联图或关联式求出 $\dfrac{N-N_{\min}}{N+1}$，进而求理论塔板数 N。

简捷法计算理论塔板数，不适合用于全塔内相对挥发度变化较大的系统。对于一些分离要求不高的塔，在需要估算理论塔板数时仍有现实意义。特别是当所讨论的物系缺少准确的平衡数据，不能满足多次严格计算的要求时，仍以简捷计算为宜。

【例 6-6】 工业上拟采用板式精馏塔（塔顶为全凝器）分离苯-甲苯溶液，其相对挥发度 $\alpha=2.50$，以摩尔分数为 $x_F=0.5$ 的饱和液体进料，进料量为 140kmol/h，塔顶馏出液中苯的回收率为 0.98，塔釜采出液中甲苯的回收率为 0.95。已知提馏段液气比 $\dfrac{L'}{V'}=\dfrac{5}{4}$，试求：（1）塔顶馏出液组成 x_D 及釜液组成 x_W；（2）提馏段操作线方程；（3）该塔的操作回流比及最小回流比；（4）塔底最后一块塔板流出的液体组成。

解　（1）依题意可知塔顶回收率

$$\eta_1=\frac{Dx_D}{Fx_F}=\frac{Dx_D}{140\times0.5}=0.98 \tag{a}$$

塔釜回收率

$$\eta_2=\frac{W(1-x_W)}{F(1-x_F)}=\frac{W(1-x_W)}{140\times(1-0.5)}=0.95 \tag{b}$$

对全塔进行物料衡算有

$$F=D+W=140 \tag{c}$$

$$Fx_F=Dx_D+Wx_W=140\times0.5 \tag{d}$$

联立式（a)～式（d）解得

$$x_D=0.951$$

$$x_W=0.021$$

$$D=72.1\text{kmol/h}$$

$$W=67.9\text{kmol/h}$$

（2）提馏段操作线方程为

$$y_{n+1}=\frac{L'}{V'}x_n-\frac{W}{V'}x_W=\frac{L+qF}{V'}x_n-\frac{W}{V'}x_W$$

已知$\frac{L'}{V'}=\frac{5}{4}$，又因为$L'=L+qF$，所以有

$$\frac{L+qF}{V'}=\frac{5}{4}$$

由于$q=1$，$V'=V=(R+1)D$，故有

$$\frac{RD+F}{(R+1)D}=\frac{5}{4}$$

即

$$\frac{72.1R+140}{(R+1)\times72.1}=\frac{5}{4}$$

解得回流比$R=2.77$，因此有

$$V'=V=(R+1)D=3.77\times72.1=271.8(\text{kmol/h})$$

所以，提馏段操作线方程为

$$y_{n+1}=\frac{5}{4}x_n-\frac{67.9}{271.8}\times0.021=1.25x_n-0.00525$$

（3）已求出回流比$R=2.77$。由于进料热状态参数$q=1$，所以q线与平衡线交点的横坐标为$x_q=x_F=0.5$，纵坐标为

$$y_q=\frac{\alpha x_q}{1+(\alpha-1)x_q}=\frac{2.5\times0.5}{1+1.5\times0.5}=0.714$$

于是有

$$\frac{R_{min}}{R_{min}+1}=\frac{x_D-y_q}{x_D-x_q}=\frac{0.951-0.714}{0.951-0.5}=0.5255$$

解得$R_{min}=1.107$。

（4）再沸器相当于一个理论级，即釜内产出的气相组成y_W与x_W为平衡关系，满足相平衡方程，则

$$y_W=\frac{2.5\times0.021}{1+1.5\times0.021}=0.0509$$

进入再沸器的液相组成x_n与y_n之间应符合提馏段操作线方程，即有

$$0.0509=1.25x_n-0.00525$$

解得$x_n=0.0449$。

第四节　间歇精馏

当混合液的分离要求较高而料液品种或组成经常变化时，采用间歇精馏的操作方式比较灵活机动。

间歇精馏又称分批精馏，是一种将全部物料一次加入精馏塔中进行精馏的操作方法。在操作开始时，所有物料被加入精馏塔中，然后逐渐加热使其汽化。蒸气从塔顶引出，经冷凝后，一部分作为馏出液产品，另一部分回流塔内。当釜液组成达到规定值后，将其一次排出，然后进行下一批物料的精馏操作。

从精馏过程的特点来看，间歇精馏与连续精馏的主要区别在于操作模式。间歇精馏是分批次进行的，每次处理一批物料，待该批物料处理完成后，再进行下一批的操作，是一种非连续、周期性的工作方式。由此不难理解，间歇精馏过程具有如下特点：

间歇精馏为非定态过程，在精馏过程中，釜液组成不断降低。若在操作时保持回流比不变，则馏出液组成将降低；反之，为使馏出液组成保持不变，在精馏过程中应不断加大回流比。为达到预定的要求，实际操作可以灵活多样。例如，在操作初期可逐步加大回流比，以维持馏出液组成大致恒定。但回流比过大在经济上并不合理，故在操作后期可保持回流比不变。若所得的馏出液不符合要求，可将此部分产物并入下一批原料再次精馏。

此外，由于过程的非定态性，塔身积存的液体量（持液量）会对精馏过程及产品的数量有影响。为尽量减少持液量，间歇精馏往往采用填料塔。

间歇精馏时全塔均为精馏段，没有提馏段。因此，获得同样的塔顶、塔底组成的产品，间歇精馏的能耗必大于连续精馏。

间歇精馏操作方式有两种：恒回流比操作和恒馏出液组成操作。

对于一些小规模的生产过程，间歇精馏因灵活性高、设备要求低而被广泛应用。

一、馏出液组成保持恒定的间歇精馏

如图 6-25（a）所示，间歇精馏由于塔板数固定，当馏出液组成 x_D 保持不变时，釜液组成 x_W 会不断下降。这意味着随着操作的进行，需要在相同的塔板数下实现更低的 x_W，因此分离要求逐渐提高。因此，所设计的精馏塔应能满足过程的最大分离要求，设计应以操作终了时的釜液组成 x_W 为计算基准。将组成为 x_W 的釜液提浓至 x_D 必有一最小回流比，在此回流比下需要的理论塔板数为无穷多。一般情况下，此最小回流比 R_{min} 为

$$R_{min}=\frac{x_D-y_W}{y_W-x_W} \tag{6-32}$$

为使塔板数保持在合理范围内，操作终了时的回流比 $R_终$ 应大于上式 R_{min} 的某一倍数。此最终回流比的选择由经济因素决定。$R_终$ 选定后，即可从图 6-25（b）中的点 D 开始，以 $\frac{x_D}{R_终+1}$ 为截距作出操作终了的操作线并求出理论塔板数。在操作初期可采用较小的回流比，此时的操作线如图 6-25（b）中的虚线所示。

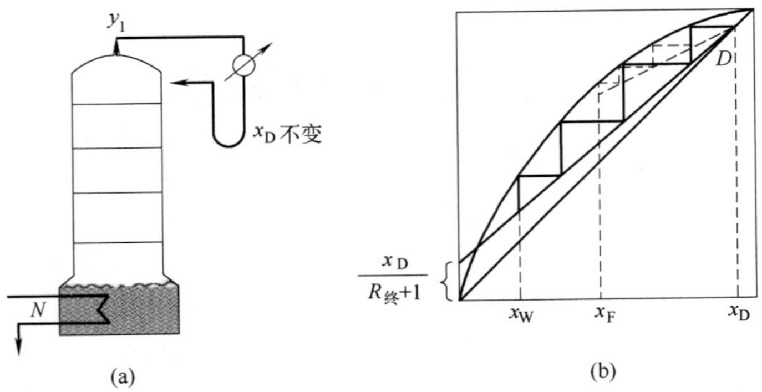

图 6-25 馏出液组成保持恒定的间歇精馏

二、回流比保持恒定的间歇精馏

因塔板数及回流比不变，在精馏过程中塔釜组成 x_W 与馏出液组成 x_D 必同时降低。因此只有使操作初期的馏出液组成适当提高，馏出液的平均浓度才能符合产品的质量要求。如图 6-26 所示，由于回流比 R 保持恒定，操作线的斜率 $R/(R+1)$ 为定值。随着精馏过程的进行，若釜液组成与馏出液组成分别由 $x_{D始}$、x_F 减少到 $x_{D终}$、x_W，则操作线平行下移，直到釜液组成达到规定值，操作停止。所得馏出液组成是各瞬间组成的平均值。

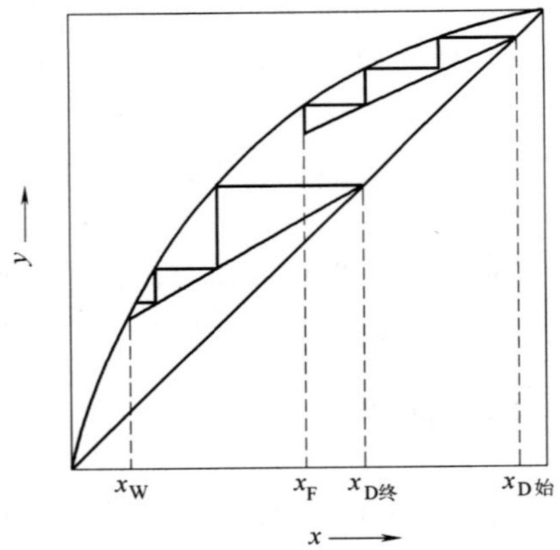

图 6-26 回流比不变的间歇蒸馏

第五节 恒沸精馏与萃取精馏

前述普通精馏方式是以溶液中各个组分的挥发度不同作为分离的依据，各组分的挥发度差异越大（即相对挥发度 α 越大），越易分离。但工业生产中需要分离的溶液也有不少挥发度很接近或具有恒沸点（最高或最低恒沸点），对于这类溶液的分离，用前述的普通精馏方式就很难实现了。例如，乙醇-水溶液在总压 $p=1\text{atm}$ 时有最低恒沸点（$t_M=78.15℃$），恒沸物组成 $x_M=0.894$（乙醇质量分数为 95.6%），用前述的普通精馏方法最多只能分离得到接近恒沸组成的酒精。这就是工业酒精中乙醇含量只能达到 95%（质量分数）的原因。那么，怎么才能得到无水酒精呢？理论上可采用降低总压的方法，此时相对挥发度 α 增大，x_M 提高，t_M 降低。当 $p=0.125\text{atm}$ 时，$x_M=0.99$，$t_M=34℃$，塔顶上升蒸气在冷凝器中不能用水冷凝，必须使用人工制冷，能耗大，一般不用。工业上普遍采用在 95.6%（质量分数）的恒沸液中加入定量脱水剂（如 CaO、$CuSO_4$）的方法进行化学-物理脱水，如此便可得到 99.5%以上的无水酒精。另外，也可使用苯、环己烷等恒沸剂进行三元恒沸精馏，借助新形成的三元恒沸物把水带出塔顶，而塔釜得无水酒精。这两种方法能耗低、投资省，已成为制取无水酒精的标准工艺。

若两组分的沸点很接近，相对挥发度很小，如苯-环己烷的混合物中，苯和环己烷的沸点分别为 80.1℃和 80.7℃，也很难用普通精馏方法将其分离。

用普通精馏难以分离的物系必须采用特殊精馏的方法分离。特殊精馏的基本原理是：在双组分溶液中加入第三组分，从而改变原双组分物系的非理想性或提高其相对挥发度 α 来实现分离。根据第三组分所起的作用，特殊精馏又可分为恒沸蒸馏和萃取精馏。

一、恒沸精馏

恒沸精馏是一种特殊的精馏方法，用于分离具有恒沸点的混合物。它是在待分离的混合液中加入第三组分（称为挟带剂），使该组分与原混合液中的一个或两个组分形成新的恒沸液。新恒沸液的沸点较原组分构成的恒沸液更低，从而能用普通精馏方法予以分离。

如在 A、B 双组分恒沸溶液或相对挥发度很小的双组分溶液中加入挟带剂（即组分 C），此挟带剂 C 与原溶液中一个或两个组分形成新的恒沸物（AC 或 ABC），新的恒沸物的沸点比纯组分 B（或 A）或原恒沸物（AB）的沸点低得多，可使溶液变成“恒沸物-纯组分”的精馏，其相对挥发度大而易于分离。例如，

乙醇-水恒沸物＋苯(挟带剂)⟶乙醇-水-苯三元恒沸物＋纯乙醇

$$A+B(AB)+C\longrightarrow ABC+A$$

ABC 组成：A（乙醇）0.228，B（水）0.233，C（苯）0.539。

三元恒沸物（ABC）中水与乙醇的摩尔比 x'（=1.022）大于原始混合物中水与乙醇的摩尔比 x。相关恒沸精馏流程如图 6-27 所示，只要有足够的苯作为挟带剂，水将全部集中在三元恒沸物（ABC）中，并从Ⅰ塔塔顶带出，而Ⅰ塔塔底的产品则是无水乙醇。Ⅱ塔用于回收苯，Ⅲ塔用于回收乙醇。

作为挟带剂的苯在系统中循环使用，补充损失的苯量在正常情况下低于无水酒精产量的千分之一。除苯以外，乙醇-水溶液恒沸精馏的挟带剂还可以用戊烷、三氯乙烯等。

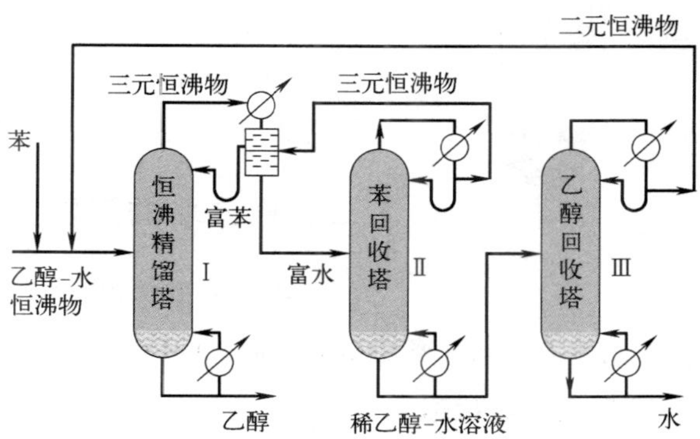

图 6-27　乙醇-水的恒沸精馏

二、萃取精馏

萃取精馏和恒沸精馏相似，也是一种特殊的精馏方式。它是向原料液中加入第三组分（称为萃取剂或溶剂），改变原有组分间的相对挥发度而进行分离的。但不同的是，要求萃取剂的沸点比原料液中各组分的沸点高得多，且不与组分形成恒沸液。萃取精馏常用于分离各组分沸点（挥发度）差别很小的溶液。如前所述，在常压下苯和环己烷的沸点接近，若在苯-环己烷溶液中加入萃取剂糠醛，如表 6-2 所示；则溶液的相对挥发度随萃取的增加而升高。因此，通过加入糠醛可显著改善苯-环己烷体系的分离效果，但在实际工业应用中，仅提高相对挥发度并不足以成为选择催化剂的唯一标准，还应满足安全、环保、经济等要求。

表 6-2　苯-环己烷溶液中加入糠醛后 α 的变化

溶液中糠醛的摩尔分数 x	0	0.2	0.4	0.5	0.6	0.7
相对挥发度 α	0.98	1.38	1.86	2.07	2.36	2.7

第六节　板式塔

一、塔板结构

板式塔的结构如图 6-28 所示。它由圆柱形壳体，塔板，气体和液体进、出口等部件组成。操作时，塔内液体依靠重力作用自上而下流经各层塔板，并在每层塔板上保持一定的液层，最后由塔底排出。气体则在压力差的推动下，自下而上穿过各层塔板上的液层，最后由塔顶排出。在液层中气液两相密切而充分地接触，进行传质传热，在塔中，两相呈逆流流动，以提供最大的传质推动力。

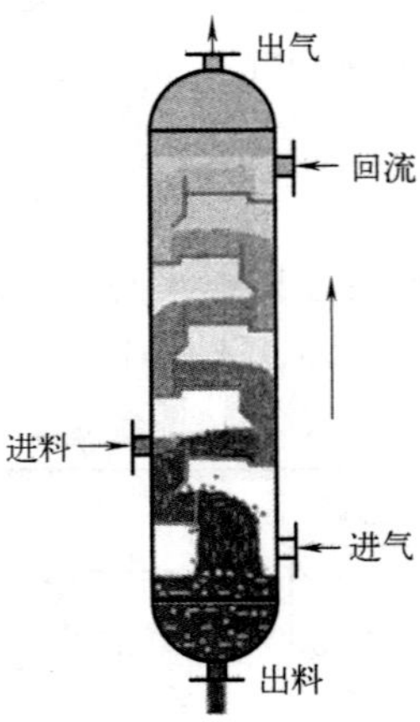

图 6-28　板式塔

塔板是板式塔的核心构件，其功能是提供气、液两相保持充分接触的场所，使之能在良好的条件下进行传质和传热过程。

评价塔设备性能的指标如下：

① 生产能力大；② 分离效率高；③ 阻力小，压降低；④ 操作弹性大；⑤ 结构简单、造价低、安装维修方便等。

二、板式塔的流体力学性能

物系和板结构一定时，塔的操作能否正常进行，与塔内气、液两相的流体力学状况密切相关。板式塔内气液两相的流体力学状况即板式塔的流体力学性能。

1. 气液接触状态

塔板上气液两相的接触状态是决定传质和传热规律的重要因素。四种常见的接触状态如下。

① 鼓泡状态：当气速较低时，气体以鼓泡形式通过液层［图 6-29（a）］。由于气泡的数量不多，形成的气液混合物基本上以液体为主，气液两相接触的表面积不大，传质效率很低。

② 蜂窝状态：随着气速增大，气泡的形成速度大于气泡的浮升速度时，气泡在液层中累积，气泡之间相互碰撞，形成各种多面体的大气泡，板上为以气体为主的气液混合物［图 6-29（b）］。由于气泡不易破裂，表面得不到更新，所以此种状态不利于传热和传质。

③ 泡沫状态：气速继续增大，各种尺寸的气泡连串迅速上升，将液相拉成液膜展开在气相内［图 6-29（c）］。因剧烈运动，泡沫不断破裂和生成以及产生液滴群，为传质创造了良好条件。

④ 喷射状态：气速继续增大，高速气流将液相由连续相转变为分散相，两相间的传质面为液滴群表面［图 6-29（d）］。由于液体横向流经塔板时多次分散和凝聚，表面不断更新，为传质创造了良好的条件。

工业上比较合适的状态是泡沫状态和喷射状态。

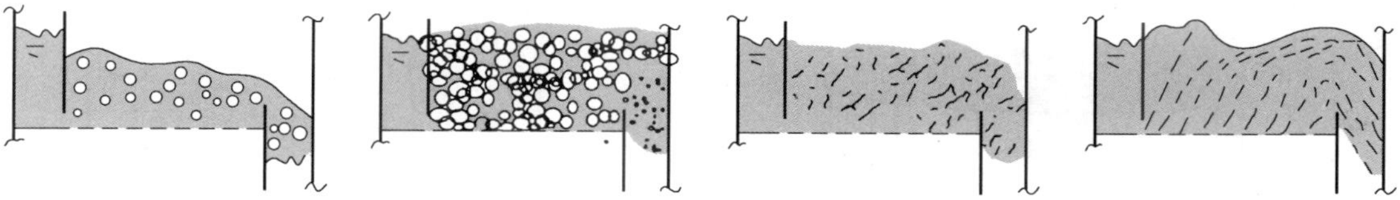

(a) 鼓泡状态　(b) 蜂窝状态　(c) 泡沫状态　(d) 喷射状态

图 6-29　筛孔塔板上的气液接触状态

2. 塔板压降

塔板压降是指流体（气体或液体）通过精馏塔塔板时，由于流体的流动阻力而产生的压力降低，如图 6-30 所示。它是精馏塔设计和操作中一个重要的参数，影响塔的能耗和分离效率。塔板的总压降包括：

① 干板阻力，即由板上各部件造成的局部阻力；

② 板上充气液层的静压强；

③ 板上液体的表面张力（摩擦阻力）。

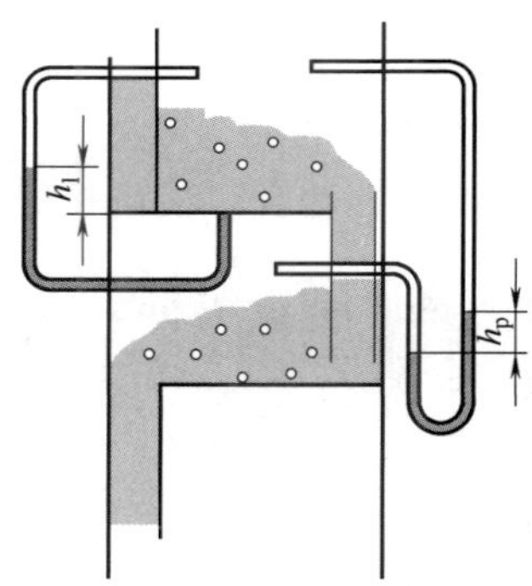

图 6-30　塔板压降

塔板压降直接影响塔板效率，如果干板阻力增大，则气体流动不畅，气液接触时间增加，塔板效率提高；若板上充气液层的静压增大（即板上液层厚度增大），则气液传质时间增加，塔板效率提高。

总而言之，要综合考虑，在保证较高塔板效率的前提下，力求减小塔板压降，以降低能耗，改善塔的操作性能。

三、塔板上的不正常操作现象

1. 塔板筛孔漏液

气体通过筛孔的速度较小时，其动压不足以阻止板上液体的流下，液体会直接从孔口落下，这种现象称为漏液（图 6-31）。漏液量随孔速的增大与板上液层高度的降低而减小。漏液会影响气液在塔板上的充分接触，降低传质效果，严重时会使塔板上不能积液而无法操作。正常操作时，一般控制漏液量不大于液体流量的 10%。

塔板上的液面落差会引起气流分布不均匀，在塔板入口处由于液层较厚，往往出现倾向性漏液，为此常在塔板液体入口处留出一条不开孔的区域，称为安定区。

2. 液泛

为了使液体能稳定地流入下一层塔板，降液管内须维持一定高度的液柱。气速增大，气体通过塔板的压降也增大，降液管内的液面相应地升高；液体流量增大，液体流经降液管的阻力也增大，降液管内的液面也相应地升高。若降液管中泡沫液体的高度超过上层塔板的出口堰，板上液体将无法顺利流下，液体充满塔板之间的空间，即液泛（图 6-32）。液泛是气液两相进行逆向流动时的操作极限。发生液泛时，压降急剧增大，塔板效率急剧降低，塔的正常操作被破坏，在实际操作中要避免。

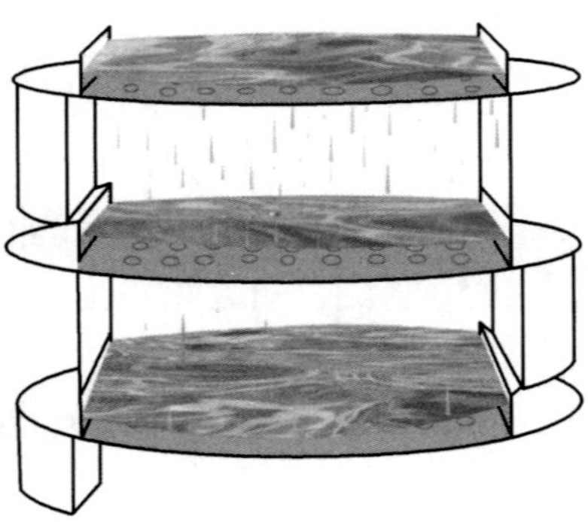

图 6-31　塔板漏液

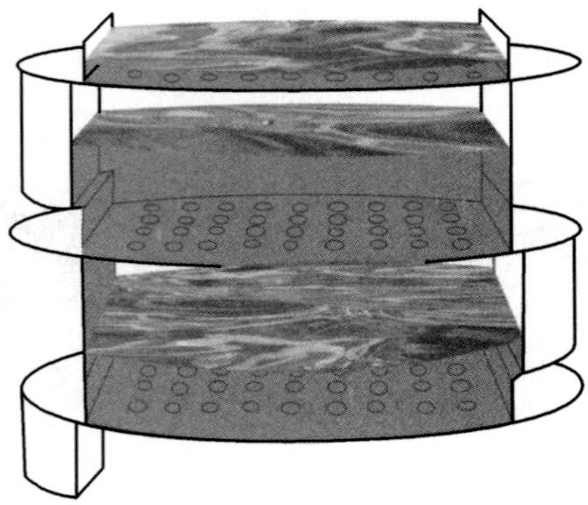

图 6-32　塔板液泛

3. 液沫夹带

当气速增大，使塔板处于泡沫状态或喷射状态时，液体被吹散成液滴并被抛到一定的高度。其中某些液滴会被带到上一层塔板，该现象称为液沫夹带（图 6-33）。浓度较低的下层塔板上的液体被气流带到上层塔板会导致塔板的提浓作用变差，对传质是一个不利因素。

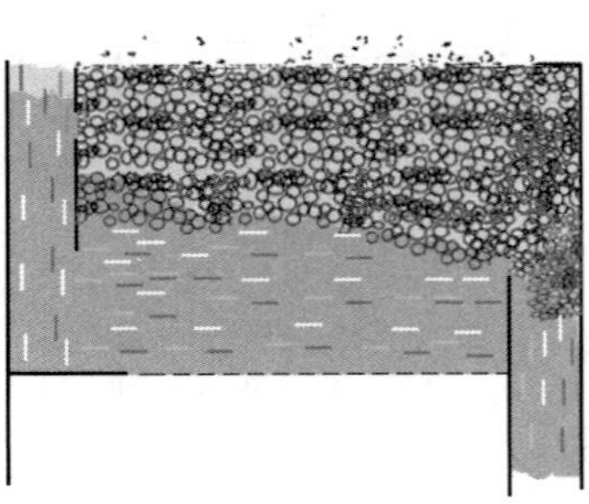

图 6-33　塔板液沫夹带

泡沫状态操作时，液沫夹带量较少，板间距可以小一些；而喷射状态操作时，液沫夹带量较多，板间距应大一些。

四、塔板效率

理论塔板是衡量实际塔板分离效果的理想化标准，而塔板效率则反映了实际塔板分离效果与这一理想化标准的接近程度。塔板效率分为全塔效率（或总板效率）与单板效率（默弗里板效率），塔板上各点处的局部效率称为点效率。

1. 全塔效率

在前面介绍了精馏塔理论塔板数的计算方法，实际中离开塔板的气液两相通常无法达到理论塔板数所假设的平衡状态，因此，为达到相同的分离效果实际所需的塔板数要比理论塔板数多。

全塔效率 E_T 表示全塔的平均效率，使用十分方便，故被广泛采用。但全塔效率并不区分同一个塔中不同塔板的传质效率差别，所以在塔器研究与改进操作中不能满足要求。E_T 的计算式如下：

$$E_T=\frac{N_T}{N} \tag{6-33}$$

式中，N_T 为塔内需要的理论板数；N 为塔内需要的实际板数。

2. 单板效率

单板效率通常用默弗里（Murphree）提出的板效率表示方法，也称为莫弗里板效率，以 E_M 表示。它可以用气相组成表示，也可以用液相组成表示。

① 以气相浓度变化表示的单板效率的定义式为

$$E_{mV}=\frac{y_n-y_{n+1}}{y_n^*-y_{n+1}} \tag{6-34}$$

式中，y_n、y_{n+1} 为离开第 n 层塔板及第 $n+1$ 层塔板的气相浓度（摩尔分数）；y_n^* 为与离开第 n 层塔板的液相浓度 x_n 呈平衡关系的气相浓度（摩尔分数）。

② 以液相浓度变化表示的单板效率的定义式为

$$E_{mL}=\frac{x_{n-1}-x_n}{x_{n-1}-x_n^*} \tag{6-35}$$

式中，x_{n-1}、x_n 为离开第 $n-1$ 层塔板及第 n 层塔板的液相浓度（摩尔分数）；x_n^* 为与离开第 n 层塔板的气相浓度 y_n 呈平衡关系的液相浓度（摩尔分数）。

3. 点效率

点效率是为考察操作时塔板不同板面部位的局部传质效率所采用的一种塔效率，主要用于塔板结构研究。点效率 E_{OG} 的定义式为

$$E_{OG}=\frac{y-y_{n+1}}{y^*-y_{n+1}} \tag{6-36}$$

式中，y_{n+1} 为进入第 n 层塔板的气相浓度（摩尔分数）；y 为离开第 n 层塔板上某点的气相浓度（摩尔分数）；y^* 为与被考察点的液相浓度呈平衡关系的气相浓度（摩尔分数）。

在塔板上任意位置，由于气泡的搅拌作用，液层在垂直方向上的液相浓度可以认为是均匀的。

五、塔径和塔高的计算

1. 塔径的计算

按照圆管流体的体积流量公式，塔径可表示为

$$D_T=\sqrt{\frac{4V_s}{\pi u}} \tag{6-37}$$

式中，D_T 为塔径，m；V_s 为塔内气体流量，m^3/s；u 为适宜空塔气速，即按空塔计算的气体线速度，m/s：

$$u=(0.6\sim0.8)u_{max} \tag{6-38}$$

为了计算适宜空塔气速，需要先按照下列式子计算最大允许空塔气速 u_{max}。

$$u_{max}=C\sqrt{\frac{\rho_L-\rho_V}{\rho_V}} \tag{6-39}$$

式中，C 为蒸气负荷系数，m/s；ρ_V 为气相密度，kg/m^3；ρ_L 为液相密度，kg/m^3。

蒸气负荷系数可由图 6-34 求得。图中的 L_s 和 V_s 分别为液、气体积流量，单位为 m^3/s 或 m^3/h。图 6-34 是按照液体表面张力为 20mN/m 的物系绘制的。若所处理的物系表面张力 σ 为其他值，则从图中查出的 C_{20} 值应按照下式进行校正。

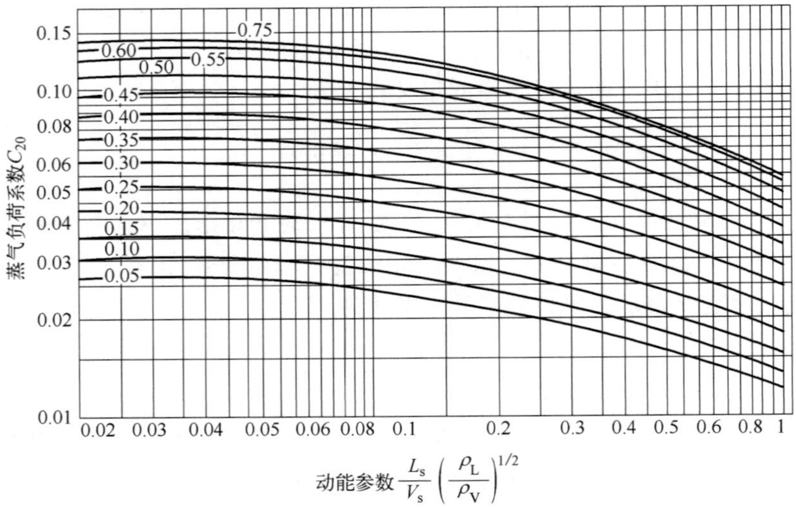

图 6-34 计算蒸气负荷系数用的曲线图

$$C=C_{20}\left(\frac{\sigma}{20}\right)^{0.2} \tag{6-40}$$

按照式（6-39）求出最大允许空塔气速 u_{max}，再乘以安全系数，利用 $u=(0.6\sim0.8)u_{max}$ 可求得适宜空塔气速。

2. 塔高的计算

精馏塔的有效高度由实际塔板数和塔板间距决定，即

$$Z=NH_T \tag{6-41}$$

式中，Z 为塔的有效高度，m；N 为实际塔板数目；H_T 为塔板间距，m。

塔板间距与液泛和液沫夹带有密切的关系。塔板间距取大些，塔可允许气流以较高的速度通过。对于化工生产中最常见、最基础的部分，不涉及特殊的定制化需求或复杂的技术挑战的生产任务，塔径可较小；反之，所需塔径就要大些。塔板间距的得大，还对塔板效率、操作弹性及安装检修有利。但塔板间距增大后，会增加塔身总高度，增大金属耗量，提高塔基、支座等的负荷，从而又增加全塔的造价。初选塔板间距时可参考表 6-3 所列的推荐值。

表 6-3 塔板间距与塔径的关系

塔径 D/m	0.3～0.5	0.5～0.8	0.8～1.6	1.6～2.0
塔板间距 H_T/mm	200～300	250～350	350～450	450～600

六、塔板类型

板式精馏塔是一种重要的化工设备，广泛应用于石油、化工、医药等行业。它是利用不

同物质在不同温度下气液相平衡的原理，将混合物分离成不同组分的设备。其中，塔板是板式精馏塔中最核心的组成部分之一，其作用是使混合物在塔内进行充分混合和反应，并实现组分之间的分离。

根据塔板结构，板式塔可分为泡罩塔、浮阀塔、筛板塔、舌形塔等，下面分别简要介绍。

1. 泡罩塔

泡罩塔是最早应用于工业生产的典型板式塔。泡罩塔板由泡罩、升气管、降液管、液流堰等组成。生产中使用的泡罩形式有多种，最常用的是圆形泡罩（图 6-35）。

泡罩塔的每层塔板上开有若干个孔，升气管上覆以泡罩（图 6-36），上升气体通过泡罩进入液层时被分散成许多细小的气泡，为气液两相提供了大量的传质界面。

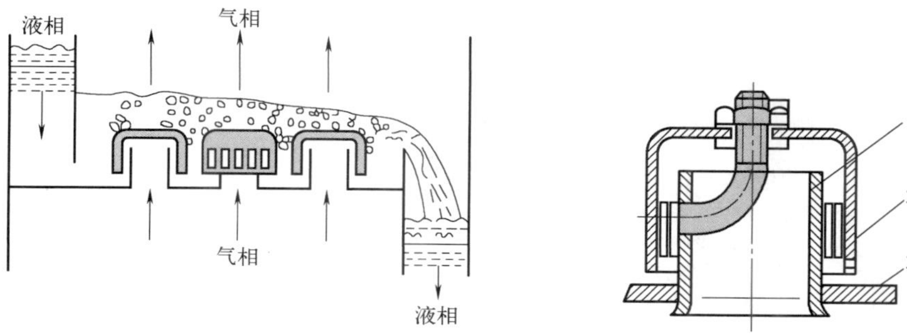

(a) 操作状态　　(b) 圆形泡罩

图 6-35　泡罩塔板

1—升气管；2—泡罩；3—塔板

泡罩塔的优点是相对于其他塔形，操作稳定性较好，易于控制，负荷有变化时仍有较好的弹性，介质适应范围广。但其生产能力较低，流体流经塔盘时阻力与压降大，且结构较复杂，造价较高，制造加工有较大难度。

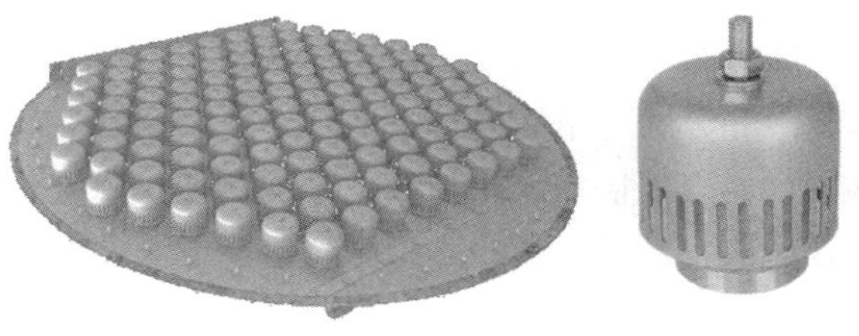

(a) 泡罩塔板　　(b) 圆形泡罩

图 6-36　泡罩塔板实物

2. 浮阀塔

浮阀塔是 20 世纪 50 年代初由美国开发的一种高效气液传质设备，其塔板的主要形式如图 6-37 所示。塔板上开有若干大孔，每个孔上装有一个可以上、下浮动的阀片。当流经筛孔的气体流速高时，阀片被顶起上升；当流经筛孔的气体流速低时，阀片因自身重力而下降。阀片的升降位置随气流量大小自动调节，从而使进入液层的气速基本稳定。又因气体在阀片下侧水平方向进入液层，既减少了液沫夹带量，又可延长气液接触时间。

浮阀塔是一种综合性能较好的塔形，在工业上的应用十分普遍。浮阀塔的优点是生产能力高，操作弹性大，气液流动阻力比泡罩塔小（但比筛板塔大），塔板效率高，结构简单，造价低。但其浮阀装卸、清洗较困难。

3. 筛板塔

筛板塔的塔板上开有许多均布的筛孔（图 6-38），孔径一般为 3～8mm。操作时，上升

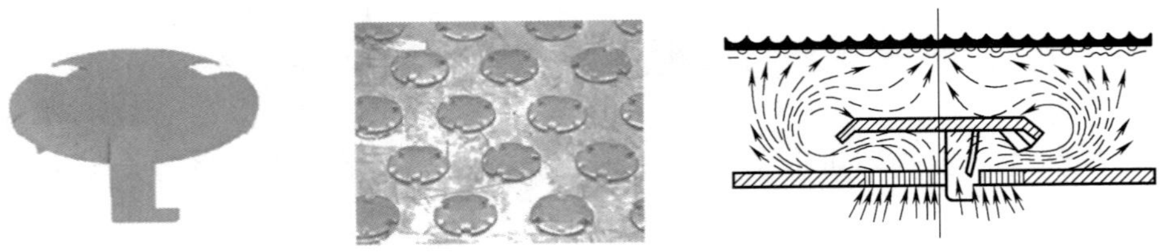

(a) 浮阀　　(b) 浮阀塔板　　(c) 气液接触状况

图 6-37　浮阀塔板

气流通过筛孔分散成细小的流股，在板上液层中鼓泡而出，气液间密切接触而进行传质。在通常的操作气速下，通过筛孔上升的气流应能阻止液体经筛孔向下泄漏。筛板分为筛孔区、无孔区、溢流堰区、降液管区等几个部分。

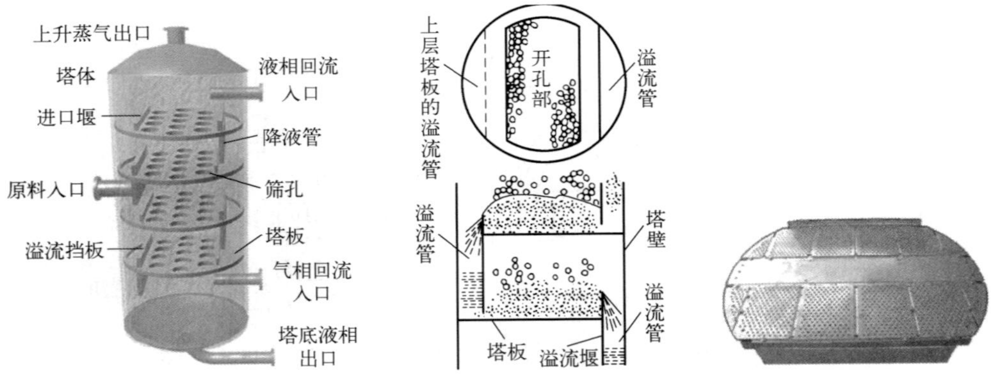

(a) 结构　　(b) 操作状态　　(c) 实物

图 6-38　筛板塔

筛板塔与泡罩塔相比，生产能力高 20%～40%，塔板效率高 10%～15%，压降低 30%～50%，且结构简单，造价较低，制造、加工、维修方便，因此在许多场合都取代了泡罩塔。但筛板塔的操作弹性不如泡罩塔，当负荷有变动时，操作稳定性差。当介质黏性较大或含杂质较多时，筛孔易堵塞。

4. 舌形塔

泡罩塔板、筛板塔板及浮阀塔板都属于气相为分散相的板型，即气体在鼓泡或泡沫状态下进行气液接触，为防止严重的液沫夹带，生产能力受到限制。而近年来发展起来的舌形塔（喷射型塔板，见图 6-39）克服了这个弱点。喷射型塔板上，气体喷出的方向与液体流动的方向一致，充分利用了气体的动能来促进两相的接触。因气体不再通过较深的液层而鼓泡，所以塔板压降降低，液沫夹带量减少，不仅提高了传质效果，而且提高了生产能力。

舌形塔的优点是塔板物料处理量大，压降小，结构简单，安装方便。但其操作弹性小，塔板效率低。另外，被气体喷射的液流在通过降液管时会夹带气泡到下层塔板，气相夹带现象严重。

板式塔的结构形式多种多样，各种塔板结构都具有各自的特点，且都有各自适宜的生产条件和范围，在具体选择塔板结构时应根据工艺要求确定。总体来说，一般塔板评价指标有下列几个方面：①生产能力大（即气液相负荷高）；②塔板效率高（往往与生产能力冲突）；③操作弹性大，即最大负荷/最小负荷的值相对较大；④压降低；⑤价格低廉，易于制造。

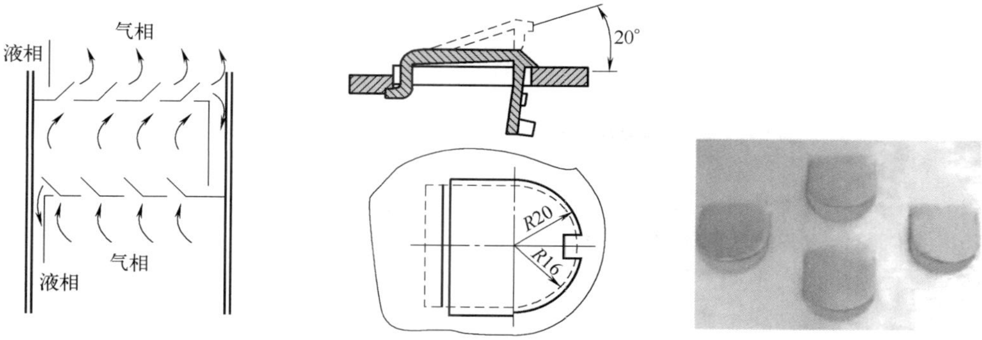

(a) 气液接触状态　　(b) 舌形塔板结构　　(c) 舌形塔板实物

图 6-39　舌形塔

小结

蒸馏单元操作在工业生产中主要用于分离液体混合物，这一过程主要利用液体混合物中各组分挥发度的差异来实现分离，广泛用于分离各种有机物混合液和无机物混合液。本章主要知识点间的联系如下所示。

蒸馏

基本知识

1. 理想物系：理想气体服从道尔顿分压定律，理想液体服从拉乌尔定律。

2. 泡点线方程：$x_A=\dfrac{p-p_B^0}{p_A^0-p_B^0}$。

3. 露点线方程：$y_A=\dfrac{p_A}{p}=\dfrac{p_A^0 x}{p}=\dfrac{p_A^0}{p}\times\dfrac{p-p_B^0}{p_A^0-p_B^0}$。

4. 相对挥发度 $\begin{cases}\alpha=\dfrac{v_A}{v_B}=\dfrac{p_A^0}{p_B^0}\text{。}\\ \alpha=\dfrac{y_A/x_A}{y_B/x_B}\text{或 }\alpha=\dfrac{y_A/(1-y_A)}{x_A/(1-x_A)}\text{。}\end{cases}$

5. 相平衡方程 $\begin{cases}y=\dfrac{\alpha x}{1+(\alpha-1)x}\text{。}\\ x=\dfrac{y}{\alpha-(\alpha-1)y}\text{。}\end{cases}$

精馏计算

1. 全塔物料衡算：$\begin{cases}F=D+W\\ Fx_F=Dx_D+Wx_W\text{。}\end{cases}$

2. 精馏段：$y_{n+1}=\dfrac{R}{R+1}x_n+\dfrac{x_D}{R+1}$，$\begin{cases}L=RD\\ V=(R+1)D\text{。}\end{cases}$

3. q 线方程：$y=\dfrac{q}{q-1}x-\dfrac{x_F}{q-1}$

q 值	进料热状态	q 线方程
$q=0$	饱和蒸气进料	$y_q=x_F$
$0<q<1$	气液混合物进料	$y=\dfrac{q}{q-1}x-\dfrac{x_F}{q-1}$
$q=1$	饱和液体进料	$x_q=x_F$
$q>1$	过冷液体进料	$y=\dfrac{q}{q-1}x-\dfrac{x_F}{q-1}$
$q<0$	过热蒸气进料	$y=\dfrac{q}{q-1}x-\dfrac{x_F}{q-1}$

4. 提馏段：$y_{m+1}=\dfrac{L'}{V'}x_m-\dfrac{Wx_W}{V'}$，$\begin{cases}L'=L+qF\\ V'=V+(q-1)F\text{。}\end{cases}$

5. 最小回流比：$R_{min}=\dfrac{x_D-y_e}{y_e-x_e}$。

6. 适宜回流比：$R=(1.1\sim2)R_{min}$。

7. 最少理论塔板数：$N_{min}=\dfrac{\lg\left(\dfrac{x_D}{1-x_D}\times\dfrac{1-x_W}{x_W}\right)}{\lg\bar{\alpha}}$。

8. 理论板数 N 的确定：$\begin{cases}\text{逐板计算法}\\ \text{图解法}\end{cases}$。

精馏进行的必要条件：回流液逐板下降和蒸气逐板上升。

1. 采出率 $\begin{cases}\text{馏出液的采出率：}\dfrac{D}{F}=\dfrac{x_F-x_W}{x_D-x_W}\text{。}\\ \text{釜残液的采出率：}\dfrac{W}{F}=1-\dfrac{D}{F}=\dfrac{x_D-x_F}{x_D-x_W}\text{。}\end{cases}$

2. 回收率 $\begin{cases}\text{塔顶易挥发组分的回收率：}\eta_D=\dfrac{Dx_D}{Fx_F}\times100\%\text{。}\\ \text{塔底难挥发组分的回收率：}\eta_W=\dfrac{W(1-x_W)}{F(1-x_F)}\times100\%\text{。}\end{cases}$

3. 单板效率 $\begin{cases}\text{气相单板效率：}E_{mV}=\dfrac{y_n-y_{n+1}}{y_n^*-y_{n-1}}\text{。}\\ \text{液相单板效率：}E_{mL}=\dfrac{x_{n-1}-x_n}{x_{n-1}-x_n^*}\text{。}\end{cases}$

4. 恒摩尔流假定：

精馏段：$V_1=V_2=\cdots=V_n$，$L_1=L_2=\cdots=L_n$；

提馏段：$V_1'=V_2'=\cdots=V_n'$，$L_1'=L_2'=\cdots=L_n'$。

其他精馏方式

1. 间歇精馏。
2. 特殊精馏：恒沸精馏、萃取精馏。

思考题

6-1 平衡蒸馏及简单蒸馏产生的气液相组成服从什么关系？蒸馏时各股物料和各组分还应满足另一种关系，是什么关系？

6-2 简述有哪几种特殊精馏方法，它们的作用是什么。

6-3 如何蒸馏可得到高纯度的产品？

6-4 能否利用多次平衡蒸馏或多次简单蒸馏实现高纯度分离？为什么？

6-5 工业上如何利用多次部分汽化和多次部分冷凝的原理实现连续的高纯度分离，而流程又不太复杂呢？

6-6 减压精馏，理论上能否得到无水酒精？

6-7 连续精馏塔的塔顶和塔底产品摩尔流量分别为 D 和 W，则精馏段液气比总是小于 1，提馏段液气比总是大于 1，这种说法是否正确？全回流时，该说法是否成立？为什么？

6-8 恒摩尔流假定成立的前提是什么？

6-9 试分析精馏过程中回流比对操作费用与设备费用的影响，并说明适宜回流比如何确定。

6-10 为什么操作需要塔顶回流？

6-11 简述简捷法求解理论塔板数的主要步骤。

6-12 怎样简捷地在 x-y 图上画出精馏段和提馏段操作线？

6-13 全回流与最小回流比的意义是什么？各有什么用处？一般适宜回流比为最小回流比的多少倍？

6-14 什么叫理论塔板？理论塔板、实际塔板、塔板效率的关系是怎样的？

6-15 间歇精馏一般在什么情况下进行？大概步骤是什么？

6-16 什么情况下使用萃取精馏？通常在什么条件下采用恒沸精馏和萃取精馏？

6-17 简述液泛的定义及其预防措施。

6-18 塔板上常见的四种接触状态是什么？哪些是工业上比较合适的状态？

6-19 塔板上不正常操作的现象有哪几种？有什么危害？

6-20 如何评价塔板的优劣？

习题

[6-1] 苯和甲苯溶液视为理想溶液，混合液中苯的摩尔分数为 0.4。已知苯和甲苯在 92℃ 时的饱和蒸气压分别为 143.73kPa 和 57.6kPa，试求在 92℃ 混合液中各组分的平衡分压、系统压力及平衡蒸气组成。

[答案：苯 57.492kPa，甲苯 34.56kPa，系统压力 92.025kPa，$y_{苯}=0.625$，$y_{甲苯}=0.375$]

[6-2] 在常压下采用简单蒸馏和平衡蒸馏的方式对易挥发组分摩尔分数为 0.6 的乙醇和水的原料液进行分离，若汽化率为$\frac{1}{3}$，在操作范围内气液平衡关系可表示为 $y=0.46x+0.549$，试求在简单蒸馏和平衡蒸馏情况下的釜液与馏出液组成$\left[简单蒸馏计算式为 \ln\frac{F}{W}=\frac{1}{m-1}\ln\frac{(m-1)x_F+b}{(m-1)x_W+b}\right]$。

[答案：简单蒸馏 $x=0.498$，$y=0.804$；平衡蒸馏 $x=0.509$，$y=0.783$]

[6-3] 由二硫化碳和四氯化碳组成的混合液，在连续精馏塔中分离。已知原料液流量为 14000kg/h，其中二硫化碳的质量分数 w_F 为 0.3。若要求釜液组成 w_W 不大于 0.05，馏出液回收率为 90%，试求馏出液的流量和组成（分别以摩尔流量和摩尔分数表示）。

[答案：$D=61.33$kmol/h，$x_D=0.81$]

［6-4］ 在连续精馏塔中分离正庚烷-正辛烷混合液。原料液量为5000kg/h，组成为0.45，要求馏出液中含正庚烷0.95，釜液中含正庚烷不超过0.06（均为质量分数）。试求馏出液量和釜液产品量。

［答案：$D=21.69$kmol/h，$W=24.83$kmol/h］

［6-5］ 在一连续精馏塔中分离苯-甲苯混合液，塔顶为全凝器，要求馏出液中苯的摩尔分数为0.97，馏出液量6000kg/h。已知平均相对挥发度为2.46，回流比为2.5。试求：（1）从第一层塔板下降的液体组成x_1；（2）精馏段各板上升的蒸气量及下降的液体量。

［答案：（1）$x_1=0.929$；（2）$L=191.3$kmol/h，$V=267.8$kmol/h］

［6-6］ 在一常压下连续操作的精馏塔内分离某双组分溶液，连续精馏塔的操作线方程为：精馏段$y=0.75x+0.205$；提馏段$y=1.25x-0.020$。试求泡点进料时的回流比，原料液、馏出液及釜液组成。

［答案：$R=3$，$x_D=0.82$，$x_W=0.08$，$x_F=0.45$］

［6-7］ 在一连续操作的精馏塔内，塔顶为全凝器，分离相对挥发度平均值为3的双组分理想溶液，在泡点温度下进入连续精馏塔。进料组成摩尔分数为0.6，馏出液组成为0.9；回流比为1.5，全塔效率为0.5。试求：（1）用逐板计算法求精馏段所需要的理论塔板数；（2）计算精馏段所需的实际塔板数。

［答案：（1）理论塔板数为1块；（2）所需的实际板数为2块］

［6-8］ 在一连续操作的精馏塔内，塔顶采用全凝器，在泡点温度下某双组分混合物进入精馏塔的中部。已知料液中轻组分摩尔分数为0.5，物系的相对挥发度为3，处理量为100kmol/h，要求馏出液组成为0.95，釜残液组成为0.05，操作回流比与最小回流比的比值为2，泡点回流。试求：（1）精馏段和提馏段操作线方程；（2）进入塔顶第一层理论板的气、液相组成；（3）离开塔顶第一层理论板的气、液相组成。

［答案：（1）$y=0.615x+0.365$，$y=1.384x-0.02$；（2）$y_2=0.896$，$x_D=0.95$；
（3）$y_1=0.95$，$x_1=0.864$］

［6-9］ 拟采用一连续操作的精馏塔分离含甲醇的水溶液，进料为饱和蒸气，已知进料量$F=100$kmol/h，进料组成$x_F=0.5$（摩尔分数，下同），塔顶产品的组成$x_D=0.95$，塔底产品的组成$x_W=0.1$，系统的相对挥发度$\alpha=2$。塔底采用再沸器，塔顶采用全凝器，泡点回流，塔釜的汽化量是最小汽化量的2倍。试求：（1）塔顶轻组分的回收率；（2）塔釜的汽化量；（3）离开从塔顶数第二块板的液相组成。

［答案：（1）0.893；（2）147.8kmol/h；（3）0.84］

［6-10］ 在一连续操作的精馏塔内，预分离组成为0.40的某双组分溶液，该物系的相对挥发度为2.5，以气液混合物状态进入某精馏塔，原料的气、液相摩尔比为1∶2。该塔的塔顶轻组分产品组成为$x_D=0.95$，回收率为95%，回流比为$R=2R_{min}$。试求：（1）塔顶、塔底采出率及残液组成；（2）精馏段及提馏段操作线方程；（3）q线方程；（4）原料中的气、液相组成。

［答案：（1）$\dfrac{D}{F}=40\%$，$\dfrac{W}{F}=60\%$，$x_W=0.033$；（2）$y=0.783x+0.206$，$y=1.4x-0.013$；
（3）$y=-2x+1.2$；（4）$y_F=0.548$，$x_F=0.326$］

［6-11］ 在某连续操作的精馏塔中分离丙酮-水混合溶液，已知精馏段操作线方程为$y=0.75x+0.2075$，q线方程为$y=-0.5x+1.5x_F$，$x_W=0.05$（摩尔分数，下同）。试求：（1）回流比R、馏出液组成x_D；（2）进料热状态参数q值；（3）进料组成$x_F=0.44$，塔釜间接蒸气加热时的提馏段操作线方程。

［答案：（1）$R=3$，$x_D=0.83$；（2）$q=0.33$；（3）$y=1.375x-0.019$］

［6-12］ 在连续精馏塔中分离乙醇-异丁醇理想溶液，原料液组成为0.5（轻组分摩尔分数，下同），泡点进料。塔顶采用分凝器和全凝器，如附图所示。分凝器向塔内提供泡点温度的回流

液，其组成为 0.88，从全凝器得到塔顶产品，其组成为 0.95。要求轻组分的回收率为 96%，并测得离开塔顶第一层理论板的液相组成为 0.79，试求：（1）操作回流比为最小回流比的倍数；（2）若馏出液流量为 50kmol/h，求所需的原料流量。

［答案：（1）1.538；（2）$F=99$kmol/h］

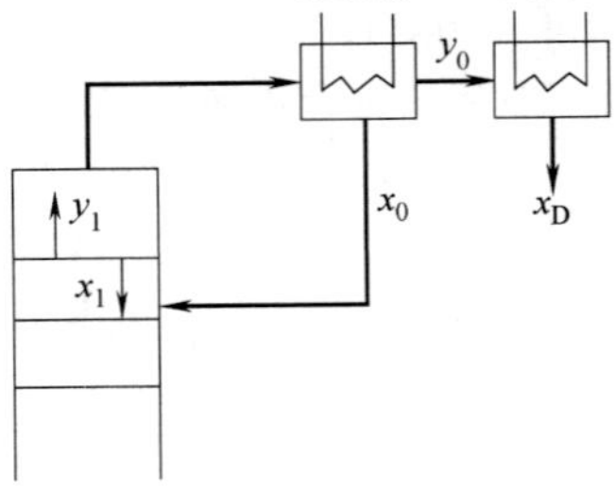

习题 6-12 附图

［6-13］ 在一常压连续精馏塔中分离甲醇-水混合溶液，已知甲醇的质量分数为 0.4（下同），要求馏出液中含甲醇 0.97，釜液中含甲醇 0.02。进料热状态参数 $q=1.36$，操作回流比为 2，平均相对挥发度为 2.5。试求：（1）最小回流比；（2）利用简捷算法求所需理论塔板数。

［答案：（1）$R_{min}=1.72$；（2）理论塔板数 16 块］

本章符号说明

英文

A、B、C　安托因常数

C　蒸气负荷系数，m/s

D　塔顶产品（馏出液）流量，kmol/h

D_T　塔径，m

E_M　单板效率

E_{OG}　点效率

E_T　全塔效率

F　进料流量，kmol/h

H_T　塔板间距，m

L　精馏段下降液体流量，kmol/h

L'　提馏段下降液体流量，kmol/h

N　塔板数

p_A、p_B　组分 A、B 的分压，Pa

Q　热流量，热负荷，kJ/h

q　进料热状态参数

R　塔顶液相回流比

R'　塔底气相回流比

t　温度，℃

V　精馏段上升蒸气流量，kmol/h

V'　提馏段上升蒸气流量，kmol/h

v　挥发度，Pa

W　塔底产品（釜液）流量，kmol/h

x　液相中易挥发组分的摩尔分数

y　气相中易挥发组分的摩尔分数

Z　塔的有效高度，m

希文

α　相对挥发度

η　回收率

ρ　密度，kg/m^3

σ　表面张力，N/m

u　空塔气速，m/s

下标

A　易挥发组分

B　难挥发组分

D　塔顶产品（馏出液）

F　进料

L　液相

min　最小

n　塔板序号

V　气相

W　塔底产品（釜液）

第七章

干　燥

目标导学

［目的］ 通过本章的学习，能够分析干燥过程的影响因素及相应解决办法，并了解几种干燥设备的干燥方式和干燥在化工生产中的应用。

［重点］ 干燥过程的原理及目的，湿空气的性质及计算，湿度图的组成及应用，干燥过程的相平衡性质，干燥过程的物料衡算、热量衡算，恒速与降速阶段干燥的特点，干燥速率及干燥时间的计算。

［难点］ 空气的湿球温度、湿度图的应用。

［内容导图］

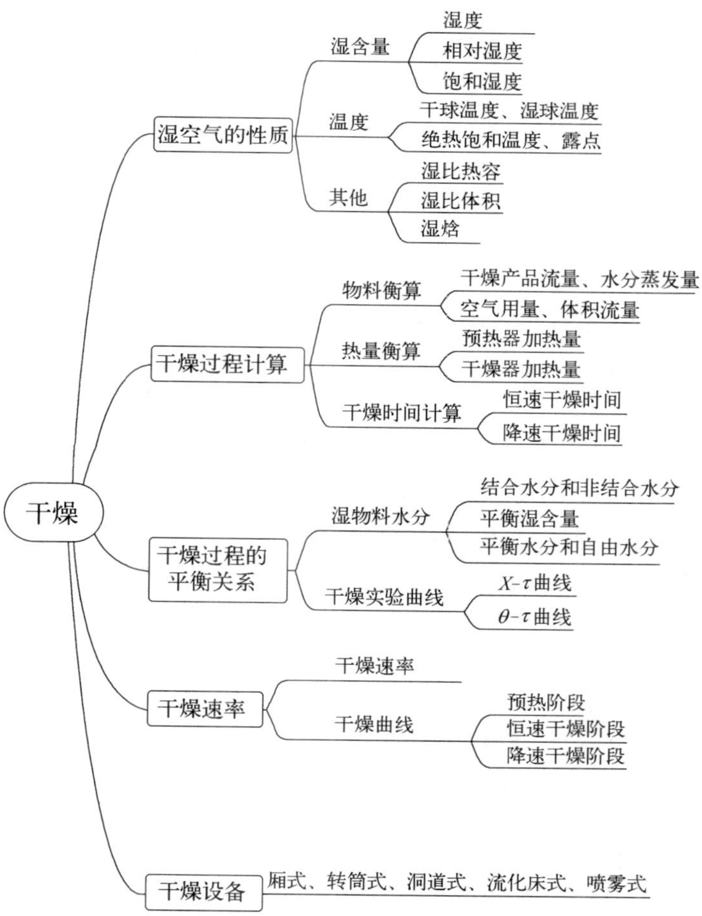

在化工领域，干燥技术非常重要。对于一些悬浮液或者滤饼状的原料来说，干燥有助于其转化为固体状态，这样便于运输和包装。对于一些化工制品、食品及抗生素类原料，如果含有水分就容易滋生微生物，导致发霉、生虫或变质等问题，需要干燥处理才能进行有效的储存。对于食盐、尿素等，需要在使用前通过干燥降低水分，以避免结块。对于一些制药原料来说，经过干燥处理后，原料中的水分被去除，有效成分的含量相应增加，从而提高了产品的质量。总体来说，通过合理选择和应用干燥技术，可以有效地提高产品的质量和生产效率，同时保证产品的稳定性。

第一节 概 述

在化工生产中，一些固体物料可能混有大量的湿分，将湿分从物料中去除的过程称为去湿。去湿可以分为三类。

机械去湿法：通过压滤、抽滤、过滤和离心分离等方法来除去固体物料中的湿分。这种方法适用于固体物料中液体含量较高时，通过沉降、过滤、离心分离等机械方式去除大部分液体。该法实质上是固、液相的分离过程。去湿过程中湿分不发生相变，能耗少，费用低，但湿分去除不彻底，只适用于物料间大量水分的去除，一般用于初步去湿，为进一步干燥做准备。

物理去湿法：用吸湿性较强的化学药品（如无水氯化钙、氢氧化钠等）或吸附剂（如分子筛、硅胶等）来吸收或吸附物料中的水分。该法适用于去除少量湿分。

干燥去湿法：借助热能，使物料中的湿分汽化，并将产生的蒸汽加以排除或带离物料。去湿过程中湿分发生相变，耗能大，费用高，但湿分去除较为彻底，可去除物料表面甚至内部的湿分。

通常的做法是先采用机械去湿法脱去大部分水分，再采用干燥去湿法将物料中少量的水分除去，以达到产品的要求。因此，干燥技术在食品、造纸、农产品加工、制药等领域得到了广泛的应用。

“去湿”方法中较为常用的是干燥，即利用热能除去固体湿物料中湿分的单元操作。干燥过程的本质是湿分由固相扩散，迁移并转化为气相，实现固-气相转移的过程（固相为被干燥的物料，气相为干燥介质）。按照对湿物料的处理方式，干燥可分为下列几种方法。

① 传导干燥法：热能通过传热壁面以传导的方式传给湿物料，使其中的水分汽化，然后产生的蒸汽被干燥介质带走，或用真空泵抽走。该过程中湿物料与加热介质不直接接触，故又称为间接加热干燥。该法的优点是热能利用效率较高，缺点是与传热壁面接触的物料在干燥时易局部过热而变质。

② 辐射干燥法：热能以电磁波的形式由辐射器发射到湿物料表面，被物料吸收转化为热能，使湿分汽化。辐射干燥的优点是生产强度比传统干燥方法（如传导干燥和对流干燥）高几十倍，且设备紧凑，干燥时间短，产品干燥均匀而洁净。其缺点是能耗大，适用于干燥表面积大而薄的物料。

③ 介电加热干燥法：将需要干燥的物料放在高频电场内（如微波），利用高频电场的交

变作用将湿物料加热，并汽化湿分。这种干燥属于物料内部的加热方式，干燥时间短，干燥均匀。但其设备费用较高，运行费用也高。另外，还需防止微波泄漏对人体组织的伤害。

④ 冷冻干燥法：对含有大量水分的物料预先降温，将其冻结成冰点以下的固体，然后在高度真空的条件下使水蒸气直接从固体中升华出来。它是利用升华达到除去水分的目的，因此也称为升华干燥。冷冻干燥法的缺点是设备投资费用高，动力消耗大，干燥时间长，相应地设备生产能力低。

⑤ 对流干燥法：在对流干燥过程中，热能通过热干燥介质（通常是热空气）以对流的方式传递给湿物料，使物料中的水分汽化。随后，物料内部的水分以气态或液态形式扩散至物料表面，并进一步汽化为蒸汽。这些蒸汽从物料表面扩散至干燥介质主体中，最终被介质带走。

工业上应用最多的是对流干燥法，本章主要讨论以热空气为干燥介质、以水为湿分的对流干燥过程。

如图 7-1 所示，空气经风机送入预热器，加热到一定温度后送入干燥器与湿物料直接接触，进行传质、传热，最后废气自干燥器另一端排出。

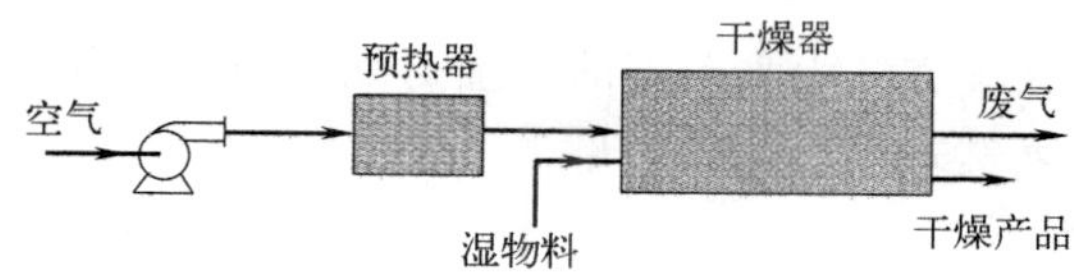

图 7-1　干燥流程

经预热的高温热空气与低温湿物料接触时，热空气传热给固体物料，若气流的水蒸气分压低于固体表面水蒸气的分压，水分汽化并进入气相，湿物料内部的水分以液态或水蒸气的形式扩散至表面，再汽化进入气相，被空气带走。所以，对流干燥是传热、传质同时进行的过程，但传递方向不同（表 7-1）。

表 7-1　对流干燥过程传热、传质的特点

项目	传热	传质	项目	传热	传质
方向	从气相到固体	从固体到气相	推动力	温度差	水蒸气分压差

对流干燥过程主要取决于能耗和热能利用率。在干燥操作中，加热空气所耗的热量只有一部分用于汽化水分，绝大部分热能随含水分较高的废气流失。此外，设备的热损失、固体物料的温度升高也造成了一定的能耗。因此，为提高干燥过程的经济性，应采取适当措施降低能耗，提高热能利用率。例如，在干燥器内埋设加热管道，废气部分循环等。

为了确定干燥过程所需的空气用量、热量消耗以及干燥时间，需要深入了解湿空气的性质，因为这些问题都与湿空气的性质密切相关。因此，以下将详细介绍湿空气的性质。

第二节　湿空气的性质与湿度图

一、湿空气的性质

湿气体是绝干气体与湿分蒸汽的混合物。湿空气的状态，既关系到传递热量的多少和速度，又关系到传质的速度和传质量，且随干燥过程的进行而变化。因此，首先介绍与干燥过程有关的表征湿空气性质的状态参数。为计算方便，通常取单位质量的绝干气体作为计算基

准，即1kg绝干气体连同它所携带的湿分蒸汽所具有的性质，这就是绝干基准或干基。干燥操作压力（总压 p）较低，湿空气可视为理想气体。

1. 湿空气中湿含量的表示方法

（1）湿分分压

湿分分压即湿空气中湿分蒸汽的压力。根据道尔顿分压定律，湿空气的总压 p 等于绝干空气的分压 p_g 和水蒸气分压 p_V 之和，即

$$p=p_g+p_V \tag{7-1}$$

当总压一定时，水蒸气分压 p_V 越大，说明湿空气中水蒸气的含量越高。当水蒸气分压等于该空气温度下的饱和蒸气压 p_s 时，表明湿空气被水蒸气饱和，已达到水蒸气分压的最高值。

（2）湿度

湿空气中水蒸气的质量与绝干空气的质量之比称为湿度，又称湿含量，单位为kg/kg。其表达式为

$$H=\frac{n_w M_w}{n_g M_g}=\frac{M_w}{M_g}\times\frac{p_V}{p-p_V}$$

对于空气-水系统，有 $M_w=18$kg/kmol，$M_g=29$kg/kmol，代入上式得

$$H=0.622\frac{p_V}{p-p_V} \tag{7-2}$$

式（7-2）表明，湿度 H 与总压 p 及水蒸气分压 p_V 有关。p_V 增大或 p 减小，则 H 增大。

当 p_V 等于该空气温度下的饱和蒸气压 p_s 时，湿空气呈饱和状态。此时，空气的湿度称为饱和湿度 H_s，即

$$H_s=0.622\frac{p_s}{p-p_s} \tag{7-3}$$

（3）相对湿度

在总压 p 一定的条件下，湿空气中水蒸气分压 p_V 与同温度下的饱和蒸气压 p_s 之比称为相对湿度，以 φ 表示，其表达式为

$$\varphi=\frac{p_V}{p_s}\times 100\% \tag{7-4}$$

相对湿度表明了湿空气的不饱和程度，可反映湿空气吸收水蒸气的能力。

当 $\varphi=1$（或100%），即 $p_V=p_s$ 时，为饱和湿空气，表示湿空气已被水蒸气饱和，不能再吸收水蒸气，已无干燥能力，不可作为干燥介质；当 $\varphi<1$，即 $p_V<p_s$ 时，湿空气未达饱和，为未饱和湿空气，可作为干燥介质；当 $\varphi=0$，即 $p_V=0$ 时，为绝干空气，此时空气完全不含水蒸气。总之，相对湿度 φ 越小，即 p_V 与 p_s 的差距越大，湿空气偏离饱和状态的程度越远，其干燥能力越强。

H、p_s 和 φ 之间的函数关系为

$$H=0.622\frac{\varphi p_s}{p-\varphi p_s} \tag{7-5}$$

p_s 是温度的函数，若湿分为水，可由经验公式 $p_s=\frac{2}{15}\exp\left(18.5916-\frac{3991.11}{t+233.84}\right)$ 计算。

因此，在总压 p 一定的条件下，相对湿度取决于湿空气的温度和湿度。

饱和蒸气压随温度升高而增大，在绝对湿度不变的条件下提高气体的温度，相对湿度降低，气体的吸湿能力增大，所以，气体用作干燥介质应预热。

2. 湿空气的温度表示

（1）干球温度

干球温度 t 是指在空气流中放置一支普通温度计所测得的空气温度。它反映了空气的实际温度，是空气温度测量中最直接的指标。

（2）湿球温度

如图 7-2 所示，将普通温度计的感温球用湿纱布包裹住即制成湿球温度计。将其放置在具有一定温度和湿度的流动空气中，达到稳定状态时所测得的温度称为空气的湿球温度，以 t_w 表示。

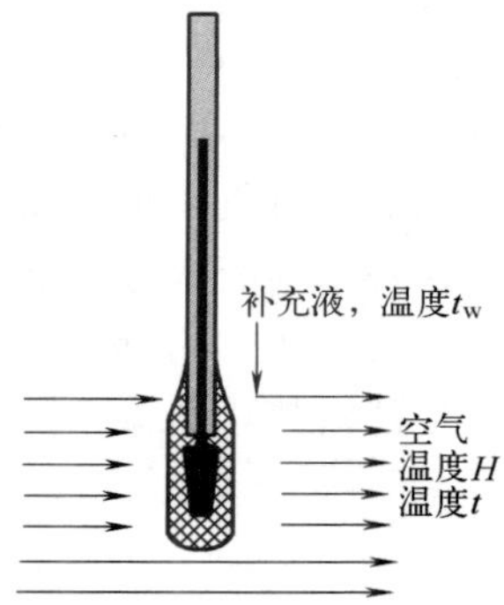

图 7-2 湿球温度计

① 过程分析：当不饱和空气流过湿球表面时，由于湿纱布表面的饱和蒸气压大于空气中的水蒸气分压，因此在湿纱布表面和气体之间存在着湿度差。这一湿度差导致湿纱布表面的水分汽化从而被气流带走，水分汽化所需的潜热首先取自湿纱布水分的显热，使其表面降温，于是在湿纱布表面与气流之间又形成了温度差。这一温度差将引起空气向湿纱布传递热量。

② 计算式：当单位时间内由空气向湿纱布传递的热量恰好等于湿纱布表面汽化水分所需的热量时，湿纱布表面就达到一稳态温度，即湿球温度。经推导得

$$t_w=t-\frac{k_H r_w}{\alpha}(H_w-H) \tag{7-6}$$

式中，k_H 为以温度差为推动力的对流传质系数，kg/(m^2·s)；r_w 为湿球温度 t_w 下水的比汽化热，kJ/kg；H_w 为湿空气在温度 t_w 下的饱和湿度，kg/kg；H 为空气的湿度，kg/kg。

③ 实验表明：当流速足够大时，热、质传递均以对流为主，且 k_H 及 α 都与 Re 的 0.8 次幂成正比。一般在气速为 3.8～10.2m/s 的范围内，比值$\frac{\alpha}{k_H}$近似为一常数$\left[\text{对于水蒸气与空气的系统，}\frac{\alpha}{k_H}\approx 1.09\text{kJ/(kg·℃)}\right]$。此时，湿球温度 t_w 为湿空气温度 t 和湿度 H 的函数。

湿球温度在使用时应注意下列问题。

① 湿球温度不是状态函数；

② 在测量湿球温度时，空气速度一般需大于 5m/s，以使对流传热起主要作用，相应减少热辐射和热传导的影响，使测量较为精确。

（3）绝热饱和温度

① 在绝热饱和过程中，气、液两相最终达到的平衡温度称为绝热饱和温度，以 t_{as} 表示。

不饱和气体在绝热条件下和大量的液体接触，若时间足够长，使传热、传质趋于平衡，则最终气体被液体蒸气饱和，气体与液体的温度相等。此过程称为绝热饱和过程。

如图 7-3 所示，在一绝热良好的增湿塔中，湿度 H 和温度 t 的不饱和空气由塔底引入，水经循环泵由塔底送往塔顶，喷淋而下，与空气成逆流接触，然后回到塔底再循环使用。在

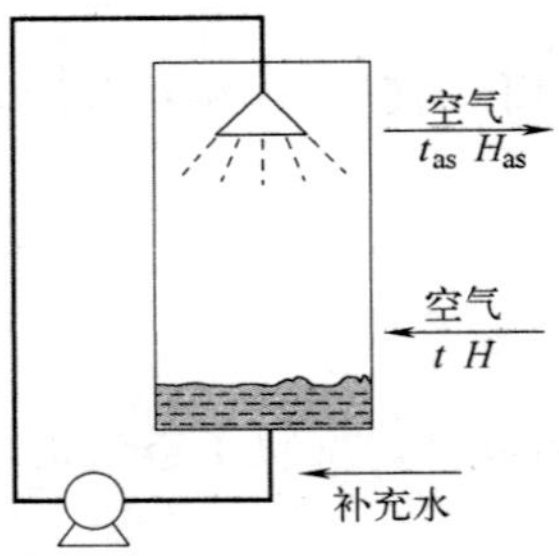

图 7-3 绝热增湿塔

该过程中，水量很大，达到稳定后，全塔的水温相同，设为 t_{as}。在气、液逆流接触中，由于空气处于不饱和状态，水分不断汽化进入空气。又由于系统与外界无热量交换，水分汽化所需的汽化潜热只能取自空气的显热，于是气体沿塔上升时，不断地冷却和增湿。若塔足够高，气、液有充足的接触时间，气体到塔顶后将与液体趋于平衡，达到过程的极限。此时，空气已被水分饱和，液体不再汽化，气体的温度也不再降低，达到进口气体在绝热增湿过程的极限温度，其值与水温 t 相同，即该空气的绝热饱和温度。

此时，气体的湿度为 t_{as} 下的饱和湿度 H_{as}。塔内底部的湿度差和温度差最大，顶部为零。除非进口气体是饱和湿空气，否则，绝热饱和温度总是低于气体进口温度，即 $t_{as}<t$。由于循环水不断汽化至空气中，所以须向塔内补充一部分温度为 t_{as} 的水。

② 以单位质量的干空气为基准，在稳态下对全塔进行热量衡算，气体放出的显热＝液体汽化的潜热，即

$$c_H(t-t_{as})=(H_{as}-H)r_{as} \tag{7-7}$$

或

$$t_{as}=t-\frac{r_{as}}{c_H}(H_{as}-H) \tag{7-8}$$

式中，c_H 为湿空气在 H_{as} 时的比热容，kJ/(kg·℃)；r_{as} 为水在 t_{as} 时的比汽化热，kJ/kg。

上式表明，空气的绝热饱和温度 t_{as} 是空气湿度 H 和温度 t 的函数，不仅是湿空气的状态参数，也是湿空气的性质。当 t、t_{as} 已知时，可用上式来确定空气的湿度 H。

③ 需要说明的是，绝热饱和过程又可当作等焓过程处理。在绝热条件下，空气放出的显热全部变为水分汽化的潜热返回气体中。对于 1kg 空气来说，水分汽化的量等于其湿度差 $H_{as}-H$。其中 H_{as} 表示空气在绝热饱和过程中的饱和湿度，H 表示空气在初始状态下的实际湿度。由于这些水分汽化时，除潜热外，还将温度为 t_{as} 的显热带到了气体中，所以，绝热饱和过程终了时，气体的焓相比原来增加了 $4.187t_{as}(H_{as}-H)$。但此值和气体的焓相比很小，可忽略不计，故绝热饱和过程又可当作等焓过程处理。

（4）露点 t_d

① 在一定压力下，当不饱和空气在保持湿度不变的条件下逐渐降温，达到饱和状态并开始凝结出第一滴露珠时的温度称为露点温度，简称露点，通常用 t_d 表示。在压力 p 保持不变的情况下，露点温度 t_d 仅与空气的湿度有关，因此常被用于测定空气的湿度。

露点温度 t_d 时具有的饱和蒸气压 p_d 与空气湿度 H 之间的关系可以通过下列公式来描述。

$$H=0.622\frac{p_d}{p-p_d} \tag{7-9a}$$

式中，p_d 为露点 t_d 时的饱和蒸气压，也就是该空气在初始状态下的水蒸气分压 p_V，p_a 或 kPa。

② 计算 t_d

$$p_d=\frac{Hp}{0.622+H} \tag{7-9b}$$

计算得到 p_d，查其对应的饱和温度，即为该湿含量 H 和总压 p 时的露点 t_d。

以上介绍了表示湿空气的四种温度：干球温度 t、湿球温度 t_w、绝热饱和温度 t_{as}、露点 t_d。它们之间的关系为：

不饱和湿空气：$t>t_w(t_{as})>t_d$；

饱和湿空气：$t=t_w(t_{as})=t_d$。

3. 湿空气的其他性质

（1）湿空气的比热容

湿空气的比热容，即湿比热容，是指 1kg 干空气及其所携带的 H（kg）水蒸气温度升高 1K 所需的热量，简称湿热，以 c_H 表示。它反映了湿空气在温度变化过程中吸收或释放热量的能力，是衡量湿空气热性质的重要参数。其计算式为

$$c_H=c_g+c_VH=1.01+1.88H \tag{7-10}$$

式中，c_g 为干空气的比热容，其值约为 1.01kJ/(kg·℃)；c_V 为水蒸气的比热容，其值约为 1.88kJ/(kg·℃)。

（2）湿空气的焓

湿空气（温度 t，湿度 H）中 1kg 绝干空气的焓 I_g 与相应所含 H（kg）水蒸气的焓 HI_V 之和称为湿空气的焓，以 I 表示，其表达式为

$$I=I_g+HI_V \tag{7-11a}$$

式中，I_g 为干空气的焓，kJ/kg；I_V 为水蒸气的焓，kJ/kg。

取 0℃时绝干空气的焓及液态水的焓为基准，则绝干空气的焓就是其显热，而水蒸气的焓为 0℃的水汽化为 0℃的水蒸气所需的潜热及水蒸气在 0℃以上的显热之和。故对于温度为 t、湿度为 H 的湿空气，焓 I 的计算式为

$$\begin{aligned} I &=c_gt+(r_0+c_Vt)H \\ &=r_0H+(c_g+c_VH)t \\ &=2492H+(1.01+1.88H)t\ (\text{kJ/kg}) \end{aligned} \tag{7-11b}$$

式中，r_0 为 0℃时水蒸气的比汽化热，其值为 2492kJ/kg；c_V 为水蒸气的定压比热容，$c_V=$ 1.88kJ/(kg·℃)。

（3）湿空气的比体积

湿空气的比体积为单位质量绝干空气中所具有的空气和水蒸气的总体积，以 V_H 表示，也称为湿比体积。其表达式为

$$V_H=V_a+V_wH$$

在标准状况（101.325kPa，273.15K）下，气体的标准摩尔体积为 22.41m³/kmol，将 $M_g=28.95$kg/kmol，$M_w=18.02$kg/kmol 代入上式，得到湿空气比体积计算式：

$$\begin{aligned} V_H &=\left(\frac{1}{28.95}+\frac{H}{18.02}\right)\times 22.41\times\frac{t+273}{273}\times\frac{1.0133\times10^5}{p} \\ &=(0.774+1.244H)\frac{t+273}{273}\times\frac{1.0133\times10^5}{p} \end{aligned} \tag{7-12}$$

由上式可见，湿空气的比体积随其温度和湿度的增大而增大。除特殊需要外，用绝干空气的比体积代替湿空气的比体积所造成的误差并不大。

【例 7-1】 已知空气的总压为 101.33kPa，干球温度为 303K，相对湿度 $\varphi=70\%$，30℃时水的饱和蒸气压 $p_s=4.241$kPa，试用计算式求空气的下列各参数：（1）空气中的水

蒸气分压 p_V；（2）湿度 H；（3）饱和湿度 H_s；（4）露点 t_d；（5）焓 I。

解 已知总压 $p=101.33\text{kPa}$，$t=303\text{K}=30℃$，$\varphi=0.7$。

（1）$t=30℃$时的 $p_s=4.241\text{kPa}$，则水蒸气分压

$$p_V=\varphi p_s=0.7\times4.241=2.97(\text{kPa})$$

（2）30℃时，湿度

$$H=0.622\frac{\varphi p_s}{p-\varphi p_s}=0.622\times\frac{0.7\times4.241}{101.33-0.7\times4.241}=0.0188(\text{kg/kg})$$

（3）饱和湿度

$$H_s=0.622\frac{p_s}{p-p_s}=0.622\times\frac{4.241}{101.33-4.241}=0.0272(\text{kg/kg})$$

（4）在露点温度下，空气中的水蒸气分压等于该温度下的饱和蒸气压，所以，此时的湿度就是饱和湿度。因此，露点时的饱和湿度 H_s 可以通过下式计算

$$H_s=0.622\times\frac{p_V}{p-p_V}=0.622\times\frac{2.97}{101.33-2.97}\approx0.0188(\text{kg/kg})$$

根据水的饱和蒸气压为 2.97kPa 查得水的饱和温度为 23.3℃，故空气的露点 $t_d=23.3℃$。

（5）焓的计算需要使用空气的比热容和水蒸气的比热容，以及它们的温度和湿度。由式（7-11b）可得 $t=30℃$，$H=0.0188\text{kg/kg}$ 时，空气的焓

$$\begin{aligned}I&=(1.01+1.88H)t+2492H\\&=(1.01+1.88\times0.0188)\times30+2492\times0.0188\\&=78.2(\text{kJ/kg})\end{aligned}$$

二、湿空气的湿度图及其应用

1. 空气湿度图的结构

在一定总压力条件下，湿空气的性质可以通过多个参数来描述，例如 p_V、φ、H、I、t、t_d、$t_w=t_{as}$ 等。只要确定其中任意两个独立的参数，湿空气的状态就能被确定。在干燥过程的计算中，通常需要知道湿空气的某些参数，但通过公式进行计算往往较为复杂，有时需要采用试差法来求解。为了简化这一过程，工程实践中通常将这些参数之间的关系绘制在一张坐标图上。通过这张图，只要已知湿空气的任意两个独立参数，就可以快速查到其他参数的值。这种图通常被称为湿度图。下面介绍一种在工程中常用的湿度图，即焓湿图（I-H 图），如图 7-4 所示。该图是在 $p=101.325\text{kPa}$ 下，以湿空气的焓 I 为左纵坐标、湿度 H 为下横坐标绘制的。图中共有 5 种线，分别介绍如下：

① 等湿线（等 H 线）：等 H 线是一组与纵轴平行的直线。在同一条等 H 线上，虽不同的点代表不同状态的湿空气，但都具有相同的湿度。

② 等焓线（等 I 线）：等 I 线是一系列与水平线成 45°的斜线。在同一条等 I 线上，不同的点都具有相同的 I 值，但代表不同状态的湿空气。

空气的绝热降温增湿过程近似为等 I 过程。因此，等 I 线也是绝热降温增湿过程中空气状态点变化的轨迹线。

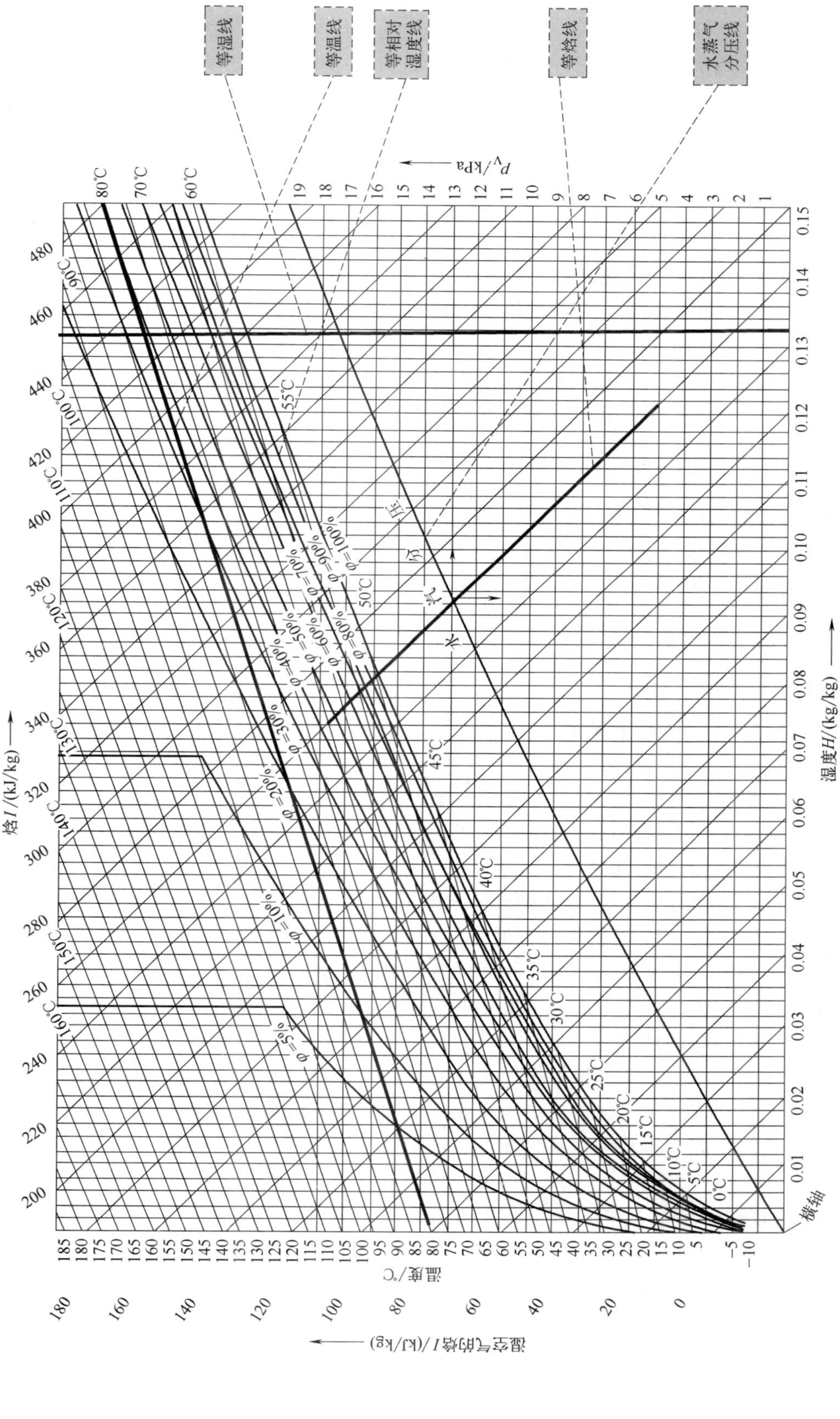
等湿线
等温线
等相对湿度线
等焓线
水蒸气分压线
p_v/kPa
焓 I/(kJ/kg)
湿度 H/(kg/kg)
温度/℃
湿空气的焓 I/(kJ/kg)
水汽分压
横轴

图 7-4　湿空气的湿度图

空气绝热降温增湿过程达到饱和状态（相对湿度 $\varphi=100\%$）时的温度为绝热饱和温度 t_{as}，湿球温度 $t_w \approx t_{as}$。

③ 等温线（等 t 线）：式（7-11b）可变为

$$I=1.01t+(1.88t+2492)H$$

由上式可知，若 t 为定值，则 I 与 H 呈直线关系，直线的斜率为 $1.88t+2492$，且随着 t 的不同，斜率各不相同。所以，等 t 线也是一组直线，但并不相互平行。

④ 等相对湿度线（等 φ 线）：等 φ 线是根据式（7-5）绘制而成的。当总压一定时，p_s 只与 t 有关，因此式（7-5）表明了 φ、t、H 之间的关系。对于某一固定的相对湿度 φ 值，可以根据任意给定的温度 t 查出对应的饱和水蒸气分压 p_s。利用上式，可以进一步计算出焓值 H。将一系列不同温度 t 对应的焓值 H 作为点绘制在图上，并将这些点连接起来就可以得到一条等 φ 线。

$\varphi=100\%$的等 φ 线为空气饱和线，此时空气完全被水蒸气饱和。$\varphi<100\%$，即饱和线以上为不饱和区域。只有位于不饱和区域的湿空气才能作为干燥介质。由图 7-4 可以看出，当空气的湿度 H 为一定值时，温度 t 越高，其相对湿度 φ 值就越低，作为干燥介质的去湿能力越强。故湿空气进入干燥器之前，必须先经预热以提高温度 t。目的是提高湿空气的焓值，使其作为载热体，同时降低其相对湿度而作载湿体。

⑤ 水蒸气分压线：水蒸气分压线标绘在饱和空气线（$\varphi=100\%$）的下方，是水蒸气分压 p_V 与湿度 H 之间的关系曲线，是在总压 $p=101.325\text{kPa}$ 下用前面介绍的 $H=0.622\times\dfrac{p_V}{p-p_V}$绘制的。水蒸气分压 p_V 坐标位于图 7-4 的右端纵轴上。

2. 空气湿度图的应用

（1）湿空气性质参数的确定

湿度图可以将湿空气的各种性质参数直观地展示出来，通过已知的两个独立参数，可以迅速查找和计算其他的性质参数，如温度、湿度、焓值等。例如，已知湿空气的干球温度和湿度，可以通过线性内插法在湿度图上查找其他的性质参数，如焓值、露点温度等。

（2）湿空气的状态变化过程

湿度图可以清晰地表示湿空气在加热、冷却、干燥等过程中的状态变化，帮助理解和分析空气的状态转换。例如，通过湿度图可以直观地表示湿空气在不同过程中的状态变化：在加热过程中，湿空气的温度升高，而湿度可能保持不变或略有下降；在冷却过程中，湿度可能会增加；而在干燥过程中，湿度则会显著下降。

（3）工程计算中的快捷方法

在工程计算中，湿度图提供了一种快捷的方法来确定湿空气的性质参数，特别是在一定误差范围内，这种方法相比试差法更为高效。例如，在空调系统和湿度控制系统中，湿度图可以帮助工程师快速计算和调整系统的参数，确保系统运行在最佳状态，从而提高效率和舒适度。

湿空气的湿度图在不同的工程领域中有着广泛的应用，可以帮助专业人员更好地理解和控制湿空气的性质与状态。

【例 7-2】 某室内湿空气的干球温度 t 为 62℃，相对湿度为 0.092。试利用湿度图求此空气的下列参数：相对湿度 φ、绝热饱和温度 t_{as}、湿球温度 t_w、露点温度 t_d、比热容 c_H。

解　如图 7-5 所示，由 $t=62℃$ 的等温线和 $H=0.092$ 的等湿度线可以确定一个交点 P，过 P 点的等 φ 线为 $\varphi=60\%$；

过 P 点的绝热冷却线与 $\varphi=100\%$ 的等相对湿度线的交点对应的横坐标值即为绝热饱和温度，读得 $t_{as}=52℃$，即 $t_w=t_{as}=52℃$；

过 P 点的等湿度线（$H=0.092$）与 $\varphi=100\%$ 的等相对湿度线的交点对应的横坐标值即为露点温度，读得 $t_d=51℃$；

过 P 点的等湿度线与 c_H-H 线的交点在顶部横轴上的读数即为 c_H，读得 $c_H=1.18kJ/(kg·K)$。

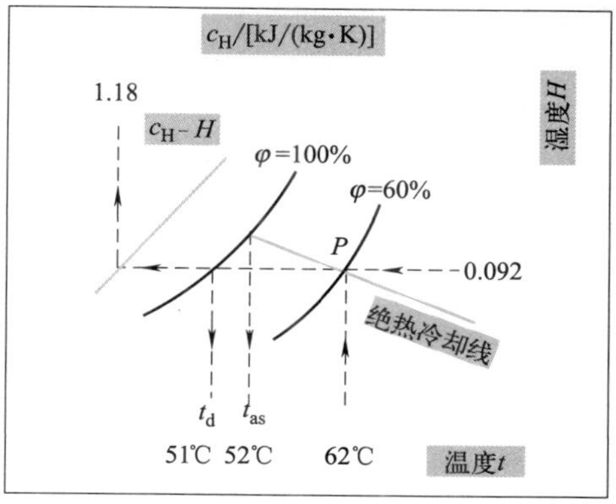

图 7-5　例题 7-2 附图

第三节　干燥过程的物料衡算与热量衡算

干燥过程是热、质同时传递的过程，因此干燥过程的计算基础是物料衡算、热量衡算、平衡关系和干燥速率等。进行干燥计算的目的在于确定干燥介质和被干燥物料进、出口的参数值，以及完成一定干燥任务所需的干燥介质质量及干燥时间，从而可确定适宜的干燥设备的尺寸、预热器的传热面积、风机和除尘器等设备的性能参数。

一、干燥过程的物料衡算

1. 物料中含水量的表示方法

① 湿基含水量：以湿物料为计算基准的水分的质量分数，以 ω 表示，单位为 kg/kg，即

$$\omega=\frac{\text{物料所含液态湿分的质量}}{\text{湿物料的质量}} \tag{7-13}$$

② 干基含水量：以湿物料中的绝干物料为计算基准的水分的质量分数，以 X 表示，单位为 kg/kg，即

$$X=\frac{\text{物料所含液态湿分的质量}}{\text{绝干物料的质量}} \tag{7-14}$$

两种含水量之间的换算关系为

$$\omega=\frac{X}{1+X},X=\frac{\omega}{1-\omega}$$

在干燥过程中，湿基的质量会随水分的减少不断变化，而绝干物料的质量始终保持不变。因此，采用干基含水量进行计算更为方便。

2. 物料衡算

通过干燥过程的物料衡算（图 7-6），可以确定出将湿物料干燥到指定含水量所需除去

的水分量，进而计算出所需的空气量。在此基础上，能够确定在给定干燥任务下所用的干燥器尺寸，并配备合适的风机。

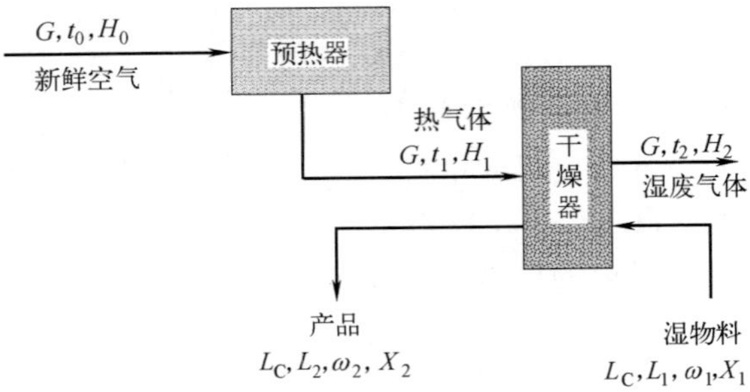

图 7-6　干燥过程的物料衡算

G—干空气的质量流量，kg/h；t_0，t_1，t_2—进入预热器、进入和离开干燥器时的空气温度，℃；

H_0，H_1，H_2—进入预热器、进入和离开干燥器时的空气湿度，kg/kg；

L_C—湿物料中绝干物料的质量流量，kg/h；L_1，L_2—进、出干燥器的湿物料的质量流量，kg/h；

ω_1，ω_2—进、出干燥器的湿物料、产品的湿基含水量，kg/kg；

X_1，X_2—进、出干燥器的湿物料、产品的干基含水量，kg/kg

（1）干燥产品的流量 L_2

若不计干燥过程中物料的损失量，则在干燥前、后的物料中绝干物料的质量流量 L_C 不变，有

$$L_C=L_1(1-\omega_1)=L_2(1-\omega_2) \tag{7-15}$$

由式（7-15）可求得干燥产品的质量流量 L_2。

（2）湿物料的水分蒸发量 W

通过干燥器的湿空气中绝干空气量是不变的，又因为湿物料中蒸发出的水分被空气带走，故湿物料中的水分减少量不仅等于湿物料中的水分汽化量，也等于湿空气中的水分增加量，即

$$W=G(H_2-H_1)=L_C(X_1-X_2) \tag{7-16}$$

或

$$W=L_1-L_2=L_1\omega_1-L_2\omega_2 \tag{7-17}$$

式中，W 为湿物料在干燥器内蒸发的水分量，kg/h。

（3）干空气消耗量 G

由式（7-16）可知，干空气消耗量 G 与水分蒸发量 W 的关系为

$$G=\frac{W}{H_2-H_1} \tag{7-18}$$

因此，蒸发 1kg 水分消耗的干空气量（称为单位空气消耗量，单位为 kg/kg）为

$$\frac{G}{W}=\frac{1}{H_2-H_1} \tag{7-19}$$

因为空气在预热器中为等湿加热，所以 $H_0=H_1$，$\dfrac{1}{H_2-H_1}=\dfrac{1}{H_2-H_0}$，因此$\dfrac{G}{W}$只与空气的初、终湿度有关，而与路径无关，是状态函数。

由上述关系式可以看出，干燥要求一定的情况下，湿物料的含水量越高，需要的干空气量越大，相应地操作费用就越高。因此，在干燥前通常先用能耗低的机械去湿法脱湿，尽可

能降低物料的初始含水量，以降低干燥操作费用。

另外，对于同一干燥过程，夏季的空气消耗量比冬季大，一般确定为全年中最大的空气消耗量，以此选择鼓风机。

（4）湿空气的体积流量 V

湿空气的体积流量即为鼓风机的风量，以 V 表示。鼓风机的风量是指单位时间内通过鼓风机的气体体积，单位为 m^3/h 或 m^3/min。鼓风机的风量直接影响干燥生产效率和产品质量，因此准确计算鼓风机的风量非常重要。

$$V=Gv_H=G(0.773+1.244H)\times\frac{273+t}{273}\times\frac{101.3}{p} \tag{7-20}$$

式中，G 是干空气消耗量，kg/h；v_H 是单位干物料所需的空气体积流量，m^3/kg；H 是湿物料的湿含量，kg/kg；t 是空气的温度，℃；p 是空气的压力，kPa。

二、干燥过程的热量衡算

热量衡算是干燥过程中一个关键的步骤，其目的是准确计算出整个干燥过程中所消耗的总热量、热量的具体分配情况，以及干燥器排放废气的湿度 H_2 等关键状态参数。这些参数对于设计和优化干燥系统至关重要，它们可以作为确定空气预热器和干燥器等所需传热面积、加热介质的使用量、干燥器尺寸或者评估干燥器热效率的重要依据。通过这些信息，可以更有效地设计和调整干燥系统，从而提高能源利用效率和生产效率。

1. 预热器的热量衡算

预热器的作用为加热空气。根据加热方式，预热器可分为两类。

直接加热式：如热风炉，将液体或固体燃料燃烧后产生的高温烟气直接用作干燥介质；

间接换热式：如间壁换热器，热源为水蒸气或高温烟气。

若忽略换热器的热损失，则预热器的热量衡算关系为

$$GI_0+Q_P=GI_1 \tag{7-21}$$

2. 干燥器的热量衡算

由图 7-7 可知，整个干燥过程有两处需外加热量，预热器内加入热量 Q_P，干燥器内加入热量 Q_D。而干燥器的热损失为 Q_L，若不计干燥过程的热损失，则干燥器的热量衡算关系为

$$GI_1+L_CI_1'+Q_D=GI_2+L_CI_2'+Q_L \tag{7-22a}$$

或

$$G(I_1-I_2)=L_C(I_2'-I_1')+Q_L-Q_D \tag{7-22b}$$

干燥器的热量衡算关系式的物理意义为：气体在干燥器中放出的热量和补充加热的热量用于汽化湿分、加热产品和补偿设备的散热损失。

若取 0℃的液态水和绝干物料的焓为零，则物料焓的计算式为

$$I'=c_Ct'+Xc_Wt'=(c_C+Xc_W)t'=c_Mt' \tag{7-23}$$

式中，c_C 为绝干物料的平均比热容，kJ/(kg·℃)；c_W 为液态水的平均比热容，kJ/(kg·℃)；c_M 为以 1kg 绝干物料为基准的湿物料的平均比热容，kJ/(kg·℃)；X 为物料的干基含水量，kg/kg。

这样，利用干燥器的热量衡算式（7-22）和干燥器的物料衡算式（7-16），可求得干燥器排出废气的状态参数（湿度 H_2、焓 I）或确定干燥系统所消耗的热量及加热剂的用量。

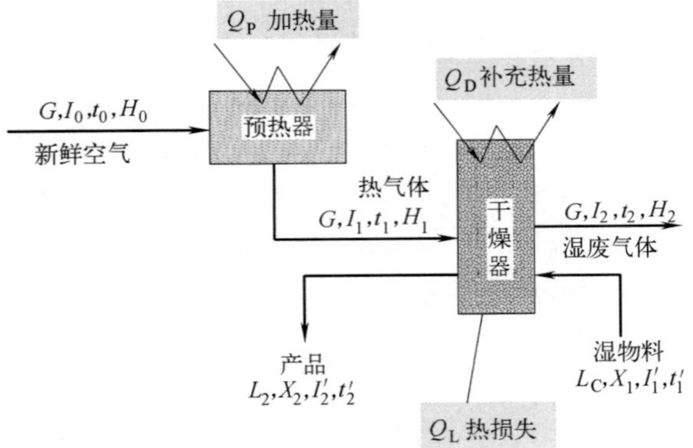

图 7-7　干燥过程的热量衡算

G—干空气的质量流量，kg/h；I_0，I_1，I_2—进入预热器、进入和离开干燥器时空气的焓，kJ/kg；t_0，t_1，t_2—进入预热器、进入和离开干燥器时的空气温度,℃；H_0，H_1，H_2—进入预热器、进入和离开干燥器时的空气湿度，kg/kg；L_C—湿物料中绝干物料的质量流量，kg/h；L_2—出干燥器的产品的质量流量，kg/h；X_1、X_2—进、出干燥器的湿物料、产品的干基含水量，kg/kg；I_1'、I_2'—进、出干燥器的物料的焓，kJ/kg；t_1'、t_2'—进、出干燥器的物料温度,℃

如果热量衡算式（7-22b）等号右侧的各项之和为零，则有 $I_1=I_2$，即空气从干燥器的进口到出口的状态变化为等焓降温增湿过程。在这种情况下，只要知道干燥器出口废气的某一个独立参数（如温度 t_2 或者相对湿度 φ_2），就能在湿度图上从干燥器进口的状态点 1（温度 t_1、湿度 H_1、焓 I_1）沿等 I 线找到出口状态点 2（温度 t_2、湿度 H_2、焓 I_2）。

由图 7-7 可知，整个干燥过程，不计热损失的情况下，外加总热量 $Q=Q_P+Q_D$。将 Q 折合为汽化 1kg 水分所需热量 $q=\dfrac{Q}{W}=\dfrac{Q_P+Q_D}{W}=q_P+q_D$。

外加的总热量 Q 主要用于以下几个关键方面：①加热空气；②蒸发物料中的水分；③加热湿物料。此外，还需要考虑实际操作中不可避免的热损失。尽管在理想情况下不考虑热损失，但在实际干燥系统中，由于热量散失到环境中，需要额外的热量来补偿这部分损失，以确保干燥过程的效率和效果。

【例 7-3】 已知某中药生产车间的干燥器生产能力为 700kg/h，车间空气的干球温度为 20℃，相对湿度为 40%，现将湿中药经预热器加热到 100℃再送入干燥器，由湿基含水量 0.4（质量分数）干燥到湿基含水量 0.05（质量分数），从干燥器排出时的相对湿度为 60%。若空气在干燥器中为等焓过程，操作压力为 101.3kPa，试求空气消耗量及预热器的加热量。

解　湿物料流量 $L=700$kg/h，湿基含水量 $\omega_1=0.4$，则初始干基含水量为

$$X_1=\frac{\omega_1}{1-\omega_1}=\frac{0.4}{1-0.4}=\frac{0.4}{0.6}\approx 0.667(\text{kg/kg})$$

产品湿基含水量 $\omega_2=0.05$，最终干基含水量为

$$X_2=\frac{\omega_2}{1-\omega_2}=\frac{0.05}{1-0.05}=\frac{0.05}{0.95}\approx 0.053(\text{kg/kg})$$

湿物料流量 $L=700$kg/h，则绝干物料的质量流量

$$L_C=L(1-\omega_1)=700\times(1-0.4)=420(\text{kg/h})$$

物料中的水分蒸发量为

$$W=L_C(X_1-X_2)=420\times(0.667-0.053)=257.88(\text{kg/h})$$

空气温度 $t_0=20℃$，相对湿度 $\varphi_1=40\%$，从湿度图上查得 $H_1=0.0057\text{kg/kg}$。

预热后温度 $t_1=100℃$，湿度 H_1 不变，查湿度图得 $I_2\approx116\text{kJ/kg}$。

相对湿度 $\varphi_2=60\%$，沿等焓线 I（$=I_2$）查湿度图得 $H_2\approx0.0223\text{kg/kg}$。

空气消耗量为

$$G=\frac{W}{H_2-H_1}=\frac{257.88}{0.0223-0.0057}\approx15536(\text{kg/h})\approx4.32\text{kg/s}$$

预热器的加热量

$$Q_P=Gc_p(t_1-t_0)$$
$$=15536\times1.005\times(100-20)\approx1249094(\text{kJ/h})\approx347\text{kW}$$

式中，c_p 为空气的比热容，约为 1.005kJ/(kg·℃)。

第四节　物料的干燥速率和干燥时间

通过干燥器的物料衡算及热量衡算，可以计算出完成一定干燥任务所需的空气量及热量。但需要多大尺寸的干燥器以及多长的干燥时间等，则必须通过干燥速率计算解决。对物料的去湿过程经历了两步：水分先从物料内部迁移至表面，然后再从表面汽化而进入空气主体。故干燥速率不仅取决于空气的性质及干燥操作条件，而且还与物料中所含水分的性质有关。

一、物料中的水分

1. 结合水分和非结合水分

根据去除的难易程度，物料中的水分可分为结合水分和非结合水分。

① 结合水分：将物料与湿度为 100%的空气接触，其平衡点如图 7-8 中的点 B 所示。B 以下的水分，其蒸气压都小于同温度下纯水的蒸气压，称为结合水分。结合水分与物料之间有结合力，较难去除。

② 非结合水分：水分含量大于点 B 的部分，其蒸汽压等于同温度下纯水的蒸气压，称为非结合水分。其主要以机械方式与物料结合，易于去除。

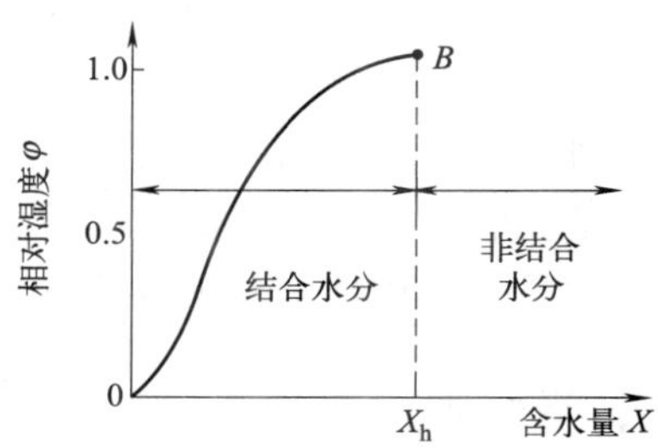

图 7-8　相对湿度-含水量关系

2. 结合水分的分类

结合水分按与物料的结合方式可分为附着水分、毛细管水分、溶胀水分和化学结合水分，具体如下。

① 附着水分：湿物料的粗糙外表面附着的水分。其特点是在任何温度下，物料外表面

水分的平衡蒸汽压都等于同温度下纯水的蒸汽压。

② 毛细管水分：多孔性物料的孔隙中所含的水分。因孔隙小，故其平衡蒸气压小于同温度下纯水的蒸气压。

③ 溶胀水分：是物料组成的一部分，可透入物料细胞壁或纤维皮壁内，使物料的体积增大。其平衡蒸气压低于同温度下纯水的蒸气压。

④ 化学结合水分：靠化学作用力结合的水分，如 $CuSO_4 \cdot 5H_2O$ 中的结晶水。其属于物质结构的一个组成部分，难以除去，一般不属于干燥去除的水分。

3. 平衡水分与自由水分

在一定干燥条件下，根据物料的水分能否用干燥的方法去除，可分为平衡水分与自由水分。

① 平衡水分：湿物料在一定空气状态下干燥的极限，干燥过程中不可去除的水分，以 X^* 表示，单位为 kg/kg。

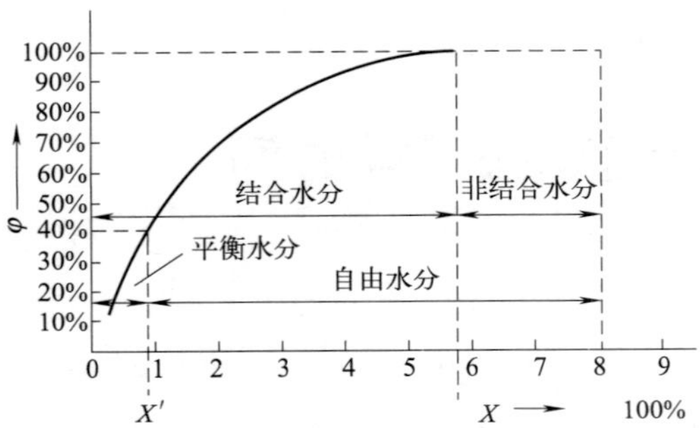

图 7-9　水分的分类

如图 7-9 所示，对于同种物料，在一定的温度下，X^* 与空气的相对湿度有关，即空气的相对湿度越大，X^* 越高。当空气的相对湿度为零时，$X^*=0$，即平衡水分是对应空气状态下能达到的干燥极限。曲线在 $\varphi=100\%$ 时的平衡水分 X^* 为 0.057，对于含水量为 0.08 的样品来说，除含有 0.057 的结合水分外，还含有 0.023 的非结合水分。如将此样品置于 $\varphi=40\%$ 的空气中干燥，则其平衡水分为 0.009，自由水分为 0.071。

平衡水分不仅与湿空气的性质有关，还与物料结构、温度有关。湿空气状态相同（相对湿度一样）时，物料不同，则其平衡水分不同；同一物料用不同状态的湿空气进行干燥，其平衡水分也不相同。

② 自由水分：湿物料中超出平衡水分的那部分水分，这部分水分可以被周围的湿空气通过干燥过程移除。

两种分类方法的不同：

平衡水分与自由水分、结合水分与非结合水分是两种概念不同的区分方法。自由水分是在干燥中可以去除的水分，而平衡水分是不能去除的。自由水分和平衡水分的划分除与物料有关外，还与空气的状态有关。

非结合水分是在干燥中容易去除的水分，而结合水分较难除去。是结合水分还是非结合水分仅取决于固体物料本身的性质，而与空气状态无关。

二、干燥速率

按空气的状态变化，可将干燥过程分为恒定条件干燥和非恒定条件干燥两大类。下面只讨论恒定条件下的干燥。这里所说的恒定干燥条件，一般指的是干燥介质的温度、湿度、流速及空气与物料的接触方式恒定。这种完全恒定的条件在实际中是难以办到的，若用大量的干燥介质干燥少量的物料则可以认为近似符合恒定干燥条件。

1. 恒定干燥条件下的干燥速率

干燥速率直接影响物料干燥所需的时间，所以干燥速率是影响干燥操作的重要条件。

干燥速率为单位时间、单位干燥面积汽化的水分量，以 u 表示，即

$$u=\frac{\mathrm{d}W}{A\,\mathrm{d}\tau}=\frac{\mathrm{d}[L_C(X_1-X)]}{A\,\mathrm{d}\tau}=-\frac{L_C\mathrm{d}X}{A\,\mathrm{d}\tau} \tag{7-24}$$

式中，u 为干燥速率，kg/(m^2·h)；W 为汽化的水分量，kg；A 为物料的干燥表面积，m^2；τ 为干燥时间，h；L_C 为湿物料中的绝干物料质量，kg；X 为湿物料中的干基含水量，kg/kg；X_1 为湿物料的最初含水量，kg/kg；负号表示物料随干燥时间延长而减少。

2. 干燥曲线

在恒定的干燥条件下对某物料进行间歇干燥操作，通过实验收集的数据可以绘制出干燥曲线。具体来说，将干基含水量 X 随时间 τ 的变化以及物料表面温度 θ 随时间 τ 的变化分别作图就可以得到两条干燥曲线。如图 7-10 所示，X-τ 曲线展示了干基含水量随时间的变化情况，而 θ-τ 曲线则展示了物料表面温度随时间的变化情况。这两条曲线共同构成了该物料在特定干燥条件下的干燥特性。由实验曲线可以看出，物料的干燥过程分为 AB、BC、CD 三个阶段，具体如下。

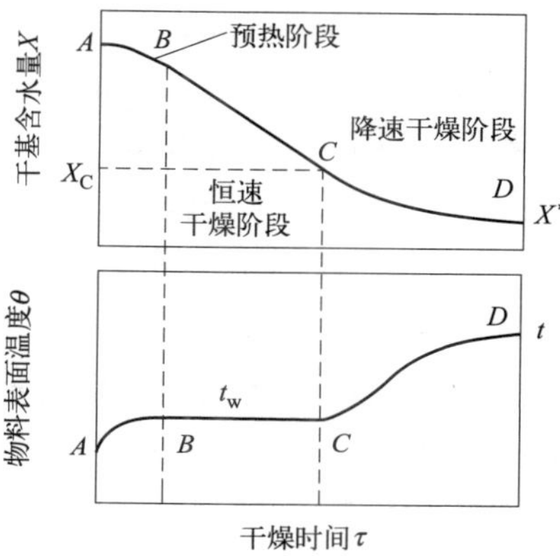

图 7-10 恒定干燥条件下物料的干燥实验曲线

（1）预热阶段 AB

物料与空气接触后并不会立即开始水分蒸发，首先物料需要被加热。在这一阶段，物料的温度逐渐上升，同时干燥速率也在提高，导致部分水分开始蒸发。但实际过程中这一阶段时间较短，常忽略不计或并入后一阶段——恒速干燥阶段。

（2）恒速干燥阶段 BC

若物料表面是湿润的，用大量空气干燥少量物料，如纤维性物料，由于毛细管作用，其内部的水分不断向表面补充，表面水分的汽化类似于湿球温度计湿球上的水分汽化。

因此，物料表面始终保持该条件（t、H）下的湿球温度 t_w。此时传热、传质的推动力恒定不变，其干燥速率也恒定不变，故称为恒速干燥阶段。

（3）降速干燥阶段 CD

当物料中的水分无法保持物料表面湿润时，表面水分的蒸发速率下降，物料表面的温度升高；当表面的水分蒸干以后，热量传至物料内部，内部水分蒸发后要扩散到物料表面才能进入空气，所以干燥速率进一步下降，直至干燥速率为零，物料的水分含量达到平衡含水量（所需的干燥时间无限长）。降速干燥阶段去除的水分为结合水分和非结合水分。

在降速干燥阶段，干燥速率的变化规律与物料性质及其内部结构有关。降速的原因可总结为：

① 实际汽化表面减少；

② 汽化面内移；

③ 平衡蒸气压下降；

④ 固体内部水分的扩散极慢。

(4) **干燥曲线的应用**

① 确定是干燥过程还是吸湿过程，进而确定过程的推动力。

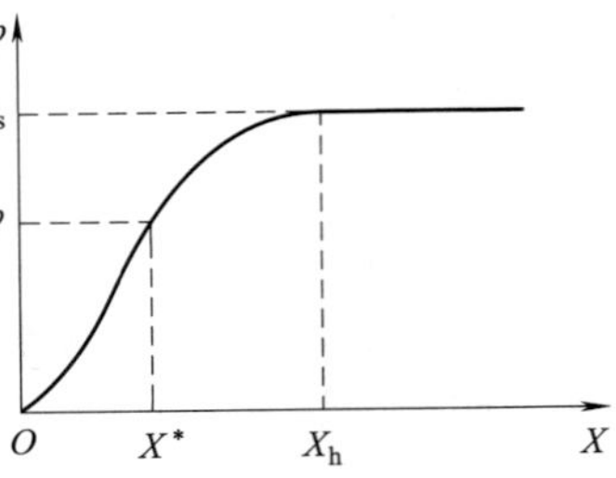

图 7-11 干燥曲线的应用

a. 干燥过程：当湿物料与不饱和气体接触时，X 向 X^* 接近，干燥过程的极限为 X^* (图 7-11)。物料的X^*与湿气体的状态有关，气体的温度和湿度不同，物料的 X^* 就不同。要想物料减湿至绝干，必须与绝干气体接触。

b. 吸湿过程：若 $X<X^*$，则物料将吸收气体中的水分使含水量增大至 X^*。物料不可能通过吸收饱和气体中的湿分使含水量超过 X_h。要想物料增湿超过 X_h，必须使物料与液态水直接接触。

② 确定在给定干燥介质的条件下湿物料中可能去除的水分及干燥后物料的最低含水量(或者为了达到一定的干燥要求，干燥介质的最高允许含水量)。

③ 确定物料中的结合水分量和非结合水分量。当湿分的分压等于该温度下的饱和蒸气压即 $p_V=p_s$ 时的平衡含水量为 X_h。

3. 干燥速率曲线

(1) **干燥速率曲线及影响因素**

将干燥速率对物料干基含水量作图得到的曲线称为干燥速率曲线。如图 7-12 所示，横坐标为干基含水量 X，纵坐标为干燥速率 u 和物料温度 θ。两个干燥阶段之间的交点 C 称为临界点，与该点对应的物料含水量称为临界含水量 X_C，其对应的速度称为恒速阶段的速率 u_C。临界含水量与湿物料的性质及干燥条件有关。

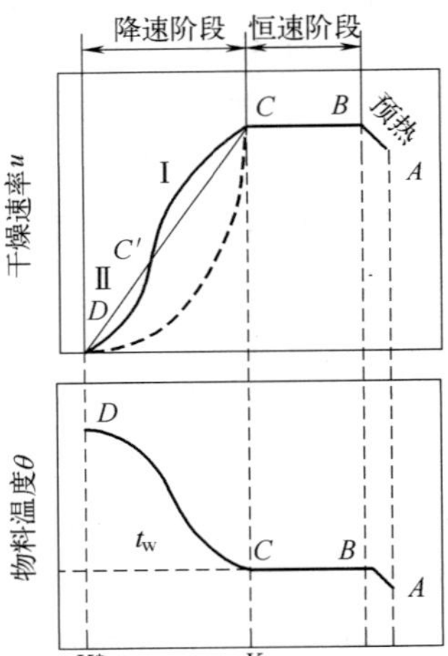

图 7-12 恒定干燥条件下物料的干燥速率曲线

图 7-12 中的 AB 段为干燥预热阶段，所需时间很短，干燥计算时可忽略；BC 段内干燥速率保持恒定，基本上不随物料含水量而变，即恒速干燥阶段；$CC'D$ 段内，干燥速率随物料含水量的减少而降低，即降速阶段。

干燥速率主要取决于水分在物料内部的迁移速率。不同类型的物料结构不同，降速阶段干燥速率曲线的形状也不同。

(2) **临界含水量 X_C**

物料在干燥过程中会依次经历预热、恒速和降速干燥阶段，这些阶段的转换由临界含水量 X_C 来区分。临界含水量 X_C 的增加会导致物料更快地从恒速干燥阶段过渡到降速干燥阶段，这就意味着完成相同的干燥任务需要更长的时间。X_C 对计算干燥速率和所需时间至关重要。另外，因为它影响干燥过程的两个不同阶段，所以确定合适的 X_C 值对于优化和强化整个干燥过程具有重要意义。因此，理解和控制 X_C 对于提高干燥效率和降低能耗是非常关键的。

通常，随着物料尺寸的增大，临界含水量 X_C 也会增大，这会导致物料较早地转入降速干燥阶段，从而增加完成相同干燥任务所需的时间。从经济和产品质量的角度来看，这通常是不利的。为了提高干燥速率，当物料的含水量 $X>X_C$ 时，应考虑改变干燥介质的性质；而当 $X<X_C$ 时，则应考虑改变物料的性质，例如减小物料层的高度或对物料进行加强搅拌等措施。这样有助于在整个干燥过程中保持较高的干燥速率，从而提高效率并减少能耗。

4. 恒定干燥条件下干燥时间的计算

为了确定干燥器的生产能力及尺寸，需要确定固体物料在干燥器内必要的停留时间，即干燥时间。干燥时间与干燥过程和干燥速率密切相关，故应分别计算两段的干燥时间。干燥时间既可以通过实验数据进行计算，也可以根据相关的干燥曲线查询得到。

（1）恒速干燥阶段的干燥时间计算

在恒定干燥的条件下，若已知物料的初始含水量 X_1 降低到临界含水量 X_C 所需的时间为 τ_1，此阶段的干燥速率等于临界点的干燥速率 u_C，则在恒速阶段有 $u_C=u=$常数，由式（7-24）可得

$$u=-\frac{L_C\mathrm{d}X}{A\mathrm{d}\tau}$$

分离变量积分得

$$\int_0^{\tau_1}\mathrm{d}\tau=-\frac{L_C}{Au_C}\int_{X_1}^{X_C}\mathrm{d}X$$

即

$$\tau_1=\frac{L_C}{Au_C}(X_1-X_C) \tag{7-25}$$

式中，τ_1 为恒速干燥阶段的干燥时间，h；L_C 为湿物料中的绝干物料量，kg；A 为物料的干燥表面积，m^2；X_1 为物料的初始含水量，kg/kg；X_C 为物料的临界含水量，kg/kg；u_C 为物料的临界干燥速率，$kg/(m^2 \cdot h)$。

由式（7-25）可知，计算恒速阶段的干燥时间 τ_1 必须知道湿物料的临界含水量 X_C 和临界干燥速率 u_C 的实验数据。

（2）降速干燥阶段的干燥时间计算

在干燥工艺中，降速干燥阶段的干燥时间（τ_2）对能耗、效率和产品质量至关重要。由于该阶段涉及多种复杂因素，计算干燥时间并非易事。为此，通常采用图解积分法和解析计算法来估算 τ_2。图解积分法直观但精度较低，解析计算法基于数学模型，精度高但计算复杂。以下将介绍这两种方法的原理、适用条件及操作步骤，为干燥过程优化提供依据。

1）图解积分法

当降速阶段的 u-X 呈非线性变化时，应采用图解积分法求 τ_2。设降速阶段物料的含水量从临界含水量 X_C 下降到最终含水量 X_2 所需的时间为 τ_2。根据 $u=-\dfrac{L_C\mathrm{d}X}{A\mathrm{d}\tau}$积分，得到

$$\tau_2=\int_0^{\tau_2}\mathrm{d}\tau=-\frac{L_C}{A}\int_{X_C}^{X_2}\frac{\mathrm{d}X}{u}=\frac{L_C}{A}\int_{X_2}^{X_C}\frac{\mathrm{d}X}{u} \tag{7-26}$$

如图 7-13 所示，以 X 为横坐标、$\dfrac{1}{u}$为纵坐标，在图中标绘$\dfrac{1}{u}$与对应的 X。在 $X_2 \sim X_C$ 之间取一定数量的 X 值，横坐标轴及曲线所包围的阴影部分的面积即为积分项的值。

2）解析计算法

当降速阶段的 u-X 呈线性变化时，可采用解析法求 τ_2。如图 7-14 所示，在降速干燥阶段，任一瞬间的 u 与 X 对应的关系为 $u=K_X(X-X^*)$，呈线性变化。式中，K_X 为降速阶段干燥速率线的斜率，单位为 $kg/(m^2 \cdot h)$。

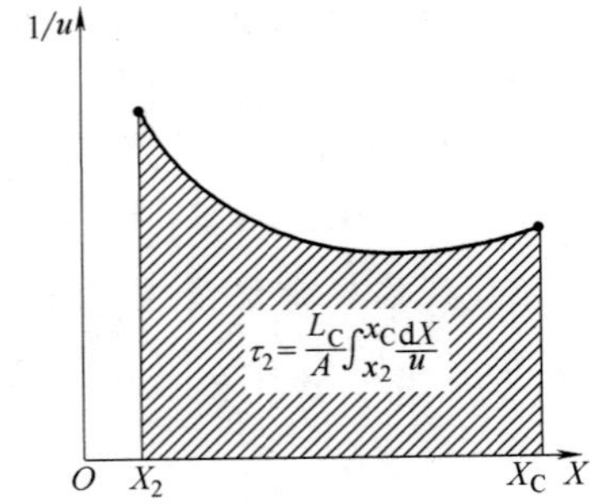

图 7-13 图解积分法求降速干燥阶段的干燥时间

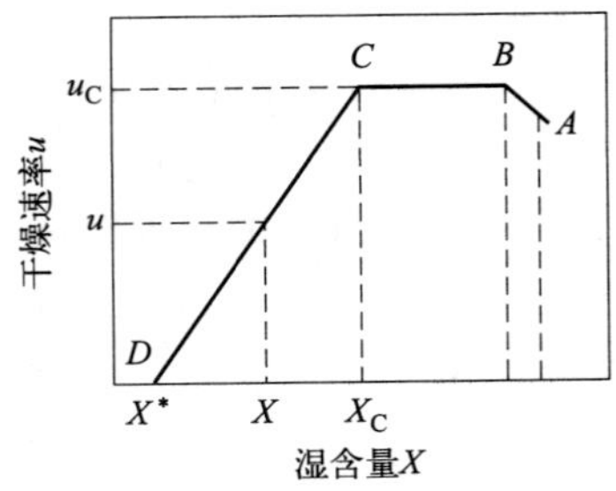

图 7-14 解析计算法求降速干燥阶段的干燥时间

这样，降速阶段干燥速率曲线可表示为

$$\frac{u}{u_C}=\frac{X-X^*}{X_C-X^*}$$

即

$$u=u_C\frac{X-X^*}{X_C-X^*}$$

积分得降速阶段干燥时间的计算式为

$$\tau_2=\frac{L_C}{AK_X}\int_{X_2}^{X_C}\frac{dX}{X-X^*}=\frac{L_C}{AK_X}\ln\frac{X_C-X^*}{X_2-X^*} \tag{7-27a}$$

式中，τ_2 为降速干燥阶段的干燥时间，h；L_C 为湿物料中的绝干物料量，kg；A 为物料的干燥表面积，m^2；X_C 为物料的临界含水量，kg/kg；X_2 为物料的最终含水量，kg/kg；X^* 为物料的平衡含水量，kg/kg；K_X 为降速阶段干燥速率曲线的斜率，kg/(m^2·h)。

当缺乏平衡水分的实验数据时，可以假设 $X^*=0$，则有

$$\tau_2=\frac{L_C}{AK_X}\ln\frac{X_C}{X_2} \tag{7-27b}$$

降速阶段干燥速率曲线的斜率 K_X 可用临界干燥速率 u_C 计算，具体如下：

$$K_X=\frac{u_C}{X_C-X^*} \tag{7-28}$$

式中，u_C 为物料的临界干燥速率，kg/(m^2·h)；X_C 为物料的临界含水量，kg/kg；X^* 为物料的平衡含水量，kg/kg。

3）总干燥时间计算

物料干燥所需的总时间为恒速干燥阶段与降速干燥阶段的干燥时间之和，即

$$\tau=\tau_1+\tau_2 \tag{7-29}$$

【例 7-4】 某湿物料在干燥器内用热空气进行干燥。已知湿物料的临界含水量 $X_C=0.15$（干基），平衡含水量 $X^*=0.04$（干基），湿物料经过 7h 的干燥，含水量可以由 28.6%（湿基，下同）降至 7.4%。欲使湿物料在同样操作条件下由 28.6%干燥至 4.8%，

需要多少时间？假设降速阶段中的干燥速率为 $u=K_X(X-X^*)$，即该段干燥速率曲线为直线。

解　采用公式 $X=\frac{\omega}{1-\omega}$将物料中的含水量换算成干基含水量。

初始干基含水量

$$X_1=\frac{0.286}{1-0.286}\approx 0.40(\text{kg/kg})$$

第一次干燥后的干基含水量

$$X_2=\frac{0.074}{1-0.074}\approx 0.08(\text{kg/kg})$$

目标干基含水量

$$X_3=\frac{0.048}{1-0.048}\approx 0.05(\text{kg/kg})$$

第一次干燥时，由于 $X_1>X_C$ 且 $X_2<X_C$，干燥过程包括恒速阶段（$X_1\to X_C$）和降速阶段（$X_C\to X_2$）。

恒速阶段干燥时间为 τ_1，此阶段干燥速率 u_C 为常数，有

$$\tau_1=\frac{L_C(X_1-X_C)}{Au_C}$$

又因为在单位面积上进行干燥，进而推得

$$\tau_1=\frac{X_1-X_C}{u_C}=\frac{0.40-0.15}{u_C}=\frac{0.25}{u_C}$$

降速阶段干燥时间为 τ_2，此阶段干燥速率 $u=K_X$（$X-X^*$），且速率曲线为直线，有

$$\tau_2=\frac{L_C}{AK_X}\ln\frac{X_C-X^*}{X_2-X^*}$$

同理，单位面积积分得

$$\tau_2=\frac{1}{K}\ln\frac{X_C-X^*}{X_2-X^*}=\frac{1}{K}\ln\frac{0.15-0.04}{0.08-0.04}\approx\frac{1.02}{K}$$

总时间为

$$\tau_{总}=\tau_1+\tau_2=\frac{0.25}{u_C}+\frac{1.02}{K_X}=7$$

在临界点，恒速速率等于降速起始速率，即

$$u_C=K_X(X_C-X^*)=K_X(0.15-0.04)=0.11K_X$$

将 u_C 代入总时间方程得

$$\frac{0.25}{0.11K_X}+\frac{1.02}{K_X}=7$$

解得　$K_X\approx 0.47\text{h}^{-1}$。

第二次干燥从 $X_1=0.40$ 至 $X_3=0.05$，同样包括恒速阶段和降速阶段。

恒速阶段干燥时间 τ_1'

$$\tau_1'=\frac{X_1-X_C}{u_C}=\frac{0.40-0.15}{0.11K}=\frac{0.25}{0.11\times 0.47}\approx 4.84(\text{h})$$

降速阶段干燥时间 τ_2'

$$\tau'_2=\frac{1}{K}\ln\frac{X_C-X^*}{X_3-X^*}=\frac{1}{0.47}\ln\frac{0.11}{0.05-0.04}\approx 5.10(\text{h})$$

$$\tau'_{总}=\tau'_1+\tau'_2=4.84+5.10=9.94(\text{h})$$

这样，需要 9.94h 才能由 28.6%干燥至 4.8%。

第五节　干燥设备

实现物料干燥过程的机械设备称为干燥器。湿物料可能是块状（矿石）、颗粒状（蔗糖）、液态（牛奶），有的结合水分含量大，有的非结合水分含量大，有的具有热敏性不能耐高温，有的要求产品含水量低，有的要求无菌操作等。不同的物料，性质不同，产品要求不同，就需要不同的设备来实现干燥过程。为了满足各种物料的干燥要求，干燥器的型式多样。根据操作方式，干燥器可分为连续干燥器、间歇干燥器；根据干燥压力，干燥器可分为加压、常压、减压；根据干燥介质与物料的流动方式，干燥器可分为逆流、并流、错流。

为了满足生产需要，干燥器的选型应考虑下列因素。

① 保证物料的干燥质量，干燥均匀，不发生变质，保持晶形完整，不发生龟裂变形；

② 干燥速率快，干燥时间短，单位体积干燥器汽化水分量大，能做到小设备大生产；

③ 能量消耗低，热效率高，动力消耗低；

④ 干燥工艺简单，设备投资小，操作稳定，控制灵活，作业环境友好，污染环境小。

本节对化工生产中常用的几种干燥器型式进行了简单介绍。

一、厢式干燥器

厢式干燥器（图 7-15）通常在常压或真空下间歇操作。厢内设有支架，湿物料放在矩形浅盘内，或悬挂在支架上（板状物料）。空气经加热器预热并均匀分配后，平行掠过物料表面，离开物料表面的湿废气体部分排空，部分循环，与新鲜空气混合后用作干燥介质。小型的厢式干燥器称为烘箱，大型的称为烘房，可同时处理多种物料。

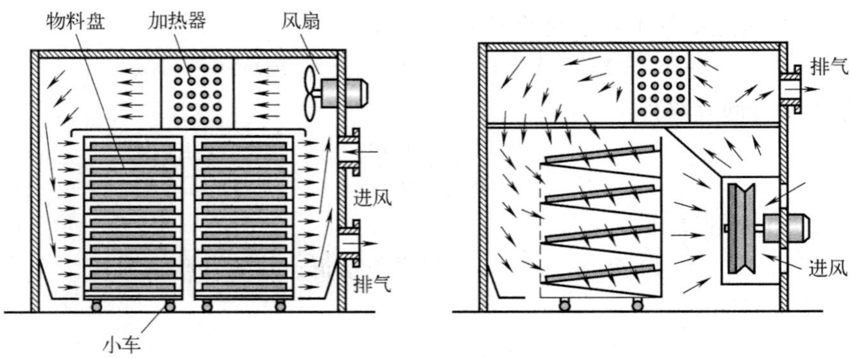

图 7-15　厢式干燥器的结构

厢式干燥器对各种物料的适应性强，可用于多种物料的干燥，但存在物料分散性差、气固接触不佳、干燥时间长等问题，导致干燥效率较低，产品质量均匀性也难以保证。

二、转筒式干燥器

转筒式干燥器（图 7-16）的主体为一沿轴向装有若干抄板的圆筒。圆筒略呈倾斜放置，在齿轮机构的驱动下做旋转运动；物料由转筒的较高一端送入，由较低一端卸出，热风由转筒的较低端吹入，由较高端排出，气固两相呈逆流接触（也可安排成并流）。随着圆筒的旋转，物料首先被抄板抄起，然后洒下，从而改善了气固两相的传热传质，提高了干燥速率。湿含量低且耐高温的物料宜选逆流干燥，以使高温终点脱水更彻底；湿含量高或只需适度干燥的场合宜选并流干燥，以达到快速蒸发、温和控水的目的。

转筒式干燥器的特点为：①机械化程度较高，生产能力较大；②干燥介质通过转筒的阻力较小；③对物料的适应性较强，操作稳定方便，运行费用较低；④装置比较笨重，金属耗材多，传动机构复杂，维修量较大；⑤设备投资高，占地面积大。

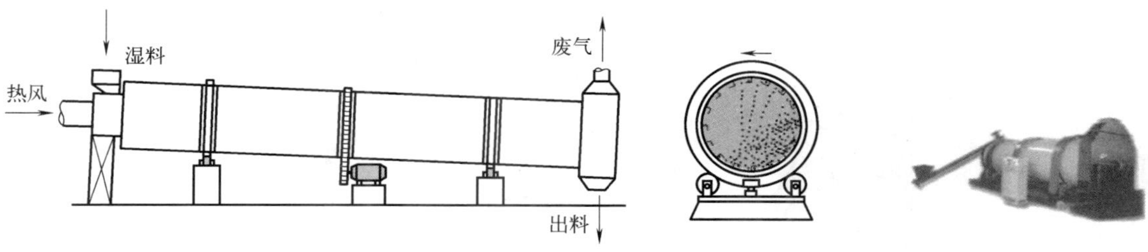

(a) 正视结构图　(b) 侧视结构图　(c) 实物图

图 7-16　转筒式干燥器的结构与实物

三、洞道式干燥器

洞道式干燥器如图 7-17 所示，即在一狭长的通道内铺设铁轨，物料放置在一串小车上，小车可以连续地或间歇地进、出通道。空气连续地在洞道内被加热并强制地流过物料表面，不仅可安排成并流或逆流，还可根据需要安排中间加热或废气循环。其干燥介质可用热空气和烟道气。

洞道式干燥器容积大，小车在洞道内停留时间长，适用于具有一定形状的较大物料（如

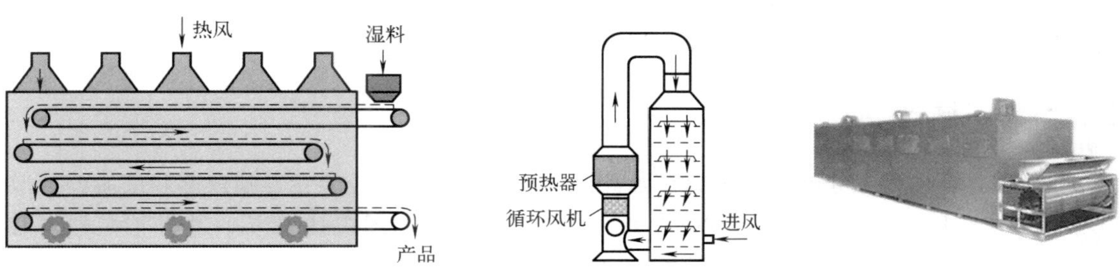

(a) 整体结构图　(b) 单体结构图　(c) 实物图

图 7-17　洞道式干燥器的结构与实物

木材、皮革、陶器等）以及粒状、块状和纤维状等处理量大、干燥时间长的物料（如脱水蔬菜、颗粒饲料、味精、鸡精、椰蓉、有机颜料、合成橡胶、丙烯纤维、药品、药材、小木制品、塑料制品、电子元器件等）。其优点是干燥过程中物料翻动少，晶体形状保持完好，但热效率较低，生产能力较小。

四、流化床干燥器

流化床干燥器又称为沸腾床干燥器，是流态化技术在干燥作业上的应用。散粒状湿物料从加料口加入，热气体穿过流化床底部的多孔气体分布板，形成许多小气流射入物料层。

将操作气速控制在一定范围内时，颗粒物料悬浮在上升的气流中形成沸腾状流化床，料层内颗粒物料相互碰撞、混合剧烈，气固两相间的传热传质过程得到强化，从而物料得以干燥，如图 7-18 所示。

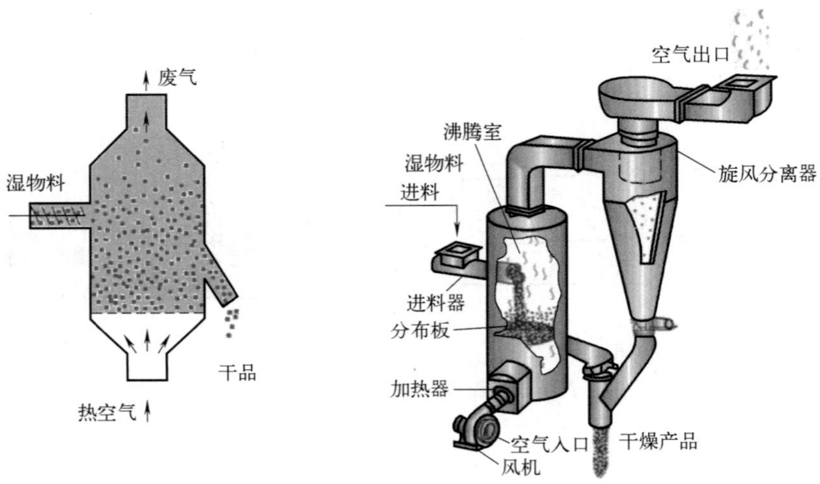

(a) 流化床干燥器的物料干燥　　(b) 单层圆筒式流化床干燥器

图 7-18　流化床干燥器及单层圆筒式流化床干燥器

流化床干燥器适用于干燥晶体和小颗粒物料。其优点是：气、固接触良好，传热、传质速度快，床内温度均匀，固体可“流动”（容易连续化）；缺点是：由于颗粒在床层中高度混合，可能会引起物料的返混和短路等非理想流动现象，对操作控制要求较高。

工业上常将流化床干燥器与气流干燥器串联使用，利用气流干燥的闪蒸作用，迅速使物料的表面水分汽化，然后送入流化床干燥器中进一步脱除物料所含的结合水分。

五、喷雾干燥器

喷雾干燥器主要用于干燥溶液、浆液或悬浮液。液态物料经雾化器喷成雾状细滴，分散于热气流中，水分迅速汽化，从而获得微粒状干燥产品，如图 7-19 所示。喷雾干燥器具有干燥速度快、干燥时间短的优点，特别适合热敏性物料。它可直接将液体转化为干燥产品，无需蒸发、结晶、固液分离等操作，因此被称为一步干燥法。喷雾干燥器广泛应用于食品、医药、燃料、塑料及化学肥料等行业，常用于干燥牛奶、蛋制品、血浆、洗衣粉、生酵母和染料等物料。

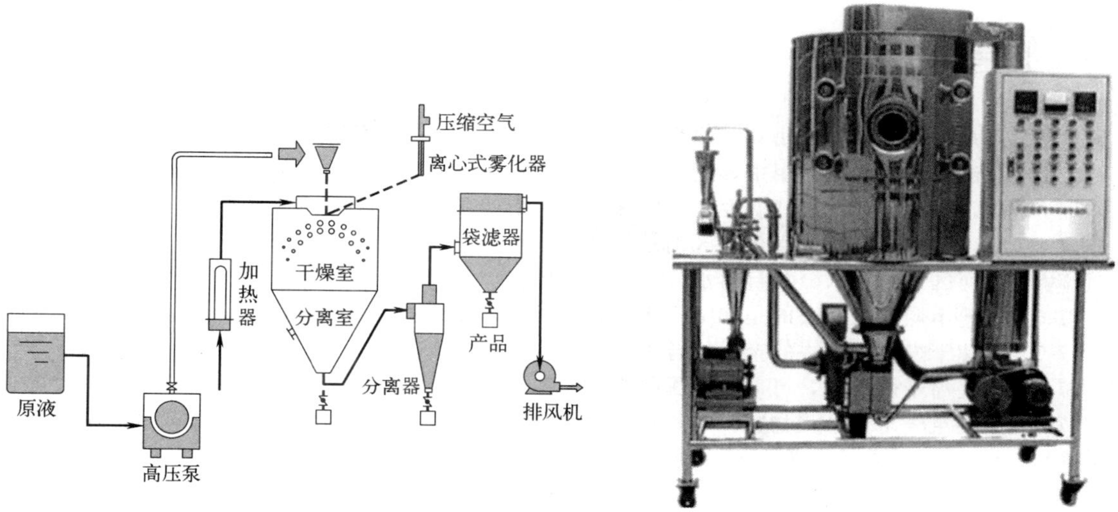

(a) 结构图　　(b) 实物图

图 7-19　喷雾干燥器的结构与实物

小结

本章主要讨论以空气为干燥介质、湿分为水的对流干燥过程。工业生产过程中，常将机械去湿法和加热去湿法结合操作，以使物料的含湿量达到规定要求。本章主要知识点间的联系如下所示。

干燥 → 湿空气性质；干燥过程计算

湿空气的湿含量表示法

1. 湿分分压：$p=p_g+p_V$。
2. 绝对湿度（湿度）：$H=0.622\dfrac{p_V}{p-p_V}$。
3. 饱和湿度：$H=0.622\dfrac{p_s}{p-p_s}$。
4. 相对湿度：$\varphi=\dfrac{p_V}{p_s}\times100\%$。

湿空气温度的表示法

1. 干球温度 t：简称温度，指空气的真实温度，可直接用普通温度计测量。
2. 湿球温度 t_w：指大量空气与少量水经长时间绝热接触后达到的稳定温度。
3. 绝热饱和温度 t_{as}：指少量空气与大量水经长时间绝热接触后达到的稳定温度。
4. 露点温度 t_d：在总压不变的条件下，不饱和湿空气等湿降温至饱和状态时的温度。
5. 湿空气温度间关系：$t\geqslant t_w(t_{as})\geqslant t_d$（>不饱和湿空气，=饱和湿空气）

湿空气的其他性质

1. 湿空气的比热容（湿比热容）：$c_H=c_a+c_VH=1.01+1.88H$。
2. 湿空气的焓：$I=2492H+(1.01+1.88H)t$。
3. 湿空气的比体积：$V_H=V_a+V_uH$。

空气的湿度图

1. 等 H 线：垂线；
2. 等I线：与横轴成45°的斜线；
3. 等t线：t为定值，则I与H呈直线关系；
4. 等 φ 线：$\varphi=1$，将湿度图分为两部分；
5. 水蒸气分压线：p_V 与 H 的关系线。

（以上四项 → 湿空气性质 → 干燥过程计算）

干燥过程计算

连续干燥过程的物料衡算

1. 绝干物料流量：$L_C=L_1(1-\omega_1)=L_2(1-\omega_2)$。
2. 干燥过程的水分蒸发量=空气中增加的水分量：$W=G(H_2-H_1)=L_C(X_1-X_2)$。
3. 空气消耗量：$G=\dfrac{W}{H_2-H_1}$。

连续干燥过程的热量衡算

1. 预热器的热量衡算：$GI_0+Q_P=GI_1$。
2. 干燥器的热量衡算：$GI_1+L_CI_1'+Q_D=GI_2+L_CI_2'+Q_L$。
3. 干燥系统消耗的总热量：$Q=Q_P+Q_D$。

干燥速率与干燥时间

1. 恒速段：$u=-\dfrac{L_C\mathrm{d}X}{A\mathrm{d}\tau}$，$\tau_1=\dfrac{L_C}{Au_C}(X_1-X_C)$。
2. 降速段：$u=-\dfrac{L_C\mathrm{d}X}{A\mathrm{d}\tau}$，$\tau_2=\int_0^{\tau_2}\mathrm{d}\tau=-\dfrac{L_C}{A}\int_{X_C}^{X_2}\dfrac{\mathrm{d}X}{u}=\dfrac{L_C}{A}\int_{X_2}^{X_C}\dfrac{\mathrm{d}X}{u}$。

图解法：干燥曲线与横轴包围的面积。

解析法：

$$\tau_2=\frac{L_C}{AK_X}\int_{X_2}^{X_C}\frac{\mathrm{d}X}{X-X^*}=\frac{L_C}{AK_X}\ln\frac{X_C-X^*}{X_2-X^*}。$$

典型干燥设备

厢式、转筒式、洞道式、流化床、喷雾。

思考题

7-1　通常物料除湿的方法有哪些？

7-2　对流干燥的操作费用主要在哪里？

7-3　通常露点温度、湿球温度、干球温度的关系如何？何时三者相等？

7-4　结合水分和非结合水分的区别是什么？

7-5　如何区别平衡水分和自由水分？

7-6　恒速干燥阶段除去的是非结合水分，对吗？为什么？

7-7　降速干燥阶段除去的全是结合水分，对吗？为什么？

7-8　为提高干燥效率，可以采取哪些措施？

7-9　用湿空气干燥某湿物料，该物料的含水量为50%（干基），已知其临界含水量为120%（干基）。有人建议提高空气温度来加速干燥，你认为他的建议是否可取？为什么？

7-10　流化床干燥器有何特点与优势？

习题

[7-1]　标准压力下干气的湿度为0.01kg/kg，温度为30℃。已知30℃和60℃时水的饱和蒸气压分别为4.242kPa和19.91kPa。试求：(1) 该空气的相对湿度及饱和湿度；(2) 若保持压强不变，将温度加热至60℃，空气的饱和湿度有何变化？(3) 当空气温度为60℃时，若将压强升至198.5kPa（绝压），空气的饱和湿度有何变化？

[答案：(1) 相对湿度37.79%，饱和湿度0.0272kg/kg；
(2) 饱和湿度0.152kg/kg，60℃时 H_s 增大；
(3) 饱和湿度0.0693kg/kg，60℃、198.5kPa时 H_s 增大]

[7-2]　氮-氢混合气（N_2：H_2＝1：3，摩尔比）的压力为101.3kN/m^2（对压法），温度为54℃，相对湿度为50%。已知54℃下水的饱和蒸气压为15kN/m^2。试计算：(1) 湿度；(2) 饱和湿度。

[答案：(1) 0.368kg/kg；(2) 0.169kg/kg]

[7-3]　已知40℃时，湿空气的总压为101.3kPa，相对湿度为60%，试求：(1) 湿空气的湿度与焓；(2) 当该空气升温至50℃，湿空气中的水蒸气分压为9.3kPa，求该空气的相对湿度与湿度（40℃时，水的饱和蒸气压为7.735kPa）。

[答案：(1) 湿度0.0284kg/kg，焓113.3kJ/kg；(2) 相对湿度75.4%，湿度0.0629kg/kg]

[7-4]　某湿物料的含水量为42%，采用预热器先加热至93℃再送入干燥器中，经干燥后含水量为4%（均为湿基），离开干燥器时空气的相对湿度为60%，产品产量为0.126kg/s。已知空气的干球温度为21℃，相对湿度为40%。试求：(1) 在 H-I 图上作出空气的状态变化过程，标出状态点 A、B、C 的位置，并注明有关的参数；(2) 已查得 H_0＝0.008kg/kg，H_2＝0.03kg/kg，求绝干空气消耗量；(3) 预热器供应的热量（忽略预热器的热损失）。

[答案：(1)

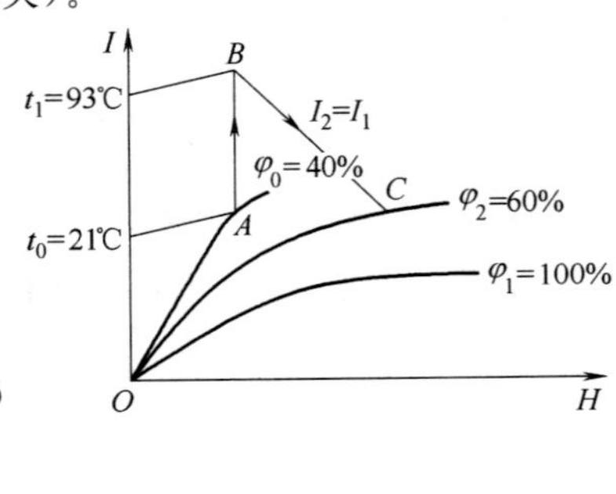

（2）绝干空气消耗量 3.75kg/s；（3）274kW]

[7-5]　在一连续干燥器中以热空气为干燥介质干燥腈纶物料，干燥后腈纶物料的含水量由35%减至2%（均为湿基），其初始湿度为0.010kg/kg，离开干燥器时的湿度为0.040kg/kg。假定干燥过程中无物料损失，干燥器每小时处理湿物料1000kg，试求：（1）水分蒸发量；（2）空气消耗量、原湿空气消耗量；（3）干燥产品量。

[答案：（1）水分蒸发量 336.7kg/h；（2）空气消耗量 11223kg/h，原湿空气消耗量 11335.2kg/h；（3）干燥产品量 663.3kg/h]

[7-6]　在某干燥器中干燥某盐类结晶，干燥介质为干球温度20℃、湿球温度为16℃的空气，要求将盐类结晶中的湿基含水量由40%减至5%。已知空气在干燥器内为等焓变化过程，盐类结晶物料经预热器加热至80℃后送至干燥器内，处理量为100kg/h，空气离开干燥器时的温度为30℃，总压为101.3kPa。试求：（1）水分蒸发量；（2）干燥产品量；（3）湿空气的消耗量；（4）加热器向空气提供的热量。

[答案：（1）水分蒸发量 36.84kg/h；（2）干燥产品量 63.16kg/h；（3）湿空气的消耗量 1860kg/h；（4）加热器向空气提供的热量 31.58kW]

[7-7]　某干燥器的生产能力为800kg/h，拟将相对湿度50%的湿物料的含水量由30%干燥至4%（均为湿基），以空气为干燥介质，初温为15℃，经预热器加热至120℃，终温为45℃，相对湿度为80%。试求：（1）水分蒸发量；（2）空气消耗量、单位消耗量；（3）若鼓风机装在进口处，求鼓风机的风量。

[答案：（1）水分蒸发量 216.7kg/h；（2）空气消耗量 4610kg/h，单位消耗量 21.3kg/kg；（3）鼓风机的风量 3789.4m^3/h]

[7-8]　已知某湿物料的临界含水量为0.16kg/kg，平衡含水量为0.05kg/kg。在连续干燥条件下，将物料由干基含水量0.33kg/kg干燥到0.09kg/kg需要7h。请计算还需多少时间可将物料干燥至0.07kg/kg。

[答案：1.9h]

[7-9]　已知某湿物料的临界含水量 $X_0=0.15$（干基），平衡含水量 $X^*=0.04$（干基），设降速阶段中的干燥速度为 $U=K_X(X-X^*)$，该段干燥速率曲线为直线。该湿物料经过7h的干燥，含水量由28.6%（湿基，下同）降至7.4%。请计算在同样的操作条件下，含水量由28.6%干燥至4.8%需要多少时间。

[答案：9.96h]

本章符号说明

英文

A　传热面积（干燥面积），m^2

c_C　绝干物料的平均比热容，kJ/(kg·℃)

c_G　干空气的比热容，kJ/(kg·℃)

c_H　湿空气的比热容，kJ/(kg·℃)

c_M　物料的比热容，kJ/(kg·℃)

c_S　绝对干物料的比热容，kJ/(kg·℃)

c_V　水蒸气的比热容，kJ/(kg·℃)

c_W　水的比热容，kJ/(kg·℃)

G　干空气消耗量，kg/h

H　湿度，kg/kg

H_{as}　t_{as} 时空气的饱和湿度，kg/kg

H_w　t_w 时空气的饱和湿度，kg/kg

I　湿空气的焓，kJ/kg

I_V　水蒸气的焓，kJ/kg

I_G　干空气的焓，kJ/kg

K_X　降速干燥阶段干燥曲率线的斜率，kg/(m^2·h)

L_C　湿物料中绝对干料的质量流量，kg/h

l　单位空气消耗量，kg/kg

M_G　空气的平均摩尔质量，kg/kmol

M_W　水蒸气的摩尔质量，kg/kmol

p　总压，kPa

p_V　水蒸气的分压，kPa

p_G　干空气的分压，kPa

p_s　饱和空气中水蒸气的分压，kPa

p_d　露点 t_d 时的饱和蒸气压，kPa

Q　传热速率，kW

Q_D　干燥器补充热量，kW

Q_L　干燥器的热损失，kW

Q_P　预热器加入热量，kW

r　比汽化热，kJ/kg

t　空气的干球温度,℃

t_{as}　绝热饱和温度,℃

t_d　露点,℃

t_w　湿球温度,℃

u　干燥速率，kg/(m^2・h)

u_C　恒速阶段的干燥速率，kg/(m^2・h)

V_H　湿空气的比体积，m^3/kg 干气

v_H　单位质量干物料所需的空气体积流量，m^3/kg

V　湿空气的体积流量（鼓风机的风量），m^3/h

W　水分蒸发量，kg/h

X　物料的干基含水量，kg/kg

X_C　物料的临界含水量，kg/kg

X^*　物料的平衡含水量，kg/kg

X_h　湿分的分压等于该温度下的饱和蒸气压时的平衡含水量，kg/kg

希文

ω　物料的湿基含水量，kg/kg

θ　湿物料温度,℃

τ　干燥时间，h

φ　相对湿度

附　录

附录一　单位换算

单位名称与符号	换算系数	单位名称与符号	换算系数
1. 长度		毫米汞柱 mmHg	133.322Pa
英寸 in	2.54×10^{-2}m	毫米水柱 mmH_2O	9.80665Pa
英尺 ft(＝12in)	0.3048m	托 Torr	133.322Pa
英里 mile	1.609344km	6. 表面张力	
埃 Å	10^{-10}m	达因每厘米 dyn/cm	10^{-3}N/m
码 yd(＝3ft)	0.9144m	7. 动力黏度(通称黏度)	
2. 体积		泊 P[g/(cm·s)]	10^{-1}Pa·s
英加仑 UK gal	4.54609dm^3	厘泊 cP	10^{-3}Pa·s(＝1mPa·s)
美加仑 US gal	3.78541dm^3	8. 运动黏度	
3. 质量		斯托克斯 St(cm^2/s)	$10^{-4}m^2/s$
磅 lb	0.45359237kg	厘斯 cSt	$10^{-6}m^2/s$
短吨(＝2000lb)	907.185kg	9. 功、能、热	
长吨(＝2240lb)	1016.05kg	尔格 erg(dyn·cm)	10^{-7}J
4. 力		千克力米 kgf·m	9.80665J
达因 dyn(g·cm/s^2)	10^{-5}N	国际蒸汽表卡 cal	4.1868J
千克力 kgf	9.80665N	英热单位 Btu	1.05506kJ
磅力 lbf	4.44822N	10. 功率	
5. 压力(压强)		尔格每秒 erg/s	10^{-7}W
巴 bar(＝10^6dyn/cm^2)	10^5Pa	千克力米每秒 kgf·m/s	9.80665W
千克力每平方厘米 kgf/cm^2(又称工程大气压 at)	98.0665kPa	英马力 hp	745.7W
		千卡每小时 kcal/h	1.163W
磅力每平方英寸 lbf/in^2(psi)	6.89476kPa	米制马力(＝75kgf·m/s)	735.499W
标准大气压 atm(＝760mmHg)	101.325kPa	11. 温度	
		华氏度 ℉	$5/9(t_F-32)$℃

附录二　基本物理常数

① 摩尔气体常数：$R=8.314510$J/(mol·K) 或 kJ/(kmol·K)。

② 标准状况压力：$p^{\ominus}=10^5$Pa。

③ 理想气体标准摩尔体积：

$p^{\ominus}=10^5\,Pa$，$T^{\ominus}=273.15K$ 时，$V^{\ominus}=22.71108m^3/kmol$。

④ 标准自由落体加速度（标准重力加速度）：$g=9.80665m/s^2$。

附录三　饱和水的物理性质

温度 (t) /℃	饱和蒸气压 (p)/kPa	密度 (ρ) /(kg/m^3)	比焓 (H) /(kJ/kg)	比热容 (c_p) /10^3[J/(kg·K)]	热导率 (λ) /10^{-2}[W/(m·K)]	黏度 (μ) /10^{-6}Pa·s	体积膨胀系数 (β)/ $10^{-4}K^{-1}$	表面张力 (σ) /10^{-4} (N/m)	普朗特数 (Pr)
0	0.611	999.9	0	4.212	55.1	1788	−0.81	756.4	13.67
10	1.227	999.7	42.04	4.191	57.4	1306	+0.87	741.6	9.52
20	2.338	998.2	83.91	4.183	59.9	1004	2.09	726.9	7.02
30	4.241	995.7	125.7	4.174	61.8	801.5	3.05	712.2	5.42
40	7.375	992.2	167.5	4.174	63.5	653.3	3.86	696.5	4.31
50	12.335	988.1	209.3	4.174	64.8	549.4	4.57	676.9	3.54
60	19.92	983.1	251.1	4.179	65.9	469.9	5.22	662.2	2.99
70	31.16	977.8	293.0	4.187	66.8	406.1	5.83	643.5	2.55
80	47.36	971.8	355.0	4.195	67.4	355.1	6.40	625.9	2.21
90	70.11	965.3	377.0	4.208	68.0	314.9	6.96	607.2	1.95
100	101.3	958.4	419.1	4.220	68.3	282.5	7.50	588.6	1.75
110	143	951.0	461.4	4.233	68.5	259.0	8.04	569.0	1.60
120	198	943.1	503.7	4.250	68.6	237.4	8.58	548.4	1.47
130	270	934.8	546.4	4.266	68.6	217.8	9.12	528.8	1.36
140	361	926.1	589.1	4.287	68.5	201.1	9.68	507.2	1.26
150	476	917.0	632.2	4.313	68.4	186.4	10.26	486.6	1.17
160	618	907.0	675.4	4.346	68.3	173.6	10.87	466.0	1.10
170	792	897.3	719.3	4.380	67.9	162.8	11.52	443.4	1.05
180	1003	886.9	763.3	4.417	67.4	153.0	12.21	422.8	1.00
190	1255	876.0	807.8	4.459	67.0	144.2	12.96	400.2	0.96
200	1555	863.0	852.8	4.505	66.3	136.4	13.77	376.7	0.93
210	1908	852.3	897.7	4.555	65.5	130.5	14.67	354.1	0.91
220	2320	840.3	943.7	4.614	64.5	124.6	15.67	331.6	0.89
230	2798	827.3	990.2	4.681	63.7	119.7	16.80	310.0	0.88
240	3348	813.6	1037.5	4.756	62.8	114.8	18.08	285.5	0.87
250	3978	799.0	1085.7	4.844	61.8	109.9	19.55	261.9	0.86
260	4694	784.0	1135.7	4.949	60.5	105.9	21.27	237.4	0.87
270	5505	767.9	1185.7	5.070	59.0	102.0	23.31	214.8	0.88
280	6419	750.7	1236.8	5.230	57.4	98.1	25.79	191.3	0.90
290	7445	732.3	1290.0	5.485	55.8	94.2	28.84	168.7	0.93
300	8592	712.5	1344.9	5.736	54.0	91.2	32.73	144.2	0.97
310	9870	691.1	1402.2	6.071	52.3	88.3	37.85	120.7	1.03
320	11290	667.1	1462.1	6.574	50.6	85.3	44.91	98.10	1.11
330	12865	640.2	1526.2	7.244	48.4	81.4	55.31	76.71	1.22
340	14608	610.1	1594.8	8.165	45.7	77.5	72.10	56.70	1.39
350	16537	574.4	1671.4	9.504	43.0	72.6	103.7	38.16	1.60
360	18674	528.0	1761.5	13.984	39.5	66.7	182.9	20.21	2.35
370	21053	450.5	1892.5	40.321	33.7	56.9	676.7	4.709	6.79

附录四　某些液体的物理性质

序号	名称	分子式	相对分子质量	密度(20℃)/(kg/m^3)	沸点(101.3kPa)/℃	比汽化热(101.3kPa)/(kJ/kg)	比热容(20℃)/[kJ/(kg·K)]	黏度(20℃)/mPa·s	热导率(20℃)/[W/(m·K)]	表面张力(20℃)/10^{-3}(N/m)
1	水	H_2O	18.02	998	100	2258	4.183	1.005	0.599	72.8
2	盐水(25%NaCl)	—		1186(25℃)	107	—	3.39	2.3	0.57(30℃)	—
3	盐水(25%$CaCl_2$)	—		1228	107	—	2.89	2.5	0.57	—
4	硫酸	H_2SO_4	98.08	1831	340(分解)		1.47(98%)	—	0.38	—
5	硝酸	HNO_3	63.02	1513	86	481.1	—	1.17(10℃)	—	—
6	盐酸(30%)	HCl	36.47	1149	—	—	2.55	2(31.5%)	0.42	—
7	二硫化碳	CS_2	76.13	1262	46.3	352	1.005	0.38	0.16	32
8	戊烷	C_5H_{12}	72.15	626	36.07	357.4	2.24(15.6℃)	0.229	0.113	16.2
9	己烷	C_6H_{14}	86.17	659	68.74	335.1	2.31(15.6℃)	0.313	0.119	18.2
10	庚烷	C_7H_{16}	100.20	684	98.43	316.5	2.21(15.6℃)	0.411	0.123	20.1
11	辛烷	C_8H_{18}	114.22	703	125.67	306.4	2.19(15.6℃)	0.540	0.131	21.8
12	三氯甲烷	$CHCl_3$	119.38	1489	61.2	253.7	0.992	0.58	0.138(30℃)	28.5(10℃)
13	四氯化碳	CCl_4	153.82	1594	76.8	195	0.850	1.0	0.12	26.8
14	1,2-二氯乙烷	$C_2H_4Cl_2$	98.96	1253	83.6	324	1.260	0.83	0.14(50℃)	30.8
15	苯	C_6H_6	78.11	879	80.10	393.9	1.704	0.737	0.148	28.6
16	甲苯	C_7H_8	92.13	867	110.63	363	1.70	0.675	0.138	27.9
17	邻二甲苯	C_8H_{10}	106.16	880	144.42	347	1.74	0.811	0.142	30.2
18	间二甲苯	C_8H_{10}	106.16	864	139.10	343	1.70	0.611	0.167	29.0

续表

序号	名称	分子式	相对分子质量	密度(20℃)/(kg/m³)	沸点(101.3kPa)/℃	比汽化热(101.3kPa)/(kJ/kg)	比热容(20℃)/[kJ/(kg·K)]	黏度(20℃)/mPa·s	热导率(20℃)/[W/(m·K)]	表面张力(20℃)/10^{-3}(N/m)
19	对二甲苯	C_8H_{10}	106.16	861	138.35	340	1.704	0.643	0.129	28.0
20	苯乙烯	C_8H_9	104.1	911(15.6℃)	145.2	(352)	1.733	0.72	—	
21	氯苯	C_6H_5Cl	112.56	1106	131.8	325	1.298	0.85	0.14(30℃)	32
22	硝基苯	$C_6H_5NO_2$	123.17	1203	210.9	396	1.466	2.1	0.15	41
23	苯胺	$C_6H_5NH_2$	93.13	1022	184.4	448	2.07	4.3	0.17	42.9
24	苯酚	C_6H_5OH	94.1	1050(50℃)	181.8	511	—	3.4(50℃)	—	—
25	萘	$C_{15}H_8$	128.17	1145(固体)	40.9(熔点) 217.9 80.2(熔点)	314	1.80(100℃)	0.59(100℃)	—	—
26	甲醇	CH_3OH	32.04	791	64.7	1101	2.48	0.6	0.212	22.6
27	乙醇	C_2H_5OH	460.07	789	78.3	846	2.39	1.15	0.172	22.8
28	乙醇(95%)	—	—	804	78.3	—	—	1.4	—	—
29	乙二醇	$C_2H_4(OH)_2$	62.05	1113	197.6	780	2.35	23	—	—
30	甘油	$C_3H_5(OH)_3$	92.09	1261	290(分解)	—	—	1499	0.59	—
31	乙醚	$(C_2H_5)_2O$	74.12	714	34.6	360	2.34	0.24	0.14	—
32	乙醛	CH_3CHO	44.05	783(18℃)	20.2	574	1.9	1.3(18℃)	—	—
33	糠醛	$C_5H_4O_2$	96.09	1168	161.7	452	1.6	1.15(50℃)	—	—
34	丙酮	CH_3COCH_3	58.08	792	56.2	523	2.35	0.32	0.17	—
35	甲酸	$HCOOH$	46.03	1220	100.7	494	2.17	1.9	0.26	—
36	醋酸	CH_3COOH	60.03	1049	118.1	406	1.99	1.3	0.17	—
37	乙酸乙酯	$CH_3COOC_2H_5$	88.11	901	77.1	368	1.92	0.48	0.14(10℃)	—
38	煤油			780～820				3	0.15	—
39	汽油			680～800				0.7～0.8	0.19(30℃)	—

附录五　某些有机液体的相对密度（液体密度与 4℃水的密度之比）

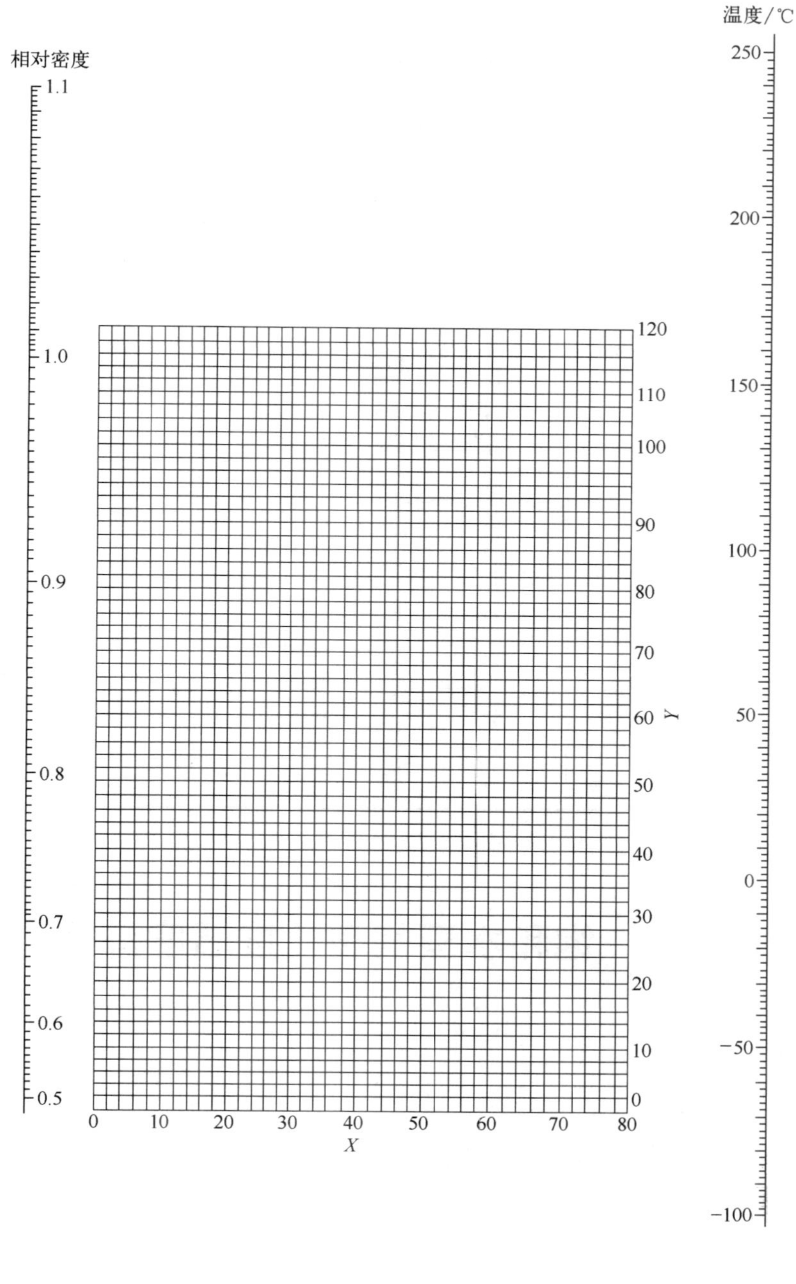

有机液体相对密度共线图的坐标值

有机液体	X	Y	有机液体	X	Y
乙炔	20.8	10.1	甲酸乙酯	37.6	68.4
乙烷	10.3	4.4	甲酸丙酯	33.8	66.7
乙烯	17.0	3.5	丙烷	14.2	12.2
乙醇	24.2	48.6	丙酮	26.1	47.8
乙醚	22.6	35.8	丙醇	23.8	50.8
乙丙醚	20.0	37.0	丙酸	35.0	83.5
乙硫醇	32.0	55.5	丙酸甲酯	36.5	68.3
乙硫醚	25.7	55.3	丙酸乙酯	32.1	63.9
二乙胺	17.8	33.5	戊烷	12.6	22.6
二硫化碳	18.6	45.4	异戊烷	13.5	22.5
异丁烷	13.7	16.5	辛烷	12.7	32.5
丁酸	31.3	78.7	庚烷	12.6	29.8
丁酸甲酯	31.5	65.5	苯	32.7	63.0
异丁酸	31.5	75.9	苯酚	35.7	103.8
丁酸(异)甲酯	33.0	64.1	苯胺	33.5	92.5
十一烷	14.4	39.2	氟苯	41.9	86.7
十二烷	14.3	41.4	癸烷	16.0	38.2
十三烷	15.3	42.4	氨	22.4	24.6
十四烷	15.8	43.3	氯乙烷	42.7	62.4
三乙胺	17.9	37.0	氯甲烷	52.3	62.9
三氢化磷	28.0	22.1	氯苯	41.7	105.0
己烷	13.5	27.0	氰丙烷	20.1	44.6
壬烷	16.2	36.5	氰甲烷	21.8	44.9
六氢吡啶	27.5	60.0	环己烷	19.6	44.0
甲乙醚	25.0	34.4	醋酸	40.6	93.5
甲醇	25.8	49.1	醋酸甲酯	40.1	70.3
甲硫醇	37.3	59.6	醋酸乙酯	35.0	65.0
甲硫醚	31.9	57.4	醋酸丙酯	33.0	65.5
甲醚	27.2	30.1	甲苯	27.0	61.0
甲酸甲酯	46.4	74.6	异戊醇	20.5	52.0

附录六　饱和水蒸气表（按温度排序）

温度/℃	绝对压力/kPa	蒸汽密度/(kg/m³)	比焓/(kJ/kg)		比汽化热/(kJ/kg)
			液体	蒸汽	
0	0.6082	0.00484	0	2491	2491
5	0.8730	0.00680	20.9	2500.8	2480
10	1.226	0.00940	41.9	2510.4	2469
15	1.707	0.01283	62.8	2520.5	2458

续表

温度/℃	绝对压力/kPa	蒸汽密度/(kg/m³)	比焓/(kJ/kg)		比汽化热/(kJ/kg)
			液体	蒸汽	
20	2.335	0.01719	83.7	2530.1	2446
25	3.168	0.02304	104.7	2539.7	2435
30	4.247	0.03036	125.6	2549.3	2424
35	5.621	0.03960	146.5	2559.0	2412
40	7.377	0.05114	167.5	2568.6	2401
45	9.584	0.06543	188.4	2577.8	2389
50	12.34	0.0830	209.3	2587.4	2378
55	15.74	0.1043	230.3	2596.7	2366
60	19.92	0.1301	251.2	2606.3	2355
65	25.01	0.1611	272.1	2615.5	2343
70	31.16	0.1979	293.1	2624.3	2331
75	38.55	0.2416	314.0	2633.5	2320
80	47.38	0.2929	334.9	2642.3	2307
85	57.88	0.3531	355.9	2651.1	2295
90	70.14	0.4229	376.8	2659.9	2283
95	84.56	0.5039	397.8	2668.7	2271
100	101.33	0.5970	418.7	2677.0	2258
105	120.85	0.7036	440.0	2685.0	2245
110	143.31	0.8254	461.0	2693.4	2232
115	169.11	0.9635	482.3	2701.3	2219
120	198.64	1.1199	503.7	2708.9	2205
125	232.19	1.296	525.0	2716.4	2191
130	270.25	1.494	546.4	2723.9	2178
135	313.11	1.715	567.7	2731.0	2163
140	361.47	1.962	589.1	2737.7	2149
145	415.72	2.238	610.9	2744.4	2134
150	476.24	2.543	632.2	2750.7	2119
160	618.28	3.252	675.8	2762.9	2087
170	792.59	4.113	719.3	2773.3	2054
180	1003.5	5.145	763.3	2782.5	2019
190	1255.6	6.378	807.6	2790.1	1982
200	1554.8	7.840	852.0	2795.5	1944
210	1917.7	9.567	897.2	2799.3	1902
220	2320.9	11.60	942.4	2801.0	1859
230	2798.6	13.98	988.5	2800.1	1812
240	3347.9	16.76	1034.6	2796.8	1762
250	3977.7	20.01	1081.4	2790.1	1709
260	4693.8	23.82	1128.8	2780.9	1652
270	5504.0	28.27	1176.9	2768.3	1591
280	6417.2	33.47	1225.5	2752.0	1526
290	7443.3	39.60	1274.5	2732.3	1457
300	8592.9	46.93	1325.5	2708.0	1382

附录七 干空气的热物理性质（$p=1.01325\times10^5$Pa）

温度(t)/℃	密度(ρ)/(kg/m^3)	比热容(c_p)/[kJ/(kg·℃)]	热导率(λ)/10^{-2}[W/(m·℃)]	黏度(μ)/10^{-6}Pa·s	运动黏度(ν)/10^{-6}(m^2/s)	普朗特数(Pr)
−50	1.584	1.013	2.04	14.6	9.23	0.728
−40	1.515	1.013	2.12	15.2	10.04	0.728
−30	1.453	1.013	2.20	15.7	10.80	0.723
−20	1.395	1.009	2.28	16.2	11.61	0.716
−10	1.342	1.009	2.36	16.7	12.43	0.712
0	1.293	1.005	2.44	17.2	13.28	0.707
10	1.247	1.005	2.51	17.6	14.16	0.705
20	1.205	1.005	2.59	18.1	15.06	0.703
30	1.165	1.005	2.67	18.6	16.00	0.701
40	1.128	1.005	2.76	19.1	16.96	0.699
50	1.093	1.005	2.83	19.6	17.95	0.698
60	1.060	1.005	2.90	20.1	18.97	0.696
70	1.029	1.009	2.96	20.6	20.02	0.694
80	1.000	1.009	3.05	21.1	21.09	0.692
90	0.972	1.009	3.13	21.5	22.10	0.690
100	0.946	1.009	3.21	21.9	23.13	0.688
120	0.898	1.009	3.34	22.8	25.45	0.686
140	0.854	1.013	3.49	23.7	27.80	0.684
160	0.815	1.017	3.64	24.5	30.09	0.682
180	0.779	1.022	3.78	25.3	32.49	0.681
200	0.746	1.026	3.93	26.0	34.85	0.680
250	0.674	1.038	4.27	27.4	40.61	0.677
300	0.615	1.047	4.60	29.7	48.33	0.674
350	0.566	1.059	4.91	31.4	55.46	0.676
400	0.524	1.068	5.21	33.0	63.09	0.678
500	0.456	1.093	5.74	36.2	79.38	0.687
600	0.404	1.114	6.22	39.1	96.89	0.699
700	0.362	1.135	6.71	41.8	115.4	0.706
800	0.329	1.156	7.18	44.3	134.8	0.713
900	0.301	1.172	7.63	46.7	155.1	0.717
1000	0.277	1.185	8.07	49.0	177.1	0.719
1100	0.257	1.197	8.50	51.2	199.3	0.722
1200	0.239	1.210	9.15	53.5	233.7	0.724

附录八　某些气体的重要物理性质

名称	分子式	相对分子质量	密度(0℃，101.325 kPa)/(kg/m³)	定压比热容(20℃，101.325 kPa)/[kJ/(kg·K)]	$K=c_p/c_V$	黏度(0℃，101.325 kPa)/μPa·s	沸点(101.325 kPa)/℃	比汽化热(101.325 kPa)/(kJ/kg)	临界点		热导率(0℃，101.325 kPa)/[W/(m·K)]
									温度/℃	压力/kPa	
空气	—	28.95	1.293	1.009	1.40	17.3	−195	197	−140.7	3769	0.0244
氧	O_2	32	1.429	0.653	1.40	20.3	−132.98	213	−118.82	5038	0.0240
氮	N_2	28.02	1.251	0.745	1.40	17.0	−195.78	199.2	−147.13	3393	0.0228
氢	H_2	2.016	0.0899	10.13	1.407	8.42	−252.75	454.2	−239.9	1297	0.163
氦	He	4.00	0.1785	3.18	1.66	18.8	−268.95	19.5	−267.96	229	0.144
氩	Ar	39.94	1.7820	0.322	1.66	20.9	−185.87	163	−122.44	4864	0.0173
氯	Cl_2	70.91	3.217	0.355	1.36	12.9(16℃)	−33.8	305	+144.0	7711	0.0072
氨	NH_3	17.03	0.771	0.67	1.29	9.18	−33.4	1373	+132.4	1130	0.0215
一氧化碳	CO	28.01	1.250	0.754	1.40	16.6	−191.48	211	−140.2	3499	0.0226
二氧化碳	CO_2	44.01	1.976	0.653	1.30	13.7	−78.2	574	+31.1	7387	0.0137
二氧化硫	SO_2	64.07	2.927	0.502	1.25	11.7	−10.8	394	+157.5	7881	0.0077
二氧化氮	NO_2	46.01	—	0.615	1.31	—	+21.2	712	+158.2	10133	0.0400
硫化氢	H_2S	34.08	1.539	0.804	1.30	11.66	−60.2	548	+100.4	19140	0.0131
甲烷	CH_4	16.04	0.717	1.70	1.31	10.3	−161.58	511	−82.15	4620	0.0300
乙烷	C_2H_6	30.07	1.357	1.44	1.20	8.50	−88.50	486	+32.1	4950	0.0180
丙烷	C_3H_8	44.1	2.020	1.65	1.13	7.95(18℃)	−42.1	427	+95.6	4357	0.0148
丁烷(正)	C_4H_{10}	58.12	2.673	1.73	1.108	8.10	−0.5	386	+152	3800	0.0135
戊烷(正)	C_5H_{12}	72.15	—	1.57	1.09	8.74	−36.08	151	+197.1	3344	0.0128
乙烯	C_2H_4	28.05	1.261	1.222	1.25	9.85	+103.7	481	+9.7	5137	0.0164
丙烯	C_3H_6	42.08	1.914	1.436	1.17	8.35(20℃)	−47.7	440	+91.4	4600	—
乙炔	C_2H_2	26.04	1.171	1.352	1.24	9.35	−83.66(升华)	829	+35.7	6242	0.0184
氯甲烷	CH_3Cl	50.49	2.308	0.582	1.28	9.89	−24.1	406	+148	6687	0.0085
苯	C_6H_6	78.11	—	1.139	1.1	7.2	+80.2	394	+288.5	4833	0.0088

附录九　液体饱和蒸气压 p^0 的安托因（Antoine）常数

液体	*A*	*B*	*C*	温度范围/℃
甲烷(CH_4)	5.82051	405.42	267.78	−181～−152
乙烷(C_2H_6)	5.95942	663.7	256.47	−143～−75
丙烷(C_3H_8)	5.92888	803.81	246.99	−108～−25
丁烷(C_4H_{10})	5.93886	935.86	238.73	−78～19
戊烷(C_5H_{12})	5.97711	1064.63	232.00	−50～58
己烷(C_6H_{14})	6.10266	1171.530	224.366	−25～92
庚烷(C_7H_{16})	6.02730	1268.115	216.900	−2～120
辛烷(C_8H_{18})	6.04867	1355.126	209.517	19～152
乙烯	5.87246	585.0	255.00	−153～91
丙烯	5.9445	785.85	247.00	−112～−28
甲醇	7.19736	1574.99	238.86	−16～91
乙醇	7.33827	1652.05	231.48	−3～96
丙醇	6.74414	1375.14	193.0	12～127
醋酸	6.42452	1479.02	216.82	15～157
丙酮	6.35647	1277.03	237.23	−32～77
四氯化碳	6.01896	1219.58	227.16	−20～101
苯	6.03055	1211.033	220.79	−16～104
甲苯	6.07954	1344.8	219.482	6～137
水	7.07406	1657.46	227.02	10～168

注：$\lg p^0=A-B/(t+C)$，式中 p^0 的单位为 kPa，t 为℃。

附录十　水在不同温度下的黏度

温度/℃	黏度/mPa·s	温度/℃	黏度/mPa·s	温度/℃	黏度/mPa·s	温度/℃	黏度/mPa·s
0	1.7921	25	0.8937	51	0.5404	76	0.3750
1	1.7313	26	0.8737	52	0.5315	77	0.3702
2	1.6728	27	0.8545	53	0.5229	78	0.3655
3	1.6191	28	0.8360	54	0.5146	79	0.3610
4	1.5674	29	0.8180	55	0.5064	80	0.3565
5	1.5188	30	0.8007	56	0.4985	81	0.3521
6	1.4728	31	0.7840	57	0.4907	82	0.3478
7	1.4284	32	0.7679	58	0.4832	83	0.3436
8	1.3860	33	0.7523	59	0.4759	84	0.3395
9	1.3462	34	0.7371	60	0.4688	85	0.3355
10	1.3077	35	0.7225	61	0.4618	86	0.3315
11	1.2713	36	0.7085	62	0.4550	87	0.3276
12	1.2363	37	0.6947	63	0.4483	88	0.3239
13	1.2028	38	0.6814	64	0.4418	89	0.3202
14	1.1709	39	0.6685	65	0.4355	90	0.3165
15	1.1404	40	0.6560	66	0.4293	91	0.3130
16	1.1111	41	0.6439	67	0.4233	92	0.3095
17	1.0828	42	0.6321	68	0.4174	93	0.3060
18	1.0559	43	0.6207	69	0.4117	94	0.3027
19	1.0299	44	0.6097	70	0.4061	95	0.2994
20	1.0050	45	0.5988	71	0.4006	96	0.2962
20.2	1.0000	46	0.5883	72	0.3952	97	0.2930
21	0.9810	47	0.5782	73	0.3900	98	0.2899
22	0.9579	48	0.5683	74	0.3849	99	0.2868
23	0.9359	49	0.5588	75	0.3799	100	0.2838
24	0.9142	50	0.5494				

附录十一　固体材料的热导率

（1）常用金属材料的热导率

单位：W/(m·℃)

温度/℃	0	100	200	300	400
铝	228	228	228	228	228
铜	384	379	372	367	363
铁	73.3	67.5	61.6	54.7	48.9
铅	35.1	33.4	31.4	29.8	—
镍	93.0	82.6	73.3	63.97	59.3
银	414	409	373	362	359
碳钢	52.3	48.9	44.2	41.9	34.9
不锈钢	16.3	17.5	17.5	18.5	—

（2）常用非金属材料的热导率

单位：W/(m·℃)

名称	温度/℃	热导率	名称	温度/℃	热导率
石棉绳	—	0.10～0.21	云母	50	0.430
石棉板	30	0.10～0.14	泥土	20	0.698～0.930
软木	30	0.0430	冰	0	2.33
玻璃棉	—	0.0349～0.0698	膨胀珍珠岩散料	25	0.021～0.062
保温灰	—	0.0698	软橡胶	—	0.129～0.159
锯屑	20	0.0465～0.0582	硬橡胶	0	0.150
棉花	100	0.0698	聚四氟乙烯	—	0.242
厚纸	20	0.14～0.349	泡沫塑料	—	0.0465
玻璃	30	1.09	泡沫玻璃	−15	0.00489
	−20	0.76		−80	0.00349
搪瓷	—	0.87～1.16	木材(横向)	—	0.14～0.175

附录十二　某些液体的热导率

单位：W/(m·℃)

液体名称	温度/℃						
	0	25	50	75	100	125	150
甲醇	0.214	0.2107	0.2070	0.205	—	—	—
乙醇	0.189	0.1832	0.1774	0.1715	—	—	—
异丙醇	0.154	0.150	0.1460	0.142	—	—	—
丁醇	0.156	0.152	0.1483	0.144	—	—	—
丙酮	0.1745	0.169	0.163	0.1576	0.151	—	—
甲酸	0.2605	0.256	0.2518	0.2471	—	—	—
乙酸	0.177	0.1715	0.1663	0.162	—	—	—
苯	0.151	0.1448	0.138	0.132	0.126	0.1204	—
甲苯	0.1413	0.136	0.129	0.123	0.119	0.112	—
二甲苯	0.1367	0.131	0.127	0.1215	0.117	0.111	—
硝基苯	0.1541	0.150	0.147	0.143	0.140	0.136	
苯胺	0.186	0.181	0.177	0.172	0.1681	0.1634	0.159
甘油	0.277	0.2797	0.2832	0.286	0.289	0.292	0.295

附录十三　管 子 规 格

（1）管端用螺纹和沟槽连接的钢管外径和壁厚（摘自 GB/T 3091—2025）

单位：mm

公称口径(DN)	公称外径(D)	公称壁厚(t)	
		普通钢管	加厚钢管
6	10.2	2.0	2.5
8	13.5	2.5	2.8
10	17.2	2.5	2.8
15	21.3	2.8	3.5
20	26.9	2.8	3.5
25	33.7	3.2	4.0
32	42.4	3.5	4.0
40	48.3	3.5	4.5
50	60.3	3.8	4.5
65	76.1	4.0	4.5
80	88.9	4.0	5.0
100	114.3	4.0	5.0
125	139.7	4.0	5.5
150	165.1	4.5	6.0
200	219.1	6.0	7.0

注：表中的公称口径系近似内径的名义尺寸，不表示外径减去两倍壁厚所得的内径。

（2）普通钢管的公称外径和公称壁厚（摘自 GB/T 17395—2024）

公称外径（D）/mm	公称壁厚（S）/mm 从	到	公称外径（D）/mm	公称壁厚（S）/mm 从	到	公称外径（D）/mm	公称壁厚（S）/mm 从	到
6	0.25	2.0	70	1.0	17	325	7.5	100
7	0.25	2.5	73	1.0	19	340	8.0	100
8	0.25	2.5	76	1.0	20	351	8.0	100
9	0.25	2.8	77	1.4	20	356	9.0	100
10	0.25	3.5	80	1.4	20	368	9.0	100
11	0.25	3.5	83	1.4	22	377	9.0	100
12	0.25	4.0	85	1.4	22	402	9.0	100
14	0.25	4.0	89	1.4	24	406	9.0	100
16	0.25	5.0	95	1.4	24	419	9.0	100
18	0.25	5.0	102	1.4	28	426	9.0	100
19	0.25	6.0	108	1.4	30	450	9.0	100
20	0.40	6.0	114	1.5	30	457	9.0	100
22	0.40	6.0	121	1.5	32	473	9.0	100
25	0.40	7.0	127	1.8	32	480	9.0	100
27	0.40	7.0	133	2.5	36	500	9.0	110
28	0.40	7.0	140	3.0	36	508	9.0	110
30	0.40	8.0	142	3.0	36	530	9.0	120
32	0.40	8.0	152	3.0	40	560	9.0	120
34	0.40	8.0	159	3.5	45	610	9.0	120
35	0.40	9.0	168	3.5	45	630	9.0	120
38	0.40	10.0	180	3.5	50	660	9.0	120
40	1.0	10.0	194	3.5	50	699	12	120
45	1.0	12	203	3.5	55	711	12	120
48	1.0	12	219	6.0	55	720	12	120
51	1.0	12	232	6.0	65	762	20	120
54	1.0	14	245	6.0	65	788.5	20	120
57	1.0	14	267	6.0	65	813	20	120
60	1.0	16	273	6.5	85	864	20	120
63	1.0	16	299	7.5	100	914	25	120
65	1.0	16	302	7.5	100	965	25	120
68		16	318.5	7.5	100	1016	25	120

（3）热交换器用拉制黄铜管（摘自 GB/T 16866—2006）

外径/mm	壁厚/mm 0.5	0.75	1.0	1.5	2.0	2.5	3.0	3.5	4.0	4.5	5.0	6.0	7.0	8.0	10.0
3,4,5,6,7	○	○	○												
8,9,10,11,12,14,15	○	○	○	○	○	○	○								
16,17,18,19,20	○	○	○	○	○	○	○	○	○	○					
21,22,23,24,25,26,27,28,29,30	○	○	○	○	○	○	○	○	○	○	○				
31,32,33,34,35,36,37,38,39,40	○	○	○	○	○	○	○	○	○	○	○				
42,44,45,46,48,49,50		○	○	○	○	○	○	○	○	○	○	○			
52,54,55,56,58,60		○	○	○	○	○	○	○	○	○	○	○	○	○	
62,64,65,66,68,70			○		○	○	○	○	○	○	○	○	○	○	○
72,74,75,76,78,80					○	○	○	○	○	○	○	○	○	○	○
82,84,85,86,88,90,92,94,96,100					○	○	○	○	○	○	○	○	○	○	○

续表

外径/mm	壁厚/mm														
	0.5	0.75	1.0	1.5	2.0	2.5	3.0	3.5	4.0	4.5	5.0	6.0	7.0	8.0	10.0
105,110,115,120,125,130,135,140,145,150					○	○	○	○	○	○	○	○	○	○	○
155,160,165,170,175,180,185,190,195,200							○	○	○	○	○	○	○	○	○
210,220,230,240,250							○	○	○	○	○	○	○	○	○
260,270,280,290,300,310,320,330,340,350,360									○	○	○				

注：表中“○”表示有产品。

附录十四 IS 型单级单吸离心泵规格

泵型号	流量/(m^3/h)	扬程/m	转速/(r/min)	汽蚀余量/m	泵效率/%	功率/kW	
						轴功率	配带功率
1S50-32-125	7.5	22	2900		47	0.96	2.2
	12.5	20	2900	2.0	60	1.13	2.2
	15	18.5	2900		60	1.26	2.2
	3.75		1450				0.55
	6.3	5	1450	2.0	54	0.16	0.55
	7.5		1450				0.55
IS50-32-160	7.5	34.3	2900		44	1.59	3
	12.5	32	2900	2.0	54	2.02	3
	15	29.6	2900		56	2.16	3
	3.75		1450				0.55
	6.3	8	1450	2.0	48	0.28	0.55
	7.5		1450				0.55
1S50-32-200	7.5	525	2900	2.0	38	2.82	5.5
	12.5	50	2900	2.0	48	3.54	5.5
	15	48	2900	2.5	51	3.84	5.5
	3.75	13.1	1450	2.0	33	0.41	0.75
	6.3	12.5	1450	2.0	42	0.51	0.75
	7.5	12	1450	2.5	44	0.56	0.75
IS50-32-250	7.5	82	2900	2.0	28.5	5.67	11
	12.5	80	2900	2.0	38	7.16	11
	15	78.5	2900	2.5	41	7.83	11
	3.75	20.5	1450	2.0	23	0.91	15
	6.3	20	1450	2.0	32	1.07	15
	7.5	19.5	1450	2.5	35	1.14	15
IS65-50-125	15	21.8	2900		58	1.54	3
	25	20	2900	2.0	69	1.97	3
	30	18.5	2900		68	2.22	3
	7.5		1450				0.55
	12.5	5	1450	2.0	64	0.27	0.55
	15		1450				0.55

续表

泵型号	流量/(m^3/h)	扬程/m	转速/(r/min)	汽蚀余量/m	泵效率/%	功率/kW	
						轴功率	配带功率
IS65-50-160	15	35	2900	2.0	54	2.65	5.5
	25	32	2900	2.0	65	3.35	5.5
	30	30	2900	2.5	66	3.71	5.5
	7.5	8.8	1450	2.0	50	0.36	0.75
	12.5	8.0	1450	2.0	60	0.45	0.75
	15	7.2	1450	2.5	60	0.49	0.75
IS65-40-200	15	63	2900	2.0	40	4.42	7.5
	25	50	2900	2.0	60	5.67	7.5
	30	47	2900	2.5	61	6.29	7.5
	7.5	13.2	1450	2.0	43	0.63	1.1
	12.5	12.5	1450	2.0	66	0.77	1.1
	15	11.8	1450	2.5	57	0.85	1.1
IS65-40-250	15		2900				15
	25	80	2900	2.0	63	10.3	15
	30		2900				15
IS65-40-315	15	127	2900	2.5	28	18.5	30
	25	125	2900	2.5	40	21.3	30
	30	123	2900	3.0	44	22.8	30
1S80-65-125	30	22.5	2900	3.0	64	2.87	5.5
	50	20	2900	3.0	75	3.63	5.5
	60	18	2900	3.5	74	3.93	5.5
	15	5.6	1450	2.5	55	0.42	0.75
	25	5	1450	2.5	71	0.48	0.75
	30	4.5	1450	3.0	72	0.51	0.75
1S80-65-160	30	36	2900	2.5	61	4.82	7.5
	50	32	2900	2.5	73	5.97	7.6
	60	29	2900	3.0	72	6.59	7.5
	15	9	1450	2.5	66	0.67	1.5
	25	8	1450	2.5	69	0.75	1.5
	30	7.2	1450	3.0	68	0.86	1.5
IS80-50-200	30	53	2900	2.5	55	7.87	15
	50	50	2900	2.5	69	9.87	15
	60	47	2900	3.0	71	10.8	15
	15	13.2	1450	2.5	51	1.06	2.2
	25	12.5	1450	2.5	65	1.31	2.2
	30	11.8	1450	3.0	67	1.44	2.2
1S80-50-160	30	84	2900	2.5	52	13.2	22
	50	80	2900	2.5	63	17.3	22
	60	75	2900	3.0	64	19.2	22
IS80-50-250	30	84	2900	2.5	52	13.2	22
	50	80	2900	2.5	63	17.3	22
	60	75	2900	3.0	64	19.2	22
IS80-50-315	30	128	2900	2.5	41	25.5	37
	50	125	2900	2.5	54	31.5	37
	60	123	2900	3.0	57	35.3	37
IS100-80-125	60	24	2900	4.0	67	5.86	11
	100	20	2900	4.5	78	7.00	11
	120	16.5	2900	5.0	74	7.28	11

附录十五　换热器系列标准

（1）固定管板式换热器的主要参数（GB/T 28712.2—2023）

公称直径 DN/mm	公称压力 PN/MPa	管程数 N	管子根数 n	中心排管数	管程流通面积/m^2	计算换热面积/m^2 换热管长度 L/mm 1500	2000	3000	4500	6000	9000
159	1.60 2.50 4.00 6.40	1	15	5	0.0027	1.3	1.7	2.6	—	—	—
219		1	33	7	0.0058	2.8	3.7	5.7	—	—	—
273		1	65	9	0.0115	5.4	7.4	11.3	17.1	22.9	—
		2	56	8	0.0049	4.7	6.4	9.7	14.7	19.7	—
325		1	99	11	0.0175	8.3	11.2	17.1	26.0	34.9	—
		2	88	10	0.0078	7.4	10.0	15.2	23.1	31.0	—
		4	68	11	0.0030	5.7	7.7	11.8	17.9	23.9	—
400	0.60 1.00 1.60 2.50 4.00	1	174	14	0.0307	14.5	19.7	30.1	45.7	61.3	—
		2	164	15	0.0145	13.7	18.6	28.4	43.1	57.8	—
		4	146	14	0.0065	12.2	16.6	25.3	38.3	51.4	—
450		1	237	17	0.0419	19.8	26.9	41.0	62.2	83.5	—
		2	220	16	0.0194	18.4	25.0	38.1	57.8	77.5	—
		4	200	16	0.0088	16.7	22.7	34.6	52.5	70.4	—
500		1	275	19	0.0486	—	31.2	47.6	72.2	96.8	—
		2	256	18	0.0226	—	29.0	44.3	67.2	90.2	—
		4	222	18	0.0098	—	25.2	38.4	58.3	78.2	—
600		1	430	22	0.0760	—	48.8	74.4	112.9	151.4	—
		2	416	23	0.0368	—	47.2	72.0	109.3	146.5	—
		4	370	22	0.0163	—	42.0	64.0	97.2	130.3	—
		6	360	20	0.0106	—	40.8	62.3	94.5	126.8	—
700		1	607	27	0.1073	—	—	105.1	159.4	213.8	—
		2	574	27	0.0507	—	—	99.4	150.8	202.1	—
		4	542	27	0.0239	—	—	93.8	142.3	190.9	—
		6	518	24	0.0153	—	—	89.7	136.0	182.4	—
800	0.60 1.00 1.60 2.50 4.00	1	797	31	0.1408	—	—	138.0	209.3	280.7	—
		2	776	31	0.0686	—	—	134.3	203.8	273.3	—
		4	722	31	0.0319	—	—	125.0	189.8	254.3	—
		6	710	30	0.0209	—	—	122.9	186.5	250.0	—
900	0.60 1.00 1.60 2.50 4.00	1	1009	35	0.1783	—	—	174.7	265.0	355.3	536.0
		2	988	35	0.0873	—	—	171.0	259.5	347.9	524.9
		4	938	35	0.0414	—	—	162.4	246.4	330.3	498.3
		6	914	34	0.0269	—	—	158.2	240.0	321.9	485.6
1000		1	1267	39	0.2239	—	—	219.3	332.8	446.2	673.1
		2	1234	39	0.1090	—	—	213.6	324.1	434.6	655.6
		4	1186	39	0.0524	—	—	205.3	311.5	417.7	630.1
		6	1148	38	0.0338	—	—	198.7	301.5	404.3	609.9
(1100)		1	1501	43	0.2652	—	—	—	394.2	528.6	797.4
		2	1470	43	0.1299	—	—	—	386.1	517.7	780.9
		4	1450	43	0.0641	—	—	—	380.8	510.6	770.3
		6	1380	42	0.0406	—	—	—	362.4	486.0	733.1

(2) 浮头式(内导流)换热器的主要参数

公称压力DN/mm	管程数 N	n①		中心排管数		管程流通面积/m^2			A②/m^2							
		d/mm				$d\times\delta_r$/mm×mm			L=3m		L=4.5m		L=6m		L=9m	
		19	25	19	25	19×2	25×2	25×2.5	19	25	19	25	19	25	19	25
325	2	60	32	7	5	0.0053	0.0055	0.0050	10.5	7.4	15.8	11.1	—	—	—	—
	4	52	28	6	4	0.0023	0.0024	0.0022	9.1	6.4	13.7	9.7	—	—	—	—
426	2	120	74	8	7	0.0106	0.0126	0.0116	20.9	16.9	31.6	25.6	42.3	34.4	—	—
400	4	108	68	9	6	0.0048	0.0059	0.0053	18.8	15.6	28.4	23.6	38.1	31.6	—	—
500	2	206	124	11	8	0.0182	0.0215	0.0194	35.7	28.3	54.1	42.8	72.5	57.4	—	—
	4	192	116	10	9	0.0085	0.0100	0.0091	33.2	26.4	50.4	40.1	67.6	53.7	—	—
600	2	324	198	14	11	0.0286	0.0343	0.0311	55.8	44.9	84.8	68.2	113.9	91.5	—	—
	4	308	188	14	10	0.0136	0.0163	0.0148	53.1	42.6	80.7	64.8	108.2	86.9	—	—
	6	284	158	14	10	0.0083	0.0091	0.0083	48.9	35.8	74.4	54.4	99.8	73.1	—	—
700	2	468	268	16	13	0.0414	0.0464	0.0421	80.4	60.6	122.2	92.1	164.1	123.7	—	—
	4	448	256	17	12	0.0198	0.0222	0.0201	76.9	57.8	117.0	87.9	157.1	118.1	—	—
	6	382	224	15	10	0.0112	0.0129	0.0116	65.6	50.6	99.8	76.9	133.9	103.4	—	—
800	2	610	366	19	15	0.0539	0.0634	0.0575	—	—	158.9	125.4	213.5	168.5	—	—
	4	588	352	18	14	0.0260	0.0305	0.0276	—	—	153.2	120.6	205.8	162.1	—	—
	6	518	316	16	14	0.0152	0.0182	0.0165	—	—	134.9	108.3	181.3	145.5	—	—
900	2	800	472	22	17	0.0707	0.0817	0.0741	—	—	207.6	161.2	279.2	216.8	—	—
	4	776	456	21	16	0.0343	0.0395	0.0353	—	—	201.4	155.7	270.8	209.4	—	—
	6	720	426	21	16	0.0212	0.0246	0.0223	—	—	186.9	145.5	251.3	195.6	—	—
1000	2	1006	606	24	19	0.0890	0.105	0.0952	—	—	260.6	206.6	350.6	277.9	—	—
	4	980	588	23	18	0.0433	0.0509	0.0462	—	—	253.9	200.4	341.6	269.7	—	—
	6	892	564	21	18	0.0262	0.0326	0.0295	—	—	231.1	192.2	311.0	258.7	—	—
1100	2	1240	736	27	21	0.1100	0.1270	0.1160	—	—	320.3	250.2	431.3	336.8	—	—
	4	1212	716	26	20	0.0536	0.0620	0.0562	—	—	313.1	243.4	421.6	327.7	—	—
	6	1120	692	24	20	0.0329	0.0399	0.0362	—	—	289.3	235.2	389.6	316.7	—	—
1200	2	1452	880	28	22	0.1290	0.1520	0.1380	—	—	374.4	298.6	504.3	402.2	764.2	609.4
	4	1424	860	28	22	0.0629	0.0745	0.0675	—	—	367.2	291.8	494.6	393.1	749.5	595.6
	6	1348	828	27	21	0.0396	0.0478	0.0434	—	—	347.6	280.9	468.2	378.4	709.5	573.4
1300	4	1700	1024	31	24	0.0751	0.0887	0.0804	—	—	—	—	589.3	467.1	—	—
	6	1616	972	29	24	0.0476	0.0560	0.0509	—	—	—	—	560.2	443.3	—	—

① 排管数按正方形旋转45°排列计算。

② 计算换热面积按光管及公称压力2.5MPa的管板厚度确定。

附录十六 双组分溶液的气液相平衡数据

(1) 甲醇-水(101.325kPa)

温度/℃	液相中甲醇的摩尔分数	气相中甲醇的摩尔分数	温度/℃	液相中甲醇的摩尔分数	气相中甲醇的摩尔分数
100	0.00	0.00	75.3	0.40	0.729
96.4	0.02	0.134	73.1	0.50	0.779
93.5	0.04	0.234	71.2	0.60	0.825
91.2	0.06	0.304	69.3	0.70	0.870
89.3	0.08	0.365	67.6	0.80	0.915
87.7	0.10	0.418	66.0	0.90	0.958
84.4	0.15	0.517	65.0	0.95	0.979
81.7	0.20	0.579	64.5	1.00	1.00
78.0	0.30	0.665			

(2) 丙酮-水 (101.325kPa)

温度/℃	液相中丙酮的摩尔分数	气相中丙酮的摩尔分数	温度/℃	液相中丙酮的摩尔分数	气相中丙酮的摩尔分数	温度/℃	液相中丙酮的摩尔分数	气相中丙酮的摩尔分数
100	0.0	0.0	62.1	0.20	0.815	58.2	0.80	0.898
92.7	0.01	0.253	61.0	0.30	0.830	57.5	0.90	0.935
86.5	0.02	0.425	60.4	0.40	0.839	57.0	0.95	0.963
75.8	0.05	0.624	60.0	0.50	0.849	56.13	1.0	1.0
66.5	0.10	0.755	59.7	0.60	0.859			
63.4	0.15	0.793	59.0	0.70	0.874			

(3) 乙醇-水 (101.325kPa)

温度/℃	乙醇的摩尔分数/%		温度/℃	乙醇的摩尔分数/%	
	液相	气相		液相	气相
100	0.00	0.00	81.5	32.73	58.26
95.5	1.90	17.00	80.7	39.65	61.22
89.0	7.21	38.91	79.8	50.79	65.64
86.7	9.66	43.75	79.7	51.98	65.99
85.3	12.38	47.04	79.3	57.32	68.41
84.1	16.61	50.89	78.74	67.63	73.85
82.7	23.37	54.45	78.41	74.72	78.15
82.3	26.08	55.80	78.15	89.43	89.43

附录十七 常用化学元素的相对原子质量

元素符号	元素名称	相对原子质量	元素符号	元素名称	相对原子质量	元素符号	元素名称	相对原子质量
Ag	银	107.9	Co	钴	58.93	N	氮	14.01
Al	铝	26.98	Cr	铬	52	Na	钠	22.99
Ar	氩	39.94	Cu	铜	63.54	Ne	氖	20.17
As	砷	74.92	F	氟	19	Ni	镍	58.7
Au	金	196.97	Fe	铁	55.84	O	氧	16
B	硼	10.81	H	氢	1.008	P	磷	30.97
Ba	钡	137.3	Hg	汞	200.5	Pb	铅	207.2
Br	溴	79.9	I	碘	126.9	S	硫	32.06
C	碳	12.01	K	钾	39.1	Se	硒	78.9
Ca	钙	40.08	Mg	镁	24.3	Si	硅	28.09
Cl	氯	35.45	Mn	锰	54.94	Zn	锌	65.38

参考文献

[1] 陈敏恒，丛德滋，方图南，等. 化工原理：上、下册 [M]. 5版. 北京：化学工业出版社，2020.

[2] 王志魁，向阳，王宇，等. 化工原理 [M]. 5版. 北京：化学工业出版社，2017.

[3] 王瑶，潘艳秋. 化工原理：上、下 [M]. 北京：化学工业出版社，2017.

[4] 谭天恩，窦梅，等. 化工原理：上、下册 [M]. 4版. 北京：化学工业出版社，2013.

[5] 柴诚敬，贾绍义，等. 化工原理：上、下册 [M]. 4版. 北京：高等教育出版社，2022.

[6] 李慎安，陈维新，鲍大中. 新编法定计量单位应用手册 [M]. 北京：机械工业出版社，1996.

[7] 时钧，汪家鼎，余国琮，等. 化学工程手册：上、下卷 [M]. 2版. 北京：化学工业出版社，1996.

[8] 普朗特，等. 流体力学概论 [M]. 郭永怀，等，译. 北京：科学出版社，2018.

[9] 江孟蜀. 铁路大提速中的流体动力学研究 [J]. 重庆工商大学学报，2008，2：131-133，167.

[10] GB/T 13006—2013，离心泵、混流泵和轴流泵 汽蚀余量 [S].

[11] 康勇，罗茜. 液体过滤与过滤介质 [M]. 北京：化学工业出版社，2008.

[12] 曹玉璋. 传热学 [M]. 北京：北京航空航天大学出版社，2001.

[13] 姚仲鹏，王瑞君. 传热学 [M]. 北京：北京理工大学出版社，2007.

[14] McCabe W L，Smith J C. Unit operations of chemical engineering [M]. 4th ed. New York：McGraw-HillInc，1985.

[15] 拉姆 B M. 气体吸收 [M]. 刘风志，等译. 2版. 北京：化学工业出版社，1985.

[16] Reid R C，Sherwood T K. The properties of gases and liquids [M]. 2nd ed. New York：McGraw-HillInc，1966.

[17] King C J. Separation processes [M]. 2nd ed. New York：McGraw-Hill，1980.

[18] (美) 柯斯乐 E L. 扩散：流体系统中的传质 [M]. 王宇新，姜忠义，译. 2版. 北京：化学工业出版社，2002.

[19] Wankat P C. Equilibrium stage separations [M]. New York：Elsevier Science Publishing Co Inc，1988.

[20] Perry R H，Chilton C H. Chemical engineers handbook [M]. 6th ed. New York：McGraw-HillInc，1984.

[21] (日) 河東準，岡田功. 蒸留の理論と計算 [M]. 東京：工學圖書株式會社，1973.

[22] 陈英南，刘玉兰. 常用化工单元设备的设计 [M]. 上海：华东理工大学出版社，2005.

[23] (美) Seader J D，Henley E J. 分离过程原理 [M]. 朱开宏，吴俊生，译. 2版. 上海：华东理工大学出版社，2007.

[24] Keey R B. Introduction to industrial drying operations [M]. Oxford：Pergamon Press，1978.